U0358716

全国科学技术名词审定委员会

科学技术名词·工程技术卷（全藏版）

15

海峡两岸海洋科学技术名词

海峡两岸海洋科学技术名词工作委员会

国家自然科学基金资助项目

科学出版社

北京

内 容 简 介

　　本书是由海峡两岸海洋科学技术界专家会审的海峡两岸海洋科学技术名词对照本，是在全国科学技术名词审定委员会公布的《海洋科技名词》的基础上加以增补修订而成。内容包括：总论、海洋科学、海洋技术及其他等四大类，共约 7800 条。本书供海峡两岸海洋科学技术界和相关领域的人士使用。

图书在版编目（CIP）数据

科学技术名词. 工程技术卷：全藏版 / 全国科学技术名词审定委员会审定.
—北京：科学出版社，2016.01
　ISBN 978-7-03-046873-4

　Ⅰ. ①科…　Ⅱ. ①全…　Ⅲ. ①科学技术–名词术语　②工程技术–名词术语
Ⅳ. ①N-61 ②TB-61

中国版本图书馆 CIP 数据核字（2015）第 307218 号

责任编辑：李玉英 / 责任校对：陈玉凤
责任印制：张　伟 / 封面设计：铭轩堂

科 学 出 版 社 出版
北京东黄城根北街 16 号
邮政编码：100717
http://www.sciencep.com
北京厚诚则铭印刷科技有限公司印刷
科学出版社发行　各地新华书店经销
*
2016 年 1 月第　一　版　　开本：787×1092 1/16
2016 年 1 月第一次印刷　　印张：27 3/4
字数：648 000
定价：7800.00 元（全 44 册）
（如有印装质量问题，我社负责调换）

海峡两岸海洋科学技术名词工作委员会委员名单

大陆召集人：李永祺　　李玉英

大 陆 委 员(按姓氏笔画为序)：

马启敏	马英杰	包振民	权锡鉴	刘曙光
李凤岐	李安春	杨永春	陈大刚	侍茂崇
袁东亮	高金田	曹立华	龚德俊	韩立民
翟世奎				

秘　　　　书：文　艳

臺灣召集人：胡健驊　　李明安

臺 灣 委 員(按姓氏筆畫為序)：

王　胄	王佩玲	方力行	方天熹	何宗儒
邵廣昭	范光龍	俞何興	洪佳璋	倪怡訓
郭南榮	高家俊	陳汝勤	陳啓祥	陳琪芳
陳慶生	陳鎮東	許德惇	梁乃匡	扈治安
張翠玉	黃正清	歐陽佘慶	嚴宏洋	

序

　　科学技术名词作为科技交流和知识传播的载体,在科技发展和社会进步中起着重要作用。规范和统一科技名词,对于一个国家的科技发展和文化传承是一项重要的基础性工作和长期性任务,是实现科技现代化的一项支撑性系统工程。没有这样一个系统的规范化的基础条件,不仅现代科技的协调发展将遇到困难,而且,在科技广泛渗入人们生活各个方面、各个环节的今天,还将会给教育、传播、交流等方面带来困难。

　　科技名词浩如烟海,门类繁多,规范和统一科技名词是一项十分繁复和困难的工作,而海峡两岸的科技名词要想取得一致更需两岸同仁作出坚韧不拔的努力。由于历史的原因,海峡两岸分隔逾50年。这期间正是现代科技大发展时期,两岸对于科技新名词各自按照自己的理解和方式定名,因此,科技名词,尤其是新兴学科的名词,海峡两岸存在着比较严重的不一致。同文同种,却一国两词,一物多名。这里称"软件",那里叫"软体";这里称"导弹",那里叫"飞弹";这里写"空间",那里写"太空";如果这些还可以沟通的话,这里称"等离子体",那里称"电浆";这里称"信息",那里称"资讯",相互间就不知所云而难以交流了。"一国两词"较之"一国两字"造成的后果更为严峻。"一国两字"无非是两岸有用简体字的,有用繁体字的,但读音是一样的,看不懂,还可以听懂。而"一国两词"、"一物多名"就使对方既看不明白,也听不懂了。台湾清华大学的一位教授前几年曾给时任中国科学院院长周光召院士写过一封信,信中说:"1993年底两岸电子显微学专家在台北举办两岸电子显微学研讨会,会上两岸专家是以台湾国语、大陆普通话和英语三种语言进行的。"这说明两岸在汉语科技名词上存在着差异和障碍,不得不借助英语来判断对方所说的概念。这种状况已经影响两岸科技、经贸、文教方面的交流和发展。

　　海峡两岸各界对两岸名词不一致所造成的语言障碍有着深刻的认识和感受。具有历史意义的"汪辜会谈"把探讨海峡两岸科技名词的统一列入了共同协议之中,此举顺应两岸民意,尤其反映了科技界的愿望。两岸科技名词要取得统一,首先是需要了解对方。而了解对方的一种好的方式就是编订名词对照本,在编订过程中以及编订后,经过多次的研讨,逐步取得一致。

　　全国科学技术名词审定委员会(简称全国科技名词委)根据自己的宗旨和任务,始终把海峡两岸科技名词的对照统一工作作为责无旁贷的历史性任务。近些年一直本着积极推进,增进了解;择优选用,统一为上;求同存异,逐步一致的精神来开展这项工作。先后接待和安排了许多台湾同仁来访,也组织了多批专家赴台参加有关学科的名词对照研讨会。工作中,按照先急后缓、先易后难的精神来安排。对于那些与"三通"

有关的学科,以及名词混乱现象严重的学科和条件成熟、容易开展的学科先行开展名词对照。

在两岸科技名词对照统一工作中,全国科技名词委采取了"老词老办法,新词新办法",即对于两岸已各自公布、约定俗成的科技名词以对照为主,逐步取得统一,编订两岸名词对照本即属此例。而对于新产生的名词,则争取及早在协商的基础上共同定名,避免以后再行对照。例如 101～109 号元素,从 9 个元素的定名到 9 个汉字的创造,都是在两岸专家的及时沟通、协商的基础上达成共识和一致,两岸同时分别公布的。这是两岸科技名词统一工作的一个很好的范例。

海峡两岸科技名词对照统一是一项长期的工作,只要我们坚持不懈地开展下去,两岸的科技名词必将能够逐步取得一致。这项工作对两岸的科技、经贸、文教的交流与发展,对中华民族的团结和兴旺,对祖国的和平统一与繁荣富强有着不可替代的价值和意义。这里,我代表全国科技名词委,向所有参与这项工作的专家们致以崇高的敬意和衷心的感谢!

值此两岸科技名词对照本问世之际,写了以上这些,权当作序。

2002 年 3 月 6 日

前　　言

　　海峡两岸同属中华文化,以海相连,但至今海洋科学与其他学科一样,许多名词存在着差异,同一概念定名不同,同一名词又有不同的概念,在交流中常常发生困惑。两岸海洋科学技术专家迫切希望通过对海洋科学技术名词的对照研讨,达成对名词的共识和一致,以利增进两岸间海洋科学技术学术交流和相关文献资料的编撰与探索。为此,2006 年在全国科学技术名词审定委员会和台湾教育研究院的组织和推动下,两岸分别聘请了海洋大学、海洋研究所等多个单位的专家组成"海峡两岸海洋科学技术名词工作委员会"。按照商定的计划,在全国科学技术名词审定委员会公布的《海洋科技名词》(第二版)的基础上,通过电子邮件交换补充修改意见,并分别于 2009 年和 2010年在青岛市中国海洋大学和基隆市海洋大学召开了四次海峡两岸海洋科学技术名词研讨会。与会专家本着"科学严谨、相互尊重、求同存异、逐步统一"的精神,经过反复研讨,于 2010 年 8 月完成了《海峡两岸海洋科学技术名词》对照工作 。

　　海洋科学是多学科交叉的学科。经商议本次收录按以下原则:以海洋传统学科(如物理海洋、海洋物理、海洋气象、海洋生物、海洋化学、海洋地质以及环境海洋学和极地科学等)为主,海洋社会、文化、法学、管理等学科暂不为重点;对来自英文的词源,两岸有不同的译名,则先对其词源的科学含义求得一致的理解,然后再选择较确切的译名;对同一个英文名词,但海洋科学的不同分支学科内涵不尽相同的,则保留不超过 3 个名词以供选择;对两岸各有特定的俗称名词,大多各自保留,待以后再统一;对新近出现的名词,以及与非海洋科学的相同专业名词,要求尽量求同。按上述原则,共收录《海峡两岸海洋科学技术名词》约 7800 条。

　　出版《海峡两岸海洋科学技术名词》是一件承前启后,福荫子孙的好事,凝聚了两岸海洋科学技术界专家的心血和智慧。但由于海洋科学是一门既大又复杂的学科,且当今国际海洋科学技术发展又很迅速,故而遗漏、不足在所难免。恳请各界专家和学者继续给予支持,提出修改意见,以便进一步完善。

　　中国海洋大学校级领导对本项工作给予大力支持,特表致谢!

海峡两岸海洋科学技术名词工作委员会

2012 年 6 月

编 排 说 明

一、本书是海峡两岸海洋科学技术名词对照本。

二、本书分正篇和副篇两部分。正篇按汉语拼音顺序编排;副篇按英文的字母顺序编排。

三、本书[ ]中的字使用时可以省略。

正篇

四、本书中祖国大陆和台湾地区使用的科学技术名词以"大陆名"和"台湾名"分栏列出。

五、本书中大陆名正名和异名分别排序,并在异名处用(=)注明正名。

六、本书收录的汉文名对应英文名为多个时(包括缩写词)用","分隔。

副篇

七、英文名对应多个相同概念的汉文名时用","分隔,不同概念的用① ② ③分别注明。

八、英文名的同义词用(=)注明。

九、英文缩写词排在全称后的( )内。

目　　录

序
前言
编排说明

正 篇

A

大 陆 名	台 湾 名	英 文 名
阿尔法海脊	阿爾法海脊	Alpha Ridge
阿尔戈马造山运动	阿爾岡紋造山運動	Algoman orogeny
阿根廷海盆	阿根廷海盆	Argentine Basin
阿古拉斯海流	阿古拉斯海流	Agulhas Current
阿拉伯海	阿拉伯海	Arabian Sea
阿拉伯海盆	阿拉伯海盆	Arabian Basin
阿留申岛弧	阿留申島弧	Aleutian Island Arc
阿留申低压	阿留申低壓	Aleutian low
阿留申海沟	阿留申海溝	Aleutian Trench
阿留申海盆	阿留申海盆	Aleutian Basin
阿米巴细胞(=变形虫状细胞)		
阿米兰特海沟	阿米蘭特海溝	Amirante Trench
阿特贝里限度	阿特堡限度	Atterberg limit
埃克曼层	艾克曼層	Ekman layer
埃克曼抽吸	艾克曼泵, 艾克曼抽吸	Ekman pumping
埃克曼螺旋	艾克曼螺旋	Ekman spiral
埃克曼漂流	艾克曼漂流	Ekman drift current
埃克曼深度	艾克曼深度	Ekman depth
埃克曼输送	艾克曼輸送	Ekman transport
埃克曼数	艾克曼數	Ekman number
艾俄瓦冰期	艾俄瓦冰期	Iowan glacial stage
艾里[均衡]假说	艾里均衡假說	Airy [isostatic] hypothesis
艾伦法则(=艾伦律)		
艾伦律, 艾伦法则	艾倫定律	Allen rule
艾氏螺旋	艾氏螺旋	Airy spiral
安达曼海盆	安達曼海盆	Andaman Basin
安达曼-尼科巴岛弧	安達曼-尼科巴島弧	Andaman-Nicobar Island Arc

大　陆　名	台　湾　名	英　文　名
安的列斯海流	安地列斯海流	Antilles Current
安哥拉海盆	安哥拉海盆	Angola Basin
安全浓度	安全濃度	safe concentration
氨氮	胺基氮	amino-nitrogen
氨基葡糖(＝葡糖胺)		
3-氨基-2-羟基丙磺酸	3-胺基-2-羥基丙磺酸, 3-氨基-2-羥基丙磺酸	3-amino-2-hydroxypropanesulfonic acid
氨基酸地质温度计	氨基酸地質溫度計	amino-acid geothermometer
氨基酸法	氨基酸法	amino-acid method
氨基酸旋光法定年	氨基酸旋光法定年, 氨基酸消旋法測年	amino-acid racemization age method
岸边水道	沿岸水路	shore lead
岸礁, 裙礁	岸礁, 裙礁	fringing reef, shore reef
暗层生物, 喜暗生物	暗層生物	stygobiotic organism
暗沸绿岩(＝淡沸绿岩)		
暗礁	堡礁, 礁堤	reef barrier
暗瓶	暗瓶	dark bottle
凹凸棒石, 绿坡缕石	鎂鋁海泡石, 厄帖浦石, 綠坡縷石	attapulgite
螯合物	螯合物	chelate
拗拉槽(＝断陷槽)		
澳洲板块	澳洲板塊	Australian Plate
澳洲玻陨石	澳洲曜石	australite

B

大　陆　名	台　湾　名	英　文　名
巴士海峡	巴士海峽	Bass Strait, Bashi Channel
巴西海流	巴西海流	Brazil Current
巴西海盆	巴西海盆	Brazil Basin
白垩	白堊	chalk
白垩纪	白堊紀	Cretaceous Period
白化体	白化體	albino
白化[现象]	白化[現象]	albinism
白肌	白肌	white musle
白浪	白頭浪	whitecap
白令海	白令海	Bering Sea

大　陆　名	台　湾　名	英　文　名
白烟囱	海底白色煙囪	white smoker
白云石	白雲岩, 白雲石	dolomite
白云石化	白雲岩化作用	dolomitization
白云碳酸盐岩	白雲碳酸鹽岩	dolomite carbonatite
百慕达海隆	百慕達海隆	Bermuda Rise
班达海沟	班達海溝	Banda Trench
班达海盆	班達海盆	Banda Basin
斑块	斑塊	patch
斑块分布	區塊分布	patchiness
搬运力	搬運力	competence
板垫作用	板底作用	underplating
板块	板塊	plate
板块边界	板塊邊界	plate boundary
板块构造说	板塊構造學說	plate tectonics theory
板块构造学	板塊構造[學]	plate tectonics
板块碰撞	板塊碰撞	plate collision
板内火山活动	板塊內部火山作用	intraplate volcanism
板桩	板樁	sheet pile
板状硅藻土	板狀矽藻土	tripolite
半潮面	半潮面	half-tide level
半岛	半島	peninsula
半地堑	半地壍	half-garben
半浮游生物	半浮游生物	melopelagic plankton
半晶质	半晶質	hemicrystalline, merocrystalline
半扩张速率	半擴張速率	half-spreading rate
半潜式工作船	半潛式工作船	semi-submersible barge
半潜式钻井船	半潛式平臺	semi-submersible rig
半潜式钻井平台	半潛式鑽井平臺	semi-submersible drilling rig
半潜式钻井装置	半潛式鑽井設備	semi-submersible drilling unit
半日潮流	半日潮流	semi-diurnal current
半深海沉积	半深海堆積	bathyal deposit
半深海相	半深海相	hemipelagic facies, bathyal facies
半数效应浓度	半效應濃度	median effective concentration, EC_{50}
半数致死剂量	半數致死劑量	median lethal dosage, LD_{50}
半衰期	半衰期, 半壽期	half-life
半透明[性]	半透明[性], 半透明度	translucence
半透膜	半透膜	semipermeable membrane
半透性	半通透性	semipermeability

大　陆　名	台　湾　名	英　文　名
半微量分析	半微[量]分析	semimicro-analysis
半咸水, 半盐水	半鹹水	brackish water
半咸水种	半鹹水種, 半淡鹹水種	brackish water species
半盐水(=半咸水)		
半隐式法	半隱式法	semi-implicit method
半远洋沉积[物]	半遠洋沉積[物]	hemipelagic deposit
瓣鳃类幼体	瓣鰓類幼體	lamellibranchia larva
包囊	包囊化, 被覆化	encyst
包珊瑚式	包珊瑚式	amplexid type
包辛格效应	包氏作用	Bauschinger effect
孢子体	孢子體	sporophyte
孢子叶	孢子葉	sporophyll
饱和	飽和	saturation
饱和卤	飽和鹵	saturated bittern
饱和潜水	飽和潛水	saturation diving
饱和曲线	飽和曲線	saturation curve
饱和溶氧量	飽和溶氧量	saturation dissolved oxygen
饱和水汽压	飽和蒸氣壓	saturated vapor pressure
饱和速率	飽和速率	saturation rate
饱和温度	飽和溫度	saturation temperature
饱和系数	飽和係數	saturation coefficient
饱和盐水	飽和鹽水	saturated brine
饱和状态	飽和狀態	saturation condition
保存周期	保存週期	retention period
保护区	保護區	protected area
保健用盐生植物	保健用鹽生植物	halophytic health plant
保守组分	守恆成分	conservative constituent
保温保压取芯器	壓-溫岩芯採樣器	pressure-temperature core sampler, PTCS
保压取芯器	壓力岩芯採樣器	pressure core sampler, PCS
堡礁, 离岸礁	堡礁	barrier reef
抱球虫泥灰岩	抱球蟲泥灰岩	globigerinid marl
抱球虫软泥	抱球蟲泥, 球房蟲軟泥	globigerina ooze, globigerina mud
鲍恩比	博文比[率]	Bowen ratio
鲍灵	鮑靈	paolin
鲍马层序(=鲍马序列)		
鲍马序列, 鲍马层序	鮑瑪層序	Bouma sequence
杯状穴	杯狀穴	cuphole

大　陆　名	台　湾　名	英　文　名
北冰洋	北冰洋	Arctic Ocean
北冰洋表层水	北極海表層水	Arctic surface water
北冰洋底层水(=北冰洋深层水)		
北冰洋气团	北極氣團	Arctic air mass
北冰洋深层水, 北冰洋底层水	北極海深層水	Arctic Ocean deep water
北冰洋烟状海雾	北極蒸氣霧	Arctic smoke
北冰洋中脊	北冰洋中洋脊	Mid-Arctic Ridge
北部湾	北部灣	Beibu Gulf
北磁极, 磁北极	磁北極	North magnetic pole
北大西洋公约组织	北大西洋公約組織	North Atlantic Treaty Organization, NATO
北大西洋流	北大西洋洋流	North Atlantic Current
北大西洋深层水	北大西洋深層水	North Atlantic deep water
北大西洋涛动	北大西洋振盪	Northern Atlantic Oscillation, NAO
北方古陆(=劳亚古[大]陆)		
北方两洋分布	兩洋北方分布	amphi-boreal distribution
北海	北海	North Sea
北极	北極	Arctic Pole, North Pole
北极锋	北極鋒	Arctic front
北极光	北極光	Aurora borealis, northern polar light
北极霾	北極霾	Arctic haze
北极气候	北極氣候	Arctic climate
北极气旋	北極氣旋	Arctic cyclone
北极圈	北極圈	Arctic Circle
北极群岛地区	北極群島區域	Arctic archipelago region
北极涛动	北極振盪	Arctic Oscillation, AO
北美板块	北美板塊	North American Plate
北美海盆	北美海盆	North American Basin
北太平洋涛动	北太平洋振盪	Northern Pacific Oscillation, NPO
北新赫布里底海沟	北新赫布里底海溝	North New Hebrides Trench
贝类传染病毒	貝類傳染病毒	shellfish contagious virus
贝[类]毒[素]	貝毒	shellfish toxin
贝类学	貝類學	conchology
贝尼奥夫带	班尼奧夫帶, 班氏帶	Benioff zone
贝氏拟态	貝氏擬態	Batesian mimicry

大　陆　名	台　湾　名	英　文　名
背景辐射	背景輻射	background radiation
背散射(=后向散射)		
被动边缘	被動邊緣	passive margin
被动大陆边缘	被動大陸邊緣	passive continental margin
被动声呐	被動聲納	passive sonar
被动[式]传感器	被動感測器	passive sensor
被动式遥感器, 无源遥感器	被動式遙測器	passive remote sensor
被动系统	被動系統	passive system
被囊动物	被囊動物	tunicate
被食者(=捕获物)		
本地种(=土著种)		
本格拉海流	本格拉海流	Benguela Current
本能行为	本能行為	instinctive behavior
崩解	崩解, 解集	disaggregate
崩碎波	溢出型碎波	spilling breaker
崩移	崩移	slide
鼻孔	噴氣孔, 氣孔	blowhole
比电离	比電離	specific ionization
比尔定律	比爾定律	Beer law
比活度	比活度	specific activity
比碱度	比鹹度	specific alkalinity
比黏度	比黏度	specific viscosity
比热	比熱	specific heat
比容	比容	specific volume
比容量	比容量, 電容率	specific capacity
比容偏差	比容偏差, 比容異常	specific volume anomaly
比色法	比色法	colorimetry
比色管	比色管	color comparison tube
比色计	比色計	colorimeter
比色指数	比色指數	color index
比湿[度]	比濕度	specific humidity
比吸收系数	吸收比度	specific absorption
比重	比重	specific weight
比重计, 比重瓶	比重計, 比重瓶	pycnometer
比重瓶(=比重计)		
必需氨基酸	必要氨基酸, 必需氨基酸	essential amino acid

大　陆　名	台　湾　名	英　文　名
必需元素	［生命］必要元素	essential element
闭壳肌	閉殼肌	adductor muscle
闭塞盆地,局限盆地	閉塞盆地,局限盆地	silled basin
闭式循环海水温差发电系统	封閉式海洋溫差發電	closed cycle OTEC
庇护所	庇護所	refuge
边界层	邊界層	boundary layer
边缘波	［沙］岸緣波	edge wave
边缘断陷槽	邊緣斷陷槽	marginal aulacogen
边缘海	邊緣海	marginal sea
边缘弧	陸緣島弧	marginal arc
边缘检测	邊緣偵測	edge detection
边缘盆地	邊緣盆地,邊緣海盆	marginal basin
边缘匹配	邊緣媒合	edge matching
边缘强化(＝边缘增强)		
边缘效应	邊緣效應	edge effect
边缘增强,边缘强化	邊緣強化	edge enhancement
边缘增生	邊緣增積	marginal accretion
边缘注水	邊緣注水	contour flooding, periferal water flooding
鞭毛	鞭毛	flagellum
变色［海］水	變色水	discolored water
变态	變態	metamorphosis
变温动物,冷血动物	變溫動物,冷血動物	poikilotherm, ectotherm
变形虫状细胞,阿米巴细胞	變形細胞	amebocyte
变余沉积,准残留沉积	變餘沉積物	palimpsest sediment, metarelict sediment
变余组织	變餘組織	palimpsest texture
标度因子	標度因子	scale factor
标记重捕法	標示再捕法	tagging recapture method
标记基因	標記基因	marker gene
标量辐照度	標量輻照度	scalar irradiance
标准层	標準層,指標層	key bed
标准差	標準差	standard deviation
标准地层,层型	標準地層	stratotype
标准电池	標準電池	standard cell
标准电极电势	標準電極勢	normal electrode potential

大　陆　名	台　湾　名	英　文　名
标准海水	標準海水	standard seawater, normal seawater
标准化	標準化, 規格化	normalization
标准化石	標準化石	index fossil
标准浓度	規定濃度, 標準濃度	normal concentration
标准平均大洋水	標準平均大洋水, 標準平均海水	standard mean ocean water, SMOW
标准状态	標準狀態	standard condition
表层	表層	surface layer
表层沉积物	表層沉積物	epigenic sediment
表层[洋]流	表層洋流	surface current
表观光学特性	表觀光學特性	apparent optical properties
表观耗氧量	表觀耗氧量	apparent oxygen utilization, AOU
表观解离常数	表觀解離常數	apparent dissociation constant
表观溶度积	表觀溶度積	apparent solubility product
表观温度	視溫度	apparent temperature
表面边界条件	表面邊界條件	surface boundary condition
表面波	表面波	surface wave
表面粗糙度	表面粗糙度	surface roughness
表面电位	表面電位	surface potential
表面混合层	表面混合層	surface mixed layer
表面活性剂	表面活性劑, 表面活化劑	surfactant, surface active agent
表面离子交换	表面離子交換	surface ion exchange
表面络合物	表面錯合物, 表面絡合物	surface complex
表面膜	表面膜	surface film
表面双性解离	表面雙性解離	surface amphoteric ionization
表面吸附	表面吸附	surface absorption
表面应力	表面應力	surface stress
表面张力	表面張力	surface tension
表面张力波(=毛细波)		
表面自由能	表面自由能	surface free energy
表上漂浮生物	表上漂浮生物	epineuston
表生成岩作用	表生成岩作用, 後生成岩作用	epidiagenesis
表下漂浮生物	水表下漂浮生物	hyponeuston
表型	表[現]型	phenotype
别藻蓝蛋白, 异藻蓝蛋	別藻藍蛋白, 異藻藍素	allophycocyanin

大　陆　名	台　湾　名	英　文　名
白		
滨	[海]濱，岸	shore
滨岸海湾	濱岸海灣	coastal embayment
滨海城市，沿海城市	沿海城市	coastal city
滨海带（=沿岸带）		
滨海湖	濱海湖	loch
滨海旅游	海岸旅遊	coastal tourism
滨海气候，海岸带气候	沿海氣候	coastal climate
滨海区	臨海區	seafront
滨海湿地	沿海濕地	coastal wetland
滨外坝	濱外沙洲，岸外壩	offshore bar
滨外沙埂，障碍海滩	海濱障島，障島海灘	shore barrier, barrier beach
滨外水域	離岸水域	offshore waters
滨外滩	濱外灘	offshore beach
濒危种	瀕危種	endangered species
冰槽扇	冰槽扇	alp
冰川减退，冰川消退	冰川減退，冰消	deglaciation
冰川消退（=冰川减退）		
冰岛低压	冰島低壓	Icelandic low
冰点	冰點，凝固點	freezing point
冰点降低	冰點降低	freezing point depression
冰盖	冰蓋	ice cap, ice cover
冰后期	冰後期	post-glacial age
冰架，陆缘冰	冰棚	ice shelf
冰架水	冰棚水	ice shelf water
冰间湖	冰間水道	polynya
冰块	冰塊	ice cake
冰砾阜群	冰礫阜群	kame complex
冰瀑布	冰瀑布	ice fall
冰碛	冰磧	moraine
冰情	冰情	sea ice condition
冰山	冰山	iceberg
冰水沉积[物]	冰河水沉積物	glacio-aqueous sediment, glaciofluvial deposit
冰雾	冰霧	ice fog
冰原反气旋	冰原反氣旋	tundra anticyclone
冰缘线	冰緣	ice edge
冰沼土	凍原土	tundra soil

大　陆　名	台　湾　名	英　文　名
冰针	冰針	frazil ice
屏气潜水	閉氣潛水	breath-hold diving
并列沙滩	並列沙灘	apposition beach
病毒	病毒	virus
病毒性出血败血症	病毒性出血敗血症	viral hemorrhagic septicemia
病毒性红细胞坏死症	病毒性紅血球壞死症	viral erythrocytic necrosis
病毒性上皮增生症	病毒性上皮增生症	viral epidermal hyperplasia
病毒性神经坏死病	病毒性神經壞死病	viral nervous necrosis
波长	波長	wavelength
波长分光仪	波長分光儀	wavelength spectrometer
波成构造	波成構造	wave-built structure
波成阶地	波成階地,波成臺地	wave-built terrace
波传播	波傳播	wave propagation
波导	波導	wave guide
波动	波動	wave motion
波动方程	波動方程式	wave equation
波陡	波尖度	wave steepness
波多黎各海沟	波多黎各海溝	Puerto Rico Trench
波峰	波峰	wave crest
波峰线	波峰線	crest line
波幅	波幅	wave amplitude
波干涉	波干擾	wave interference
波高,浪高	波高,浪高	wave elevation, wave height
波谷	波谷	wave trough
波痕	波痕	ripple mark
波候	波候	wave climate
波径	波徑	wave path
波控三角洲	浪控三角洲	wave-dominated delta
波浪	波浪	wave
波浪补偿器,升沉补偿器	垂盪補償器	heave compensator
波浪冲刷	波浪冲刷	wave wash
波[浪]反射	波反射	wave reflection
波浪后报	波浪後報	wave hindcasting
[波]浪基面	波浪基面	wave base
波浪均夷作用	波浪均夷作用	wave planation
波浪力线性化	波力線性化	linearization of wave force
波浪玫瑰图	波浪玫瑰圖	wave rose diagram

大　陆　名	台　湾　名	英　文　名
波浪能	波[浪]能	wave energy
波浪能转换	波能轉換	wave energy conversion
波浪爬高	溯上，沖刷高度	run-up，swash height
波浪侵蚀(＝浪蚀)		
波浪三角洲	波浪三角洲	wave delta
波[浪]散射	波散射	wave scatter
波浪水槽	波浪水槽，斷面水槽	wave flume，wave tank
波浪水池	平面水槽，平面水池	wave basin
波[浪]衍射	波繞射	wave diffraction
波浪预报(＝海浪预报)		
波[浪]折射	波折射	wave refraction
波浪作用	波浪作用	wave action
波列	波列	wave train
波龄	波齡	wave age
波罗的海	波羅的海	Baltic Sea
波模，波样式	波樣式	wave mode
波模式	波模式	wave pattern
波频	波頻	wave frequency
波频散	波頻散	wave dispersion
波剖面	波剖面	wave profile
波前	波前	wave front
波群	波群	wave group
波扰动	波擾動	wave disturbance
波蚀	波蝕	wave cut
波蚀海滨线	波蝕海濱線	wave-etched shoreline
波蚀阶地	波蝕階地，波蝕臺地	wave-cut terrace
波束宽度	波束寬度	beam width
波衰减	波衰減	wave attenuation，wave decay
波斯湾	波斯灣	Persian Gulf
波速	波速，波相速度	wave speed，wave velocity，wave celerity
波位相	波相	wave phase
波吸收	波吸收	wave absorption
波向	波向	wave direction
波压	波壓	wave pressure
波样式(＝波模)		
波致流	波浪衍生流，波引致流	wave-induced current
波周期	波浪週期	wave period

大　陆　名	台　湾　名	英　文　名
波状层理	波狀層理	wavy bedding
玻尔效应	波爾效應	Bohr effect
玻基玄武岩	玻基玄武岩	vitrobasalt
剥蚀速率	剝蝕速率	denudation rate
剥蚀作用	剝蝕作用，溶蝕作用	denudation
伯格曼法则(=伯格曼 律)		
伯格曼律，伯格曼法则	貝格曼律	Bergmann rule
帛琉海沟	帛琉海溝	Palau Trench
泊位	泊位	berth
铂电阻温度计	鉑電阻溫度計	platinum resistance thermometer
铂-钴[比色]法	鉑-鈷[比色]法	platinum-cobalt method
博弈论	博弈理論	game theory
渤海低压	渤海低壓	Bohai Sea low
渤海海峡	渤海海峽	Bohai Strait
渤海沿岸流	渤海沿岸流	Bohai Coastal Current
卟啉	卟啉	porphyrin
补偿层(=补偿深度)		
补偿点	平準點，補償點	compensation point
补偿光强度	平準光強度，補償光照 強度	compensation light intensity
补偿流	補償流	compensation current
补偿深度，补偿层	補償深度	compensation depth
补充量	補充量，入添量	recruitment
补充群体	補充系群	recruitment stock
捕获物，被食者	被掠者	prey
捕捞过度	過漁，過度漁撈	overfishing
捕捞强度	捕撈強度	fishing intensity
捕食	掠食，捕食	predation
捕食摄食者	捕食攝食者	raptorial feeder
捕食者	掠食者，捕食者	predator
捕鱼许可制度	捕魚許可制度	fishing licence system
不对称波痕	不對稱波痕	asymmetrical ripple mark
不规则波	不規則波	irregular wave
不坚实岩层	弱岩	incompetent rock
不减压潜水	不減壓潛水	non-decompression diving
不均匀	不均勻	non-uniform
不均匀性，多相性	不均勻性，多相性	inhomogeneity

大　陆　名	台　湾　名	英　文　名
不可恢复的环境影响	不可復原的海洋環境衝擊	irreversible marine environmental impact
不可压缩性	不可壓縮性	incompressibility
不冷凝气体	不可凝氣體	incondensable gas
不平衡	不平衡	disequilibrium
不溶性	不溶[解]性	insolubility
不透明	不透明	non-transparent, opaque
不稳定爆发	不穩定爆發	unstable exploding
不稳定性	不穩定性, 不穩定度	instability
不稳态	不穩態	unsteady state
不锈材料	非腐蝕材料	non-corrosive material
不整合	不整合	unconformity
不正规半日潮	不規則半日潮	irregular semi-diurnal tide
不正规全日潮	不規則全日潮	irregular diurnal tide
布干维尔海沟	布干維爾海溝	Bougainville Trench
布格改正	布蓋重力修正	Bouguer correction
布格异常	布蓋重力異常	Bouguer anomaly
布拉德型探针	布拉德型探針	Bullard probe
布拉格散射	布拉格散射	Bragg scattering
布莱克海台	布萊克海臺	Blake Plateau
布赖恩-考克斯模式	布萊恩-卡克斯模式	Bryan and Cox model
布容正向极性期	布容尼斯正向期	Brunhes normal polarity chron
布儒斯特角	布魯斯特角	Brewster angle
步带系	水管系統, 步帶系統	ambulacral system
部分饱和	部分飽和	partial saturation
部分混合河口	部分混合河口	partially mixed estuary
部分熔融	部分熔融	partial melting

C

大　陆　名	台　湾　名	英　文　名
采水点	採水點	water sampling point
采水器	採水器	water sampler
采水样	採水樣, 水樣採集	water sampling
采水装置	採水裝置	water sampling device
采样	採樣	sampling
采样频率	採樣頻率	sampling frequency

大　陆　名	台　湾　名	英　文　名
采样周期	採樣週期	sampling period
彩票理论	彩票理論	lottery theory
彩色红外	彩色紅外	color infrared, CIR
参考层	參考層	reference level
参数	參數	parameter
残磁稳定性	殘磁穩定性	stability of remanent magnetization
残毒含量	殘留量	residual level
残毒积累	殘留蓄積	residue accumulation
残留	殘留	relict, residue
残留层理，残余层理	殘留層理	relict bedding
残留沉积[物]	殘留沉積物	relict sediment
残留[大]洋盆	殘留洋盆	remnant ocean basin
残留弧	殘留島弧	remnant arc
残留烟囱	殘留煙囪	relict smoker
残遗种	孑遺種	relict species
残余层理(=残留层理)		
残余矿物	殘餘礦物	residual mineral
残余量	殘餘量	residual volume
残余氯腐蚀	殘留氯蝕，殘餘氯腐蝕	residual chlorine corrosion
残余物	殘餘物	residue
槽沟	槽溝	furrow
槽探	槽探，開溝，挖溝	trenching
草苔虫素(=苔藓虫素)		
草沼，沼泽湿地	沼澤	marsh
侧反射	側向反射	lateral reflection
侧扫声呐，旁扫声呐	側掃聲納	side-scan sonar, SSS
侧视声呐，旁视声呐	側視聲納	side-looking sonar, SLS
侧涡扩散率	側向渦流擴散係數	lateral eddy diffusivity
侧向承载桩	側向力承載樁	laterally loaded pile
侧向混合	側向混合	lateral mixing
侧向加积	側向加積作用	lateral accretion
侧[向侵]蚀	側蝕	lateral erosion
侧向应力	側向應力	lateral stress
侧向运移	側向移位	lateral migration
测波浮标	測波浮標	wave buoy
测波仪	測波儀	wave gauge
测高法	測高術	altimetry
测高仪(=高度计)		

大　陆　名	台　湾　名	英　文　名
测井	測井	well logging
测深(=水深测量)		
测深基准面, 深度基准 面	測深基準面	sounding datum
测深图	測深圖	fathogram
测深仪(=深度计)		
K 策略, K 对策	K 策略	K-strategy
r 策略, r 对策	r 策略	r-strategy
层	層	layer
层化海洋	層化海洋	stratified ocean
层流	層流	laminar flow
层流边界层	層流邊界層	laminar boundary layer
层位	層位	horizon
层析成像	斷層掃描	tomography
层序	序列	sequence
层序地层学	層序地層學	sequence stratigraphy
层状	層狀	stratiform
层状硫化物	層狀硫化物	stratiform sulfide
层状水合物	層狀水合物	layered hydrate
叉红藻胶	叉紅藻膠	furcellaran
叉棘	叉棘	pedicellaria
差分植被指数	差分植被指數	difference vegetation index, DVI
差异侵蚀	差異侵蝕	differential erosion
差异压实作用	差異化固結作用, 分異 化壓縮作用	differential compaction
产卵	產卵	oviposition, egg laying
产卵场	產卵場	spawning ground
产卵洄游, 生殖洄游	產卵洄游, 生殖洄游	spawning migration, breeding migra- tion
产卵量(=生殖力)		
长波	長波	long wave
长波辐射	長波輻射	long-wave radiation
长波红外	長波紅外	long-wave infrared, LWIR
长城站	長城站	Great Wall Station
长江冲淡水	長江沖淡水, 長江河口 水舌	Changjiang Diluted Water, Changjiang River Plume
长期变化	長期變化	secular variation
长期生态研究	長期生態研究	long-term ecological research

大 陆 名	台 湾 名	英 文 名
长涌	捲浪	roller
常规潜水	正規潛水	conventional diving
常见种(=习见种)		
常态层序	常態層序	normal sequence
常压潜水	大氣壓潛水	atmospheric diving
超纯水	超純水	ultrapure water
超大陆	超大陸	super continent
超覆	超覆	lapout, overlap
超级地幔柱	超級地函柱, 超級地幔柱	superplume
超绝热递减率(=超绝热直减率)		
超绝热直减率, 超绝热递减率	超絕熱遞減率	super-adiabatic lapse rate
超滤膜萌发法	超薄膜培養法	ultrafiltration membrane culture method
超深深度	超深深度	hadal depth
超深渊带	超深淵帶	hadal zone, ultra-abyssal zone
超深渊动物	超深淵動物區系, 超深淵動物相	hadal fauna, ultra-abyssal fauna
超声波探伤	超音波探傷檢測	ultrasonic technique, UT
超声回波图, 回波成像	回聲測深圖, 音測圖	echogram
超算误差(=多余性误差)		
超微古生物学	超微古生物學	nannopaleontology
超微化石	超微化石	nannofossil
超微化石软泥	超微化石軟泥	nannofossil ooze
超微量分析	超微[量]分析	ultramicro-analysis
超微微型浮游生物	超微微浮游生物	femtoplankton
超微型浮游动物	超微浮游動物	picozooplankton
超微型浮游生物	超微浮游生物	picoplankton, ultraplankton
超微型浮游植物	超微浮游植物	picophytoplankton
超显性	超顯性	overdominance
超雄鱼	超雄魚	super-male fish
超盐水, 高盐水	超鹽水, 高鹽水	ultrahaline water, hyperhaline water
巢域, 活动圈	活動圈	home range
朝鲜海峡	朝鮮海峽	Korea Strait

大　陆　名	台　湾　名	英　文　名
潮波	潮波	tidal wave
潮差	潮差	tidal range
潮池	潮池	tidal pool
潮共振	潮共振	tidal resonance
潮沟	潮溝	tidal creek
潮混合	潮混合	tidal mixing
潮积物	潮積物，潮積岩	tidalite
潮间带	潮間帶	intertidal zone
潮间带沉积物	潮間帶沉積物	intertidalite
潮间带生态学	潮間帶生態學	intertidal ecology
潮间地	潮間地，沿岸帶	tidal land
潮控三角洲	潮汐主宰的三角洲	tide-dominated delta
潮棱体	潮稜	tidal prism
潮龄	潮齡	tidal age
潮流	潮流	tidal current
潮流发电	潮差發電	tidal current generation
潮流玫瑰图	潮流玫瑰圖	tidal current rose
潮流能	潮流能量	tidal current energy
潮流椭圆	潮流橢圓	tidal ellipse
潮流挖蚀	潮流挖蝕	tidal scour
潮坪(=潮滩)		
潮坪沉积[物]，潮滩沉积	潮坪沉積	tidal flat sediment
潮区界	汐止	tidal limit
潮上带	上潮帶，潮上帶	supralittoral zone，supratidal zone
潮升	潮升	tide rise
潮滩，潮坪	潮灘	tidal flat
潮滩沉积(=潮坪沉积[物])		
潮位	潮位	tide level
潮汐	潮汐	tide
潮汐表	潮汐表	tide table
潮汐汊道	入潮口	tidal inlet
潮汐带	潮汐帶	tidal zone
潮汐电站	潮汐發電站	tidal power station
潮汐非调和常数	潮汐非調和常數	nonharmonic constant of tide，tidal nonharmonic constant
潮汐改正	潮汐修正	tidal correction

大 陆 名	台 湾 名	英 文 名
潮汐基准面	潮汐基準面	tidal datum
潮汐能	潮汐能	tidal energy
潮汐三角洲	潮汐三角洲	tidal delta
潮汐沙波	潮汐沙波	tidal sand wave
潮汐沙脊	潮汐沙脊	tidal sand ridge
潮汐调和常数	潮汐調和常數	harmonic constant of tide, tidal harmonic constant
潮汐调和分析	潮汐調和分析	harmonic analysis of tide, tidal analysis
潮汐通道	潮汐航道	tidal channel
潮汐效应	潮汐效應	tidal effect
潮汐学	潮汐學	tidology
潮汐周期	潮汐週期	tidal cycle
潮下带	潮下帶	subtidal zone
潮沼	潮沼	tidal marsh
潮[致]余流	潮汐餘流	tide-induced residual current
沉船打捞	沉船打撈	wreck raising
沉船勘测	沉船勘測	wreck surveying
沉垫	基墊	mat
沉淀作用	沉澱[作用]	precipitation
沉积层序	堆積層序	depositional sequence
沉积动力学	沉積動力學	sediment dynamics
沉积环境	堆積環境	depositional environment
沉积模式	堆積模式	depositional model
沉积扇顶端	沉積扇頂端	fan apex
沉积生物	沉積生物	sedimentary organism
沉积速率	沉積速率	sedimentation rate
沉积体系	堆積體系	depositional system
沉积物	沉積物	sediment
沉积物捕获器	沉積捕集器, 沉積物搜集器	sediment trap
沉积物通量	沉積[物]通量	sediment flux
沉积楔	沉積楔	sedimentary wedge
沉积学	沉積學	sedimentology
沉积中心	沉積中心	depocenter
沉积重力流	沉積物重力流	sediment gravity flow
沉积作用	沉積作用	sedimentation, deposition
沉降海岸	沉降海岸	subsided coast
沉降盆地	沉降盆地	subsiding basin

大　陆　名	台　湾　名	英　文　名
沉降速度	沉降速度，沉澱速度	settling velocity
沉降速率	沉降速率	settling rate
沉井	沉井	sinking well
沉没海滩	下沉海灘	submerged beach
沉水盐生植被	沉水鹽生植被	immersed halophyte vegetation
沉陷	沉陷，坳陷	ebbing
沉箱	沉箱	caisson
沉性卵	沉性卵	demersal egg
陈[化]海水	陈化海水	aged seawater
称量瓶	稱量瓶	weighing bottle
撑杆	支撑桿	brace
成熟腐泥	成熟腐泥	eu-sapropel
成熟期，成体期	成熟期，成體期	mature stage，adult stage
[成]双变质带	成雙變質帶	paired metamorphic belt
成体期(＝成熟期)		
成像雷达	影像雷達	imaging radar
成岩过程	成岩過程	diagenetic process
成岩相	成岩相	diagenetic facies
成岩作用	成岩作用	diagenesis
城市污水	城市汙水	municipal sewage
吃水修正	吃水修正	draft correction
池塘养殖	池塘養殖	pond culture
持久性有机污染物	持續性有機汙染物	persistent organic pollutant，POP
匙虫	匙蟲	spoon worm
尺度分析	尺度分析	scaling
齿舌	齒舌	radula
赤潮	赤潮，紅潮	red tide
赤潮毒素检测	赤潮毒素檢測	detection of red tide toxin
赤潮监测	赤潮監測	red tide monitoring
赤潮生物	赤潮生物	red tide organism
赤潮遥感	赤潮遙測	red tide remote sensing
赤潮灾害	赤潮災害	red tide disaster
赤潮治理	赤潮治理	harnessing of red tide
赤道波导	赤道波導	equatorial wave guide
赤道东风带	赤道東風帶	equatorial easterlies
赤道流	赤道流	equatorial current
赤道逆流	赤道反流	equatorial countercurrent
赤道暖流	赤道暖流	equatorial drift

大　陆　名	台　湾　名	英　文　名
赤道气团	赤道氣團	equatorial air mass
赤道潜流	赤道潛流	equatorial undercurrent
赤道无风带	赤道無風帶	equatorial calms
赤道西风带	赤道西風帶	equatorial westerlies
赤经	赤經	right ascension
赤平投影，球面投影	平射投影	stereographic projection
赤平网格图	赤平網格圖	stereonet
充分成长风浪	完全發展風浪	fully developed sea
冲沟	雛谷，沖蝕溝	gully
冲换时间	沖換時間	flushing time
冲击波	衝擊波	shock wave
冲积扇	沖積扇	alluvial fan
冲积扇湾	沖積扇灣	fan bay
冲积相	沖積相	alluvial facies
冲浪	衝浪	surfing
冲绳海槽	沖繩海槽	Okinawa Trough
冲刷带	掃浪帶，沖刷帶	wash zone
冲溢	溢流	washover
冲淤	蝕積	cut-and-fill
虫黄藻	共生藻，蟲黃藻	zooxanthella
重叠冰	筏浮冰	rafted ice
重定居(=再拓殖)		
重复潜水(=反复潜水)		
重现期	迴歸期	return period
重组	重組	recombination
臭水	臭水	stinking water
臭碳酸盐软泥	臭碳酸鹽軟泥	fetid carbonate ooze
出潮口	出潮口	tidal outlet
出生率	出生率	natality, birth rate
出水管	出水管	excurrent canal, exhalent siphon
出水孔	出水孔	apopore
初冰期	初冰期	freezing period
初步环境评估	初級環評	initial environmental evaluation
初级合作，原始合作	原始合作	protocooperation
初级膜	初級膜	primary film
初级生产力	基礎生產力，初級生產力	primary productivity
初级生产量	基礎生產量，初級生產	primary production

大　陆　名	台　湾　名	英　文　名
	量	
初级污着膜	初級汙著膜	primary fouling film
初期冰	初期冰	young ice
初生冰	初生冰	new ice
初始条件	初始條件	initial condition
除垢剂	除垢劑	descaling agent
除垢能力	去垢能力	descaling capability
除气作用	除氣	outgassing
除锈	除鏽	rust removal
处理后污水	處理後流出物	processed effluent
触角电位图	觸角電位圖	electroantennogram, EAG
触手冠	總擔, 觸手冠	lophophore
穿透	穿透	transmission
穿透深度	穿透深度	penetration depth
传播	傳遞	propagation
传导	傳導	conduction
传导性	傳導性	conductivity
传染性胰脏坏死病	傳染性胰臟壞死病	infectious pancreatic necrosis
传染性造血器官坏死病	傳染性造血器官壞死病	infectious hematopoietic necrosis
传声系数	傳聲係數	coefficient of sound-transmission
传送带	傳送帶, 輸送帶	conveyor
传统海洋产业	傳統海洋產業	traditional marine industry
传质系数	傳質係數	mass transfer coefficient
船舶观测	船舶觀測	ship observation
船舶海浪观测	船舶波浪觀測	ship wave observation
船舶居住性	船舶居住性	ship habitability
船舶油污水处理方法	船舶油汙水處理	watercraft oil-contaminated water treatment
船厂	造船廠	shipyard
船底[生物]污着	船底[生物]汙著	ship bottom fouling
船蛆	蛀船蟲	teredo
船台	造船臺	ship-building berth
船体[生物]污着	船體[生物]汙著	ship fouling
船尾波	艉波	stern wave
船坞	船塢	dock
船行波	船波	ship wave
船用分光光度计	船用分光光度計	shipboard spectrophotometer
船员适应性	船員適應性	seaman's adaptation

大　陆　名	台　湾　名	英　文　名
船员体格条件	船員體格條件	physical fitness of seaman
船载磁法测量	船載磁力測量	shipborne magnetic survey
船载重力仪	船載重力儀	shipborne gravimeter
创始者控制群落	創始者控制群聚	founder-controlled community
创始者效应	創始者效應	founder effect
垂向均匀河口	完全混合河口	full mixed estuary
垂直地震剖面	垂直震測剖面	vertical seismic profile, VSP
垂直分布	垂直分布	vertical distribution
垂直混合	垂直混合	vertical mixing
垂直极化	垂直極化	vertical polarization
垂直扩散	垂直擴散	vertical diffusion
垂直探鱼仪	垂直魚探儀	vertical fish finder
垂直拖	垂直拖曳	vertical haul
垂直温度梯度	垂直溫度梯度	vertical temperature gradient
垂直稳定度	垂直穩定度	vertical stability
垂直涡动扩散系数	垂直渦動擴散係數	vertical coefficient of eddy diffusion
垂直消光系数	垂直消光係數	vertical extinction coefficient
垂直移动	垂直遷移	vertical migration
纯橄榄岩	純橄欖岩	dunite
纯合性,同型接合性	純合性,同質接合性	homozygosity
纯合子	純合子,同質接合子	homozygote
层型(=标准地层)		
磁北极(=北磁极)		
磁层,磁圈	磁層,磁圈	magnetosphere
磁场强度	磁場強度	magnetic field strength, magnetic field intensity
磁电阻率法	磁電阻率法	magnetometric resistivity method
磁法勘探	磁力探勘	magnetic prospecting
磁粉探伤	磁粉探傷檢測	magnetic particle technique, MT
磁化率	磁感率	magnetic susceptibility
磁极反转	磁極反轉	magnetic polarity reversal
磁[力宁]静	磁力寧靜	magnetically quiet
磁偏角	磁偏角	declination
磁[平]静带	磁平靜帶	magnetic quiet zone
磁强计	磁力儀	magnetometer
磁倾角	磁傾角,地磁傾角	magnetic inclination, magnetic dip
磁圈(=磁层)		
磁蟹幼体	瓷蟹幼蟲	porcellana larva

大　陆　名	台　湾　名	英　文　名
磁性地层学	磁性地層學	magnetostratigraphy, magnetic stratigraphy
磁性分离	磁性分離	magnetism separation
磁性基底	磁性基盤	magnetic basement
磁异常	磁力異常	magnetic anomaly
雌核发育技术	雌核發育技術	gynogenesis technique
雌性先熟	先雌後雄	protogeny
雌雄同体	雌雄同體	hermaphrodite, monoecism
雌雄异体	雌雄異體	gonochorism, dioecism
次板块	次板塊	subplate
次标准海水	次標準海水, 副標準海水	sub-standard seawater
次成体(=亚成体)		
次级生产力	次級生產力	secondary productivity
次级生产量	次級生產量	secondary production
次胶体悬浮物	次膠體懸浮物	subcolloidal suspension
次生代谢物, 二次代谢物	二次代謝物	secondary metabolite
次生[海]岸	次生海岸	secondary coast
次生弧	次生弧	secondary arc
次生灭绝	次生滅絕	secondary extinction
次生演替	次生演替, 次級消長	secondary succession
次网格尺度	次網格尺度	sub-grid scale
次要构件	次要構件	secondary member
次要无机成分	次要無機成分	minor inorganics
刺参黏多糖	刺參黏多糖	acidic mucopolysaccharide of *Apostichopus japonicus*
刺丝胞	刺絲胞	nematocyte
刺丝囊	刺絲囊	nematocyst
粗糙度	粗糙度	roughness
粗[放]养[殖]	粗放[式]養殖	extensive culture
粗砾(=卵石)		
粗面岩	粗面岩	trachyte
醋酸纤维素系列膜	醋酸纖维素系列膜	cellulose acetate series membrane
簇	簇團, 群	cluster
存活率	活存率, 存活率	survival rate
存活曲线, 生存曲线	存活曲線	survivorship curve

D

大　陆　名	台　湾　名	英　文　名
搭接结点	複疊接合	overlapping joint
打捞	救難	salvage
打桩船	打椿船	floating pile driver, piling barge
大波痕	大波痕	megaripple
1/3 大波[平均]波高	1/3 示性波高	[average] height of highest one-third wave
1/10 大波[平均]波高	1/10 示性波高	[average] height of highest one-tenth wave
大潮	大潮	spring tide
大潮差	大潮差	spring range
大潮潮流	大潮潮流	spring tidal current
大潮升	大潮升	spring rise
大地电磁测深法	大地電磁測深法	magnetotelluric sounding
大地沟	大地溝, 大海溝帶	Fossa Magna
大地全息术	大地全像術	earth holography
大地水准面	大地水準面	geoid
大地椭球[体]	大地椭球體	earth ellipsoid
大风警报	強風警報	gale warning
大海洋生态系统	大海洋生態系	large marine ecosystem, LME
大鳞大麻哈鱼胚胎细胞系	國王鮭魚胚胎細胞系	chinook salmon embryo cell line, CHSE
大陆	大陸	continent
大陆边缘, 陆缘	大陸邊緣, 陸緣	continental margin
大陆-岛屿模型	大陸-島嶼模型	continent-island model
大陆化作用	陸殼化, 大陸化	continentization
大陆架	大陸棚, 大陸架	continental shelf
[大]陆架波	大陸棚波	shelf wave
大陆架公约	大陸礁層公約	Convention on the Continental Shelf
大陆架界限委员会	大陸礁層界限委員會	Commission on the Limits of the Continental Shelf, CLCS
大陆架外部界限	大陸棚外緣	outer limit of the continental shelf
大陆阶地	大陸階地	continental terrace
大陆隆	大陸隆起	continental rise

大　陆　名	台　湾　名	英　文　名
大陆漂移	大陸漂移	continental drift
大陆漂移说，魏格纳假说	大陸漂移假說，魏格納假說	continental drift hypothesis，Wegner hypothesis
大陆坡	大陸坡，大陸斜坡	continental slope
大陆台地	大陸臺地	continental platform
大陆增生	大陸增生	continental accretion
大陆增长作用	大陸成長，大陸增長	continental growth
大灭绝(＝集群灭绝)		
大气潮	大氣潮	atmospheric tide
大气窗	大氣窗口	atmospheric window
大气输入	大氣輸入	atmosphere input
大生活用海水技术	生活用海水技術	domestic seawater technology
大生活用海水排海标准	生活用海水排海標準	outfall standard of domestic seawater
大生活用海水水质标准	生活用海水水質標準	quality standard of domestic seawater
大西洋	大西洋	Atlantic Ocean
大西洋边缘	大西洋邊緣	Atlantic margin
大西洋赤道潜流	大西洋赤道潛流	Atlantic Equatorial Undercurrent
大西洋期	大西洋冰後期，大西洋期	Atlantic phase
大西洋型海岸	大西洋型海岸	Atlantic-type coast
大西洋中脊	大西洋中洋脊	Mid-Atlantic Ridge
大型底栖生物	大型底棲生物	macrobenthos
大型动物	大型動物	macrofauna
大型浮游生物	大型浮游生物	macroplankton
大型漂浮植物	大型漂浮植物	pleustophyte
大型藻类	大型藻類	macroalgae
大眼幼体	大眼幼體	megalopa larva
大洋板块	海洋板塊	oceanic plate
［大洋］表层水	表層水	［oceanic］surface water
大洋层	大洋層	oceanic layer
［大洋］次表层水	次表層水	［oceanic］subsurface water
［大洋］底层水	底層水	［oceanic］bottom water
大洋地势图	通用海洋水深圖	general bathymetric chart of the oceans，GEBCO
大洋对流层	海洋對流層	oceanic troposphere
大洋浮游生物	大洋性浮游生物	oceanic plankton
大洋航线预报	大洋航線預報	ocean shipping routes forecast
大洋环流	海洋環流	ocean circulation

大 陆 名	台 湾 名	英 文 名
[大洋环流]西岸强化	西方强化, 西向强化	westward intensification [ocean circulation]
大洋拉斑玄武岩	大洋拉斑玄武岩	oceanic tholeiite
[大洋]冷水团	冷水團	[ocean] cold water mass
大洋区	大洋區	oceanic zone
大洋上层浮游生物	表層浮游生物, 大洋上層浮游生物	epipelagic plankton
大洋上层生物	大洋上層生物	epipelagic organism
[大洋]上层水	上層水	[oceanic] upper water
大洋上升流	大洋上升流	oceanic upwelling
大洋深层生物	深層帶生物	bathypelagic organism
[大洋]深层水	深層水	[oceanic] deep water
大洋生物	水層生物	pelagic organism
大洋脱氮速率	大洋脱氮速率	oceanic denitrification rate
大洋型地壳, 洋壳	海洋地殼, 大洋型地殼, 洋殼	oceanic crust
大洋性鱼类	水層魚類	pelagic fishes
大洋中层浮游生物	中層浮游生物, 大洋中層浮游牛物	mesopelagic plankton
大洋中层生物	大洋中層生物	mesopelagic organism
[大洋]中层水	中層水	[oceanic] intermediate water
大洋中动力实验	洋中動力學試驗	mid-ocean dynamics experiment, MODE
大洋中央裂谷	大洋中央裂谷, 洋中裂谷	mid-ocean valley
[大洋]中央水	中央水	[oceanic] central water
大洋中央峡谷	洋中峽谷	mid-ocean canyon
代表种	代表種	characteristic species
带垫板结点	結點板接點	gusset point
带宽(=频带宽度)		
带状分布	帶狀分布	zonal distribution, zonation
待定系数法	未定係數法	method of undetermined coefficient, undefined coefficient method
袋状滩	袋狀灘, 灣頭灘	pocket beach
单倍二倍性	單倍兩倍性	haplodiploidy
单倍体	單倍體	haploid
单倍体育种技术	單倍體育種技術	haploid breeding technique
单倍体综合征	單倍體綜合症	haploid syndrome

大　陆　名	台　湾　名	英　文　名
单波束	單波束	single beam
单层	單層，單分子層	monolayer
单程时间	單程時間	one-way time
单点系泊	單點繫泊	single-point mooring, SPM
单顶极学说，单峰假说	單元顛峰論	monoclimax hypothesis
单分子膜	單分子膜	unimolecular film
单峰假说（=单顶极学说）		
单锚腿	單錨腿	single anchor leg
单配性	單配制	monogamy
单色	單色	monochrome
单色辐射	單色輻射	monochromatic radiation
单食性	單食性	monophagy
单体	單體，單體分子	monomer
单体型，单元型	單倍型	haplotype
单位捕捞强度	單位努力漁獲量	catch-per-unit effort, CPUE
单性卵（=夏卵）		
单性鱼养殖	單性魚養殖	monosex fish culture
单性鱼育种	單性魚繁殖，單性魚育種	monosex fish breeding
单养	單養	monoculture
单元型（=单体型）		
单周期	單週期	monocycle
担轮幼虫	擔輪幼蟲	trochophore
担轮幼体	擔輪幼體，擔輪子幼蟲	trochophore larva
淡沸绿岩，暗沸绿岩	暗沸綠岩	bogusite
淡化（=脱盐）		
淡化厂	淡化廠	desalination plant
淡化过程	淡化過程	desalination process
淡化焓	淡化熱函	enthalpy of desalting
淡化技术	淡化技術	desalination technology
淡化膜	淡化膜	desalination membrane
淡化水	淡化水	desalted water
淡水	淡水	fresh water, plain water
淡水径流	淡水徑流	freshwater run-off
氮铬矿	氮鉻礦，隕石礦物	carsbergite
氮化作用	氮化作用	nitrogenation
氮麻醉	氮醉	nitrogen narcosis

大 陆 名	台 湾 名	英 文 名
氮同化[作用]	氮同化作用	nitrogen assimilation
氮循环	氮循環	nitrogen circulation, nitrogen cycle
氮氧潜水	氮氧潛水	nitrogen-oxygen diving
当量	當量	equivalent weight
挡潮闸	擋潮閘	tide sluice
导电式盐度计	導電式鹽度計	conductive salinometer
导管架	套管架	jacket
导管架吊耳	套管架吊孔	jacket lifting eye
导管架定位	套管架定位	jacket positioning
导管架就位,平台就位	平臺現場定位	platform positioning on the site
导管架腿柱	套管架腳柱	jacket leg
导管架下水驳船	套管架下水駁船	jacket launching barge
导管架桩基平台	套管架樁基平臺	jacket pile-driven platform
导管架组片	套管架嵌板	jacket panel
导航	導航	navigation
导航设备	航海設備	navigation equipment
导[流]堤	突堤,導流堤	jetty, training mole
导热系数,热导率	導熱係數	thermal conductivity
导体	導體	conductor
导向索	導引索	guideline
导向索恒张力器	導引索恆張力器	permanent guideline tensioner
岛堤	島堤	island mole
岛弧	島弧	island arc
岛架	島棚,島架	island shelf
岛链	島鏈	island chain
岛坡	島坡	island slope
岛式防波堤	離岸堤,島式防波堤	detached breakwater, isolated break-water
岛式码头	離岸碼頭	detached wharf, offshore terminal
道尔顿定律	道爾頓定律	Dalton law
道尔顿数	道爾頓數	Dalton number
德拜–休克尔理论	德拜–休克爾理論	Debye-Hückel theory
德拜–休克尔强电解质理论	德拜–休克爾強電解質理論	Debye-Hückel theory of strong electro-lyte
德拜–休克尔限制定律	德拜–休克爾限制定律	Debye-Hückel limiting law
德雷克海峡	德雷克海峽	Drake Passage
灯船	燈船	light vessel
灯塔	燈塔	light house

大　陆　名	台　湾　名	英　文　名
登船平台，登船桥台 登船桥台(＝登船平台)	登船橋臺	boat landing bridge
等比容面	等比容面	isosteric surface
等变温线	等變溫線	isallotherm, thermisopleth
等潮差线，同潮差线	同潮差線	corange line
等潮时线，同潮时线	同潮線，等潮線	cotidal line
等磁力线	等磁力線	isogam
等磁偏线	等磁偏線	isogon
等地温面	等地溫線	isogeotherm
等伽线	等重力線	isogal
等高线	等高線	isohypse, contour line
等焓	等焓	isoenthalpy
等焓线	等焓線	isoenthalpic
等厚线图	等厚圖	isopach map
等基线	等基線	isobase
等价电位	等當電位	equivalence potential
等角[现象]	等角[現象]	isogonism
等粒级	等粒級	equivalent grade
等密度面	等密度面	isopycnic surface
等密度线	等密度線	isopycnic line
等倾线	等磁傾角線	isoclinic line
等热量线	等熱量線	isocals
等日照线	等日照線	isohel
等色线	等水色線	isochromatic line
等熵	等熵	isentropy
等熵分析	等熵分析	isentropic analysis
等熵过程	等熵過程	isentropic process
等熵流[动]	等熵流	isentropic flow
等熵面	等熵面	isentropic surface
等熵线	等熵線	isentrope
等深流	等深[海]流	contour current
等深流沉积[岩]	平積岩	contourite
等深线	等深線	isobath, isobathymetric line
等渗性	等滲性，等滲壓	isosmoticity
等时线	等時線	isochrone
等水色带	等水色帶	equal color band
等位基因	對偶基因，等位基因	allele
等温变化	等溫變化	isothermal change

大　陆　名	台　湾　名	英　文　名
等温层	等溫層	isothermal layer
等温过程	等溫過程	isothermal process
等温膨胀	等溫膨脹	isothermal expansion
等温深度线	等溫深度線，等溫深度面	isobathytherm
等温剩余磁化	等溫殘磁	isothermal remanent magnetization, IRM
等温线	等溫線	isotherm
等效电导	等效電道	equivalent conductance
等效风区	等效風域	equivalent fetch
等效风时	等效延時	equivalent duration
等压点	等壓點	isopiestic point
等压面	等壓面	isobaric surface
等压线	等壓線	isobar, isopiestics, isostatic curve
等盐[度]线	等鹽[度]線	isohaline
等雨量线	等雨量線	isohyet
等值线	等值線，等濃線	isopleth
镫骨	鐙骨	stapes
低潮	低潮，乾潮	low water
低潮线	低潮線	low water line
低轨卫星	低軌衛星	low altitude satellite
低能海岸	低能海岸	low-energy coast
低平海岸	低平海岸	flat coast, low coast
低水位期	低水位期	lowstand
低温多效蒸馏	低溫多效蒸餾	low temperature multi-effect distillation
低温水热矿床	低溫熱液礦床，淺層熱液礦床	epithermal deposit
低温水热矿脉	淺成熱液礦脈	epithermal vein
低狭盐种	低狹鹽種	oligostenohaline species
低压槽	低壓槽	trough of low pressure
低盐水	低鹽水	less saline water
低盐特性	低鹽特性	low salinity characteristic
堤防	堤防	embankment
滴定[分析]法	滴定[分析]法	titrimetry, titration
滴定剂	滴定劑	titrant
滴定碱度	滴定鹼度	titration alkalinity
滴汞电极	滴汞電極	dropping mercury electrode

大　陆　名	台　湾　名	英　文　名
滴管	滴管	dropper
底辟构造	衝頂構造	diapir structure
底辟盐体构造	衝頂構造鹽體	diapir salt
底辟作用	貫入作用	diapirism
底表动物	底表動物，附著動物	epifauna
底表植物	底表植物，附著植物	epiflora
底波	底波	bottom wave
底层密度流	底層密度流	bottom density current
底层水	底層水	bottom water
底层鱼类	底層魚類	demersal fishes
底超，底覆	底覆，底超	baselap
底覆(=底超)		
底流	底流	bottom flow
底摩擦	底摩擦	bottom friction
底摩擦层	海底摩擦層	bottom frictional layer
底内底栖性	底內底棲性	endobenthic
底内动物	底內動物	infauna
底栖带	底棲帶	benthic zone
底栖动物	底棲動物	zoobenthos
底栖生物	底棲生物	benthos, benthic organism
底栖生物群落	底棲生物群落	benthic community
底栖生物学	底棲生物學	benthology
底栖性表下漂浮生物	底棲性表下漂浮生物	bentho-hyponeuston
底栖植物，水底植物	底棲植物，水底植物	benthophyte, phytobenthos
底上固着生物群落	底上固著生物群落	sessile epifaunal community
底食者	底食者	benthivore
底土	底土	subsoil, ocean floor
底拖网	底拖網	bottom trawl, dredge
底应力	海底應力	bottom stress
地层标志	地層標誌	stratigraphic marker
地层滑距	地層滑距	stratigraphic gap
地层柱状图	地層柱狀圖	stratigraphic column
地磁测流仪	地磁測流儀	geomagnetic electrokinetography, GEK
地磁场	地磁場，地球磁場	geomagnetic field, earth magnetic field
地磁等年变线	地磁等年變線	isopor
地磁反向	磁性反轉，地磁反轉	magnetic reversal
地磁极反转(=地磁极性反向)		

大　陆　名	台　湾　名	英　文　名
地磁极性超期	地磁極性超期	polarity superchron
地磁极性反向，地磁极反转	地磁極反轉	geomagnetic polarity reversal
地磁极性亚期	地磁極性亞期	polarity subchron
地磁偏角	地磁偏角	geomagnetic declination
地磁偏移，地磁漂移 地磁漂移（＝地磁偏移）	地磁偏移	geomagnetic excursion
地磁倾角	地磁傾角	geomagnetic inclination
地磁异常	地磁異常	geomagnetic anomaly
地方种，特有种	特有種，地方種	endemic species
地缝合线	地縫合線	geosuture
地基承载能力	基礎承載力	foundation capability
地基整体稳定性	基礎整體穩定性	ground general stability
地垒	地壘	horst
地理编码	地碼編定	geocoding
地理参照系	地理參考系統	geographic reference system，GEOREF
地理隔离	地理隔離	geographic isolation
地理信息系统	地理資訊系統	geographic information system，GIS
地理障碍	地理障礙	geographical barrier
地幔	地幔	mantle
地幔对流	地幔對流	mantle convection
地幔隆起	地幔隆起	mantle bulge
地幔楔体	地幔楔形體	mantle wedge
地幔柱	地幔柱	mantle plume
地面分辨率	地面解析度	ground resolution
地面控制点	地面控制點	ground control point，GCP
地面实况	地表實況	ground truth
地面站	地面站	ground station
地壳	地殼	crust
地壳均衡	地殼均衡	isostasy
地壳均衡回弹	地殼均衡回彈	isostatic rebound
地球动力学	地球動力學	earth dynamics
地球化学循环	地球化學循環	geochemical cycle
地球化学指标	地球化學指標	geochemical indicator
地球同步轨道	地球同步軌道	geosynchronous orbit
地球同步气象卫星	地球同步氣象衛星	geostationary meteorological satellite，GMS
地球同步卫星	地球同步衛星	geosynchronous satellite

大　陆　名	台　湾　名	英　文　名
地球同步运转环境卫星	地球同步運轉環境衛星	geostationary opertional environmental satellite, GOES
地球资源卫星	地球資源衛星	earth resources satellite, ERS
地区性污染	地區性汙染	regional pollution
地热活动	地熱活動[性]	geothermal activity
地台浅部	地臺淺部，邊緣地臺，臺地淺部	epiplatform
地体，构造地层地体	構造地層區	tectonostratigraphic terrane
地温梯度	地溫梯度	geothermal gradient
地峡	地峽	isthmus
地下地质学	地下地質學	subsurface geology
地下水	地下水	ground water
地下水流	地下水流	ground water flow
地下水入海	地下水入海	submarine ground water discharge
地形	地形	topography
地形观测实验	地形觀測實驗	topography experiment, TOPEX
地形罗斯贝波	地形羅士培波	topographic Rossby wave
地形起伏位移	高差位移	relief displacement
地震波	震波	seismic wave
地震波反射	震波反射	seismic reflection
地震[波]反射法	反射震測法	seismic reflection method
地震波折射	震波折射	seismic refraction
地震层析成像	震波層析成像術	seismic tomography
地震层序，地震序列	震測層序	seismic sequence
地震船	震測船	seismic ship
地震道	震測描線	seismic trace
地震地层学	震測地層學	seismic stratigraphy
地震构造线	地震構造線	seismotectonic line
地震活动性	地震活動性	seismicity
地震计	地震儀	seismometer
地震记录系统	震測記錄系統	seismic recording system
地震检波器	受波器	seismic detector, geophone
地震接收组合	震測受波點陣列	seismic station array
地震解释	震測解釋	seismic interpretation
地震勘探	震波探勘	seismic prospecting
地震勘探船	震測船	seismic vessel
地震模型	震測模擬	seismic modeling
地震剖面	震測剖面	seismic profile, seismic section

大　陆　名	台　湾　名	英　文　名
地震强度分析	地震強度分析	strength level earthquake analysis
地震探查	震波探勘	seismic exploration
地震图	地震圖, 震波記録	seismogram
地震危险性	地震危害度	seismic risk
地震系统	震測系統	seismic system
地震相	震測相	seismic facies
地震序列(= 地震层序)		
地震仪	地震儀	seismograph
地震资料	震測資料	seismic data
地震资料处理	震測資料處理	seismic data processing
地质灾害	地質災害	geologic hazard
地中海	地中海	Mediterranean Sea
地中海环流	地中海環流	Mediterranean circulation
地转方法	地轉方法	geostrophic method
地转流	地轉流	geostrophic current, geostrophic flow
第二性征, 副性征	第二性徵	secondary sexual characteristics
第三纪	第三紀	Tertiary Period
第一性征	第一性徵	primary sexual characteristics
颠倒采水器, 南森瓶	顛倒式採水器, 南森瓶	reversing water sampler, Nansen bottle
颠倒式回声测深仪	顛倒式測深儀	inverted echo sounder, IES
颠倒温度表	顛倒式溫度計	reversing thermometer
颠倒压力效应	顛倒壓力效應	inverted barometer effect
点礁	塊礁	patch reef
点沙坝	河曲沙洲	point bar
点蚀	點蝕	pitting [corrosion]
点源污染	點源汙染	point source pollution
电磁波	電磁波	electromagnetic wave
电磁波谱	電磁波譜	electromagnetic spectrum, EMS
电磁场	電磁場	electromagnetic field
电磁辐射	電磁輻射	electromagnetic radiation, EMR
电导率	電導率, 電導係數	conductivity, specific conductance
电感受器	電感受器	electroreceptor
电荷耦合器件	電荷耦合元件	charge-coupled device, CCD
电化学保护	電化學防蝕, 電解防蝕	electrochemical protection
电化学腐蚀	電化學腐蝕	electrochemical corrosion
电极	電極, 焊條	electrode
电极电势	電極電勢, 電極電位	electrode potential
电极式盐度计	電極式鹽度儀	electrode type salinometer

大　陆　名	台　湾　名	英　文　名
电解	電解	electrolysis
电解池	電解［電］池	electrolytic cell
电解质	電解質，電離質	electrolyte
电觉器官	電受器器官，電覺器官	electroreceptive organ
电觉鱼类	電覺魚類	electroreceptive fishes
电离电势	電離位能	ionization potential
电离度	電離度，游離度	degree of ionization
电离辐射	電離化輻射	ionizing radiation
电离粒子	電離化質點，電離化粒子	ionizing particle
电离作用	電離作用，離子化作用	ionization, electrolytic dissociation
电渗析	電滲析	electrodialysis, ED
电渗析淡化法	電滲析淡化法	electrodialysis process for desalination
电渗析法	電滲析法	electrodialysis process
电渗析器	電滲析器	electrodialyzer, electrodialysis unit
电势滴定(＝电位滴定［法］)		
电缩作用	電伸縮［現象］	electro-striction
电位表，电位差计	電位表，電勢表	potentiometer
电位差计(＝电位表)		
电位滴定［法］，电势滴定	電位滴定［法］，電勢滴定	potentiometric titration, potentiometry, electrolytic titration
电位式海图记录仪	電位式海圖記錄儀	potentiometric chart recorder
电鱼	電魚	electric fish
电渔法	電魚法	electric fishing
电子导航	無線電導航	electronic navigation
电子海图	電子海圖	electronic chart
电子微探针	電子微探針	electron microprobe
电子显微镜	電子顯微鏡	electron microscope
吊点	吊點	lifting lug
吊装分析	吊裝分析	lifting analysis
调查船	研究船	research vessel
迭代法	疊代法	iterative method
叠层面	疊層面，疊層混合岩	stromatolith
叠层石	疊層石	stromatolite
叠加	疊置，重疊	superposition
叠加定律	疊置律	law of superposition
叠加原理	疊置原理	superposition principle

大　陆　名	台　湾　名	英　文　名
叠瓦状构造	覆瓦狀構造	healed structure
叠置滨线	疊置濱線	contraposed shoreline
碟状幼体	碟狀幼體，碟狀幼蟲	ephyra larva
丁坝	突堤	groin
顶超	頂超	toplap
顶积层	頂層	topset
顶极[群落]	演替顛峰，頂極，極相[群落]	climax
定鞭金藻毒素	溶血性毒素	prymnesin
定点海浪观测	定點波浪觀測	fixed point wave observation
定点海洋观测站	定點海洋觀測站	fixed oceanographic station
定量测定	定量測定	quantitative testing
定量分析	定量分析	quantitative analysis
定量评价	定量評價	quantitative assessment
定量效应	定量效應	quantitative effect
定量预报	定量預報	quantitative forecast
定量资料	定量資料	quantitative data
定年	定年	age dating
定栖者	定棲者	resident
定向进化	定向進化	orthogenesis
定性分析	定性分析	qualitative analysis
定性研究	定性研究	qualitative investigation
定性资料	定性資料	qualitative data
东澳大利亚海流	東澳大利亞海流	East Australian Current
东北太平洋海盆	東北太平洋海盆	Northeast Pacific Basin
东边界流	東方邊界流	eastern boundary current
东非地堑	東非地塹	East African Graben
东非裂谷	東非裂谷	East African Rift Valley
东风带	東風帶	easterlies
东风漂流	東風漂流	East Wind Drift
东格陵兰海流	東格陵蘭海流	East Greenland Current
东海气旋	東海氣旋	East China Sea cyclone
东海沿岸流	東海沿岸流	Donghai Coastal Current, East China Sea Coastal Current
东经90°海岭	東經90度海脊，東九十度脊，東經九十度洋脊	Ninety East Ridge
东美拉尼西亚海沟	東美拉尼西亞海溝	East Melanesia Trench

大　陆　名	台　湾　名	英　文　名
东南风	東南風	southeaster
东南极冰盖	東南極冰棚	East Antarctic Ice Sheet
东南极地盾	東南極地盾	East Antarctic Shield
东南极克拉通	東南極克拉通，東南極古陸	East Antarctic Craton
东南信风	東南信風	southeast trade winds
东太平洋海隆	東太平洋隆起，東太平洋海隆	East Pacific Rise
东亚季风	東亞季風	East Asian monsoon
东印度洋海脊	東印度洋海脊	East Indian Ridge
冬季风	冬季風	winter monsoon
冬季洄游(＝越冬洄游)		
冬卵	冬卵	winter egg
冬眠	冬眠	hibernation
动力定位	動力定位，動態定位	dynamic positioning
动力定位钻井船	動力定位式鑽井架	dynamic positioning rig
动力海洋学	動力海洋學	dynamical oceanography
动力[计算]方法	動力方法	dynamic [computation] method
动能	動能	kinetic energy
动物演化	動物群演化	faunal evolution
冻结	結冰，冷凍	freezing
陡峻海岸	陡峻海岸	bold coast
陡崖(＝悬崖)		
毒理学	毒物學	toxicology
毒力，致病力	致病力，毒力	virulence
毒气	毒氣	poisonous gas
毒素	毒素	toxin
毒瓦斯	毒瓦斯	black damp
杜安定理	杜亨定理	Duhem theorem
端粒	端粒	telomere
端粒酶	端粒酶	telomerase
短半衰期核种	短半衰期核種	short-lived radionuclide
短波辐射	短波輻射	short-wave radiation
短裸甲藻毒素	雙鞭甲藻毒素	brevetoxin
短期地壳运动	短期地殼運動，幕式構造運動	episodic movement
断层海岸	斷層海岸	fault coast
断层阶地	斷層階地	fault terrace

大　陆　名	台　湾　名	英　文　名
断层面解	斷層面解	fault-plane solution
断层湾	斷層灣	fault embayment
断层峡谷	斷層[峽]谷	fault rift
断裂	斷裂	flaw
断裂作用，裂谷作用	斷裂作用	rifting
断面观测	斷面觀測	sectional observation
断陷槽，拗拉槽	斷陷槽，拗拉槽	aulacogen
堆积岛	堆積島	accumulated island
堆积速率	堆積速率	accumulation rate
堆积循环	堆積循環，堆積旋廻	depositional cycle
对比拉伸	對比拉伸	contrast stretch
K 对策(=K 策略)		
r 对策(=r 策略)		
对分鲔粒(=二分鲔粒)		
对流	對流	convection current
对流单体，对流[涡]胞	對流圈，對流環，對流包	convection cell
对流过程	對流過程	convective process
对流混合	對流混合	convective mixing
对流说	對流說	convection theory
对流体	對流體	convective body
对流[涡]胞(=对流单体)		
对马海峡	對馬海峽	Tsushima Channel
对数–正态假说	對數–常態假說	log-normal hypothesis
对虾白斑症	對蝦白斑病，對蝦白斑[綜合]症	white spot syndrome of prawn
对虾红腿病	對蝦紅腿病	red appendages disease of prawn
多倍体	多倍體	polyploid
多倍体育种技术	多倍體育種技術	polyploid breeding technique
多波道	多波道，多頻道	multichannel
多波道处理	多波道處理，多頻道處理	multichannel processing
多波段	多波段	multiband
多波谱扫描仪	多波譜掃描儀	multispectral scanner, MSS
多波束	多波束	multi-beam
多波束测深系统	多波束測深系統	multi-beam bathymetric system
多波束回声测深仪	多聲束[回音]測深儀	multi-beam echo sounder

大　陆　名	台　湾　名	英　文　名
多波束声呐	多波束聲納	multi-beam sonar
多波源	多波源	multiple source
多次反射	複反射	multiple reflection
多次生殖	多次生殖	iteroparity
多次线性回归分析	多種線性回歸分析	multiple linear regression analysis
多道分析器	多頻道分析儀	multichannel analyzer
多底井, 分支井	分支井	multilateral well
多点系泊	多點錨碇	multi-point mooring
多度空间生态位概念	多空間尺度生態區位之概念	multidimensional niche concept
多级闪蒸	多級閃急蒸餾法	multi-stage flash distillation
多甲藻素	甲藻黃素	peridinin
多金属结核	多金屬結核	polymetallic nodule
多金属结壳	多金屬結殼	polymetal crust
多金属硫化物	多金屬硫化物	polymetallic sulfide
多孔玄武岩	多孔玄武岩	vesicular basalt
多孔支撑层	微孔支撐	microporous support
多氯联苯	多氯聯苯	polychlorinated biphenyl, PCB
多年冰	多年冰	multiyear ice
多频探鱼仪	多頻魚探儀	multifrequency fish finder
多瓶采水器	輪盤式採水器	rosette water sampler
多普勒导航系统	都卜勒導航系統	Doppler navigation system
多普勒海流计	都卜勒海流儀	Doppler current meter
多普勒雷达	都卜勒雷達	Doppler radar
多普勒频宽	都卜勒頻寬	Doppler bandwidth
多普勒声呐	都卜勒聲納	Doppler sonar
多普勒效应	都卜勒效應	Doppler effect
多色分光光度术	多色分光光度測定［法］	multichromatic spectrophotometry
多食性	多食性	polyphagy
多态现象	多型性	polymorphism
多途效应	多途效應	multipath effect
多湾海岸(=港湾海岸)		
多相性(=不均匀性)		
多效真空蒸馏法	多效真空蒸餾法	multi-effect vacuum distillation process
多效蒸馏	多效蒸餾	multi-effect distillation
多循环海岸	多循環海岸	multicycle coast
α 多样性	α 多樣性	alpha diversity
β 多样性	β 多樣性	beta diversity

大　陆　名	台　湾　名	英　文　名
γ多样性	γ多樣性	gamma diversity
多样性稳定假说	多樣性穩定性假說	diversity-stability hypothesis
多样性指数	多樣性指標	diversity index
多余性误差, 超算误差	超出誤差	commission error
多元顶极理论	多極相理論, 多顛峰理論	polyclimax theory
多元混合物	多元混合物, 多組分混合物	multicomponent mixture
多源多缆海上地震采集	多源多纜海上地震採集	multi-source and multi-streamer offshore seismic acquisition
多组分反渗透膜	多組分[多項]逆滲透膜	multicomponent reverse osmosis membrane
惰性气体	惰性氣體	noble gas, inert gas
惰性气体饱和	惰性氣體飽和度	saturation of inert gas

E

大　陆　名	台　湾　名	英　文　名
厄尔尼诺	聖嬰[現象]	El Niño
厄立特里亚古海	厄文特里亞古海	Erythraean
鄂霍茨克海	鄂霍次克海	Sea of Okhotsk
鄂霍茨克海高压	鄂霍次克海高壓	Okhotsk high
恩索	聖嬰南方振盪	El Niño and southern oscillation, ENSO
恩索事件	聖嬰南方振盪事件	ENSO event
鲕粒	鮞粒, 鮞石, 鮞狀岩	ooid, oolite
鲕绿泥石	鮞綠泥石	chamosite
鲕状石	鮞狀石	ooide
鲕状燧石	鮞狀燧石	oöcastic chert
鲕状岩	鮞狀岩	ammite, ammonite
耳石	耳石	otolith
耳状幼体	耳狀幼體	auricularia larva
饵料生物	餌料生物	food organism
二倍体	雙倍體, 二倍體	diploid
二次代谢物(=次生代谢物)		
二次污染物	二級汙染物, 次級汙染	secondary pollutant

大　陆　名	台　湾　名	英　文　名
	物	
二分鲕粒，对分鲕粒	二分鮞粒，對分鮞粒	bipartite oolite
二分裂	二分裂［生殖］	binary fission
二类水体	第二類水體	case 2 water
二流方程	二相流方程式	two-flow equation
二十二碳六烯酸	二十二碳六烯酸	docosahexenoic acid, DHA
二十碳五烯酸	二十碳五烯酸	eicosapentenoic acid, EPA
二氧化碳中毒	二氧化碳中毒	carbon dioxide poisoning
二氧化物	二氧化物	dioxide

F

大　陆　名	台　湾　名	英　文　名
发电器官	發電器官	electric organ
发光	發光	luminescence
发光器	發光器	photophore
发光生物	發光生物	luminous organism
发光细菌	發光細菌	photobacteria
发射	放射	emittance
发射率	放射率	emissivity
筏式养殖	筏式養殖	raft culture
法拉荣板块	法拉榮板塊	Farallon Plate
法美联合大洋中部海下研究	法美聯合大洋中部海下研究	French-American Mid-Ocean Undersea Study, FAMOUS
法向应力	正向應力	normal stress
繁殖群	繁殖亞族群	deme
反差增强	對比強化	contrast enhancement
反磁性	反磁性	diamagnetism
反厄尔尼诺(=拉妮娜)		
反复潜水，重复潜水	反覆潛水，重複潛水	repeated diving
反馈	回饋	feedback
反气旋	反氣旋	anticyclone
反潜识别区	反潛識別區	submarine defense identification zone
反射	反射	reflection
反射波	反射波	reflected wave
反射层	反射層	reflector
反射计	反射計	reflectometer

大　陆　名	台　湾　名	英　文　名
反射角	反射角	reflection angle, angle of reflection
反射率	反射率	reflectance, reflectivity
反射式海滩	反射式沙滩	reflective beach
反渗透淡化法	逆渗透淡化法	desalination by reverse osmosis
反渗透法, 逆渗透法	逆渗透法, 反渗透法	reverse osmosis process, reverse osmotic method, anti-osmotic method
反渗透膜	逆渗透膜	reverse osmosis membrane
反稳定磁力仪(=无定向磁强计)		
反向磁化	反磁化	reversed magnetization
反向极化	反向極化	reverse polarization
反向极性	反向極性	reversed polarity
反硝化[作用]	脱硝[作用]	denitrification
反絮凝[作用](=解絮凝[作用])		
反应速率	反應速率	reaction rate
反应物	反應物	reactant
反照率	反照率	albedo
反褶积	解迴旋, 反褶積	deconvolution
反作用力	反應力, 反作用力	reacting force
泛大陆	盤古大陸, 聯合古陸, 泛大陸	pangaea
泛大洋	泛古洋	panthalassa
泛蛋白(=泛素)		
泛素, 泛蛋白	泛蛋白	ubiquitin
范围分辨率	距離解析度	range resolution
方沸橄玄岩	方沸橄玄岩	caltorite
方沸玄武岩	方沸玄武岩	analcite basalt
方解石	方解石	calcite
方解石补偿深度	方解石補償深度	calcite compensation depth, CCD
方山	方山, 平頂山	mesa
方位改正	方位修正	azimuth correction
方位[角]	方位[角]	azimuth
方位角分辨率	方位解析度	azimuth resolution
方位模糊	方位模糊	azimuth ambiguity
防波堤	防波堤	breakwater
防沉板	防沉墊板	mud mat
防护漆(=防护涂层)		

大　陆　名	台　湾　名	英　文　名
防护涂层, 防护漆	防護漆, 防護塗層	protective coating
防沙堤, 拦沙堤	攔砂壩, 攔砂堤	sediment barrier
防蚀(=腐蚀控制)		
防污	抗附著, 抗汙損	anti-fouling
防污染区	防汙染區	anti-pollution zone
仿生学	仿生學	bionics
放流量系数	放流量係數	coefficient of discharge
放射虫	放射蟲	radiolaria
放射虫气候指数	放射蟲氣候指數	radiolarian climatic index
放射虫软泥	放射蟲軟泥	radiolarian ooze
放射化学	放射化學, 輻射化學	radiation chemistry
放射化学分析	放射化學分析	radiochemical analysis
放射化学污染	放射化學沾汙	radiochemical contamination
放射活化分析	放射活化分析	radioactivation analysis
放射性测量	輻射測量術	radioactive measurement, radiometry
放射性定年	放射性定年	radioative dating
放射性废弃物固化	放射性廢棄物固化	solidification of the radioactive wastes
放射性废水	放射性廢水	radioactive wastewater
放射性废物	放射性廢物	radioactive wastes
放射性废物的海洋处置	放射性廢物的海洋處置	marine disposal of radioactive wastes
放射性废液	放射性廢液	radioactive waste liquid
放射性活度	放射活度	radioactivity
放射性示踪法	放射性示蹤法	radioactive tracer method
放射性示踪物	放射性示蹤物	radioactive tracer
放射性碳地层学	放射性碳地層學	radiocarbon stratigraphy
放射性碳示踪剂	放射性碳示蹤劑	radiocarbon tracer
放射性同位素	放射性同位素	radioactive isotope
放射性同位素年代学	放射性同位素年代學	radioactive isotope chronology
放射性同位素示踪剂	放射性同位素示蹤劑	radioisotope tracer
放射自显影	放射顯跡圖	autoradiography
飞灰	飛灰	fly ash
非保守量	非保守量	non-conservative quantity
非保守浓度	非保守濃度	non-conservative concentration
非保守元素	非守恆元素	non-conservative element
非成像传感器	非成像感測器	nonimaging sensor
非点源污染	非點源汙染	non-point source pollution
非电解质	非電解質	non-electrolyte
非监督式分类	非監督式分類	unsupervised classification

大　陆　名	台　湾　名	英　文　名
非离子型表面活性剂	非離子型表面活化劑	nonionic surfactant
非密度制约	密度無關	density independent
非生物限制元素	非生物限制元素	biounlimited element
非生物资源	非生物資源	non-living resources
非生殖洄游	兩向洄游	amphidromous migration
非纤维素系列膜	非纖維素系列膜	non-cellulosic series membrane
非线性不稳定	非線性不穩定	nonlinear instability
非絮凝结构	非絮凝結構	deflocculated structure
非选择性散射	非選擇性散射	non-selective scattering
非造礁珊瑚	非造礁珊瑚	ahermatypic coral
菲律宾岛弧	菲律賓島弧	Philippine Island Arc
菲律宾海板块	菲律賓海板塊	Philippine Sea Plate
菲律宾海沟	菲律賓海溝	Philippine Trench
菲尼克斯板块	菲尼克斯板塊	Phoenix Plate
废弃物分类	廢棄物分類	classification of the wastes
废弃物预处理	廢棄物預處理, 廢棄物前處理	pretreatment of the wastes
废水	廢水, 汙水	wastewater
废水处理	汙水處理	wastewater treatment, wastewater disposal
废水特性	汙水特徵	wastewater characterization
分步沉淀(=分级沉淀)		
分层	分層現象	stratification
分潮	分潮	tidal component, tidal constituent
K_1 分潮	K_1 分潮	K_1-component, K_1-constituent
K_2 分潮	K_2 分潮	K_2-component, K_2-constituent
M_2 分潮	M_2 分潮	M_2-component, M_2-constituent
M_6 分潮	M_6 分潮	M_6-component, M_6-constituent
MS_4 分潮	MS_4 分潮	MS_4-component, MS_4-constituent
N_2 分潮	N_2 分潮	N_2-component, N_2-constituent
O_1 分潮	O_1 分潮	O_1-component
O_4 分潮	O_4 分潮	O_4-component
P_1 分潮	P_1 分潮	P_1-component, P_1-constituent
分潮日	分潮日	constituent day
分潮时	分潮時	constituent hour
分道通航制	分道航行設計	traffic separation scheme, TSS
分割法	分割法	split method
分光光度[测定]法	分光光度測定法	spectrophotometry

大　陆　名	台　湾　名	英　文　名
分光光度滴定	分光光度滴定	spectrophotometric titration
分光光度计	分光光度計	spectrophotometer
分光计	分光計，光譜儀	spectrometer
分级沉淀，分步沉淀	分級沉澱，分步沉澱	fractional precipitation
分解	分解	decompose
分类阶元	分類層級	category
分类学	分類學	taxonomy
分离说	分離說	fragmentation hypothesis
分馏	分化	fractionation
分配	分配	partition
分配系数	分配係數	partition coefficient
分水岭	分水界	watershed
分析方法	分析方法	analytical method
分析模型（=解析模式）		
分析设备	分析設備	analytical equipment
分选作用	淘選作用，分選作用	sorting
分压［力］	分壓	partial pressure
分支井（=多底井）		
分子扩散	分子擴散	molecular diffusion
分子黏性	分子黏滯度	molecular viscosity
粉砂	粉砂	silt
粉砂岩	粉砂岩	siltstone
丰度	豐度	abundance
丰度–生物量曲线	豐度–生物量曲線， 　　AB 曲線	abundance-biomass curve
风暴潮	暴潮	storm surge
风暴潮警报	風暴潮警報，暴潮預警	storm surge warning
风暴潮预报	風暴潮預報，暴潮預報	storm surge forecasting
风暴潮灾害	風暴潮災害，暴潮災害	storm surge disaster
风暴沉积［物］	風暴堆積	storm deposit
风暴冲积扇	風暴沖積扇	washover fan
风暴台地	風暴臺地	storm terrace
风暴岩	風暴堆積	tempestite
风暴中心	暴風中心	storm center
风场	風場	wind field
风成波痕	風成波痕	air current ripple
风成沉积	風成沉積	aeolian deposit
风成相	風成相	aeolian

大 陆 名	台 湾 名	英 文 名
风承载物质	風成物質	wind-borne material
风吹程	風吹程, 風區	wind fench
风海流	風驅流	wind-driven current
风化破碎作用	風化破碎作用, 成屑作用	detrition
风化作用	風化[作用]	weathering
风积物	風積物	aeolian deposit
风浪	風浪	wind wave
风浪[能]谱	風浪能譜	wind-wave spectrum
风玫瑰图	風花圖, 風玫瑰圖	wind rose diagram
风漂流	風吹流	wind drift
风区	風域, 受風距離	fetch
风生海洋噪声	風生海洋噪音	wind-generated noise
风生环流	風生環流, 風吹環流	wind-driven circulation
风时	延時, 吹風延時, 吹風時間	wind duration
风应力	風應力	wind stress
风应力旋度	風應力旋度	wind stress curl
风增水	風抬升, 風湧升	wind set-up
封闭式循环	封閉式循環	closed cycle
封闭式循环水养殖	封閉式循環水養殖	closed culture with circulating water
峰速	波峰速度	wave crest velocity
峰隙	峰隙	air gap
峰值形成	峰值形成	spiking
缝	縱溝	raphe
佛罗里达流	佛羅里達洋流	Florida Current
孵化	孵化	hatching
孵化率	孵化力, 孵化率	hatchability
孵育场(=孵育区)		
孵育区, 孵育场	孵育場	nursery area
孵育型产卵生物	孵育型產卵生物	brood spawner
敷管船	布管船	pipe-laying vessel
弗劳德数	佛勞德數	Froude number
伏击掠食者	埋伏掠食者	ambush hunter
扶正分析	扶正分析	uprighting analysis
氟硅铌钠矿, 烧绿石	氟矽鈮鈉礦, 燒綠石	chalcolamprite
俘能波, 陷波	俘能波	trapped wave
浮冰	浮冰	floe ice

大　陆　名	台　湾　名	英　文　名
浮动式人工岛	浮動式人工島	floating artificial island
浮礁	浮礁	floating reef
浮浪幼体	實囊幼蟲，實囊幼生	planula larva
浮力沉垫	浮力沉澱	buoyant mat
浮力效应	浮力效應	buoyancy effect
浮码头(=浮箱)		
浮泥	浮泥	fluid mud
浮式防波堤	浮式防波堤	floating breakwater
浮式结构	浮式構架	floating structure
浮式码头	浮式碼頭	floating-type wharf，floating pier，pontoon wharf
浮式软管	浮式軟管	floating hose
浮式生产储油装置	浮式生產貯油船	floating oil production and storage unit，FPSO
浮式生产平台	浮式生產平臺	floating production platform
浮式天然气液化装置	浮式天然氣液化裝置	floating liquid natural gas unit，FLNG
浮式钻井平台	浮式鑽井平臺	floating drilling rig
浮筒(=浮箱)		
浮箱，浮筒，浮码头	浮筒，浮箱，躉船	pontoon
浮性卵	浮性卵	pelagic egg
浮游动物	浮游動物，動物性浮游生物	zooplankton
浮游动物食者	浮游動物食者	zooplanktivore
浮游类病毒	浮游病毒，病毒浮游生物	viroplankton
浮游生物	浮游生物	plankton
浮游生物泵	浮游生物幫浦	plankton pump
浮游生物当量	浮游生物當量	plankton equivalent
浮游生物记录器	浮游生物記錄器	plankton recorder
浮游生物网	浮游生物網	plankton net
浮游生物消长	浮游生物週期性波動	plankton pulse
浮游生物学	浮游生物學	planktology，planktonology
浮游生物指示器	浮游生物指示器	plankton indicator
浮游细菌	浮游細菌	planktobacteria
浮游性表下漂浮生物	浮游性表下漂浮生物	plankto-hyponeuston
浮游性底栖生物	浮游性底棲生物	planktobenthos
浮游有孔虫	浮游性有孔蟲	planktonic foraminifera
浮游植物	植物性浮游生物，浮游	phytoplankton

大 陆 名	台 湾 名	英 文 名
	植物	
浮游植物水华	浮游植物藻華	phytoplankton bloom
浮鱼礁	浮魚礁	floating fish reef
福克兰海流	福克蘭洋流	Falkland Current
辐合	辐合	convergence
辐合带	辐合帶	convergence zone
辐亮度	辐射亮度	radiance
辐散	辐散	divergence
辐射	辐射	radiation
辐射背景	辐射背景,辐射本底	radiation background
辐射边界条件	辐射邊界條件	radiating boundary condition
辐射常数	辐射常數	radiation constant
辐射传递	辐射轉移	radiative transfer
辐射对称	辐射對稱	radial symmetry
辐射分辨率	辐射解析度	radiometric resolution
辐射计	辐射計	radiometer
辐射监测系统	辐射監測系統	radiation monitoring system
辐射能量	辐射能量	quantity of radiant energy
辐射能通量	辐射能通量	radiant energy flux
辐射强度	辐射強度	radiation intensity
辐射收支	辐射收支	radiation budget
辐射探测器	辐射探測器	radiation detector
辐射通量	辐射通量	radiation flux, radiant flux
辐射雾	辐射霧	radiation fog
辐射吸收	辐射吸收	radiation absorption
辐射吸收剂量	辐射吸收劑量	absorbed radiation dose
辐射系统发育	辐射演化	radiation phylogenesis
辐射遥感器	辐射感應器,辐射傳感器	radiation sensor
辐射元件	辐射元件	radiant element
辐射栉牙(=射齿型)		
辐照度	辐照度	irradiance
辐照度比	辐照反射率	irradiance reflectance
俯冲,潜沉	隱沒,俯衝[作用]	subduction, underthrusting
俯冲板块,隐没板块	隱沒板塊,俯衝板塊	subduction plate, downgoing plate, downgoing slab
俯冲带,消减带,隐没带	隱沒帶,俯衝帶	subduction zone, subduction belt

大　陆　名	台　湾　名	英　文　名
俯冲断层	俯衝斷層	underthrust
俯冲复合体	隱沒複合體	subduction complex
俯冲侵蚀，隐没侵蚀	隱沒侵蝕	subduction erosion
俯角	俯角	depression angle
辅助资料	輔助資料	ancillary data
腐解	腐解	decay
腐烂	腐爛	decompose
腐生菌	腐生菌	saprobic bacteria
腐蚀	腐蝕，侵蝕	corrosion
腐蚀控制，防蚀	腐蝕控制，防蝕	corrosion control，corrosion prevention
腐蚀速率	腐蝕速率	corrosion rate
腐蚀微生物	腐蝕微生物	corrosion-causing bacteria
腐蚀性海水	腐蝕性海水	corrosion seawater
腐蚀作用	腐蝕作用	corrosive action
腐殖酸	腐植酸	humic acid
腐殖质	腐植質	humus
负催化剂	緩化劑，負催化劑	negative catalyst
负电势	負電位，負電勢	negative potential
负浮力	負浮力	negative buoyancy
附表底栖生物，浅水底栖生物	底上底棲生物	epibenthos
附生植物	附生植物	epiphyte
附属种，卫星种	追隨種，衛星種	satellite species
附着力，黏附力	附著力，黏附力	adhesive force
复大孢子	複大孢子，滋長孢子	auxospore
复合膜	複合膜	composite membrane，thin-film composite
复活岛断裂带(=复活岛破裂带)		
复活岛破裂带，复活岛断裂带	復活島斷裂帶，復活島破裂帶	Easter fracture zone
副极地环流	副極區渦旋	subpolar gyre
副极地气候	副極地氣候	subpolar climate
副轮	副標記，副輪	accessory mark
副热带辐合	副熱帶輻合	subtropical convergence
副热带辐合带	間熱帶輻合帶	subtropical convergence zone
副热带高压	副熱帶高壓	subtropical high，subtropical anticyclone

大　陆　名	台　湾　名	英　文　名
副热带环流	亞熱帶渦旋	subtropical gyre
副热带模态水	副熱帶模態水	subtropical mode water
副性征(＝第二性征)		
傅里叶变换	傅氏轉換，傅氏變換	Fourier transform
[富]钴结壳	鈷結殼，富鈷結殼	cobalt-rich crust
富营养化指数	優養化指數	eutrophication index
腹泻性贝毒	腹瀉性貝毒	diarrhetic shellfish poison，DSP

G

大　陆　名	台　湾　名	英　文　名
钙板藻(＝颗石藻)		
钙板藻灰泥	鈣板藻灰泥	coccoconite
钙化[作用]	鈣化[作用]	calcification
钙锰石	鈣錳石	rancieite
钙质层	鈣質殼，鈣質層	caliche
钙质沉积物	鈣質沉積物	calcareous sediment
钙质海绵	鈣質海綿	calcispongiae
钙质结核	鈣質結核	caliche nodule
钙质软泥	石灰質軟泥	calcareous ooze
盖	口蓋	opercula
盖革计数器	蓋革計數器	Geiger counter
盖娅假说	蓋婭假說	Gaia hypothesis
干酪根，油母质	油母質	kerogen
干扰竞争	互涉競爭	interference competition
干涉	直接互涉	interference
干涉测量	干涉術	interferometry
干燥剂(＝脱水剂)		
干燥[作用]	乾燥[作用]，乾化	desiccation
甘露聚糖，甘露糖胶	甘露聚糖，甘露糖膠	mannan
甘露[糖]醇	甘露[糖]醇	mannitol
甘露糖胶(＝甘露聚糖)		
甘糖酯	甘糖酯	propylene glycol mannurate sulfate，PGMS
甘油牛磺酸	甘油牛磺酸	glyceryltaurine
感热	感熱，可感熱	sensible heat
感应电导示温仪	感應電導示溫儀	inducted-conductivity temperature indi-

大　陆　名	台　湾　名	英　文　名
		cator
感应盐度计	感應式鹽度儀	inductive salinometer
橄榄辉长岩	橄欖輝長岩	olivine gabbro
橄榄拉斑玄武岩	橄欖矽質玄武岩	olivine tholeiite
橄榄玄武岩	橄欖玄武岩	olivine basalt
橄榄岩	橄欖岩	peridotite
冈田[软海绵]酸	岡田[軟海綿]酸	okadaic acid
冈瓦纳古陆	岡瓦納大陸	Gondwana
刚盖近似	硬蓋近似	rigid lid approximation
刚毛	剛毛	seta
刚毛丛	剛毛叢	chaetae
刚性边界条件	剛性邊界條件	rigid boundary condition
纲	綱	class
港界	港界	port boundary, port limit
港口	港口，港灣	port, harbor
港口堆场	儲存場	storage yard
港口腹地	港口腹地，港灣腹地	harbor hinterland, port back land
港口工程	港口工程，港灣工程	port engineering, harbor engineering
港口陆域	港口陸域	port land area, port terrain
港口设施	港灣設施	harbor accommodation
港口水域	港區水域	waters of port
港口淤积	港灣淤積	harbor siltation
港口资源	港口資源	port resources
港区	港區	port area
港区仓库	倉庫	warehouse
港湾海岸，多湾海岸	港灣海岸，灣形海岸， 多灣海岸	embayed coast
港[塭]养[殖]	魚塭養殖	marine pond extensive culture
港址	港址	harbor site
港作船	港灣工作船	harbor boat
高潮，满潮	高潮，滿潮	high water
高潮阶地，满潮阶地	高潮階地，滿潮階地	high tidal terrace
高潮面	高潮面，滿潮面	high tidal level
高潮线	高潮線，滿潮線	high water line
高低潮	高低潮	higher low water
高地海岸	高地海岸	upland coast
高地沼泽	高地沼澤	upland swamp
高度分层河口，盐水楔	鹽楔河口	salt wedge estuary

大　陆　名	台　湾　名	英　文　名
河口		
高度计，测高仪	高度計，測高儀	altimeter
高度位移	高度位移	elevation displacement
高分辨[率]图像传输	高解析度圖像傳輸	high resolution picture transmission, HRPT
高高潮	高高潮	higher high water
高光谱成像	高光譜影像	hyperspectral imaging
高轨卫星	高軌衛星	high altitude satellite
高岭石	高嶺石，高嶺土	kaolinite
高密度底流	高密度底流	density underflow
高牛磺酸	高牛磺酸	homotaurine
高频地波雷达	高頻地波雷達	high frequency ground wave radar
高平原	高平原	upland plain
高[气]压	高壓	high pressure
高气压生理学	高壓生理學	hyperbaric physiology
高气压医学	高壓醫學	hyperbaric medicine
高水位期	高水位期	highstand
高斯法则	高氏法則	Gause rule
高斯–赛德尔法	高斯–塞德法	Gauss-Seidel method
高通滤波器	高通濾波器	high pass filter
高温发酵	高溫發酵	thermophilic fermentation
高温消化	高溫消化	thermophilic digestion
高狭盐种	高狹鹽種	polystenohaline species
高咸水	高鹽水	haline water
高压救生舱	高壓救生艙	hyperbaric lifeboat, HBL
高压神经综合征	高壓神經綜合症	high pressure nervous syndrome
高压氧舱	高壓氧氣艙	hyperbaric oxygen chamber
高压氧医学	高壓氧醫學	hyperbaric oxygen medicine
高压氧治疗	高壓氧治療	hyperbaric oxygen therapy
高盐水(＝超盐水)		
睾酮	睾固酮，雄性荷爾蒙	testosterone
蛤素	蛤素	mercenene
隔离机制	隔離機制	isolating mechanism
隔离种	島嶼種	insular species
隔水层	低度含水層	aquiclude
隔水套管	套管	conductor tube
隔水套管构架	套管構架	conductor frame
个体发生，个体发育	個體發生，個體發育	ontogeny

大　陆　名	台　湾　名	英　文　名
个体发育(=个体发生)		
个体生态学	個體生態學	autecology
各向同性	各向同性，均向性	isotropy
各向异性	非均向性	anisotropy
铬泥浆	鉻泥漿	chrome mud
工厂化养殖	企業化養殖	industrial culture
工厂排放水	工廠排放廢水	plant effluent
工程船	工作船	working craft
工业废水	工業廢水	industrial wastewater
公海	公海	high sea
公海捕鱼和生物资源养护公约	公海捕魚和生物資源保育公約	Convention on Fishing and Conservation of the Living Resources of the High Seas
公海公约	公海公約	Convention on the High Seas
公海渔业	遠洋漁業，公海漁業	fishing on the high sea
公平原则	公平原則	equitable principle
功能反应	功能反應	functional response
功能冗余性	功能冗餘性	functional redundancy
攻击拟态	攻擊[性]擬態	aggressive mimicry
供水	供水	water supply
共沉淀	共沉澱	coprecipitation
共存	共存	coexistence
共价	共價	covalence
共聚合作用	共聚合作用	copolymerisation
共聚作用	共聚作用	interpolymerization
共生	共生[現象]	symbiosis
共生生物	共生生物	symbiont
共位群	同功群，棲位	guild
共振	相互共振	coupled oscillation
沟	縱溝	sulcus
沟弧盆系	溝弧盆系	trench-arc-basin system
沟系	溝道系統	canal system
构造剥蚀[作用]	構造剝蝕作用	tectonic denudation
构造沉降	構造沉降	tectonic subsidence
构造地层地体(=地体)		
构造断块	構造斷塊	tectonic block
构造海岸	構造海岸	tectonic coast
构造类型	構造類型	structural type

大　陆　名	台　湾　名	英　文　名
构造隆升	構造隆升	tectonic uplift
构造型式	構造型式	structural style
构造旋回	大地構造循環	tectonic cycle
构造学	大地構造運動學	tectonics
构造作用力	大地構造作用力	tectonic force
估计寿命(=生命期望)		
孤雌生殖	孤雌生殖，單性生殖	parthenogenesis
孤立波	孤立波	solitary wave
古板块	古板塊	fossil plate
古残磁	古殘磁	fossil remanence
古地磁地层学	古地磁地層學	paleomagnetic stratigraphy
古地磁极	古地磁極	paleomagnetic pole
古地磁模式	古地磁模式	paleomagnetic pattern
古地磁学	古地磁學	paleomagnetism
古地理学	古地理學	paleogeography
古地中海(=特提斯海)		
古地中海海道	古地中海海道，特提斯海道	Tethys Seaway
古俯冲带，古消减带，古隐没带	古隱沒帶，古消減帶	fossil subduction zone
古海流(=古洋流)		
古海洋学	古海洋學	paleoceanogrpahy
古气候	古氣候	paleoclimate
古气候学	古氣候學	paleoclimatology
古深度	古深度	paleodepth
古生产力	古生產力	paleoproductivity
古生态学	古生態學	paleoecology
古生物学	古生物學	paleontology
古温度	古溫度	paleotemperature
古温跃层	古斜溫層，古溫躍層	paleo-thermocline
古消减带(=古俯冲带)		
古盐度	古鹽度	paleosalinity
古洋脊	古洋脊	fossil ridge
古洋流，古海流	古洋流，古水流	paleocirculation，paleocurrent
古隐没带(=古俯冲带)		
谷	谷，波谷	valley
谷地	谷地	cove
骨针	骨針	spicule

大　陆　名	台　湾　名	英　文　名
鼓膜	鼓膜	tympanic membrane
鼓室道	鼓室道	tympanic canal
固氮细菌	固氮菌	nitrogen fixing bacteria
固氮藻类	固氮藻類	nitrogen fixing algae
固氮[作用]	固氮作用	nitrogen fixation
固定冰	固定冰	fast ice
固定式结构	固定式結構	fixed structure
固定式平台	固定式平臺	fixed platform
固定式人工岛	固定式人工島	fixed artificial island
固定式钻井平台	固定式鑽井平臺	fixed drilling platform
固结[作用]	固結[作用],凝固[作用]	consolidation, accretion
固体边界条件	固體邊界條件	solid boundary condition
固体废物	固體廢物	solid waste
固体废物污染	固體廢物汙染	solid waste pollution
固着器	固著器,附著器	holdfast
固着生物	固著生物	sessile organism
寡盐生物	寡鹽生物	oligohaline
寡盐种	寡鹽種	oligohaline species
关键构件	關鍵構件	critical member
关键种	關鍵種	key species
T-S 关系图(=温-盐图解)		
观测平台	觀測平臺	observation platform
管结点	管接合	tubular joint
管栖动物	管棲動物	tubicolous animal
管辖海域	管轄海域	jurisdictional sea
贯穿辐射	貫穿輻射	penetrating radiation
惯性波	慣性波	inertial wave
惯性流	慣性流	inertial current, inertial flow
惯性运动	慣性運動	inertial motion
惯性周期	慣性週期	inertial period
光斑	斑駁	speckle
光饱和	光飽和	light saturation
光饱和点	光飽和點	light saturation point
光补偿点	光的平準點	light compensation point
光电比色计	光電比色計	photoelectric colorimeter
光电池	光電池	photoelectric cell, photocell, photovol-

大　陆　名	台　湾　名	英　文　名
		taic cell
光电效应	光電效應	photoelectric effect, photoeffect
光度计	光度計	photometer
光度学	光度測量學	photometry
光干扰	光的干擾	interference of light
光合辐射能	光合輻射能	photosynthetic radiant energy
光合/呼吸比	光合/呼吸比	photosynthesis/respiration ratio
光合色素	光合色素	photosynthetic pigment
光合速率	光合作用率	photosynthetic rate
光合细菌	光合[細]菌	photosynthetic bacteria
光合有效辐射	光合有效輻射	photosynthetic active radiation, PAR
光合作用	光合作用	photosynthesis
光化学	光化學	photochemistry
光化学反应	光化學反應	photochemical reaction
光化学过程	光化過程	photochemical process
光化学烟雾	光化學煙霧	photochemical smog
光化学转化	光化學轉化	photochemical transformation
光解作用	光解作用	photolysis
光雷达	光達	light detection and ranging, lidar
光罗盘定向	光羅盤定向	light-compass orientation
光能	光能	luminous energy, light energy, optical energy
光[能]自养生物	光合自營生物, 光能自養菌	photoautotroph
光瓶	光瓶	light bottle
光谱	光譜	light spectrum, optical spectrum
光谱测定法	光譜測定法	spectrometry
光谱分辨率	光譜解析度	spectral resolution
光谱辐射计	光譜輻射儀	spectroradiometer
光谱辐照度	光譜輻照度	spectral irradiance
光谱学	光譜學, 波譜學	spectroscopy
光强度	光強度	light intensity, luminous intensity
光散射	光散射	light scattering
光栅资料	光柵資料	raster data
光束衰减系数	光束衰減係數	beam attenuation coefficient
光通量	光通量	light flux
光透射	光透射	light penetration, light transmission
光污染	光汙染	light pollution

大　陆　名	台　湾　名	英　文　名
光吸收	光吸收	photoabsorption
光学海洋学	光學海洋學	optical oceanography
光学厚度	光學厚度	optical thickness
光[学]密度	光學密度	optical density
光学深度	光學深度	optical depth
光学水型	光學水型	optical water type
光氧化作用	光氧化作用	photochemical oxidation
光诱捕器	燈光誘捕器	light trap
光诱渔法	光誘漁法,火誘漁法	light fishing
光折射	光折射	light refraction
光周期	光週期	photoperiod
光子	光[量]子	photon
广布种	全球種,廣佈種	cosmopolitan species
广深生物	廣深生物	eurybathic organism
广食性动物	廣食性動物	euryphagous animal
广食性者	廣食性者	food generalist
广适者	廣適者	generalist
广温性	廣溫性	eurythermal
广温种	廣溫種	eurythermal species
广旋光性层	廣光性層	euryphotic zone
广压生物	廣壓生物	eurybaric organism
广盐性	廣鹽性	euryhalinity
广盐种	廣鹽種	euryhaline species
归一化单位	標準化單位	normalized unit
归一化离水辐亮度	正規化離水輻射度,標準化離水輻射度	normalized water-leaving radiance
归一化植被指数	常態化植被指數	normalized vegetation index, NVI
规定溶液	規定溶液,當量溶液	normal solution
规则波	規則波	regular wave
硅鞭藻	矽鞭藻	silicoflagellate
硅化木	矽化木	silicified wood
硅化[作用]	矽化[作用]	silicification
硅甲藻黄素	矽甲藻黄素	diadinoxanthin
硅胶结	矽膠結	silicinate
硅结砾岩,圆砾岩	圓礫岩	kollanite
硅藻	矽藻,硅藻	diatom
硅藻黄素	矽藻黄素	diatoxanthin
硅藻软泥	矽藻軟泥,硅藻軟泥	diatom ooze

大　陆　名	台　湾　名	英　文　名
硅藻素	矽藻素	diatomin
硅藻土	矽藻土	diatomaceous earth, earth tripolite
硅质海绵	矽質海綿	siliceous sponge
硅质软泥	矽質軟泥	siliceous ooze
硅质烟囱	矽質煙囪, 矽質煙囪狀礦體	siliceous chimney
硅质岩	矽質生物岩	silicilith
鲑降钙素	鮭降鈣素	salcalcitonin
鲑疱疹病毒病	鮭疱疹病毒病	herpesvirus salmonis disease
轨道高度	軌道高度	orbit height
轨迹	軌跡	trajectory
轨径	軌徑	flight path
贵金属	貴金屬	noble metal
滚浪(=拍岸浪)		
滚装船	滾裝船	ro-on/ro-off ship
国际地磁参考场	國際地磁參考場	international geomagnetic reference field, IGRF
国际地圈–生物圈计划	國際地圈–生物圈計畫	International Geosphere-Biosphere Programme, IGBP
国际[哥本哈根]标准海水	國際[哥本哈根]標準海水	Copenhagen water
国际海底管理局	國際海底管理局	International Seabed Authority, ISA
国际海事卫星组织	國際海事衛星組織	International Maritime Satellite Organization, IMSO
国际海事组织	國際海事組織	International Maritime Organization, IMO
国际海啸警报中心	國際海嘯警報中心	International Tsunami Warning Center, ITWC
国际海洋法	國際海洋法	international law of the sea
国际海洋法法庭	國際海洋[法]法庭	International Tribunal for the Law of the Sea, ITLOS
国际海洋全球变化研究	國際海洋全球變遷研究	International Marine Global Change Study, IMAGES
国际海洋数据及信息交换	國際海洋數據及訊息交換	International Oceanographic Data and Information Exchange, IODE
国际海洋碳协调计划	國際海洋碳協調計畫	International Ocean Carbon Coordination Project, IOCCP
国际海洋物理科学协会	國際海洋物理科學協會	International Association for the Physi-

大　陆　名	台　湾　名	英　文　名
		cal Sciences of the Ocean, IAPSO
国际海洋学院	國際海洋學院	International Ocean Institute, IOI
国际热带大西洋合作调查	國際熱帶大西洋合作調查	International Cooperative Investigations of Tropical Atlantic, ICITA
国际生物海洋学协会	國際生物海洋協會	International Association of Biological Oceanography, IABO
国际水文科学协会	國際水文科學協會	International Association of Hydrological Sciences, IAHS
国际洋中脊研究计划	國際中洋脊研究計畫	InterRidge Project
国际运河	國際運河	international canal
过饱和	過飽和	supersaturation
过饱和安全系数	過飽和安全係數	supersaturation safety coefficient
过饱和空气	過飽和空氣	super-saturated air
过度	過度	excess
过渡型地壳	過渡型地殼	transitional crust
过渡性示踪剂	過渡性示蹤劑	transient tracer
过渡状态	過渡狀態, 瞬態	transition condition
过冷, 冷却过度	過冷, 冷卻過度	supercooling
过滤	過濾	filtration
过滤系统	過濾系統	filtering system

H

大　陆　名	台　湾　名	英　文　名
哈得孙湾	哈得遜灣	Hudson Bay
哈迪–温伯格定律	哈溫定律	Hardy-Weinberg law
哈拉米略极性亚期	哈拉米洛極性亞期	Jaramillo polarity subchron
海	海	sea
海岸	濱海帶	seacoast, coast
海岸带	海岸帶	coastal zone
海岸带管理	海岸帶管理	coastal zone management
海岸带管理法	海岸帶管理法	coastal zone management law
海岸带开发	海岸帶開發	coastal zone development
海岸带陆海相互作用研究计划	陸海交互作用帶［計畫］	Land-Ocean Interactions in the Coastal Zone, LOICZ
海岸带气候(=滨海气候)		

大　陆　名	台　湾　名	英　文　名
海岸带污染	海岸帶汙染	coastal zone pollution
海岸带资源	海岸帶資源，沿海資源	coastal zone resources
海岸带综合管理	海岸帶綜合管理	integrated coastal zone management
海岸带综合开发与利用	海岸帶綜合開發與利用	comprehensive development and utilization of coastal zone
海岸地	海岸地	sea board
海岸动力学	海岸動力學	coastal dynamics
海岸防护	海防	coast defense
海岸防护工程	海防工程	coast defense engineering
海岸锋	岸邊鋒面	coastal front
海岸工程	海岸工程	coastal engineering
海岸管理	海岸管理	coastal management
海岸管理计划	海岸管理計畫	coastal management plan
海岸海洋科学	海岸海洋科學	coastal ocean science
海岸加积	海岸加積	coastal accretion
海岸进侵	海岸進侵	coastal encroachment
海岸侵蚀灾害	海岸侵蝕災害	coastal erosion disaster
海岸三角洲	沿海三角洲	coastal delta
海岸水利工程损毁	近岸水域保全計畫的破壞	damage of coastal water conservancy project
海岸线	海岸線	coastline
海岸效应	海岸效應	effect of seaboard
海岸夜雾	海岸夜霧	coastal night fog
海拔	海拔	altitude
海滨	[海]濱，岸	seashore
海滨采矿技术	海濱採礦技術	shore mining technology
海滨阶地	海濱階地	shore terrace
海滨区	海濱區	shore zone
海滨砂矿	海灘砂礦，海灘重礦床	beach placer, littoral placer
海滨山岳景观	海濱山地地景	seashore mountain landscape
海滨线	濱線	shoreline
海滨浴场	海水浴場	seashore swimming ground, lido
海冰	海冰	sea ice
海冰学	海冰学	marine cryology
海冰遥感	海冰遙測	sea ice remote sensing
海冰预报	海冰預報	sea ice forecast
海冰灾害	海冰災害	sea ice disaster
海槽	海槽	trough

大　陆　名	台　湾　名	英　文　名
海草	海草	sea grass
海草场	海草床	sea grass bed
海床	海床	seabed
海床年龄	海床年齡	seafloor age
海带氨酸(=昆布氨酸)		
海胆	海膽	sea urchin
海胆幼体	海膽幼體	echinopluteus larva
[海]岛	[海]島	island
海岛观光旅游	海島觀光旅遊	island tourism
海岛景观	海島景觀	island landscape
海堤	海堤	sea wall, sea dike
海底	海底	seafloor
海底边界层	海底邊界層	benthic boundary layer
海底变质作用	海底變質作用, 洋底變質作用	ocean-floor metamorphism
海底采矿	海底採礦	submarine mining
海底采硫	海底採硫	submarine sulfur mining
海底沉积物磁导率	海底沉積物滲透率	submarine deposit permeability
海底沉积物电导率	海底沉積物電導率	submarine deposit conductivity
海底沉积物电阻率	海底沉積物電阻率	submarine deposit resistivity
海底重晶石矿	海底重晶石礦	undersea barite mine
海底磁场	海底磁場	submarine magnetic field
海底磁法测量	海底磁測	sea bed magnetic survey
海底地层剖面仪	底層剖面儀	subbottom profiler
海底地滑	水下泥流, 海底滑動	subsolifluction
海底地貌	海底地形	seafloor topography, submarine geomorphology
海底地震仪	海底地震儀	submarine seismograph, ocean-bottom seismograph
海底电场	海底電場	submarine electric field
海底电场测量	海底電場測量	sea bed electric field survey
海底电缆	海底電纜	submarine cable, undersea electric cable
海底多次反射	海底複反射	multiple water-bottom reflection
海底高原	海底平臺, 海底高原	sea plateau, submarine plateau
海底构造学	海底板塊構造學	submarine tectonics
海[底]谷	海底谷	submarine valley
海底观光	海底觀光	submarine view

大 陆 名	台 湾 名	英 文 名
海底管道	海底管線	submerged pipeline, undersea pipeline
海底光缆	海底光纜	undersea light cable
海底滑塌	海底崩移	submarine slump
海底火山	海底火山	submarine volcano
海底火山链	海底火山鏈	submarine volcanic chain
海底基岩矿开采	海底岩盤礦床開採	subsea bedrock ore mining
海底急流	海底急流	undersea cataract
海底钾盐矿	海底鉀鹽礦	undersea potassium salt mine, undersea potassium salt deposit
海底胶结作用	海底膠結作用	submarine cementation
海底阶地	海底階地	submarine terrace
海底军事基地	海底軍事基地	undersea military base
海底矿产资源	海底礦產資源	submarine mineral resources
海底扩张	海底擴張	seafloor spreading
海底磷灰石矿	海底磷灰石礦	phosphorite of the sea floor
海底流出	海底流出	submarine effusion
海底硫矿	海底硫礦	submarine sulfur mine, submarine sulfur deposit
海底硫酸钡结核	海底硫酸鋇結核	barium sulfide nodule of the sea floor
海底隆起	海底隆起, 海底拱起	submarine swell
海底煤矿	海底煤礦	undersea coal mine
海底煤田	海底煤田	undersea coal field
海底锰结核带	海底錳核帶	undersea manganese nodule belt
海底磨蚀	海底磨蝕	submarine abrasion
海底喷发	海底噴發	submarine eruption
海底喷气孔	海底噴氣孔	submarine furmarole
海底平顶山	海底平頂山	flat-topped seamount
海底平整	海底調平, 海底整平	undersea leveling
海底剖面	海底剖面	subbottom profile
海底剖面探测系统	海底剖面探測系統	subbottom profiling system
海底侵蚀	海底侵蝕	submarine erosion
海底丘	海底丘	knoll
海底区	底棲區	benthic division
海底取芯	海底取岩芯	bottom coring
海底泉	海底泉	underwater spring
海底热流	海底熱流	oceanic heat flow
海底热泉	海底熱泉	submarine hot spring, hot spring on the ocean floor

大　陆　名	台　湾　名	英　文　名
海底热泉喷孔	海底熱泉噴孔	submarine hot spring vent
海底热盐水	海底熱鹵水	seafloor hot brine
海底热液	海底熱液	submarine hydrothermal solution
海底热液硫化物	海底熱液硫化物	submarine hydrothermal sulfide
海底热液生物群落	海底熱泉生物群落	hydrothermal vent community, sulphide community
［海底］热液循环	熱液循環	hydrothermal circulation
海底沙波	海底沙波	submarine sand wave
海［底］山	海底山	seamount
海底山脊	海脊	submarine ridge
海底扇	海底扇	submarine fan
海底声呐探测系统	海底聲納探測系統	sea bed sonar survey system
海底输油气管道	海下輸油氣管線	subsea oil-gas pipeline
海底–水层耦合	海底–水層耦合	benthic-pelagic coupling
海底隧道	海底隧道	subbottom tunnel
海底台地	海底臺地	submarine platform
海底铁矿	海底鐵礦	undersea iron mine, undersea iron deposit
海底通量	海底通量	benthic flux
海底无氧状态	海底無氧狀態	anoxic bottom condition
海底锡矿	海底錫礦	undersea tin mine
海底峡谷	海底峽谷	submarine canyon
海底烟囱群	海底煙囪群	group of smoker
海底岩盐和钾盐矿开采	海底岩鹽和鉀鹽礦開採	undersea rock salt and potassium salt mining
海底岩盐矿	海底岩鹽礦	undersea rock salt mine, undersea rock salt deposit
海底资源	海底資源	submarine resources
海底自然电位	海底自然電位	submarine self potential
海发光	海面磷光	milky sea
海泛面	海泛面	sea flooding surface
海风	海風	sea breeze
海港	海港	sea port, sea harbor
海沟	海溝	trench
海火	海火, 海水發光［現象］	sea fire
海脊(=洋脊)		
海槛	海檻	sill
海解作用	海底風化作用, 海解作	halmyrolysis

大　陆　名	台　湾　名	英　文　名
	用	
海进(=海侵)		
海军	海軍	navy
海军工程技术	海軍工程技術	naval engineering technology
海军系统工程技术	海軍系統工程技術	naval systems engineering technology
海军战略学	海軍戰略學	naval strategies
海况	海況	sea state, sea condition
海葵毒素	海葵毒素	anemotoxin
海葵素	海葵素	anthopleurin
海浪	海浪	ocean wave, sea wave
海浪[的]角散	海浪角度擴散, 海浪角 　　度擴展	ocean waves angular spreading
海浪[的]弥散	海浪色散, 波浪分散	ocean waves dispersion
海浪警报	波浪警報	wave warning
海浪客观预报	客觀波浪預報	objective wave forecast
海浪[能]谱	海浪能譜	ocean wave spectrum
海浪实况图	波浪分析圖	wave chart
海浪统计预报	統計波浪預報	statistical wave forecast
海浪要素	波浪元素	wave element
海浪预报, 波浪预报	波浪預報	wave forecast
海浪预报因子	波浪預報因子	wave predictor
海浪灾害	波浪災害	wave disaster
海乐萌	海樂萌	halomon
海力特	海力特	hailite
海量数据存储技术	大量資料存儲技術	mass data storage technique
海量数据压缩技术	大量資料壓縮技術	mass data compression technique
海岭(=洋脊)		
海流(=洋流)		
海流发电	洋流發電	ocean current energy generation
海流计	海流儀	current meter
海流能	洋流能	ocean current energy
海龙卷	水龍捲	waterspout
海隆	海洋隆起, 海隆	oceanic rise
海陆风	海陸風	sea-land breeze
海伦海沟	海倫海溝	Hellenic Trench
海萝胶(=海萝聚糖)		
海萝聚糖, 海萝胶	海蘿膠	funoran
海绵毒素	海綿毒素	halitoxin

大　陆　名	台　湾　名	英　文　名
海绵核苷	海綿核苷	spongosine
海绵尿核苷	海綿尿核苷	spongouridine, ara-U
海绵丝	海綿絲	spongin
海绵胸腺嘧啶	海綿胸腺嘧啶	spongothymidine, ara-T
海绵状冰	海綿狀冰	shuga
海面变动	海面變動	eustatic fluctuation
海面粗糙度	海面粗糙度	sea surface roughness
海面粗糙度遥感	遙測海面粗糙度	remote sensing of sea surface roughness
海面反照率	海面反照率	sea surface albedo
海面风遥感	遙測海面風	remote sensing of sea surface wind
海面辐射	海面輻射	sea surface radiation
海面环流	表面環流	surface circulation
海面起伏	海面起伏	sea surface relief
海面声散射	海面散射	surface scattering
海面水温	海表溫, 海水表面溫度	sea surface temperature, SST
海面油膜	油膜	oil slick
海难救助	海上救難	marine salvage
β 海泡石	β 海泡石	β-sepiolite
海盆	海盆	sea basin
海平面	海水面, 海平面	sea level
海平面变化	海平面變化, 海水位變化	sea level change
海平面高度遥感	海平面高度遙測	sea surface height remote sensing
海平面上升灾害	海平面上升災害, 海水位上升災害	sea level rise disaster
海气交换	海氣交換	air-sea exchange, ocean-atmosphere exchange
海气界面	海氣界面	air-sea interface
海气热交换	海氣熱交換	ocean-atmosphere heat exchange
海气通量	海氣通量	air-sea flux
海气相互作用	海氣交互作用	air-sea interaction, atmosphere-ocean interaction
海鞘	海鞘	sea squirt
海鞘素 743	海鞘素 743	ecteinascidin 743
海侵, 海进	海侵, 海進	transgression
海侵海岸(=下沉海岸)		
海丘	海丘	seaknoll

大 陆 名	台 湾 名	英 文 名
海区	海區	provinces
海区天气预报	海域天氣預報	sea area weather forecast
海色	海色, 海洋水色	color of the sea
海山链	海山鏈	seamount chain
海扇	海扇	sea fan
海上安装	海上安裝	marine installation
海上摆仪	海上擺儀	marine pendulum
海上采气	離岸採氣	offshore gas production
海上采油	離岸開採	offshore production
海上采油技术	離岸開採技術	offshore production technology
海上采油平台	離岸開採平臺	offshore production platform
海上采油系统	離岸採油系統	offshore oil production system
海上储油装置	離岸貯油裝置	offshore storage unit
海上磁法测量	海上磁力測勘	ocean magnetic survey
海上定位	海上定位	marine positioning
海上定向井	離岸定向井	offshore directional well
海上港口	海上人工港	marine artificial port
海上工厂	海上工廠	maritime factory
海上机场	海上機場	seadrome
海上评价井	離岸評價井	offshore appraisal well
海上起重机	海上起重機	marine crane
海上桥梁	海上橋樑	maritime bridge
海上丝绸之路	海上絲路	maritime silk route
海上拖运	海上拖運	marine towage
海上吸扬式采矿船	海上吸揚式採礦船	marine suction mining dredger
海上溢油	海上溢油, 離岸溢油	marine oil spill, offshore oil spill
海上溢油圈闭	海上油氣捕獲	offshore trap
海上油气藏	離岸油氣貯池	offshore oil-gas pool
海上油气开发井	離岸油氣開發井	offshore oil-gas development well
海上油气水处理设备	離岸油氣水處理廠	offshore oil-gas-water processing plant
海上油气水处理系统	離岸油氣水處理系統	offshore oil-gas-water processing system
海上油气水平井	離岸油氣水平井	offshore oil-gas horizontal well
海上油气田	離岸油氣田	offshore oil-gas field
海上油田生产设施	離岸開採設施	offshore production facilities
海上预探井	離岸預探井	offshore wildcat well
海上运输	海運	marine transportation
海上战场	海上戰場	battlefield at sea

大　陆　名	台　湾　名	英　文　名
海上走廊	海上走廊	sea corridor
海上钻井隔水管	離岸鑽井升導管	offshore drilling riser
海上钻井平台	離岸鑽井平臺	offshore drilling rig
海上钻井设施	離岸鑽井設置	offshore drilling installation
海上作业点天气预报	海上施工天氣預報	marine weather forecast for working place
海参毒素	海參毒素, 皂苷毒素	holotoxin
海参素	海參素	holothurin
海深线	深海線	bathymetric line
海蚀洞（=海蚀穴）		
海蚀阶地, 浪蚀阶地	海蝕階地, 浪蝕階地	abrasion terrace
海蚀龛	浪蝕凹壁	wave-cut notch
海蚀面	海蝕面, 浪蝕面	abrasion surface
海蚀石	海蝕石	aquafact
海蚀台［地］	海蝕平臺, 海蝕臺地	abrasion platform, sea terrace
海蚀穴, 海蚀洞	海蝕洞, 海蝕凹	sea cave
海蚀崖	海崖	sea cliff
海蚀柱	海蝕柱	sea stack
海蚀作用	海蝕作用	marine erosion
海市蜃楼（=蜃景）		
海水	海水	seawater
海水 pH	海水 pH	seawater pH
海水保守组分	海水守恆成分	conservative constituent of seawater
海水–沉积物界面	海水–沉積物界面	seawater-sediment interface
海水–沉积物界面作用	海水–沉積物界面作用	seawater-sediment interface reaction
海水成分	海水成分	constituent of seawater
海水成分恒定性	海水成分恆定性	constancy of composition of seawater
海水处理系统	海水處理系統	seawater treatment system
海水磁导率	海水磁導率	seawater permeability
海水淡化	海水淡化, 海水脫鹽	seawater desalination
海水淡化厂	海水淡化廠	seawater desalting plant
海水淡化器	海水淡化器	seawater demineralizer
海水淡化业	海水淡化業	seawater desalination industry
海水电池	海水電池	salt water battery
海水电导率	海水電導率	seawater conductivity
海水电解质	海水電解質	seawater electrolyte
海水电泳	海水電泳	electrophoresis of seawater
海水电子活度	海水電子活度	electron activity of seawater

大　陆　名	台　湾　名	英　文　名
海水电阻率	海水電阻率	seawater resistivity
海水二氧化碳系统	海水二氧化碳系統	carbon dioxide system in seawater
海水反渗透系统	海水逆滲透系統	seawater reverse osmosis system
海水非保守组分	海水非守恆成分	non-conservative constituent of seawater
海水分析	海水分析	seawater analysis
海水分析化学	海水分析化學	analytical chemistry of seawater, seawater analytical chemistry
海水腐蚀, 海水侵蚀	海水腐蝕	marine corrosion, seawater corrosion
海水腐蚀特性	海水腐蝕特性	corrosive nature of seawater
海水腐蚀习性	海水腐蝕習性	seawater corrosion behavior
海水腐殖质	海水腐殖質	seawater humus
海水光散射仪	海水散射儀	seawater scatterance meter
海水过滤	海水過濾	seawater filtration
海水痕量物质萃取样本	海水痕量物質萃取樣本	seawater trace material extraction sample
海水化学	海水化學	seawater chemistry
海水化学腐蚀	海水化學腐蝕	seawater chemical corrosion
海水化学模型	海水化學模型	chemical model of seawater
海水化学资源	海水化學資源	seawater chemical resources
海水活度系数	海水活度係數	activity coefficient of seawater
海水碱度	海水鹼度	seawater alkalinity
海水介质	海水介質	seawater medium
海水–颗粒物界面	海水–顆粒物界面	seawater-particle interface
海水类型	海水類型	seawater type
海水冷却塔	海水冷卻塔	salt water cooling tower
海水冷却系统	海水冷卻系統	seawater cooling system
海水离子缔合模型	海水離子締合模型	seawater ion association model
海水离子迁移率	海水離子遷移率	seawater ion mobility
海水氯化	海水氯化	seawater chlorination
海水密度	海水密度	seawater density
海水密度计	海水密度計	seawater densitometer
海水年龄	海水年齡	age of seawater
海水侵蚀(=海洋腐蚀)		
海水取用设备	海水取用設備	seawater intake facility
海水溶解氧测定仪	海水溶氧測定儀	dissolved oxygen meter for seawater
海水入侵	海水入侵	seawater intrusion
海水熵	海水的熵	entropy of seawater
海水–生物界面作用	海水–生物界面作用	seawater-biology interface reaction

大　陆　名	台　湾　名	英　文　名
海水衰减率	海水的衰减率	attenuation of seawater
海水水质标准	海水水質標準	seawater quality standard
海水水质污染	海水水質汙染	seawater quality pollution
海水碳酸盐系统	海水碳酸鹽系統	carbonate system in seawater
海水提氘	海水提氘	extraction of deuterium from seawater
海水提碘	海水提碘	extraction of iodine from seawater
海水提钾	海水提鉀	extraction of potassium from seawater
海水提锂	海水提鋰	extraction of lithium from seawater
海水提镁	海水提鎂	extraction of magnesium from seawater
海水提取物	海水提出物	seawater extract
海水提溴	海水提溴	extraction of bromine from seawater
海水提铀	海水提鈾	extraction of uranium from seawater
海水透过率	海水透視度	seawater transmittance
海水透明度	海水透明度	seawater transparency, ocean transparency
海水透明度盘	賽西氏透明度板	Secchi disk
海水透射率仪	海水透視度儀	seawater transmittance meter
海水 pE-pH 图	海水 pE-pH 圖	pE-pH figure of seawater
海水温差发电(=海洋热能转换)		
海水温差发电系统(=海洋热能转换系统)		
海水温差能(=海洋热能)		
海水温度距平预报	海水溫度距平預報	sea surface temperature anomaly forecast
海水温度距平预报图	海水溫度距平預報圖	sea surface temperature anomaly forecast pattern
海水温度预报	海溫預報	seawater temperature forecasting
海水温度预报图	海水溫度預報圖	sea surface temperature forecast pattern
海水污染	海水汙染	seawater pollution
海水污染物背景	海水汙染物背景	seawater pollutant background
海水–悬浮粒子界面作用	海水–懸浮顆粒界面作用	seawater-suspended particle interface reaction
海水循环冷却系统	海水循環冷却系統	recirculating seawater cooling system
海水压缩性	海水壓縮率	compressibility of sea water

大　陆　名	台　湾　名	英　文　名
海水盐差发电	海水鹽差發電	seawater salinity gradient energy generation
海水盐度	海水鹽度	seawater salinity
海水养殖	海水養殖	mariculture
海水养殖技术	海水養殖技術, 淺海養殖技術	mariculture technique
海水养殖污染	海水養殖汙染	marine aquaculture pollution
海水养殖业	海水養殖業, 淺海養殖業	mariculture industry
海水异味去除技术	海水異味去除技術	deodorizing technology
海水荧光	海水的螢光	fluorescence of seawater
海水荧光计	海水螢光計	seawater fluorometer
海水营养盐	海水營養鹽	nutrient in seawater
海水域	海水域, 鹹水域	saline waters
海水元素	海水元素	element in seawater
海水蒸馏	海水蒸餾	seawater distillation
海水中常量元素	海水中常量元素	major element in seawater
海水中常量元素恒比定律	海水中常量元素恆比定律	constant principle of seawater major component
海水中大气痕量气体	海水中大氣痕量氣體	atmospheric trace gas in seawater
海水中氮磷比	海水氮磷比	ratio of nitrogen to phosphorus in seawater
海水中硅酸盐	海水矽酸鹽	silicate in seawater
海水中痕量金属	海水中的痕量金屬	trace metal in seawater
海水中痕量元素	海水微量元素	trace element in seawater
海水中胶态	海水膠體	colloidal form in seawater
海水中胶体氮	海水膠體氮	colloidal nitrogen in seawater
海水中胶体磷	海水膠體磷	colloidal phosphorus in seawater
海水中金属络合配位体浓度	海水中金屬螯合基濃度	metal complexing ligand concentration in seawater
海水中颗粒氮	海水顆粒氮	particulate nitrogen in seawater
海水中颗粒态	海水顆粒態	particulate form in seawater
海水中离子对	海水離子對	ion pair in seawater
海水中磷酸盐	海水磷酸鹽	phosphate in seawater
海水[中]络合物	海水錯合物	complex in seawater
海水中纳米粒子	海水中奈米粒子	nano-particle in seawater
海水中溶解氮	海水溶解氮	dissolved nitrogen in seawater
海水中溶解二氧化碳	海水溶解二氧化碳	dissolved carbon dioxide in seawater

大　陆　名	台　湾　名	英　文　名
海水中溶解态	海水溶解物質	dissolved forms in seawater
海水中溶解温室气体	海水溶解溫室氣體	dissolved greenhouse gas in seawater
海水中溶解营养盐	海水溶解營養鹽	dissolved nutrients in seawater
海水中微量元素	海水次要元素	minor element in seawater
海水中无机胶体	海水無機膠體	inorganic colloid in seawater
海水中物质胶体存在形式	海水物質膠體存在形式	colloidal species in seawater
海水中物质无机存在形式	海水無機性物種	inorganic species in seawater
海水中物质形态	海水化學物質型態	chemical substance form in seawater
海水中物质有机存在形式	海水有機物種	organic species in seawater
海水中硝酸盐	海水[中]硝酸鹽	nitrate in seawater
海水中悬浮物观测技术	海水懸浮物觀測技術	observing technology of suspending material in seawater
海水中氧化还原作用	海水[中]氧化還原作用	oxidation-reduction reaction in seawater
海水中液–固界面三元络合物	海水中液–固相界面三元錯合物	liquid-solid interface ternary complex in seawater
海水中一氧化氮	海水一氧化氮	nitric oxide in seawater
海水中有机氮	海水有機氮	organic nitrogen in seawater
海水中有机胶体	海水有機膠體	organic colloid in seawater
海水中有机磷	海水有機磷	organic phosphorus in seawater
海水中元素清除作用	海水中元素清除作用	scavenging action of element in seawater
海水中总氮	海水總氮	total nitrogen in seawater
海水中总磷	海水總磷	total phosphorus in seawater
海水状态方程	海水狀態方程式	seawater state equation
海水浊度仪	海水濁度儀	seawater turbidity meter
海水资源	海水資源	resources of seawater
海水资源开发技术	海水資源開發技術	technology of seawater resources exploitation
海水自净[作用]	海水自淨[作用]	seawater self-purification
海水综合利用	海水綜合利用	seawater comprehensive utilization
海水组分	海水組成	seawater composition
海斯隆起	海斯隆起, 赫斯海隆	Hess Rise
海滩	海灘	beach
海滩剖面	海灘縱剖面	beach profile

大 陆 名	台 湾 名	英 文 名
海滩沙堤	海灘沙堤, 海底暗礁, 海灘障壁	beach barrier
海滩污染	海灘汙染	beach pollution
[海]滩线	灘線	beachline
海滩岩, 礁岛岩	海灘岩, 礁島岩	cay rock
海滩淤积作用	海灘淤積作用	beach accretion
海图	海圖	sea chart
海图[水深]基准面	海圖[水深]基準面	chart datum
海兔毒素	海兔毒素	aplysiatoxin
海兔醚	海兔醚	dactylene
海兔素	海兔素	aplysin
海退	海退	regression
海退砾岩	海退礫岩	regression conglomerate
海湾	海灣	bay, gulf
海雾	海霧	sea fog
海峡	海峽	strait
海下浊度计	海下濁度計	submersible marine nephelometer
海啸	海嘯	tsunami
海啸灾害	海嘯災害	tsunami disaster
海星皂苷	海星皂苷	asterosaponin
海雪	海洋雪花	marine snow
海盐	海鹽	sea salt
海盐核	海鹽核	sea-salt nucleus
海盐粒子	海鹽粒子	sea-salt particle
海洋霸权	海洋霸權	maritime superpower, oceanic supremacy
海洋保护区	海洋保護區	marine reserve
[海洋]表面波	[海洋]表面波	[marine] surface wave
海洋病原体污染	海洋病原汙染	marine pathogenic pollution
海洋波浪遥感	遙測海洋波浪	remote sensing of ocean wave
海洋捕捞	海洋捕撈	marine fishing
海洋捕捞业	海洋捕撈業	marine fishing industry
海洋不可再生资源	海洋不能自生資源	non-renewable marine resources
海洋采矿业	海洋採礦業	marine mining
海洋测井	離岸測井	offshore well logging
海洋层化	海洋層化作用	ocean stratification
海洋产业	海洋產業	marine industry, ocean industry
海洋产业布局	海洋產業佈局	distribution of marine industries

大　陆　名	台　湾　名	英　文　名
海洋产业总产值	海洋産業總産値	gross output value of marine industries
海洋沉积声学	海洋沉積聲學	marine sediment acoustics
海洋沉积物	海洋沉積物	marine sediment
海洋沉积物地球化学	海洋沉積物地球化學	geochemistry of marine sediment
海洋沉积学	海洋沉積學	marine sedimentology
海洋沉积作用	海洋沉積作用	marine sedimentation
海洋磁场	海洋磁場	sea magnetic field
海洋磁力仪	海上磁力儀	marine magnetometer
海洋丛式井	離岸叢聚井	offshore cluster wells
海洋大地电磁测深	海洋大地電磁探測	marine magnetotelluric sounding
海洋大气综合数据集	海洋大氣綜合數據集	comprehensive ocean atmosphere dataset, COADS
海洋氮收支	海洋氮收支	oceanic nitrogen budget
海洋等温线图	海洋等溫線圖	ocean isothermal plot
海洋地层学	海洋地層學	marine stratigraphy
海洋地磁调查	海洋地磁調查	marine geomagnetic survey
海洋地磁异常	海洋地磁異常	marine geomagnetic anomaly
海洋地理信息系统	海洋地理資訊系統	marine geographic information system, MGIS
海洋地理信息系统数据库	海洋地理資訊系統資料庫	marine GIS database
海洋地貌学	海洋地形學	marine geomorphology
海洋地壳分层	海洋地殼分層	oceanic layering
海洋地球化学	海洋地球化學	marine geochemistry
海洋地球化学相指标	海洋地球化學相指標	index of marine geochemical facies
海洋地球物理调查	海洋地球物理調查	marine geophysical survey
海洋地球物理勘探	海洋地球物理探勘	marine geophysical prospecting
海洋地球物理学	海洋地球物理學	marine geophysics
海洋地热流调查	海洋地熱流調查	marine heat flow survey
海洋地震调查	海洋地震調查	marine seismic survey
海洋地震漂浮电缆	海洋地震漂浮電纜	marine seismic streamer
海洋地震剖面仪	海洋地震剖面儀	marine seismic profiler
海洋地震学	海洋震測	marine seismics
海洋地质学	海洋地質學	marine geology
海洋第二产业	海洋次級產業	marine secondary industry
海洋第三产业	海洋三級產業	marine tertiary industry
海洋第一产业	海洋初級產業	marine primary industry
海洋电化学	海洋電化學	marine electrochemistry

大　陆　名	台　湾　名	英　文　名
海洋钓鱼活动	海洋魚釣活動	marine fishing activity
海洋调查	海洋調查	oceanographic survey, oceanographic investigation
海洋调查技术	海洋調查技術	ocean survey technology
海洋断面	海洋斷面	marine [observational] section, marine transect
海洋法	海洋法	law of the sea
海洋法规	海洋法規	law and regulation of sea
海洋反射地震调查	海洋反射震測調查	marine reflection seismic survey
海洋防灾	海洋防災	marine disaster prevention
海洋仿生学	海洋仿生學	marine bionics
海洋放射生态学	海洋放射生態學	marine radioecology
海洋放射性	海洋放射性	marine radioactivity
海洋放射性污染	海洋放射性汙染	marine radioactive pollution
海洋飞沫	海洋飛沫	sea spray
海洋非实时数据	非即時資料	non-realtime data
海洋废弃物处置	海洋廢棄物拋置	marine waste disposal
海洋分析	海洋分析	oceanographic analysis
海洋分析化学	海洋分析化學	marine analytical chemistry
海洋锋	海洋鋒	oceanic front
海洋服务业	海洋服務業	marine service industry
海洋浮游动物垂直分布图	海洋浮游動物垂直分布圖	plot of marine zooplankton vertical distribution
海洋浮游生物量图	海洋浮游生物量圖	plot of marine plankton biomass
海洋腐殖质	海洋腐殖質	marine humus
海洋负荷潮	海洋負荷潮	oceanic load tide
海洋工程	海洋工程	ocean engineering
海洋工程地质	海洋工程地質[學]	marine engineering geology
海洋工程建筑业	海洋工程營建業	ocean engineering construction industry
海洋工程水文	海洋工程水文	engineering oceanology
海洋工程物理模型	海洋工程物理模型	ocean engineering physical model
海洋公园	海洋公園	ocean park, marine park
海洋功能区	海洋功能區	marine functional zone
海洋功能区划	海洋功能區劃	marine functional zoning
海洋构筑物	海洋結構物, 近海結構物	offshore structure
海洋观测技术	海洋觀測技術	ocean observation technology
海洋观测卫星	海洋觀測衛星	ocean observation satellite

大　陆　名	台　湾　名	英　文　名
海洋管理	海洋管理	ocean management
[海洋]惯性重力波	慣性重力波	inertia gravitational wave [in ocean]
海洋光化学	海洋光化學	marine photochemistry
海洋光学	海洋光學	marine optics, ocean optics
海洋光学浮标	海洋光學浮標	marine optic buoy
海洋广角反射地震调查	海洋廣角反射震測調查	marine wide-angle reflection seismic survey
海洋航空气象学	海洋航空氣象學	maritime aviation meteorology
海洋航空天气预报	海洋航空天氣預報	maritime aviation weather forecast
海洋航线天气预报	外海航線天氣預報	weather forecast for shipping route
海洋化工业	海洋化工業	marine chemistry industry
海洋化学	海洋化學	marine chemistry
海洋化学的化学平衡	海洋化學的化學平衡	chemical equilibrium of marine chemistry
海洋化学品	海洋化學品	marine chemicals
海洋化学特性	海洋化學特性	marine chemical behavior
海洋化学污染物	海洋化學汙染物	chemical pollutant in the sea
海洋化学资源	海洋化學資源	marine chemical resources
海洋划界	海洋劃界	marine boundary delimitation
海洋环境	海洋環境	marine environment
海洋环境保护	海洋環境保護	marine environmental protection
海洋环境保护法	海洋環境保護法	marine environmental protection law
海洋环境保护技术	海洋環境保護技術	marine environmental protection technology
海洋环境背景值	海洋環境背景值	marine environmental background value
海洋环境标准	海洋環境標準	marine environmental standard
海洋环境承载能力	海洋環境承載力	marine environmental carrying capacity
海洋环境地球化学	海洋環境地球化學	marine environmental geochemistry
海洋环境调查	海洋環境調查	oceanographic environmental survey
海洋环境法	海洋環境法	marine environmental law
海洋环境分类	海洋環境分類	classification of marine environment
海洋环境管理	海洋環境管理	marine environmental management
海洋环境荷载	海洋環境負載	marine environmental load
海洋环境化学	海洋環境化學	marine environmental chemistry
海洋环境基线[调查]	海洋環境基線[調查]	marine environmental baseline [survey]
海洋环境基准	海洋環境準則	marine environmental criteria
海洋环境价值	海洋環境價值	marine environmental value

大　陆　名	台　湾　名	英　文　名
海洋环境监测	海洋環境監測	marine environmental monitoring
海洋环境监测技术	海洋環境監測技術	marine environment monitoring technology
海洋环境科学	海洋環境科學	marine environmental science
海洋环境流体动力学	海洋環境流體動力學	marine environmental hydrodynamics
海洋环境品质(＝海洋环境质量)		
海洋环境评价	海洋環境評估	marine environmental assessment
海洋环境评价制度	海洋環境評估系統	marine environmental assessment system
海洋环境容量	海洋環境容量	marine environmental capacity
海洋环境要素	海洋環境要素	marine environmental element
海洋环境影响	海洋環境影響	marine environmental impact
海洋环境影响报告书	海洋環境影響報告書	marine environmental impact statement
海洋环境影响评价	海洋環境影響評估	marine environmental impact assessment
海洋环境影响评价报告书	海洋環境影響評估報告書	report on assessment for marine environmental impact
海洋环境影响预测	海洋環境衝擊預測	marine environmental impact prediction
海洋环境预报	海洋環境預報	marine environment forecast
海洋环境预报预测	海洋環境預報與預測	marine environmental forecasting and prediction
海洋环境噪声	海洋環境噪音	ambient noise of the sea, ocean ambient noise
海洋环境沾污	海洋環境汙染	marine environmental contamination
海洋环境质量,海洋环境品质	海洋環境品質	marine environmental quality
海洋环境质量评价	海洋環境質量評估	assessment of marine environmental quality
海洋环境中浮游生物的反应性研究计划	海洋環境中浮游生物的反應性研究計畫	Plankton Reactivity in the Marine Environment, PRIME
海洋环境资料信息目录	海洋環境資訊目錄, 海洋環境數據和資料查詢系統	marine environmental data and information referral system, MEDI
海洋混响	海洋迴響	marine reverberation
海洋激发极化法	海洋引發極化法	marine induced polarization method
海洋技术	海洋技術	marine technology, ocean technology
海洋减灾	海洋減災	marine disaster reduction

大　陆　名	台　湾　名	英　文　名
海洋减灾工程	海洋減災工程	marine disaster reduction engineering
海洋减灾救灾管理	海洋減災救災管理	management of marine disaster reduction and relief
海洋交通运输业	海洋交通運輸業	marine communications and transportation industry
海洋界面	海水界面	interface in seawater
海洋界面化学	海洋界面化學	marine interfacial chemistry
海洋界面作用	海水界面作用	interface reaction in seawater
海洋经济	海洋經濟	marine economy
海洋经济学	海洋經濟學	marine economics
海洋开尔文波	海洋凱爾文波	ocean Kelvin wave
海洋开发	海洋開發，海洋拓展	marine development, ocean exploitation
海洋开发规划	海洋開發規劃	marine development planning
海洋考古	海洋考古學	maritime archaeology
海洋科学	海洋科學	marine science, ocean science
海洋可再生资源	海洋可再生資源	renewable marine resources
海洋客观分析技术	海洋客觀分析技術	marine objective analysis technique
海洋空间利用	海洋空間利用	ocean space utilization
海洋空间数据	海洋空間資料	marine spatial data
海洋空间数据交换标准	海洋空間數據交換標準	standard for marine spatial data exchange
海洋空间资源	海洋空間資源	marine space resources
海洋矿产资源开发技术	海洋礦產資源開發技術	technology of marine mineral resources exploitation
海洋冷水圈	海洋冷水圈	psychrosphere
海洋历史地理	海事歷史地理	maritime historical geography
海洋历史文化景观	海洋歷史文化景觀	oceanic historical and cultural landscape
海洋流体动力噪声	海洋流體動力噪音	marine hydrodynamic noise
海洋旅游业	海洋旅遊業	marine tourism
海洋旅游资源	海洋旅遊資源	marine tourism resources
海洋罗斯贝波	海洋羅士培波	ocean Rossby wave
海洋民俗	海洋民俗	maritime folklore
海洋牧场	海洋牧場	aquafarm, marine ranch
［海洋］内波	内波	［marine］internal wave
海洋能	海洋能	ocean energy
海洋能发电业	海洋能源發電產業	ocean energy power generation industry

大 陆 名	台 湾 名	英 文 名
海洋能开发技术	海洋能源開發技術	technology of ocean energy exploitation
海洋能利用	海洋能源利用	ocean energy utilization
海洋能农场	海洋能源農場	ocean energy farm
海洋能源	海洋能源	marine energy resources
海洋能转换	海洋能轉換	ocean energy conversion
海洋农场	海洋牧場, 海洋農場	marine farm
海洋农药污染	海洋農藥汙染	marine pollution of pesticide
海洋气候声学测温计划	海洋氣候聲學測溫計畫	Acoustic Thermometry of Ocean Climate, ATOC
海洋气候学	海洋氣候學	marine climatology
海洋气溶胶	海洋氣溶膠	marine aerosol
海洋气团	海洋氣團	marine air mass
海洋气象学	海洋氣象學	marine meteorology
海洋倾倒	海抛	ocean dumping
海洋倾倒技术	海抛技術	dumping skill at sea
海洋倾倒区	海抛區	dumping area at sea
海洋热力学	海洋熱力學	ocean thermodynamics
海洋热能, 海水温差能	海洋熱能	ocean thermal energy
海洋热能发电系统	海洋熱能發電系統	ocean thermal power system
海洋热能转换, 海水温差发电	海水溫差發電	ocean thermal energy conversion, OTEC
海洋热能转换系统, 海水温差发电系统	海水溫差發電系統	OTEC power system
海洋热污染	海洋熱汙染	marine thermal pollution
海洋人文地理	海洋人文地理	maritime cultural geography
海洋生产力	海洋生產力	ocean productivity
海洋生化工程	海洋生化工程	marine biochemical engineering
海洋生化资源	海洋生化資源	marine biochemical resources
海洋生态监测	海洋生態監測	marine ecological monitoring
海洋生态景观	海洋生態景觀	ocean ecological landscape
海洋生态系统	海洋生態系統	marine ecosystem
海洋生态系统动力学	海洋生態系統動力學	marine ecosystem dynamics
海洋生态系统生态学	海洋生態系統生態學	marine ecosystem ecology
海洋生态学	海洋生態學	marine ecology
海洋生态灾害	海洋生態災害	marine ecological disaster
海洋生物材料	海洋生物材料	marine biomaterial
海洋生物地球化学	海洋生物地球化學	marine biogeochemistry
海洋生物毒素	海洋生物毒素	marine biotoxin

大　陆　名	台　湾　名	英　文　名
海洋生物毒性试验	海洋生物毒性試驗	test of marine organism toxicity
海洋生物光学	海洋生物光學	oceanic biooptics
海洋生物活性物质	海洋生物活性物質	marine bioactive substances
海洋生物基因工程	海洋生物基因工程	marine genetic engineering
海洋生物技术	海洋生物技術	marine biotechnology
海洋生物普查计划	海洋生物普查計畫	Census of Marine Life, COML
海洋生物声学	海洋生物聲學	marine bioacoustics
海洋生物污染	海洋生物汙染	marine biological pollution
海洋生物学	海洋生物學	marine biology
海洋生物噪声	海洋生物噪音	marine biological noise
海洋生物制药业	海洋生物製藥業	marine biological pharmacy industry
海洋生物资源	海洋生物資源	marine living resources
海洋生物资源养护	海洋生物資源養護	maintenance of marine living resources
海洋声层析技术	海洋聲層析	ocean acoustic tomography
海洋声散射体	海洋聲散射體	oceanic sound scatterer
海洋声学	海洋聲學	marine acoustics, ocean acoustics
海洋湿地	海洋濕地	marine wetland
海洋石油降解微生物	海洋石油裂解菌	marine petroleum degrading microorganism
海洋石油污染	海洋石油汙染	marine petroleum pollution
海洋石油资源	離岸石油資源	offshore oil resources
海洋实时数据	海洋即時資料	marine realtime data
海洋示踪物	海洋示蹤物	oceanographic tracer
海洋数据	海洋資料	marine data
海洋数据变换	海洋資料變換	marine data transform
海洋数据操作	海洋資料操作	marine data manipulation
海洋数据格式化	海洋資料格式化	marine data formatting
海洋数据集	海洋資料集	marine dataset
海洋数据库	海洋資料庫	marine database
海洋数据融合技术	海洋資料融合技術	marine data fusion technique
海洋数据同化技术	海洋資料同化技術	marine data assimilation technology
海洋数据文档,海洋资料文档	海洋資料典藏	marine data archive
海洋数据文件	海洋資料檔	marine data file
海洋数据应用文件	海洋資料應用檔	marine data application file
海洋数据转换	海洋資料轉換	marine data conversion
海洋数字化	海洋數據化	ocean digitization
海洋水产品加工业	海洋水產品加工業	marine aquatic products processing

大 陆 名	台 湾 名	英 文 名
海洋水色测量	海洋水色測量	sea color measurement
海洋水色扫描仪	海洋水色掃描儀	ocean color scanner
海洋水温遥感	海洋水溫遙測	ocean temperature remote sensing
海洋水文学	海洋水文學	marine hydrography, marine hydrology
海洋水下技术	水下技術	undersea technology
海洋水质监测仪	多參數水質探測儀	multiparameter water quality probe
海洋探险	海洋探險	maritime exploration, oceanic adventure
海洋碳酸盐系统	海洋碳酸鹽系統	carbonate system of the ocean
海洋特别保护区	海洋特別保護區	special marine protected area
海洋天气图	海洋天氣圖	marine synoptic chart
海洋天气预报	海洋天氣預報, 海洋氣象預報	marine weather forecast
海洋天然产物	海洋天然產物	marine natural product
海洋天然产物化学	海洋天然產物化學	marine natural product chemistry
海洋天然气水合物	海洋天然氣水合物	marine gas hydrate
海洋天然烃	海洋天然烴	marine natural hydrocarbon
海洋通量	海洋通量	ocean flux
海洋同位素化学	海洋同位素化學	marine isotope chemistry
海洋土工试验	海洋大地工程試驗	marine geotechnical test
海洋微表层	海洋表面微層	sea surface microlayer
海洋微生物生态学	海洋微生物生態學	marine microbial ecology
海洋微生物学	海洋微生物學	marine microbiology
海洋卫星	海洋號衛星	Seasat
海洋文明	海事文明	maritime civilization
海洋污染	海洋汙染	marine pollution, ocean pollution
海洋污染防治	海洋汙染防治	marine pollution prevention
海洋污染防治法	海洋汙染防治法	marine pollution prevention law
海洋污染化学	海洋汙染化學	marine pollution chemistry
海洋污染监测	海洋汙染監測	marine pollution monitoring
海洋污染监测技术	海洋汙染監測技術	marine pollution monitoring technology
海洋污染科学专家组	海洋汙染科學專家組	Group of Experts on the Scientific Aspects of Marine Pollution, GESAMP
海洋污染控制	海洋汙染控制	marine pollution control
海洋污染累积种	海洋汙染累積種	accumulation species of marine pollution
海洋污染评价种	海洋汙染評估種	critical species of marine pollution
海洋污染生态效应	海洋汙染生態效應	ecological effect of marine pollution

大　陆　名	台　湾　名	英　文　名
海洋污染生态学	海洋汙染生態學	marine pollution ecology
海洋污染生物监测	海洋污染生物監測	biological monitoring for marine pollution
海洋污染生物效应	海洋汙染生物效應	biological effects of marine pollution
海洋污染生物学	海洋汙染生物學	marine pollution biology
海洋污染史	海洋汙染史	marine pollution history
海洋污染物	海洋汙染物	marine pollutant
海洋污染物的迁移转化	海洋汙染物的遷移轉化	transport and fate of marine pollutant
海洋污染预报	海洋汙染預報	marine pollution prediction
海洋污染源	海洋汙染源	marine pollution source
海洋污染指示种	海洋汙染指標種	indicator species of marine pollution
海洋污损预报	海洋汙損預報	oceanic fouling forecast
海洋污着	海洋汙[染附]著	marine fouling
海洋无机污染	海洋無機汙染	marine inorganic pollution
海洋物理化学	海洋物理化學	marine physical chemistry
海洋物理学	海洋物理學	marine physics, ocean physics
海洋细菌	海洋細菌	marine bacteria
海洋细菌学	海洋細菌學	sea bacteriology
海洋细微结构	海洋細微架構	fine and microstructure of ocean
海洋响应	海洋反應	ocean response
海洋协会地球深层取样机构	聯合海洋機構地球深層取樣計畫	Joint Oceanographic Institutions for Deep Earth Sampling, JOIDES
海洋信息	海洋資訊	marine information
海洋信息产品	海洋資訊產品	marine information products
海洋信息产品制作技术	海洋資訊產品製作技術	manufacturing technique of marine information products
海洋信息处理	海洋資訊處理	marine information processing
海洋信息处理技术	海洋資訊處理技術	marine information processing technique
海洋信息传输	海洋資訊傳輸	marine information transmission
海洋信息分发系统	海洋資訊分發系統	dissemination system of marine information
海洋信息分类代码	海洋資訊分類代碼	marine information code
海洋信息服务	海洋資訊服務	marine information service
海洋信息服务技术	海洋資訊服務技術	technique of marine information service
海洋信息共享	海洋資訊共享	marine information sharing
海洋信息技术	海洋資訊技術	marine information technology
海洋性洄游	海洋性洄游	oceanodromous migration

大 陆 名	台 湾 名	英 文 名
海洋性气候	海洋氣候	marine climate
海洋学	海洋學	oceanography, oceanology
海洋学标准	海洋學標準	oceanographic standard
海洋学和气象学联合技术委员会	海洋學和氣象學聯合技術委員會	Joint Technical Commission for Oceanography and Marine Meteorology, JTCOMM
海洋学联合大会	海洋學聯合大會	Joint Oceanographic Assembly, JOA
海洋研究科学委员会	海洋研究科學委員會	Scientific Committee on Oceanic Research, SCOR
海洋遥感	海洋遙測	ocean remote sensing
海洋遥感观测	海洋遙測觀測	ocean remote sensing observation
海洋药物	海洋藥物	marine drug
海洋要素垂直分布图	海洋垂直分布	marine vertical distribution
海洋要素反演	海洋要素反轉	inversion of oceanographic element, reduction of oceanographic element, retrieval of oceanographic element
海洋叶绿素遥感	海洋葉綠素遙測	ocean chlorophyl remote sensing
海洋油气采收率	離岸油氣回收	offshore oil-gas recovery
海洋油气盆地	離岸油氣盆地	offshore oil-gas bearing basin
海洋油气总资源量	海洋油氣總資源量	gross volume of offshore hydrocarbon resources
海洋有机地球化学	海洋有機地球化學	marine organic geochemistry
海洋有机化学	海洋有機化學	marine organic chemistry
海洋有机碳	海洋有機碳	marine organic carbon
海洋有机物	海洋有機物	marine organic matter, marine organic substance
海洋有机物环境化学	海洋有機物環境化學	environmental chemistry of marine organic matter
海洋渔情预报图	漁況預報圖	plot of fish condition forecasting
海洋渔业	海洋漁業	marine fishery
海洋渔业资源	海洋漁業資源	marine fishery resources
海洋元素地球化学	海洋元素地球化學	marine elemental geochemistry
海洋灾害	海洋災害	marine disaster
海洋灾害基本要素	海洋災害基本要因	basic element of marine disaster
海洋灾害预报和警报	海洋災害預報和警報	marine disaster forecasting and warning
海洋藻类化学	海洋藻類化學	marine algae chemistry
海洋噪声	海洋噪音	sea noise
海洋战略	海洋策略	marine strategy

大　陆　名	台　湾　名	英　文　名
海洋折射地震调查	海洋折射震测調查	marine refraction seismic survey
海洋政策	海洋政策	marine policy
海洋脂肪酸	海洋脂肪酸	marine fatty acid
海洋制造业	海洋製造業	marine manufacturing industry
海洋质子磁力梯度仪	海洋質子磁力梯度儀	marine proton magnetic gradiometer
海洋质子磁力仪	海洋質子磁力儀	marine proton magnetometer
海洋中尺度涡遥感	衛星量測中尺度渦旋	satellite measurement of mesoscale eddies
海洋中放射性元素同位素	海洋放射性元素同位素	radioactive isotope in ocean
海洋中化学元素垂直分布	海洋化學元素垂直分布	vertical distribution of chemical elements in ocean
海洋中化学元素时间分布	海洋化學元素時間分布	temporal distribution of chemical elements in ocean
海洋中化学元素水平分布	海洋化學元素水平分布	horizontal distribution of chemical elements in ocean
海洋中稳定同位素	海洋穩定同位素	stable isotope in ocean
海洋中元素滞留时间	海洋中元素滯留時間	residence time of elements in seawater
海洋重金属污染	海洋重金屬汙染	marine heavy metal pollution
海洋重力测量	海洋重力測量	marine gravimetry
海洋重力调查	海洋重力調查	marine gravity survey
海洋重力仪	海上重力儀	marine gravimeter
海洋重力异常	海洋重力異常	marine gravity anomaly
海洋贮藏	海洋貯藏	ocean storage
海洋资料标准化处理	海洋資料標準化處理	standard processing of marine data
海洋资料文档(=海洋数据文档)		
海洋资料质量控制	海洋資料品質管理	marine data quality control
海洋资源	海洋資源	marine resources
海洋资源保护	海洋資源保護, 海洋資源保育	conservation of marine resources
海洋资源持续利用	海洋資源永續使用	sustainable utilization of marine resources
海洋资源工程委员会	海洋資源工程委員會	Engineering Committee on Oceanic Resources, ECOR
海洋资源管理	海洋資源管理	management of marine resources
海洋资源化学	海洋資源化學	marine resource chemistry
海洋资源经济评价	海洋資源經濟評估	economic evaluation of marine resour-

大　陆　名	台　湾　名	英　文　名
		ces
海洋资源经济评价指标	海洋資源經濟評估指標	index of economic evaluation for marine resources
海洋资源开发	海洋資源開發	marine resource exploitation, marine resource development
海洋资源开发布局	海洋資源開發佈局	spatial arrangement of marine resource exploitation
海洋资源开发成本	海洋資源開發成本	cost of marine resource exploitation
海洋资源利用	海洋資源利用	marine resource utilization
海洋资源学	海洋資源學	science of marine resources
海洋资源综合利用	海洋資源綜合利用	integrated use of marine resources
海洋自净能力	海洋自淨能力	marine environmental self-purification capability
海洋自然保护区	海洋自然保留區	marine natural reserves
海洋自然电位法	海洋自然電位法	marine self-potential method
海洋总环流	海洋主環流	general ocean circulation
海因里希事件	漂冰碎屑事件	Heinrich event
海域	海域	sea area
海域富营养化控制	海域優養化控制	control of eutrophication in the sea area
海域使用管理	海域使用管理	management on sea area use
海域使用权	海域使用權	right of sea area use
海域使用证	海域使用證	licence of sea area use
海渊	海淵	abyss, abyssal deep
海藻床	巨藻床, 海藻床	kelp bed, seaweed bed
海藻腐蚀	海藻腐蝕	seaweed corrosion
海藻学	海藻學	marine phycology
海柱	海柱	stack
氦氧潜水	氦氣潛水	helium-oxygen diving
含量	含量	content
含盐性	含鹽性	saltiness
含氧量	含氧量	oxygen content
含油废水	含油廢水	oily wastewater
含油废物	含油廢物	oily waste
含油废液	含油廢液	oily waste liquor
含油量指数	含油量指數	index of oil content
含油污染物	含油汙染物	oily pollutant
含油污水	含油汙水	oily sewage, oily water
寒潮	寒潮	cold wave

大 陆 名	台 湾 名	英 文 名
寒带种	寒帶種	cold zone species
寒流	冷流	cold current
航标	航道標志, 航標	navigation aid
航次	航次	cruise, voyage
航道	航道	navigation channel
航道识别	航導辨別	lane identification
航海疾病	航海疾病	seafaring disease
航海天文历	航海天文歷	nautical almanac
航海图	航海圖	nautical chart
航海医学	航海醫學	nautical medicine
航海医学心理学	航海醫學心理學	nautical medical psychology
航空摄影	航空攝影	aerial photography
好氧(=需氧)		
好氧细菌, 需氧菌	好氧細菌, 需氧菌	aerobic bacteria
耗氧量	氧消耗, 耗氧量	oxygen consumption
合成地震记录(=合成 地震图)		
合成地震图, 合成地震 记录	合成震波圖	synthetic seismogram
合成孔径雷达	合成孔徑雷達	synthetic aperture radar, SAR
合成孔径声呐	合成孔徑聲納	synthetic aperture sonar, SAS
合成橡胶	合成橡膠	synthetic rubber
合成影像	合成影像	composite image
合成有机物	合成有機物	synthetic organics
合子	[接]合子	zygote
河控三角洲	河川主宰三角洲	river-dominated delta
河口	河口灣, 河口	estuary, river mouth
河口沉积	河口灣堆積	estuarine deposit
河口动力学	河口動力學	estuarine dynamics
河口锋	河口鋒	estuarine front
河口化学	河口化學	estuarine chemistry
河口化学物质保守行为	河口化學物質守恆行為	conservative behavior of chemical sub- stance in estuary
河口化学物质非保守行 为	河口化學物質非守恆行 為	non-conservative behavior of chemical substance in estuary
河口环境	河口環境	estuarine environment
河口环流	河口環流	estuarine circulation
河口界面	河口界面	estuarine interface

大　陆　名	台　湾　名	英　文　名
河口沙坝	河口沙洲	channel-mouth bar
河口上升流	河口湧升流	estuarine upwelling
河口射流理论	河口射流理論	estuarine jet flow theory
河口生物地球化学	河口生物地球化學	estuarine biogeochemistry
河口生物学	河口生物學	estuarine biology
河口通量	河口通量	estuarine flux
河口湾沉积	河口灣沉積	estuary deposit
河口[湾]三角洲	河口灣三角洲	estuarine delta
河口污染	河口汙染	pollution of estuary
河口相	河口灣相	estuarine facies
河口学	河口學	estuarine science
河口淤泥沉积	河口淤泥堆積	liman
河口余流	河口餘流	estuarine residual current
河口羽状锋	河口羽狀鋒	estuarine plume front
河口治理	河口治理	estuary improvement
河口最大浑浊带,河口 　最大浊度带	河口最大渾濁帶,河口 　最大濁度帶	turbidity maximum [zone]
河口最大浊度带(=河 　口最大浑浊带)		
河流搬运	河流搬運,河流運輸	river transport
河流[搬运]物质	河流[搬運]物質	river-borne material
[河流]径流量	[河流]徑流量	river outflow, river runoff
河流排放	河流流量	river discharge
河流污染	河流汙染	pollution of river
河流再充氧作用	河流的再充氧作用	reoxygenation of stream
河曲	河曲	meander
河水	河水	river water
河源物质	河源物質	river-born substance
核心法	核心法	core method
核心区	核心區	core area
盒式取样器	開斯頓岩芯取樣器,盒 　式取樣器	Kasten corer
褐潮	褐潮	brown tide
褐锰矿	褐錳礦	braunite
褐黏土	褐色黏土	brown clay
褐藻单宁,褐藻鞣质	褐藻單寧	phaeophycean tannin
褐藻鞣质(=褐藻单宁)		
褐藻酸	海藻酸	alginic acid

大　陆　名	台　湾　名	英　文　名
[褐]藻酸丙二醇酯	海藻酸丙二醇酯	propylene glycol alginate
褐藻酸钠	海藻酸鈉	sodium alginate
黑白瓶法	光暗瓶法	light and dark bottle technique
黑冰	海面薄冰	black ice
黑潮	黑潮	Kuroshio
黑潮及邻近水域的合作研究	黑潮及鄰近水域的合作研究	Cooperative Study of the Kuroshio and Adjacent Regions, CSK
黑潮延续流	黑潮延伸流	Kuroshio extension current
黑海	黑海	Black Sea
黑体	黑體	blackbody
黑体等效温度	黑體等效溫度	equivalent blackbody temperature
黑烟囱	黑煙囪	black smoker
黑烟囱复合体	黑煙囪複合體	black smoker complex
痕量成分	痕量成分	trace component, trace constituent
痕量分析	痕量分析	trace analysis
痕量金属富集	痕量金屬富集	trace metal enrichment
痕量金属污染	痕量金屬汙染	trace metal pollution
痕量污染	痕量汙染	trace contamination
痕量污染物	痕量汙染物	trace contaminant
痕量元素, 微量元素	痕量元素, 微量元素	trace element
痕量元素类型	痕量元素類型	trace element pattern, TEP
恒定生物	恆定生物	regulator organism
恒定状态（=稳态）		
恒化培养	恆化培養	chemostatic culture
恒温生物	恆溫生物	homeotherm
恒温性	恆溫性	homeothermy
恒有种	恆存種, 恆有種	constant species
横荡	橫蕩	sway
横贯南极山脉, 南极横断山脉	橫貫南極山脈, 南極橫斷山脈	Trans-Antarctic Mountains
横截, 截点	穿越線	transect
横沙洲	橫沙洲	cross bar
横向海岸	橫向海岸	latitudinal coast, transverse coast
横摇	橫搖	roll
红海	紅海	Red Sea
红肌	紅肌	red muscle
红黏土	紅黏土	red clay
红树林	紅樹林	mangrove, avicennia

大　陆　名	台　湾　名	英　文　名
红树林海岸	紅樹林海岸	mangrove coast
红树林生物群落	紅樹林生物群落	mangrove community
红树林沼泽	紅樹林沼澤	mangrove swamp
红树林植被	紅樹林植被	mangrove vegetation
红外辐射计	紅外輻射計	infrared radiometer
红外光谱学	紅外光譜學	infrared spectroscopy
红外线	紅外線	infrared ray
红外线辐射温度计	紅外線輻射溫度計	infrared radiation thermometer, IRT
红外遥感器	紅外遙感器	infrared remote sensor
红藻氨酸	紅藻氨酸	kainic acid
红柱石	紅柱石	andalusite
宏观进化	巨演化	macroevolution
虹鳟鱼生殖腺细胞系	虹鱒生殖腺細胞系	rainbow trout gonad cell line, RTG
喉	咽部	larynx
喉鳔型	喉鳔型	physostome
后滨	後濱, 濱後	backshore
后口动物	後口動物	deuterostome
后期幼体	後幼生	post larva
后生动物	後生動物	metazoan
后生作用	後生成岩作用, 晚期成岩作用	epigenesis
后退海岸线	後退海岸線	retrograding shoreline
后向散射, 背散射	後向散射, 反向散射	backscattering, backscatter
后向散射率	後向散射率	backward scatterance
后向散射系数	後向散射係數	backscattering coefficient
厚壁筒结点	厚壁筒接合	heavy wall joint
呼吸	呼吸	respiration
呼吸根	呼吸根, 浮囊體	pneumatophore
呼吸率	呼吸率	respiratory rate
呼吸色素	呼吸色素	respiratory pigment
呼吸商	呼吸商	respiratory quotient
呼吸树	呼吸樹	respiratory tree
弧–沟间隙	弧－溝間隙	arc-trench gap
弧后	弧後	back-arc
弧后俯冲, 弧后隐没	弧後隱沒, 弧後俯衝	back-arc subduction
弧后扩张	弧後擴張	back-arc spreading
弧后盆地	弧後盆地	back-arc basin
弧后隐没(=弧后俯冲)		

大　陆　名	台　湾　名	英　文　名
弧间盆地	弧間盆地	interarc basin
弧菌	弧菌	vibrio
弧内盆地	弧內盆地	intra-arc basin
弧前	弧前	fore-arc
弧前盆地	弧前盆地	fore-arc basin
弧形三角洲	弧形三角洲	arcuate delta
弧状构造	弧形構造	bogen structure
胡安德富卡板块	皇安德富卡板塊	Juan de Fuca Plate
β胡萝卜素	β胡蘿蔔素	β-carotene
壶腹，坛状体	壺腹，壺狀體	ampulla
湖泊污染	湖泊汙染	pollution of lake
湖沼学	湖沼學	limnology
互利共生	互利共生	mutualism
护岸工程	海岸防護工程	shore protection engineering
护面块体	護面塊	armor unit, armor block
护坡	護坡	side-slope protection work
华莱士线	華萊士線	Wallace line
华夏古大陆	華夏古陸	Cathaysia
滑道	滑道	slipway, skid way
滑动断块	滑動斷塊，滑塊	sliding block
滑坡	滑坡	landslide
滑塌沉积	崩移堆積，滑陷堆積	slump deposit
滑脱	脫底，滑脫	detachment
滑行运动	滑行運動	gliding motility
滑[移]流	滑流	slip flow
化感作用	異株剋生，相剋作用	allelopathy
化合菌	化合細菌	chemosynthetic bacteria
化合物	化合物	compound
化合物比活度	化合物比活度	compound specific activity
化能[生物]合成	化學[生物]合成	chemosynthesis
化能营养	化學營養[階]	chemotrophy
化能自养菌(＝化能自养生物)		
化能自养生物，化能自养菌	化合自營生物	chemoautotroph
化石	化石	fossil
化石定年学，生物年代学	化石定年學，生物年代學	biochronology

大　陆　名	台　湾　名	英　文　名
化石能源	化石能源	fossil energy
化学沉积物	化學沉積物	chemical sediment
化学成岩作用	化學成岩作用	chemical diagenesis
化学传输	化學傳輸	chemical transport
化学风化[作用]	化學風化	chemical weathering
化学海洋学	化學海洋學	chemical oceanography
化学礁体系	化學礁體系	chemoherm complexes
化学清除	化學清除	chemical scavenging
化学清洗	化學清洗	chemical cleaning, chemical picking
化学生成反应	化學生成反應	chemogenic reaction
化学生物带	化學生物帶	chemobiotic zone
化学示踪剂	化學示蹤劑	chemical tracer
化学势	化學位能, 化學勢	chemical potential
化学势差	化學位能差, 化學勢差	chemical potential difference
化学污染	化學汙染	chemical pollution
化学污染物	化學汙染物	chemical pollutant
化学物种形成	化學成種作用	chemical speciation
化学吸附	化學吸附	chemisorption
化学需氧量	化學需氧量	chemical oxygen demand, COD
还原环境	還原化環境	reducing environment
还原性脱硫	還原性脫硫	reductive desulfuration
还原性脱卤	還原性脫鹵	reductive dehalogenation
环带	殼環	girdle
环礁	環礁	atoll, reef atoll
环礁岛	環礁島, 環狀珊瑚島	atoll island
环礁结构	環礁狀組織, 環狀組織	atoll texture
环礁圈	環礁圈	atoll ring
环境保护	環境保護	environmental protection, environmental conservation
环境变异	環境變異	environmental variation
环境标准	環境標準	environmental standard, environmental criteria
环境恶化	環境惡化	environmental deterioration
环境法	環境保護法	environment law
环境风险评价	環境風險評估	environmental risk assessment
环境干扰	環境失調	environmental disturbance
环境海洋学	環境海洋學	environmental oceanography
环境痕量分析	環境痕量分析	environmental trace analysis

大　陆　名	台　湾　名	英　文　名
环境回顾评价	環境回顧評估	assessment of the previous environment
环境监测	環境觀測	environmental monitoring
环境监视	環境監視	environmental surveillance
环境评价	環境評價	environmental assessment
环境容量	環境容量	environmental capacity
环境设计	環境設計	environmental design
环境生物影响	環境生物影響	environmental biological impact
环境水质	環境水質	ambient water quality
环境特性	環境特性	environmental characteristic
环境条件	環境條件	environmental condition
环境调节	環境調節	environmental conditioning
环境退化	環境退化	environmental degradation
环境卫星	環境衛星	environmental satellite, ENVISAT
环境温度	環境溫度	ambient temperature
环境污染	環境汙染	environmental pollution, environment contamination
环境污染问题科学委员会	環境汙染問題科學委員會	Scientific Committee on Pollution of Environment, SCOPE
环境小生境	環境小生境	environmental niche
环境因子	環境因素	environmental factor
环境影响	環境影響	environmental impact, environmental consequence
环境预测	環境預測	environmental forecasting
环境灾害监测	環境災害監測	environmental disaster control
环境噪声	環境噪聲	environmental noise
环境噪声法规	環境噪聲法規	environmental noise legislation
环境质量参数	環境質量參數	environmental quality parameter
环境质量指数	環境質量指標	environmental quality index
环境资源	環境資源	environmental resources
环流	環流	circulation
环热带种	環熱帶分布種	circumtropical species
环太平洋火山带	環太平洋火山帶, 環太平洋火圈	Circum-Pacific Volcanic Belt
环太平洋岩区	環太平洋岩區	Circum-Pacific province
环形极化(=圆极化)		
环形泥炭沼泽	環形泥炭沼澤	atoll moor
锾-钍测年法	鑀-釷定年法	ionium-thorium method of dating

大　陆　名	台　湾　名	英　文　名
缓冲容量	緩衝容量，緩衝能力	buffer capacity
缓冲溶液	緩衝溶液	buffer solution
缓蚀剂	緩蝕劑	corrosion inhibitor
换能器	轉換器	transducer
荒川 C 网格	荒川 C 網格	Arakawa C grid
黄海	黃海	Yellow Sea
黄海冷水团	黃海冷水團	Huanghai Cold Water Mass，Yellow Sea Cold Water Mass
黄海暖流	黃海暖流	Huanghai Warm Current
黄海沿岸流	黃海沿岸流	Huanghai Coastal Current，Yellow Sea Coastal Current
黄色素	黃色素	yellow pigment
黄[色物]质	黃質，黃色物質	yellow substance
灰白冰	灰白冰	grey-white ice
灰冰	灰冰	grey ice
灰度	灰度	grey scale
灰蓝页岩	灰藍灰岩	calp
灰体	灰體	grey body
恢复力	回復力	resilience
恢复生态学	復育生態學	restoration ecology
挥发性成分	揮發性成分	volatile component
挥发性有机碳	揮發性有機碳	volatile organic carbon，VOC
回波成像(=超声回波图)		
回流	回流，底流	undertow
回声	回聲	echo
回声测距	回聲測距，回聲定位	echo ranging
回声测深	回音測深	echo sounding
回声测深仪	回聲測深儀	echosounder
回声定位	回聲定位	echolocation
回声深度记录器	回聲深度記錄器	echograph
回收率	回收率	percentage recovery
洄游	洄游，遷移	migration
洄游路线	洄游路線	migration route
洄游鱼类	洄游魚類	migratory fishes
汇聚边缘	匯聚邊緣，聚合邊緣	convergent margin
汇聚流	匯聚流	convergent current
汇源关系	匯源關係	sink-source relationship

大 陆 名	台 湾 名	英 文 名
汇种群	匯族群	sink population
浑水	渾水, 濁水	turbid water
浑浊沉积物	混濁沉積物	nepheloid sediment
混叠	摺疊效應	aliasing
混合比	混合比	mixing ratio
混合层	混合層	mixed layer
混合层模式	混合層模式	mixed layer model
混合层声道	混合層聲道	mixed layer sound channel
混合长度	混合長度	mixing length
混合潮	混合潮	mixed tide
混合区	混合區	mixing zone
混合式防波堤	合成式防波堤	composite breakwater
混合雾	混合霧	mixing fog
混合系数	混合係數	mixing coefficient
混合像素	混合像素	mixed pixel
混合营养生物	混合營養生物	mixotroph
［混合］增密	混合加密	［mixing］caballing
混凝剂	混凝劑	coagulate flocculating agent
混凝土平台	混凝土平臺	concrete platform
混养	混養	polyculture
混杂陆源沉积岩	陸源混積岩	diamictite
活动板块边缘	活動板塊邊緣	active plate margin
活动大陆边缘, 主动大陆边缘	活動大陸邊緣	active continental margin
活动圈(=巢域)		
活度	活度	activity
活化分析	活化分析	activation analysis
活化能	活化能	activation energy
活火山	活火山	active volcano
活塞取芯器	活塞式岩芯採樣器	piston corer
活性硅酸盐	活性矽酸鹽, 活性硅酸鹽	reactive silicate
活性磷酸盐	活性磷酸鹽	reactive phosphate
活性炭	活性碳	active carbon
活性污泥, 活性污水	活性汙水	activated sewage
活性污泥法	活性汙泥法	activated sludge process
活性污水(=活性污泥)		
火山沉积［物］	火山沉積物	volcanic sediment

大 陆 名	台 湾 名	英 文 名
火山岛	火山島	volcanic island
火山地热区	火山地熱區	volcanic geothermal region
火山地热系统	火山地熱系統	volcanic geothermal system
火山弧	火山弧	volcanic arc
火山灰	火山灰	volcanic ash
火山灰层	火山灰層	ash bed
火山链	火山鏈	volcanic chain
火山喷口	火山噴口	volcanic orifice
火山喷气	火山噴氣	volcanic exhalation
火山气[体]	火山氣[體]	volcanic gas
火山泉	火山泉	volcanic spring, gushing spring
火山群	火山群	volcanic cluster
火山热泉	火山熱泉	volcanic hot spring
火山热溶液	火山熱液	volcanic hydrothermal solution

J

大 陆 名	台 湾 名	英 文 名
叽声讯号，连续变频信号	唧聲訊號，連續變頻信號	chirp
机会种	隨機種	opportunistic species
机载侧视雷达	側視空載雷達	side-looking airborne radar, SLAR
机载投弃式温深仪	空載投棄式溫深儀	aerial expendable bathythermograph, AXBT
肌红蛋白	肌蛋白	myoglobin
矶海绵酮	磯海綿酮	renierone
基	基	radical
基本矿物	主要礦物	essential mineral
基础代谢率	基礎代謝率	basal metabolic rate, BMR
基床	層理	foundation bed, bedding
基底	基盤，底層	basement
基[底]岩[石]	基岩	basement rock
基尔霍夫定律	克希荷夫定律	Kirchoff law
基盘隆起	基盤隆起，基盤高地	basement uplift, basement high
基盘翘曲	基盤翹曲	basement warp
基位种	基位種	basal species
基线	基線	baseline

大　陆　名	台　湾　名	英　文　名
基岩海岸	岩石海岸，基岩海岸	rock coast
基因沉默	基因靜默	gene silencing
基因库	基因庫	gene pool
基因流	基因流動	gene flow
基因频率	基因頻率	gene frequency
基因型	基因型	genotype
基因组	基因體	genome
基因座	基因座	locus
基质	基質，底質	substrate，matrix
基准面	基準面	datum level
激光高度计	雷射高度計	laser altimeter
激碎波	洶湧型碎波	surging breaker
级联模型	層階模式(食物網)	cascade model
极地	極區	polar region
极地冰川	極區冰川	polar glacier
极地低压(=极[地]涡 　[旋])		
极地科学	極地科學	polar science
极地气团	極地氣團	polar air mass
极[地]涡[旋]，极地 　低压	極地低壓	polar low
极锋	極鋒	polar front
极盖[区]	極地冰帽	polar cap
极盖吸收	極地冰帽吸收	polar cap absorption
极光带电集流	極光電子噴流	auroral electrojet
极轨卫星	繞極衛星	polar orbit satellite
极化度	極化度	degree of polarization
极化[作用]	極化[作用]	polarization
极谱滴定[法]	極譜滴定[法]	polarometric titration
极谱法	極譜法	polarography
极谱分析	極譜分析[法]	polarographic analysis
极谱图	極譜	polarogram
极谱仪	極譜儀	polarograph
极浅水波	極淺水波	very shallow water wave
极区冰川学	極區冰川學	polar glaciology
极限容许浓度	極限容許濃度	permissible concentration limit
极性	極性	polarity
极性反转	極性反向	polarity reversal

大　陆　名	台　湾　名	英　文　名
极性过渡	極性過渡帶	polarity transition
极夜	極夜	polar night
极移	極移	polar wandering
极昼	極晝	polar daytime
急流冲刷	急流沖刷	avulsion
急折点	急折點	knickpoint
棘辐肛参苷	棘輻肛參苷	echinoside
棘皮动物	棘皮動物	echinoderm
集合群落	關聯群聚	metacommunity
集合种群, 异质种群	關聯族群	metapopulation
集群灭绝, 大灭绝	大滅絕	mass extinction
集水盆地	集水盆地	retaining basin
集约养殖, 精养	集約式養殖, 集約養殖	intensive culture
集装箱船	貨櫃船	container ship
几丁质(=甲壳质)		
挤压盆地	擠陷盆地, 擠壓盆地	compressional basin
脊索	脊索	notochord
脊索动物	脊索動物	chordate
脊轴	脊軸	ridge axis
脊椎动物	脊椎動物	vertebrate
pH 计, 酸度计	酸鹼計	pH meter
计算稳定度	計算穩定度	computational stability
记忆丧失性贝毒	失憶性貝毒	amnesic shellfish poison, ASP
季风	季風	monsoon
季风爆发	季風爆發	monsoon burst
季风槽	季風槽	monsoon trough
季风[海]流	季風流	monsoon current
季风气候	季風氣候	monsoon climate
季候泥, 纹泥	季候泥, 紋泥	varved clay
季节变化	季節變化	seasonal variation
季节性冰带	季節性冰帶	seasonal ice zone
季节性河口	季節性河口	seasonal estuary
季节性温跃层	季節性溫躍層	seasonal thermocline
寄生	寄生	parasitism
寄生物	寄生者	parasite
加工设计	組裝設計, 裝配設計	fabrication design
加积波痕	加積波痕	accretion ripple mark
加积层	增積層, 加積層	accretion bed

大　陆　名	台　湾　名	英　文　名
加积地形	加積地形	accretion topography
加积海滩面	增積海灘面，加積海灘面	accretion beach face
加勒比板块	加勒比板塊	Caribbean Plate
加勒比海	加勒比海	Caribbean Sea
加利福尼亚海流	加利福尼亞海流	California Current
加那利海流	加那利海流	Canary Current
加色	加色	additive color
加速器质谱仪	加速器質譜儀	accelerator mass spectrometer, AMS
加填矿脉	填加脈	accretion vein
加压试验	加壓試驗	compression test
加压系统	加壓系統	compression system
加压治疗	加壓治療	compression therapy
夹层	夾層	intercalation
夹层构造	疊層構造，夾層構造	sandwitch structure
夹卷	逸入	entrainment
家庭废物	生活廢棄物	domestic waste
岬角	岬角	headland, cape
岬角锋	岬角鋒	promontory front, cape front
甲板减压舱	甲板減壓艙	deck decompression chamber, DDC
甲板装置	甲板裝置	deck unit
甲壳动物	甲殼動物	crustacean
甲壳动物学	甲殼動物學	carcinology
甲壳质，几丁质	幾丁質	chitin
甲烷喷口	甲烷噴泉	methane vent
甲烷碳当量(=甲烷碳含量)		
甲烷碳含量，甲烷碳当量	甲烷–碳含量	methane-carbon content
钾–氩测年	鉀–氫定年	potassium-argon dating, K-Ar dating
假彩色	假彩	false color
假彩色红外	假色紅外	false color infrared
假潮，静振	盪漾	seiche
假潮灾害	盪漾災害	seiche disaster
假根	假根	rhizoid
假盐生植物	偽鹽生植物	pseudohalophyte
尖礁	尖礁	pinnacle
尖角坝	尖頭沙壩，三角沙壩	cuspate bar

大　陆　名	台　湾　名	英　文　名
间冰期	間冰期	interglacial period, interglacial stage
间层	層間, 互層	interbed
间质	間質	mesenchyme
兼捕渔获物	混獲	bycatch
监测	監測	monitoring
监测器	監測器	monitor
监测网	監測網	monitoring network
监督分类	監督式分類	supervised classification
减幅周期	減幅週期, 阻尼週期	damped cycle
减轻污染	減輕汙染	pollution reduction
减压现象	減壓現象	decompression
减压性骨坏死	減壓性骨壞死	dysbaric osteonecrosis
减重力(=约化重力)		
减重力模式(=约化重力模式)		
剪切流, 切变流	剪流	shear flow
简单结点	簡單接合	simple joint
碱度	鹼度	alkalinity, basicity
碱钙岩系	鹼鈣岩系	alkali-lime series
碱钙指数	鹼鈣指數	alkali-calcic index, alkali-lime index
碱金属蒸汽磁力仪	鹼金屬蒸汽磁力儀	alkali-vapor magnetometer
碱性安山岩	鹼性安山岩	alkali andesite
碱性玄武岩	鹼性玄武岩	alkali basalt
间接交互作用	間接交互作用	indirect interaction
间接梯度分析	間接梯度分析	indirect gradient analysis
间隙	間隙	gap
间隙动物	間隙動物	interstitial fauna
间隙分析	間隙分析	gap analysis
间隙卤水	間隙鹵水	interstitial brine
间隙生物	間隙生物	interstitial organism
间隙水(=孔隙水)		
间隙物质	間隙物質	interstitial material
间隙液体	填隙流體	interstitial fluid
间歇河流, 间歇性溪流	間歇性河流	intermittent stream
间歇性河口	間歇性河口	intermittent estuary
间歇性溪流(=间歇河流)		
健康海水养殖	健康海水養殖	healthy mariculture

大 陆 名	台 湾 名	英 文 名
渐变群, 梯度变异	漸變群, 梯度變異	cline
渐渗杂交	漸滲雜交	introgression hybridization
江淮气旋	江淮氣旋	Changjiang-Huaihe cyclone
浆式吸附	漿式吸附	slurry adsorption
降海繁殖(=降河洄游)		
降河洄游, 降海繁殖	降河洄游, 降海洄游	catadromous migration
降解[作用]	降解[作用]	degradation
降温	失溫	hypothermia
交叉耦合效应	交叉耦合效應	cross-coupling effect
交错层	交錯層	cross-stratum
交错层理	交錯層理, 交互成層	cross-stratification, cross-bedding
交错网格	交錯網格	staggered grid
交叠轨道	交疊軌道	crossover orbit
交会图	對照圖示	crossplot
交混回响	迴響	reverberation
胶结态(=胶体)		
胶结作用	膠結作用	cementation
胶凝态有机质	膠凝態有機質	colloidal organic material
胶凝作用	膠凝作用, 膠化作用	colloidization, gelation
胶溶[作用]	膠溶作用	peptization
胶体, 胶结态	膠凝態	colloid
胶体微粒	膠粒, 膠體微粒	colloid particle
胶体遮蔽作用	膠體遮蔽作用	colloid masking
胶质浮游生物	膠質浮游生物, 膠囊浮游生物	gelatinous plankton, kalloplankton
胶状悬浮[体]	膠凝態懸浮, 膠凝懸體	colloidal suspension
焦油球, 沥青球	焦油球, 瀝青球	tar ball
礁	礁	reef
礁岛岩(=海滩岩)		
礁后[区]	礁後[區]	backreef
礁湖	環礁潟湖	atoll lake, atoll lagoon
礁前	礁前	reef front
礁乳	礁乳石	reef milk
礁滩	礁灘, 礁坪, 礁平臺	reef flat
礁潟湖	礁潟湖	velu
礁缘扁石堆	礁緣扁石堆	shingle rampart
角反射器	角反射器	corner reflector

大 陆 名	台 湾 名	英 文 名
角砾滩	角礫灘	rubble beach
[角]鲨烯	[角]鯊烯	squalene
校准	校準	calibration
阶地	階地，臺地	terrace
阶段浮游生物	暫時性浮游生物	meroplankton
阶段性表下漂浮生物	階段性表下漂浮生物	mero-hyponeuston
阶段性沉降	間歇性沉降	episodic subsidence
节	節(船速單位)	knot
杰克逊[浊]度	杰克遜濁度計	Jackson turbidity unit, JTU
[结]冰期	結冰期	freezing ice period
结核	結核，固結	concretion
结核状水合物	核狀水合物	nodular hydrate
结晶	結晶	crystallization
结晶池	結晶池	crystal pool
结晶石灰岩	結晶石灰岩	crystalline limestone
截点(＝横截)		
截断误差	截尾誤差	truncation error
解离程度	離解程度	degree of dissociation
解吸附[作用](＝脱附)		
解析模式，分析模型	解析模式	analytical model
解絮凝[作用]，反絮凝[作用]	反絮凝作用，去絮凝作用	deflocculation
介电常数	介電常數	dielectric constant
介壳灰岩	貝殼石灰岩，介殼石灰岩	coquina
界面	界面	interface
界面波	界面波	interfacial wave
界面薄膜	界面薄膜	interfacial film
界面活性	界面活性	interfacial activity
界面交换过程	界面交換過程	interface exchange process
界面聚合[作用]	界面聚合作用	interfacial polymerization
界面现象	界面現象	interfacial phenomenon
界面张力	界面張力	interfacial tension
金属沉积物	金屬沉積物	metalliferous sediment
金属硫蛋白	金屬硫蛋白	metallothionein
襟细胞，领细胞	襟細胞，領細胞	choanocyte, collar cell
近岸(＝近滨)		
近岸沉积	近岸沉積	nearshore deposit

大　陆　名	台　湾　名	英　文　名
近岸海洋环境	近岸海洋環境	inshore marine environment
近岸环流	近岸環流	nearshore circulation
近岸流系	近岸海流，近岸流系	nearshore current system, nearshore currents
近岸水域	近岸水域	inshore waters
近滨，近岸	近岸	nearshore
近滨环境	近岸環境	nearshore environment
近地点	近地點	perigee
近海工程，离岸工程	離岸工程	offshore engineering
近海海洋动力学	近岸海洋動力學	coastal ocean dynamics
近海环境	海岸環境	coastal environment
近海监测	海岸監測	coastal monitoring
近海旅游	近海旅遊	nearshore tourism
近海面层	海表層	sea surface layer
近海平台	離岸平臺	offshore platform
近海区	近岸區	nearshore zone
近海上升流区生态系统分析计划	沿岸上升流區生態系統分析計畫	Coastal Upwelling Ecosystems Analysis Program, CUEA
近海生物	近海生物	neritic organism
近海污染	海岸汙染	coastal pollution
近海资源	海岸資源，沿岸資源	coastal resources
近海钻井	離岸鑽井	offshore drilling
近红外	近紅外	near infrared, NIR
近交	近親繁殖	inbreeding
近距测深	近距測深	near-zone sounding
近似级数	近似級數	asymptotic series
［近］碎波	碎波	breaking wave
进化，演化	演化	evolution
进化发生生物学	演化發生生物學	evolutionary developmental biology, Evo-Devo
进积作用	前積作用	progradation
浸染状硫化物	浸染硫化物	disseminated sulfide
浸染状天然气水合物	浸染狀天然氣水合物	disseminated gas hydrate
浸透检验	滲透［染色］探傷檢驗	penetrant technique, PT
禁航区	禁航區	prohibited navigation zone
禁渔期，休渔期	禁漁期，休漁期	closed fishing season
禁渔区	禁漁區	closed fishing area
禁渔线	禁漁線	closed fishing line

大　陆　名	台　湾　名	英　文　名
京都议定书	京都協議書	Kyoto Protocol
经度地带性	經度地帶性	longitudinal zonality
经向分布	經[度]向分布	meridional distribution
经向角	經[度]向角,子午線角	meridian angle
晶状体	水晶體	lens
精母细胞	精母細胞	spermatocyte
精细胞	精細胞	spermatid
精养(=集约养殖)		
精原细胞	精原細胞	spermatogonium
精子	精子	sperm
精子竞争	精子競爭	sperm competition
鲸蜡	鯨蠟	cetin, spermaceti wax
鲸蜡醇	鯨蠟醇	cetol
鲸蜡器	鯨蠟器	spermaceti organ
鲸须	鯨鬚	baleen
鲸脂	油脂,鯨脂	blubber
井口平台	井口平臺	wellhead platform, WHP
净初级生产力	淨初級生產力	net primary productivity
净初级生产量	淨初級生產量	net primary production
净浮力	淨浮力	net buoyancy
净辐射计	淨輻射表	net radiometer
净辐照度	淨輻照度	net irradiance
净光合作用	淨光合作用	net photosynthesis
净化水	淨化水,已處理的水	treated water
净化水厂	淨水廠	water purification plant
净化指数(=去污指数)		
净化[作用]	淨化[作用],提純[作用]	purification
净生产量	淨生產量	net production
净输送	淨輸送	net transport
净水结构	淨水結構	water purification structure
净水站	淨水站	water purification station
径流	徑流	runoff
径流量	徑流量	river runoff
径流循环	徑流循環	runoff cycle
竞争	競爭	competition
竞争互斥理论	競爭互斥原理	principel of competitive exclusion
竞争系数	競爭係數	competition coefficient

大　陆　名	台　湾　名	英　文　名
静力不稳定	静態不穩定	static instability
静力近似	静水壓近似	hydrostatic approximation
静力稳定	静力穩定度	static stability
静水	静水	stillwater
静水压休克	静水壓休克	hydraulic pressure shock
静振(=假潮)		
静止期	恢復期	resting stage
镜面反射	鏡面反射	specular reflection
救生浮具	救生器材	buoyant apparatus
局部地区灭绝	局部地區滅絕	local extinction
局部污染	局部汙染	local pollution
局地区域覆盖	區域面覆蓋	local area coverage, LAC
局限盆地(=闭塞盆地)		
举升能力	舉升能力	jacking capacity
巨型底栖生物	巨型底棲生物	megabenthos
巨型浮游生物	巨型浮游生物	megaplankton
具足面盘幼体	後期被面子幼體	pediveliger larva
距离隔离模型	距離隔離模型	isolation-by-distance model
飓风	颶風	hurricane
聚波	波浪聚焦	wave focusing
聚合酶链反应	聚合酶鏈式反應	polymerase chain reaction
聚合物	聚合體	polymer
聚集	聚集, 聚合	aggregation
卷出	逸出	detrainment [in ocean]
卷入	捲入	entrainment [in ocean]
卷碎波	捲入型碎波	plunging breaker
眷群	妻妾群	harem
决策树	決策樹	decision tree
决口	決口	avulsion, levee breach
绝热变化	絕熱變化	adiabatic change
绝热递减率(=绝热直减率)		
绝热过程	絕熱過程	adiabatic process
绝热冷却	絕熱冷卻	adiabatic cooling
绝热曲线	絕熱曲線	adiabatic curve
绝热温度梯度	絕熱溫度梯度	adiabatic temperature gradient
绝热现象	絕熱現象	adiabatic phenomenon
绝热增温	絕熱增溫	adiabatic heating, adiabatic warming

大　陆　名	台　湾　名	英　文　名
绝热直减率，绝热递减率	絕熱遞減率	adiabatic lapse rate
军港	軍港	naval port
军港工程	軍港工程	naval port engineering
军港航道	軍港航道	channel of naval port
军港疏浚	軍港疏浚，軍港浚渫	naval port dredge
军港污染防治	軍港汙染防治	naval port pollution control
军舰鸟	軍艦鳥	frigate bird
军事海洋技术	軍事海洋技術	military ocean technology
军事海洋学	軍事海洋學	military oceanology
均变论	均變論，天律不變說	uniformitarianism
均衡补偿	地殼均衡補償	isostatic compensation
均相［离子交换］膜	均相［離子交換］膜	homogeneous ［ion exchange］ membrane
均匀层	均匀層	homogeneous layer
均匀度	均匀度	evenness
均匀分布	均匀分布	uniform distribution
菌丝	菌絲	hypha
菌株	品系，菌株	strain
骏河毒素	駿河毒素	surugatoxin

K

大　陆　名	台　湾　名	英　文　名
喀斯特海岸	喀斯特海岸	karst coast
卡尔斯伯格海脊	卡爾斯伯格海脊	Carlsberg Ridge
卡拉胶	卡拉膠	carrageenan
卡斯卡底古陆	卡斯卡底古陸	Cascadia land
开边界条件	開口邊界條件	open boundary condition
开尔文波	凱文波	Kelvin wave
开发竞争（=利用性竞争）		
开放大洋	開闊大洋	open ocean
开口钢管桩	開口鋼管樁	open end steel pile
开阔海域	開闊海域	exposed waters, open waters
开曼海沟	開曼海溝	Cayman Trench
开式循环海水温差发电	開式循環海洋溫差發電	open cycle OTEC

大 陆 名	台 湾 名	英 文 名
系统		
凯纳极性亚期	凱納亞期	Kaena polarity subchron
糠虾期幼体	糠蝦期幼體，糠蝦幼蟲	mysis larva
抗冻蛋白	抗凍蛋白	antifreeze protein
抗冻蛋白基因	抗凍蛋白基因	antifreeze protein gene
抗冻蛋白基因启动子	抗凍蛋白基因啓動子	promoter of antifreeze protein gene
抗腐蚀	抗腐蝕	corrosion proof
抗腐蚀性，耐蚀性	抗腐蝕性	corrosion resistance
抗滑稳定性	抗滑動穩定性	stability against sliding
抗滑桩	抗滑錨柱	spud for anti-slip
抗侵蚀性	防汙著性，抗侵蝕性	resistance to fouling
抗倾稳定性	抗傾覆穩定性	stability against overturning
抗生素	抗生素	antibiotics
抗生物附着毒剂	抗生物附著毒劑	anti-fouling toxicant
抗生物附着涂层	抗生物附著塗層	anti-fouling coating
抗生物附着涂料	抗生物附著塗料	anti-fouling paint
抗生物附着系统	抗生物附著系統	anti-fouling system
抗污染剂	抗汙染劑	anti-pollutant
抗污染系统	抗汙染系統	anti-pollution system
抗污染装置	抗汙染裝置	anti-pollution device
抗性	抵抗力，抗性	resistance
抗盐转基因作物	抗鹽基改作物	transgenic crop with salt-resistance
抗氧化剂	抗氧化劑	antioxidant
靠船碰垫	靠船緩衝駁船	barge bumper
科	科	family
科迪勒拉型造山带	科迪勒拉型造山帶	Cordillera-type orogenic belt
科尔莫戈罗夫假说	科默果夫假說	Kolmogorov hypothesis
科克斯板块	科克斯板塊	Cocos Plate
科里奥利力	科氏力	Coriolis force
科里奥利效应	科氏效應	Coriolis effect
颗粒态磷	顆粒性磷	particulate phosphorus
颗粒碳	顆粒性碳	particulate carbon
颗粒相	顆粒相	particulate phase
颗粒性无机碳	顆粒性無機碳	particulate inorganic carbon, PIC
颗粒性物质	顆粒[性]物質	particulate material
颗粒性有机氮	顆粒性有機氮	particulate organic nitrogen, PON
颗粒性有机磷	顆粒性有機磷	particulate organic phosphorus, POP
颗粒性有机碳	顆粒性有機碳	particulate organic carbon, POC

大　陆　名	台　湾　名	英　文　名
颗粒性有机质	顆粒性有機質	particulate organic matter, POM
颗粒状硫化物	顆粒狀硫化物	particulate sulfide
颗石软泥	球石片，鈣板藻軟泥， 　　顆石藻軟泥	coccolith ooze
颗石藻，钙板藻	顆石藻，鈣板藻	coccolithophore
颗石藻片(=球石粒)		
蝌蚪幼体	蝌蚪幼體，蝌蚪幼蟲	tadpole larva
可持续管理	可持續管理	sustainable management
可持续利用	永續利用	sustainable use
可传性	可傳性	transmissibility
可滴定碱	可滴定鹼	titratable base
可滑动条件	可滑動條件	free-slip condition
可恢复的海洋环境影响	可逆式海洋環境衝擊	reversible marine environmental impact
可见光	可見光	visible light
可燃冰(=天然气水合 　　物)		
可燃性生物岩，可燃性 　　有机岩	可燃性生物岩	caustobiolith
可燃性有机岩(=可燃 　　性生物岩)		
可生物分解的有机化合 　　物	可生物分解的有機化合 　　物	biologically decomposable organic com- 　　pound
可信限度	可信限度	confidence limit
可再生资源	可再生資源	renewable resources
克拉通内盆地	古陸內盆地	intracratonic basin
克隆	殖株，無性繁殖系，選 　　殖	clone
克隆鱼	複製魚	fish cloning
克伦威尔海流	克倫威爾海流	Cromwell Current
克罗泽海盆	克羅澤海盆	Crozet Basin
克罗泽海台	克羅澤海臺	Crozet Plateau
克马德克海沟	克馬德克海溝	Kermadec Trench
克努森表	克努森表	Knudsen's table
刻蚀痕(=压刻痕)		
啃牧者	囓食者	browser
空间分辨率	空間解析度	spatial resolution
空间分布	空間分布	spatial distribution
空间自相关	空間自相關	spatial autocorrelation

大　陆　名	台　湾　名	英　文　名
空气吹出法	空氣噴出法	air blow-out method
空气潜水	空氣潛水	air diving
空中磁力调查	空中磁力調查	magnetic airborne survey
孔隙度, 孔隙率	孔隙率, 孔隙度	porosity
孔隙–流体模式	孔隙流體模式	pore-fluid model
孔隙率(=孔隙度)		
孔隙水, 间隙水	孔隙水, 間隙水	interstitial water, pore water
口道	口道	gutter
口前叶	口前葉	prostomium
口咽腔	口咽腔	buccopharyngeal cavity
扣齐地极性亚期	扣齊地極性亞期	Kochitti polarity subchron
枯竭	枯竭	depletion
苦橄玄武岩	苦橄玄武岩	picritic basalt
库拉板块	庫拉板塊	Kula plate
库朗数	庫朗數	Courant number
库伦堡取芯管	庫倫堡取芯管	Kullenberg corer
跨轨扫描仪	跨軌掃描儀	across-track scanner
块状鲕石	塊狀鮞石	massive oölith
块状硫化物	塊狀硫化物	massive sulfide
块状天然气水合物	塊狀水合物	massive hydrate
快速扩张	快速擴張	fast spreading
矿化	礦化	mineralizing
矿化程度	礦化程度	degree of mineralization
框架	架構, 體系	framework
昆布	昆布, 巨藻	kelp
昆布氨酸, 海带氨酸	昆布胺酸, 海帶胺酸, 海帶氨酸	laminine
扩散	擴散	diffusion
扩散常数	擴散常數	diffusion constant
扩散方程	擴散方程	diffusion equation
扩散率	擴散率	diffusivity
扩散系数	擴散係數	diffusion coefficient
扩散效应	擴散效應	diffusion effect
扩散型产卵生物	釋放型產卵生物	broadcast spawner
扩张	擴張	spreading
扩张脊	擴張脊	spreading ridge
扩张裂谷	擴張裂谷	spreading rift
扩张速率	擴張速率	spreading rate

大 陆 名	台 湾 名	英 文 名
扩张中心	擴張中心	spreading center
扩张轴	擴張軸	spreading axis

L

大 陆 名	台 湾 名	英 文 名
拉斑玄武岩	矽質玄武岩	tholeiite
拉布拉多尔海	拉布拉多海	Labrador Sea
拉布拉多尔海流	拉布拉多海流	Labrador Current
拉格朗日法	拉觀法, 拉格朗日法	Lagrangian method
拉科斯特海洋重力仪	拉科斯特海洋重力儀	Lacoste sea gravimeter
拉姆萨尔湿地公约	拉姆薩爾濕地公約	Ramsar Convention on Wetlands
拉妮娜, 反厄尔尼诺	反聖嬰	La Niña
拉张盆地	拉張盆地	pull-apart basin
莱斯利矩阵	萊斯利矩陣	Leslie matrix
拦门沙	河口沙洲, 河口淺灘	river mouth bar
拦沙堤(=防沙堤)		
监藻	藍綠菌, 藍綠藻	blue-green algae
蓝藻叶黄素	藍藻葉黃素	myxoxanthophyll
朗伯漫射面	藍伯漫射面	Lambertian surface
浪高(=波高)		
浪蚀, 波浪侵蚀	浪蝕	wave erosion
浪蚀洞	浪蝕洞	nip
浪蚀海岸	浪蝕海岸	wave erosion coast
浪蚀海岸线	浪蝕海岸線	abrasion shoreline
浪蚀基岩面	浪蝕基岩面	abraded bedrock surface
浪蚀阶地(=海蚀阶地)		
浪蚀三角洲	浪蝕三角洲	wave-cut delta
浪蚀台	浪蝕臺	wave-cut bench
浪蚀台地	浪蝕臺地	wave platform
浪蚀崖	浪蝕崖	wave-cut cliff
劳亚古[大]陆, 北方古陆	勞亞古[大]陸, 北方古陸	Laurasia
老化	陈化	aging
雷达测高仪(=雷达高度计)		
雷达测距仪	雷達測距儀	radar range finder

大　陆　名	台　湾　名	英　文　名
雷达导航	雷達導航	radar navigation
雷达定位	雷達定位	radar positioning
雷达浮标	雷達浮標	radar buoy
雷达高度计, 雷达测高仪	雷達高度計	radar altimeter
雷达横截面	雷達截面	radar cross section
雷德菲尔德比率	瑞德菲爾比率	Redfield ratio
雷诺方程	雷諾方程	Reynolds equation
雷诺数	雷諾數	Reynolds number
雷诺通量	雷諾通量	Reynolds flux
雷诺应力	雷諾應力	Reynolds stress
类病毒	類病毒	viroid
类固醇	類固醇	steroid
类胡萝卜素	類胡蘿蔔素	carotenoid
类囊体	類囊體	thylakoid
类萜	萜類	terpenoid
累积曲线	累積曲線	cumulative curve
冷冻保存	冷凍保存	freeze preservation
冷冻过程	凍結過程	freezing process
冷冻脱盐	冷凍脫鹽	freezing desalination
冷泉	冷泉	cold seep, cold spring
冷却过度(=过冷)		
冷水层(=冷水圈)		
冷水圈, 冷水层	冷水圈	cold water sphere
冷水舌	冷水舌	cold water tongue
冷水种	冷水種	cold water species
冷缩说(=收缩说)		
冷温带种	冷溫帶種	cold temperate species
冷涡	冷渦	cold eddy
冷休克	冷休克	cold shock
冷血动物(=变温动物)		
离岸(=外滨)		
离岸风	離岸風	offshore wind
离岸工程(=近海工程)		
离岸礁(=堡礁)		
离解常数	離解常數	dissociation constant
离散板块边界	分離板塊邊界	divergent plate boundary
离散边界	擴張邊界	divergent boundary

大　陆　名	台　湾　名	英　文　名
离子淡化	離子淡化	ionic desalination
离子对	離子對	ion pair
离子活度	離子活度	ionic activity
离子活度积	離子活度積	ion activity product, IAP
离子积	離子度積	ionic product
离子键	離子鍵	ionic bond
离子交换	離子交換	ion exchange
离子交换膜	離子交換膜	ion exchange membrane, ion permse-lective membrane
离子交换容量	離子交換容量, 離子交換能力	ion exchange capacity
离子交换色谱法	離子交換色層法	ion exchange chromatography
离子交换渗析	離子交換滲析	ion exchange dialysis
离子交换树脂	離子交換樹脂	ion exchange resin
离子浓度电池	離子濃差電池	ion concentration cell
离子清除	離子清除	ion scavenging
离子水合[作用]	離子水合作用	ionic hydration
离子通量	離子通量	ion flux
离子型聚合	離子聚合作用	ionic polymerization
离子选择电极	離子選擇性電極	ion selective electrode
黎曼不变量	黎曼不變量	Riemann invariant
里亚[型]海岸	里亞海岸	Ria Coast
理查森数	理查森數	Richardson number
理化环境	理化環境	physical-chemical environment
理想流体	理想流體	perfect fluid, ideal fluid
理想气体	理想氣體	perfect gas, ideal gas
历史海洋学	歷史海洋學	historical oceanography
历史性海湾	歷史性海灣	historic bay
历史性水域	歷史水域	historic waters
立体角	立體角, 球面度	steradian
立柱	圓柱	column
立柱浮筒式平台	立柱浮筒式平臺	spar [platform]
利他行为	利他行為	altruistic behavior
利用性竞争, 开发竞争	剝削競爭	exploitation competition
沥青球(=焦油球)		
砾石	礫石	gravel
砾滩	礫灘, 礫石海灘	shingle beach
砾岩	礫岩	conglomerate

大　陆　名	台　湾　名	英　文　名
粒度, 粒径	粒徑	grain size, particle size
粒度分布	粒徑分布	particle size distribution
粒度分析, 粒径分析	粒徑分析, 粒度分析	particle size analysis, grain size analysis
粒级	粒級	size range, coarse-tail grading
粒间环境	粒間環境	interstitial environment
粒径(=粒度)		
粒径分析(=粒度分析)		
连岛坝	陸連島, 連島壩	tombolo
连续变频信号(=叽声讯号)		
连续雌雄同体, 循序雌雄同体	循序作用的雌雄同體	successive hermaphrodite, sequential hermaphrodite
连续方程	連續方程	continuity equation
连续观测	連續觀測	continuous observation
连续过度松弛法	連續過度鬆弛法	succesive over-relaxation method, SOR method
连续培养	連續培養	continuous culture
连续性	連續性	continuity
连续运转的水质监测	連續運轉的水質監測	constinuous on-stream monitoring of water quality
涟[漪]波	漣漪	ripple
莲叶冰	荷葉冰	pancake ice
联合国海洋法公约	聯合國海洋法公約	United Nations Convention on the Law of the Sea
两侧对称	兩側對稱	bilateral symmetry
两极分布, 两极同源	雙極性, 兩極分布	bipolarity, bipolar distribution
两极同源(=两极分布)		
两性异形	雌雄雙型, 性別雙型	sexual dimorphism
亮点	亮點	bright spot
亮度	亮度	brightness
亮度温度	亮度溫度	brightness temperature
量纲分析	因次分析	dimensional analysis
列岛(=群岛)		
裂点	裂點	knickpoint
裂缝	裂縫, 破裂	fracture
裂沟	裂溝	chasm
裂谷	裂谷, 斷陷谷	rift trough, rift
裂谷带	裂谷帶	rift zone

大　陆　名	台　湾　名	英　文　名
裂谷断层	裂谷斷層	rift fault
裂谷构造	裂谷構造，斷裂構造	rift structure
裂谷隆起	裂谷隆起	rift bulge
裂谷盆地	裂谷盆地	rift basin
裂谷系	裂谷系	rift system
裂谷作用(＝断裂作用)		
裂流	離岸流	rip current
裂流水道	離岸水道	rip channel
裂隙式喷发	裂縫噴發	fissure eruption
裂殖	斷裂生殖	fragmentation
林德曼定律	林德曼定律，百分之十 　　定律	Lindeman's law
临界深度	臨界水深	critical depth
磷光	磷光	phosphorescence
磷灰岩	磷灰岩	phosphorite
磷酸酶	磷酸酶	phosphatase
磷酸盐	磷酸鹽，磷酸酯	phosphate
磷酸盐同化[作用]	磷酸鹽同化[作用]	phosphate assimilation
磷循环	磷循環	phosphate circulation
鳞片食者	鱗片食者	scale eater
零磁偏线(＝无磁偏差 　　线)		
领海	領海	territorial sea
领海基线	領海基線	baseline of territorial sea
领海宽度	領海寬度	breadth of the territorial sea
领海主权	領海主權	sovereignty in the territorial sea
领细胞(＝襟细胞)		
领域	領域	territory
领域性	領域性	territoriality
流冰	流冰	drift ice
流槽	流槽，溝，槽	flute
流出	流出	outflow
流动	流動	flow
流函数	流[線]函數	stream function
流痕	流痕	flow mark
流环	水環，流環	ring
流量	流量	flow discharge
流速	流速	current speed，current velocity

大　陆　名	台　湾　名	英　文　名
流速切变锋	流切鋒	current shear front
流体波	流體波	fluid wave
流体静压力	流體靜壓力	hydrostatic pressure
流体静应力	流體靜應力	hydrostatic stress
流体速度	流體速度	fluid velocity
流体透过性	流體滲透率	fluid permeability
流体压力	流體壓力	fluid pressure
流涡	環流，渦流	gyre
流线	流線	streamline
流向	流向	current direction
流行性产卵	集體產卵	epidemic spawning
流域	流域，滙水盆地	drainage basin
留尼汪热点	留尼汪熱點	Reunion hot spot
琉球岛弧	琉球島弧	Ryukyu Island Arc
琉球海沟	琉球海溝	Ryukyu Trench
硫化物堆积体	硫化沉積物	sulfide deposit
硫酸软骨素	硫酸軟骨素	chondroitin sulfate
硫酸盐还原菌腐蚀	硫酸鹽還原菌腐蝕	sulfate reducing bacteria corrosion
硫细菌	硫細菌	sulfur bacteria, sulfobacteria
硫循环	硫循環	sulfur circulation, sulfur cycle
柳珊瑚酸	柳珊瑚酸	subergorgin
龙涎香醇	龍涎香醇	ambrein
笼形包合物	籠合物，籠合體	clathrate
隆起	上升，隆起	uplift
漏斗海	漏斗海	funnel sea
漏斗海湾	漏斗灣	funnel-shaped bay
漏油	漏油	oil leak
鲈鱼心脏细胞系	鱸魚心臟細胞系	sea perch heart cell line, SPH
卤化氢	鹵化氫	halogen hydride
卤水	鹵水	brine, bittern
卤素	鹵素	halogen
卤酸	鹵酸	haloid acid
陆地卫星	大地衛星	LANDSAT
陆风	陸風	land breeze
陆封种	陸封種	land-locked species
陆高海深曲线	陸高海深曲線	hypsographic curve
陆海风	陸海風	land-sea breeze
陆海交界	陸海交界	land-sea interface

大 陆 名	台 湾 名	英 文 名
陆架动物	陸棚動物相	shelf fauna
陆架坡折	棚裂, 陸架坡折	shelf break
陆架生态系统	陸棚生態系統	shelf ecosystem
陆架外缘	棚緣, 陸架外緣	shelf edge
陆架相	陸棚相, 陸架相	shelf facies, continental shelf facies
陆界, 陆圈	陸圈, 陸界	continental sphere
陆连岛	陸连島	land-tied island
陆隆裙	陸隆堆裙	continental rise apron
陆隆锥	陸隆堆錐	continental rise cone
陆棚水	陸棚水	shelf water
陆坡水	陸坡水	slope water
陆坡水域	陸坡水域	slope waters
陆桥地假说	島嶼跳板假說	stepping-stone hypothesis
陆圈(=陆界)		
陆上沉积	陸上堆積作用	subaerial deposition
陆上侵蚀	陸上侵蝕	subaerial erosion
陆上预制	陸上預報	land fabrication
陆外渊	前淵, 陸外淵	foredeep
陆相剥蚀	陸相剝蝕	subaerial denudation
陆缘(=大陆边缘)		
陆缘冰(=冰架)		
陆缘海	陸緣海	epicontinental sea
陆缘海冰带	陸緣海冰帶	marginal ice zone
陆缘湾	陸緣灣	front bay
陆源沉积[物]	陸源沉積物	terrigenous sediment
陆源腐殖质	陸源腐殖質	terrigenous humus
陆源污染防治	陸側汙染防治, 陸源汙染防治	land-based pollution prevention and treatment
陆源污染物	陸源汙染物	terrigenous pollutant
陆源物质	陸源物質	terrigenous material
陆源有机物	陸源有機物	terrigenous organic matter, terrigenous organic substance
路径函数	路徑函數	path function
路由调查	路徑調查	route investigation, route survey
旅游潜水	潛水觀光	diving tourism
绿刺参苷	綠刺參苷	stichloroside
绿泥石	綠泥石	chlorite
绿泥石化	綠泥石化	chloritization

大　陆　名	台　湾　名	英　文　名
绿坡缕石(=凹凸棒石)		
绿荧光蛋白	綠螢光蛋白	green fluorescent protein
绿荧光蛋白基因	綠螢光蛋白基因	green fluorescent protein gene
氯代烃类(=氯化碳氢化合物)		
氯度,体积氯度	體積氯度,氯容	chlorinity, chlorosity
氯硅锆钠石	氯矽鋯鈉石,鋯鈉異性石	petarasite
氯化碳氢化合物,氯代烃类	氯化碳氫化合物	chlorinated hydrocarbon
氯离子浓度异常	氯離子濃度異常	chloride anomaly
氯容因子	氯容因子	chlorosity factor
滤色器	濾色器,濾色片	color filter
滤食性动物	濾食者	filter feeder
滤液	滲出液,濾出液	filtrate
卵黄囊	卵黄囊	yolk sac
卵黄营养幼体	卵黄食性之幼生	lecithotrophic larva
卵生	卵生	oviparity
卵石,粗砾	瓜礫,粗礫	cobble
卵胎生	卵胎生	ovoviviparity
轮虫	輪蟲	rotifer
轮虫动物	輪蟲動物	wheel animal
轮养	輪養	rotational culture
罗德豪隆起	羅德豪隆起	Lord Howe Rise
罗兰	羅遠,遠程導航[系統]	long range navigation, Loran
罗曼什断裂带(=罗曼什破裂带)		
罗曼什海沟	羅曼什海溝	Romanche Trench
罗曼什破裂带,罗曼什断裂带	羅曼什破裂帶,羅曼什斷裂帶	Romanche fracture zone
罗蒙诺索夫海岭	羅蒙諾索夫海脊	Lomonosov Ridge
罗氏壶腹	羅倫氏壺腹	ampullae of Lorenzini
罗斯贝半径	羅士培半徑	Rossby radius
罗斯贝波	羅士培波	Rossby wave
罗斯贝数	羅士培數	Rossby number
罗斯海	羅斯海	Ross Sea
逻辑斯谛增长	邏輯型成長,邏輯斯諦成長	logistic growth

大　陆　名	台　湾　名	英　文　名
逻辑斯谛种群增长	邏輯型[族群]成長，推理型[族群]成長	logistic population growth
洛特卡-沃尔泰拉竞争方程	洛特卡-沃爾泰競爭方程式	Lotka-Volterra equation of competition
洛特卡-沃尔泰拉掠食方程	洛特卡-沃爾泰掠食方程式	Lotka-Volterra equation of predation
落潮	退潮	ebb, ebb tide
落潮流	落潮流	ebb current, ebb-tide current

M

大　陆　名	台　湾　名	英　文　名
麻痹性贝毒	麻痺性貝毒	paralytic shellfish poison, PSP
麻坑	麻坑	pockmark
马鞭藻烯	馬鞭藻烯	multifidene
马克萨斯断裂带(=马克萨斯破裂带)		
马克萨斯破裂带，马克萨斯断裂带	馬克薩斯破裂帶，馬克薩斯斷裂帶	Marquesas fracture zone
马尔萨斯生长	馬爾薩斯成長	Malthusian growth
马里亚纳海槽	馬里亞納海槽	Mariana Trough
马里亚纳海沟	馬里亞納海溝	Mariana Trench
马里亚纳海盆	馬里亞納海盆	Mariana Basin
马里亚纳型俯冲带	馬里亞納型隱沒帶	Mariana-type subduction zone
马六甲海峡	馬六甲海峽	Strait of Malacca
马默思[反向]事件	馬默思地磁反向事件	Mammoth event
马默思极性亚期	馬默思極性亞期	Mammoth polarity subchron
马尼希基海台	馬尼希基海臺	Manihiki Plateau
马尾藻素	馬尾藻素	sarganin
码头	碼頭	wharf, pier, quay
埋藏山(=潜山)		
脉冲	脈波，脈衝	pulse
鳗鲡幼体	葉形幼生，狹首幼生	leptocephalus
满潮(=高潮)		
满潮阶地(=高潮阶地)		
慢速扩张	慢速擴張	slow spreading
慢性污染	慢性汙染，長期汙染	chronic pollution

大 陆 名	台 湾 名	英 文 名
漫反射	漫反射	diffuse reflection
漫射衰减系数	漫射衰減係數	diffuse attenuation coefficient
漫游底栖生物	漫遊底棲生物	vagile benthos
毛细波，表面张力波	表面張力波，毛細波	capillary wave
锚[泊]地	錨泊地	anchorage area, anchorage
锚泊浮标海浪观测	錨碇浮標海浪觀測	fixed buoy wave observation
锚泊结构	錨泊結構	anchored structure
锚泊资料浮标	錨碇資料浮標	moored data buoy
贸易东风	貿易東風	easterly trade wind
帽状幼体	帽狀幼體，帽形幼生	pilidium larva
玫瑰图	玫瑰圖	rose diagram
煤灰人工鱼礁	煤灰魚礁	coal-waste artificial reef
酶联免疫吸附测定	酵素免疫法	enzyme-linked immunosorbent assay, ELISA
美国国家海洋与大气局	美國國家海洋和大氣[管理]局	National Oceanic and Atmospheric Administration, NOAA
美国海军研究总署	美國海軍研究署	Office of Naval Research, ONR
美拉尼西亚海盆	美拉尼西亞海盆	Melanesia Basin
美亚海盆	美亞海盆	Amerasia Basin
门	門	phylum
门多西诺断裂带(=门多西诺破裂带)		
门多西诺破裂带，门多西诺断裂带	門多西諾破裂帶	Mendocino fracture zone
锰钡矿	錳鋇礦	hollandite
锰壳	錳殼	manganese crust
锰凝结物	錳凝結物	manganese agglutination
锰铁钒铅矿	錳鐵釩鉛礦，水礬錳鉛礦	brackebuschite
孟加拉湾风暴	孟加拉灣風暴	storm of Bay of Bengal
米兰科维奇理论	米蘭科維奇理論	Milankovitch theory
米兰科维奇旋回	米蘭科維奇循環	Milankovitch cycle
米勒拟态	米勒擬態	Müllerian mimicry
米氏散射	米氏散射	Mie scattering
泌盐盐生植物	泌鹽鹽生植物	secretohalophyte
觅食迹	攝食痕跡	fodinichnion
觅食行为	覓食行為	foraging behavior
秘鲁海沟	秘魯海溝	Peru Trench

大　陆　名	台　湾　名	英　文　名
秘鲁海流	秘魯洋流	Peru Curent
秘鲁海盆	秘魯海盆	Peru Basin
密度	密度	density
密度超量	條件密度	density excess
密度计	密度計	densimeter
密度流	密度流	density current, density flow
密度–温度关系	密度–溫度關係	density-temperature relationship
密[度]跃层	斜密層，密[度]躍層	pycnocline
密度制约	密度相關	density-dependent
密度制约死亡率	密度制約死亡率	density-dependent mortality
密集浮冰区	密集浮冰區	pack ice zone
密跃层强度图	密度躍層強度分布	distribution of pycnocline intensity
面盘幼体	面盤幼體，被面子幼蟲	veliger larva
描述性化学海洋学	描述性化學海洋學	descriptive chemical oceanography
灭绝	滅絕	extinction
灭疟霉素	除瘧黴素	aplasmomycin
明胶	明膠，凝膠[體]	gelatin
鸣震	鳴盪	singing
模块	模組	module
模块支承桁架	模組支撐桁架	module support frame
模拟潜水	模擬潛水	simulated diving
膜电位	膜電位	membrane potential
膜海鞘素	膜海鞘素	didemnin
膜生物反应器	膜生物回應器	membrane bioreactor
膜蒸馏	膜蒸餾	membrane distillation
摩擦深度	摩擦深度	frictional depth
摩擦应力	摩擦應力	friction stress
摩尔消光系数	莫耳消光係數	molar extinction coefficient
磨蚀	磨蝕	abrasion
磨蚀痕迹	磨蝕痕跡	abrasion mark
抹香鲸	抹香鯨	sperm whale
末冰期	晚冰期	kataglacial
末期	末期	telophase
末现面	末現面	last-appearance datum
莫尔–克努森测定法	莫爾–克努森[氯度]測定法	Mohr-Knudsen method
莫霍[洛维契奇]界面	莫霍不連續面，莫氏不連續面	Mohorovičić discontinuity

大　陆　名	台　湾　名	英　文　名
莫霍钻探	莫霍[面]鑽孔	Mohole
莫桑比克海盆	莫三鼻克海盆	Mozambique Basin
莫桑比克海峡	莫三鼻克海峽	Mozambique Channel
墨角藻多糖(=岩藻多 糖)		
墨卡托地图投影	麥卡托地圖投影	Mercator map projection
墨卡托方位角	麥卡托方位角	Mercator bearing
墨西哥湾	墨西哥灣	Gulf of Mexico
模板	模版	template
模板链	模版股	template strand
母体效应	母體效應	maternal effect
牡蛎礁	牡蠣礁	oyster reef
目	目	order

N

大　陆　名	台　湾　名	英　文　名
纳滤	超微過濾	nanofiltration，NF
纳滤膜	超微濾膜，奈米過濾膜	nanofiltration membrane
纳斯卡板块	納茲卡板塊，納斯卡板 塊	Nazca Plate
纳微型浮游动物	微微浮游動物	nanozoopkankton
纳微型浮游生物	微微浮游生物	nanoplankton
纳微型浮游植物	微微浮游植物	nanophytoplankton
纳维-斯托克斯方程	那微史托克方程	Navier-Stokes equation
钠-钾泵	鈉鉀幫浦，鈉鉀泵	sodium-potassium pump
耐蚀性(=抗腐蚀性)		
南澳洲海盆	南澳洲海盆	South Australia Basin
南半球	南半球	southern hemisphere
南冰洋(=南大洋)		
南赤道流	南赤道海流	South Equatorial
南赤道逆流	南赤道反流	South Equatorial Counter
南赤道洋流	南赤道洋流	South Equatorial Current
南磁极，磁南极	磁南極	south magnetic pole
南大西洋	南大西洋	South Atlantic
南大西洋海流	南大西洋海流	South Atlantic Current
南大洋，南极洋，南冰	南冰洋，南極洋，南濱	Southern Ocean，Antarctic Ocean

大 陆 名	台 湾 名	英 文 名
洋	洋	
南方涛动	南方振盪	southern oscillation, SO
南海	南海	South China Sea
南海低压	南海低壓	South China Sea depression
南海暖流	南海暖流	Nanhai Warm Current, South China Sea Warm Current
南海沿岸流	南海沿岸流	Nanhai Coastal Current, South China Sea Coastal Current
南极	南極	South Pole, Antarctic Pole
南极半岛	南極半島	Antarctic Peninsula
南极保护区	南極保護區	Antarctic Protected Area
南极表层水	南極表層水	Antarctic Surface Water, AASW
南极冰盖	南極冰層	Antarctic Ice Sheet
南极臭氧洞	南極臭氧洞	Antarctic ozone hole
南极底层水	南極底層水	Antarctic Bottom Water, AABW
南极冬季[残留]水	南極冬季[殘留]水	Antarctic Winter [Residual] Water, AAWW
南极辐合带	南極輻合帶	Antarctic Convergence
南极辐散带	南極輻散帶	Antarctic Divergence
南极光	南極光	Antarctic aurora, Antarctic light
南极[海洋]锋	南極鋒面	Antarctic Polar Front
南极横断山脉(=横贯南极山脉)		
南极角	南極角	Antarctic Point
南极考察科学委员会	南極考察科學委員會	Scientific Committee on Antarctic Research, SCAR
南极磷虾	南極磷蝦	Antarctic krill
南极陆架水	南極陸棚水	Antarctic Shelf Water
南极陆坡锋	南極陸坡鋒	Antarctic slope front
南极气候	南極氣候	Antarctic climate
南极圈	南極圈	Antarctic Circle
南极绕极流	環南極洋流	Antarctic Circumpolar Current, ACC
南极涛动	南極振盪	Antarctic Oscillation, AAO
南极条约	南極公約	Antarctic Treaty
南极条约地区	南極公約區	Antarctic Treaty area
南极条约组织	南極公約組織	Antarctic Treaty Party, ATP
南极烟状海雾	南極海煙	Antarctic sea smoke
南极沿岸流	南極沿岸流	Antarctic coastal current

大　陆　名	台　湾　名	英　文　名
南极洋(=南大洋)		
南极中间水	南極中層水	Antarctic Intermediate Water, AAIW
南极洲	南極大陸, 南極古陸	Antarctica, Antarctic Continent
南极洲板块	南極洲板塊	Antarctic Plate
南极洲陨石	南極洲隕石	Antarctic meteorite
南美洲板块	南美板塊	South American Plate
南三维治板块	南桑威奇板塊	South Sandwich Plate
南三维治岛弧	南桑威奇島弧	South Sandwich Island Arc
南三维治海沟	南桑威奇海溝	South Sandwich Trench
南森海脊	南森海脊, 南森海嶺	Nansen Ridge
南森瓶(=颠倒采水器)		
南太平洋海盆	南太平洋海盆	South Pacific Basin
南太平洋群岛	南太平洋群島	South Pacific Islands
南中国海海盆	南中國海海盆	South China Sea Basin
难溶性	難溶性, 不溶性	indissolubility
挠曲, 翘曲	翹曲	warp, flexure
内滨	近海, 近岸	inshore
内禀增长率	内在增長率	intrinsic rate of increase
内波	内波	internal wave
内潮	内潮	internal tide
内海	内海	internal sea
内核	内核	inner core
内环加强结点	内加強環接點	internal ring joint
内聚力	内聚, 内聚力	cohesion
内陆架	内陸棚, 内陸架	inner shelf
内陆湿地	内陸濕地	inland wetland
内陆水域	内陸水域	inland waters
内罗斯贝尺度	内羅士培尺度	internal Rossby scale
内水	内水	internal water
内温动物	内溫動物	endotherm
内芽	内芽	inner bud
能见度	能見度	visibility
能量回收	能量回收	energy recovery
能量金字塔(=能量锥体)		
能量锥体, 能量金字塔	能量金字塔	pyramid of energy
能值	能值	emergy

大　陆　名	台　湾　名	英　文　名
尼罗河三角洲	尼羅河三角洲	Nile Delta
泥	泥	mud
泥崩	泥流	mud avalanche
泥底辟	泥貫入構造，泥衝頂構造	mud diapir
泥火山	泥火山	mud volcano, hervidero
泥面生物	泥面生物	epipelos
泥内生物	泥内生物	endopelos
泥盆纪	泥盆紀	Devonian Period
泥丘	泥丘	mudlump
泥丘海岸	泥丘海岸	mudlump coast
泥沙流	泥沙流	current drift
泥滩，泥沼地	泥灘，泥質海灘	mud flat
泥滩群落	泥灘生物群落	ochthium, polochthium
泥炭丘	泥炭丘	palsen, peat hill
泥湾	泥灣	liman
泥线	泥線	mud line
泥岩	泥屑岩	lutite
泥沼地（=泥滩）		
拟寄生物	類寄生生物	parasitoid
拟态	擬態	mimicry
逆扩散通量	逆擴散通量	anti-diffusive flux
逆流	對流交換	countercurrent
逆倾	逆傾	updip
逆渗透法（=反渗透法）		
逆温层	逆溫層	inversion layer
逆温现象	逆溫現象	thermal inversion
逆行演替，退行性演替	逆行演替	retrogressive succession
溺谷	溺谷	submerged valley
溺谷海岸	溺谷海岸	lionan coast
溺水	沉溺	drowning
年代测定	年代測定	age determination
年际变化	年際變化	interannual variation
年龄组	年齡組	age class
年平均径流量	年平均徑流量	mean annual runoff
黏度	黏[滯]性，黏度	viscosity
黏附	黏附	adhesion
黏附力（=附着力）		

大　陆　名	台　湾　名	英　文　名
黏附器	黏附器官	adhesive organ
黏合剂	黏附物, 黏合劑	adhesive
黏盲鳗素	黏盲鳗素	eptatretin
黏土岩	黏土岩	claystone
黏细胞	膠細胞	colloblast
黏性流体	黏性流體	viscous fluid
黏性卵	黏性卵, 黏著卵	viscid egg, adhesive egg
黏性系数, 黏滞系数	黏滯係數, 黏度	viscosity coefficient, coefficient of viscosity
黏滞系数(=黏性系数)		
念珠藻素	念珠藻素	cryptophycin
鸟粪石	鳥糞石	stone guano
鸟眼构造	鳥眼構造	bird's eye structure
鸟足[形]三角洲	鳥足狀三角洲	bird-foot delta
尿嘧啶	尿嘧啶	uracil
尿素	尿素	urea
凝胶	凝膠[體], 凍膠	gel
凝结核	凝結核	condensation nucleus
凝结潜热	凝結潛熱	latent heat of condensation
凝结[作用]	凝結[作用]	condensation
凝聚	凝聚	coherence
凝聚层序	凝聚層序	condensed sequence
牛顿流体	牛頓流體	Newtonian fluid
牛磺酸	牛磺酸	taurine
纽虫	紐蟲	nemertine worm
浓差电池	濃差電池	concentration cell
浓差电池腐蚀	濃差電池腐蝕	concentration cell corrosion
浓差电势	濃差電勢	concentration potential
浓差极化	濃差極化	concentration polarization
浓度梯度	濃度梯度	concentration gradient
浓缩池	濃縮池	concentrated pool
浓缩因子	濃縮因數	concentration factor
暖池	暖池	warm pool
暖流	暖流	warm current
暖水圈	暖水圈	warm water sphere
暖水舌	暖水舌	warm water tongue
暖水种	暖水種	warm water species
暖温带种	暖溫帶種	warm temperate species

大 陆 名	台 湾 名	英 文 名
暖涡	暖渦	warm eddy
挪威海流	挪威海流	Norwegian Current
挪威海深层水	挪威海深層水	Norwegian Sea deep water

O

大 陆 名	台 湾 名	英 文 名
欧拉法	歐拉法	Eulerian method
欧亚板块	歐亞板塊	Eurasian Plate
欧亚大陆	歐亞大陸	Eurasia
欧亚海盆	歐亞海盆	Eurasia Basin
欧洲太空署	歐洲太空署	European Space Agency, ESA
欧洲遥感卫星	歐洲遙測衛星	European remote sensing satellite, ERS
偶见种	偶見種	incidental species
偶然浮游生物	暫時性浮游生物	tychoplankton

P

大 陆 名	台 湾 名	英 文 名
爬升波, 上冲波	上衝波	uprush, swash
帕雷塞贝拉海盆	帕雷塞貝拉海盆	Parace Vela Basin
拍岸浪, 滚浪	拍岸浪	beach comber
排出	排出	discharge
排气	排氣	elimination of air, venting
排入海水	排入海洋	ocean discharge
排水口	放流	outfall
排序	排序	ordination
潘多拉幼体	潘朵拉幼蟲	pandora larva
判别分析	判別分析	discriminant analysis
庞加莱波	彭卡瑞波	Poincare wave
旁瓣	旁瓣	side lobe
旁扫声呐(=侧扫声呐)		
旁视声呐(=侧视声呐)		
旁通输沙	繞道輸沙	sand bypassing
抛泥区	抛泥區	mud dumping area

大 陆 名	台 湾 名	英 文 名
抛石，填石	填石	enrockment
咆哮西风带	咆嘯西風帶	brave west wind
配子体	配子體	gametophyte
喷发	噴發	eruption
喷发沉积	噴發堆積	eruptive deposit
喷发裂隙	噴發裂隙	eruption fissure
喷发岩	噴發岩，噴出岩	eruptive rock
喷气孔	噴氣孔，氣孔	fumarole
喷气口	噴氣口	gas spout
喷水孔	噴水孔	spiracle
盆底扇	盆底扇	basin-floor fan
盆地	盆地	basin
盆形沉陷	盆形沉陷	basinal subsidence
膨压	膨壓	turgor pressure
膨胀	膨脹，脹縮	dilatation
膨胀计	膨脹計	dilatometer
膨胀计方法	膨脹計方法	dilatometric technique
膨胀系数	膨脹係數	expansion coefficient
碰撞	碰撞	collision
碰撞边缘	碰撞邊緣	collision margin
皮层厚度	皮層深度	skin depth
皮温	皮層溫度	skin temperature
毗连	並置，毗連	juxtaposition
疲劳断裂	疲勞斷裂	fatigue break
偏利共栖（=偏利共生）		
偏利共生，偏利共栖	片利共生	commensalism
偏摩尔热焓	偏克分子量熱函	partial molal heat content
偏摩尔体积	偏克分子體積	partial molal volume
偏心率	偏心率	eccentricity
偏振计	偏振計	polarimeter
漂浮–等待	漂浮–等待	float-and-wait
漂浮生物	漂浮生物	neuston
漂浮植物	漂浮植物	planophyte
漂流	表流，漂流	drift current
漂流浮标	漂流浮標	drifting buoy
漂流卵	漂流卵	drifting egg
漂流生物	漂流生物	drifting organism
漂流杂草（=漂流藻）		

大　陆　名	台　湾　名	英　文　名
漂流藻, 漂流杂草	漂流藻, 漂流草	drifting weed
贫氧水	貧氧水	oxygen-poor water
贫营养	貧養化	oligotrophication
贫营养水	貧營養水	oligotrophic water
贫种属型海洋, 少种型大洋	貧屬種型海洋, 貧屬種型大洋	oligotaxic ocean
频带宽度, 带宽	頻帶寬度	bandwidth
[频繁]倒极电渗析	往復式電透析	electrodialysis reversal, EDR
频散, 色散	色散, 彌散	dispersion
频散波	頻散波	dispersion wave
频散关系	頻散關係	dispersion relation
频域法动力分析	頻域法動力分析	frequency domain method of dynamic analysis
平潮	平潮	still tide
平底生物群落	平底生物群落	level bottom community
平顶海山	海桌山, 平頂海底山	guyot
平顶火山	桌狀火山, 平頂火山	table volcano
平顶礁	臺礁, 桌狀礁, 平頂礁	table reef
平动能	平動能, 平移位能	translational energy
平衡	平衡	equilibrium
平衡常数	平衡常數	equilibrium constant
平衡潮	平衡潮	equilibrium tide
平衡电势	平衡電勢	equilibrium potential
平衡剖面	平衡剖面	equilibrium profile
平衡器	平衡石囊	statocyst
平衡水汽压	平衡蒸汽壓	equilibrium vapor pressure
平衡条件	平衡條件, 平衡狀況	equilibrium condition
平衡性选择	平衡性天擇	balancing selection
平均高潮间隙	平均高潮間隙	mean high water interval
平均海面水温	平均海面水溫	mean sea surface temperature
平均海面水温距平	平均海面水溫距平	mean sea surface temperature anomaly
平均海平面	平均海平面	mean sea level
平均活度系数	平均活度係數	mean activity coefficient
平均粒径	平均粒徑	average grain diameter
平均球度	平均球度	average sphericity
平均停留时间	平均滯留時間	mean residence time
平均压缩性	平均壓縮率	mean compressibility
平均盐度	平均鹽度	mean salinity

大　陆　名	台　湾　名	英　文　名
平均余弦	平均餘弦	average cosine
平均圆度	平均圓度	average roundness
平坑	平坑	adit
平流层	平流層	stratosphere
平流雾	平流霧	advection fog
平流项	平流項	advective term
f平面	f平面	f-plane
平面位置指示器	平面化位置顯示器	plan position indicator, PPI
平台就位(=导管架就位)		
平行进化	平行演化	parallel evolution
平原地槽	自成地槽	autogeosyncline
平原海岸	平原海岸	plain coast
瓶颈湾	瓶頸灣	bottleneck bay
瓶颈效应	瓶頸效應	bottleneck effect
坡度流	坡度流	slope current
坡扇	坡扇	slope fan
破冰船	破冰船	ice-breaker
破坏概率	破壞機率	failure probability
破裂带	破碎帶, 裂隙帶	fracture zone
破碎波	破浪, 碎浪	breaker
破碎波带	碎浪帶, 破浪帶	breaker zone
破碎波高	碎波高度	breaker height
剖面	剖面	profile
剖面探测浮标	剖面浮標	profiling float
铺管船	布管駁船	pipeline laying barge, lay barge
葡聚糖	葡聚醣	glucan
葡糖胺, 氨基葡糖	葡萄醣胺, 氨基葡萄醣	glucosamine
普拉特均衡	普拉特均衡假說	Pratt isostasy
普朗克定律	普朗克定律	Planck's law
普通许可证	普通許可證	common permit

Q

大　陆　名	台　湾　名	英　文　名
栖息地内多样性	棲所内多樣性	within-habitat diversity
歧化选择	分裂天擇, 歧化天擇	disruptive selection
鳍肢	鳍肢	flipper
起泡分离法	起泡分離法	foam flotation method, foaming and separation method
起源中心	種源中心	center of origin
起重船	起重船	floating crane craft, crane barge, crane vessel
气成热液矿床	氣成熱液礦床	pneumatolyto-hydrothermal ore deposit
气管	氣道	pneumatic duct
气候	氣候	climate
气候变化	氣候變遷, 氣候變化	climatic change
气候变化政府间专门委员会	政府間氣候變化專門委員會	Intergovemmental Panel on Climate Change, IPCC
气候带	氣候帶	climatic belt, climatic zone
气候反馈	氣候回饋	climate feedback
气候分析	氣候分析	climatic analysis
气候监测	氣候監測	climatic monitoring
气候模拟	氣候模擬	climatic simulation
气候评价	氣候評價	climatic assessment
气候系统	氣候系統	climatic system
气候学	氣候學	climatology
气候异常	氣候異常	climatic anomaly
气候因子	氣候因子	climatic factor
气候诊断	氣候診斷	climatic diagnosis
气候指数	氣候指數	climatic index
气举	氣力揚升	air lifting
气举法	氣舉法	air-lift method
气密	氣密	air-tight
气囊	氣囊	air sac
气泡	氣泡	gas bubble
气泡效应	氣泡效應	bubble effect
气枪	空氣槍	air gun

大　陆　名	台　湾　名	英　文　名
气枪气泡脉冲	空氣槍氣泡脈波	air gun bubble pulse
气枪阵列	空氣槍陣列	air gun array
气溶胶	氣溶膠，氣膠	aerosol
气态膜法	氣體薄膜法	gas membrane method
气体常数	氣體常數	gas constant
气体交换	氣體交換	gas exchange
气体容量测定仪	氣體容量測定儀	volumetric gas measuring apparatus
气体污染物	氣體汙染物	gaseous pollutant
气腺	氣腺	gas gland
气相色谱法	氣相色譜法	gas chromatography
气象潮	氣象潮	meteorological tide
气旋	氣旋	cyclone
汽化潜热	汽化潛熱	latent heat of vaporization
汽化[作用]	汽化[作用]	vaporization
憩流	憩流	slack water
千岛岛弧	千島島弧	Kuril Island Arc
千岛海盆	千島海盆	Kuril Basin
千岛–堪察加海沟	千島－堪察加海溝	Kuril-Kamchatka Trench
千年生态系统评估	千禧年生態系統評估	millennium ecosystem assessment
迁出	遷出	emigration
迁入	遷入	immigration
前滨	前濱，前灘	foreshore
前滨滩台	前濱灘臺，前濱灘肩	foreshore berm
前补充期	前加入期	pre-recruit phase
前海沟	前海溝	fore-trench
前寒武纪	前寒武紀	Precambrian
前积层	前積層	foreset bed
前积三角洲	前積三角洲	prograding delta
前礁堤	前礁堤	fore-barrier
前进波	前進波	progressive wave
前进海岸	前進海岸	advancing coast
前陆	前陸	foreland
前陆架	前陸棚	foreland shelf
前陆盆地	前陸盆地	foreland basin
前期降水指数	雨前指數	antecedent precipitation index
前驱波	前驅波	forerunner wave
前向散射	前向散射	forward scattering
前向散射率	前向散射率	forward scatterance

大　陆　名	台　湾　名	英　文　名
前移海岸	前移海岸	advanced coast
前渊	前淵，前海槽	fore-trough
钱塘江涌潮	錢塘潮段波	Qiantang River tidal bore
潜标	潛標	submerged buoy, moored subsurface buoy
潜沉(=俯冲)		
潜堤	潛堤	submerged dike
潜流	潛流	undercurrent, underwater current
潜流水道	潛流水道	underflow conduit
潜能	潛能	latent energy
潜热	潛熱	latent heat
潜热释放	潛熱釋放	latent heat release
潜山，埋藏山	潛山，埋藏丘	buried hill
潜水	潛水	diving
潜水程序	潛水程序	diving procedure
潜水疾病	潛水疾病	diving disease
潜水加减压程序	潛水加減壓程序	diving compression-decompression procedure
潜水减压	潛水減壓	diving decompression
潜水减压病	潛水減壓病	diving decompression sickness
潜水减压停留站	潛水減壓站	diving decompression stop
潜水器	潛水器	submersible
潜水深度	潛水深度	diving depth
潜水生理学	潛水生理學	diving physiology
潜水事故	潛水事故	diving accident
潜水医学	潛水醫學	diving medicine
潜水医学保障	潛水醫學保障	diving medical security
潜水员	潛水員，潛水伕	diver
潜水员应急出水	潛水員緊急浮上	going out of surface in emergency
潜水钟	潛水鐘	diving bell
潜水装备(=潜水装具)		
潜水装具，潜水装备	潛水裝備	diving's equipment
潜水作业[计划]	潛水作業計畫	plan of diving operation
潜艇艇员水下救生	潛水艇救援	submarine rescue
潜涌	上衝，仰衝	obduction
潜在来源	潛在來源	potential source
潜在污染	潛在汙染	potential pollution
潜在污染物	潛在汙染物	potential pollutant

大　陆　名	台　湾　名	英　文　名
潜在资源	潛在資源	potential resources
浅层热液矿床	淺層熱液礦床	shallow vein zone deposit
浅海沉积[物]	淺海沉積[物]	neritic sediment
浅海带	淺海帶	neritic zone
浅海动物	淺海動物	shallow water fauna
浅海分潮	淺海分潮	shallow water component
浅海生物群落	淺海生物群落	neritic community
浅海声传播	淺海聲波傳播	shallow water acoustic propagation
浅海声道	淺海聲道	shallow sea sound channel
浅水波	淺水波	shallow water wave
浅水底栖生物(=附表 　底栖生物)		
浅水种	淺水[物]種	shallow water species
浅滩	淺灘	shoal, bank
浅滩堡礁	淺灘堡礁	bank barrier
浅滩环礁	淺灘環礁	bank atoll
嵌套网格	巢狀網格	nested grid
强潮河口	高潮差河口灣	macrotidal estuary
强荧光水域	強螢光水域	highly fluorescing waters
强制波	強制波	forced wave
7-α-羟基岩藻甾醇	7-α-羥基岩藻固醇	7-α-hydroxyfucosterol
翘曲(=挠曲)		
橇装块	滑架, 滑動墊木	skid
切变流(=剪切流)		
切应力	切線應力	tangential stress
亲潮	親潮	Oyashio
亲代抚育	親代撫育	parental care
亲和力	親合力	affinity
亲生物元素	親生物元素	biophile element
亲属选择	親屬選擇	kin selection
亲水物	親水物	hydrophile
亲水性表面	親水性表面	hydrophilic surface
亲水性聚合物	親水性聚合物	hydrophilic polymer
侵入	侵入	intrusion
侵入岩	侵入岩	intrusive rock
侵蚀	侵蝕, 腐蝕	erosion
侵蚀谷	侵蝕谷	erosional valley
侵蚀海岸	侵蝕海岸	erosion coast

大　陆　名	台　湾　名	英　文　名
侵蚀海滩	侵蝕海灘	rolling beach
氢离子浓度	氫離子濃度	hydrogen ion concentration
氢离子浓度记录仪	氫離子濃度記錄儀	pH recorder
氢氧化合物	水合氧化物	oxyhydroxide
轻度污染带	輕汙染區	zone of mild pollution
轻潜水	輕裝備潛水	light weight diving
轻质油	輕[質]油	light oil
倾角	傾角	inclination
倾斜	傾側	heel
清除	清除	scavenge, clear
琼胶(＝琼脂)		
琼脂，琼胶	洋菜膠，瓊脂	agar
琼脂糖	洋菜粉	agarose
琼州海峡	瓊州海峽	Qiongzhou Strait
丘脑	視丘	thalamus
球度	球度	sphericity
球面投影(＝赤平投影)		
球石粒，颗石藻片	鈣板藻片，顆石藻片	coccolith
球照度	球照度	spherical irradiance
球状火山弹	球狀火山彈	spheroidal bomb
区间动物	區間動物	interzonal fauna
区域构造向上挠曲	區域構造向上撓曲	tectonic upwarping
区域海洋学	區域性海洋學	regional oceanography
曲流	曲流	meander
P-B 曲线	P-B 曲線	P-B curve
P-Y 曲线	P-Y 曲線	P-Y curve
T-Z 曲线	T-Z 曲線	T-Z curve
曲线坐标	曲線座標	curvilinear coordinates
趋触性	趨觸性	thigmotaxis
趋光性	趨光性	phototaxis, phototaxy
趋化性	趨化性	chemotaxis, chemotaxy
趋流性	趨流性	rheotaxis
趋同进化，趋同演化	趨同演化	convergent evolution
趋同演化(＝趋同进化)		
趋温性	趨溫性	thermotaxis
趋性	趨性	taxis
趋异进化	趨異演化	divergent evolution
取芯钻进	取芯鑽進，取芯鑽採	core boring

大 陆 名	台 湾 名	英 文 名
取岩芯	取岩芯	coring
去磁(=消磁)		
去极化	去極化	depolarization
去离子水	去離子水	deionized water
去污流体	除汙流體	decontamination fluid
去污指数,净化指数	除汙指數	decontamination index
全雌鱼育种	全雌魚育種	all-female fish breeding
全海式海上生产系统	離岸開採系統	offshore production system
全景摄影	全景攝影	panoramic photography
全球变化	全球變遷	global change
全球定位系统	全球定位系統	global positioning system, GPS
全球海洋生态系动力学 研究计划	全球海洋生態系動力學 研究計畫	Global Ocean Ecosystem Dynamics, GLOBEC
全球环境变化	全球環境變遷	global environmental change
全球联合海洋通量研究	全球海洋通量聯合研究	Joint Global Ocean Flux Study, JGOFS
全球性放射性[物质] 沉降	全球性放射性[物質] 沉降	world-wide fallout
全球性海平面升降,水 动型海平面变化	全球性海平面升降	eustasy
全球性海面升降性	全球性海平面升降性	eustatism
全球性海平面升降循环	全球性海平面升降循環	eustatic cycle
全色片	全色軟片	panchromatic film
全色摄影	全色攝影	panchromatic photography
全色影像	全色影像	panchromatic image
全息雷达	全像雷達	hologram radar
全息图像	全像術	hologram imagery
全新世	全新世	Holocene Epoch
全雄鱼育种	全雄魚育種	all-male fish breeding
全岩芯分析	全岩芯分析	whole core analysis
全植型营养	全植物式營養	holophytic nutrition
权[重]系数	加權係數	weight coefficient
权[重]因子	權重因數,計權因子	weight factor
缺氧	缺氧	anoxia
缺氧海盆	無氧海盆,缺氧海盆	anoxic basin
缺氧环境	無氧環境	anoxic environment
缺氧间隙水	無氧間隙水	anoxic pore water
缺氧区,无氧带	無氧帶,缺氧層	anoxic zone
缺氧水	無氧水,無氧水體	anoxic water

大　陆　名	台　湾　名	英　文　名
缺氧条件	無氧情況	anoxic condition
缺氧症	缺氧症	hypoxidosis
缺氧状态	無氧狀態	anoxic state
确定性疲劳分析	確定性疲勞分析	determinate fatigue analysis
确限度	［棲地］忠誠度	fidelity
裙板	裙板	skirt plate
裙地	裙地	apron
裙礁（＝岸礁）		
群岛，列岛	群島，列島	archipelago, islands
群集	群集	swarm, cluster
群落	群聚，群落	community
群落功能	群聚功能，群落功能	community function
群落交错区	生態系交會區	ecotone
群落结构	群聚結構，群落結構	community structure
群落内多样性	群落內多樣性	within-community diversity
群落生态学	群體生態學	synecology, community ecology
群速度	群速度	group velocity
群体	群體	colony
群体补充	群體補充	group recruitment
群体大小	族群大小	population size
群体珊瑚	群體珊瑚	colonial coral
群体生物	群體生物	colonial organism
群［体］选择	群擇	group selection
群桩	群樁	pile group, skirt pile
群桩效应	群樁效應	pile group effect

R

大　陆　名	台　湾　名	英　文　名
桡足幼体	橈足類幼生	copepodite, copepodid larva
桡足幼体期	橈足期	copepodid stage
绕极深层水	繞極深層水	Circumpolar Deep Water, CDW
热比容偏差	熱比容偏差	thermosteric anomaly
热成风	熱力風	thermal wind
热成风方程	熱力風方程	thermal wind equation
热成因气	熱成因氣	thermogenic gas
热成［作用］	熱成［作用］	thermogenesis

大　陆　名	台　湾　名	英　文　名
热磁性	熱磁性	thermomagnetism
热催化作用	熱催化作用	thermocatalysis
热带沉降	熱帶沉降	tropical submergence
热带低压	熱帶低壓	tropical depression
热带风暴	熱帶風暴	tropical storm
热带风暴警报	熱帶風暴警報	tropical storm warning
热带浮游动物	熱帶浮游動物	tropical zooplankton
热带海洋气团	熱帶海洋氣團	tropical marine air mass
热带气团	熱帶氣團	tropical air mass
热带气旋	熱帶氣旋	tropical cyclone
热带气旋警报	熱帶氣旋警報	tropical cyclone warning
热带扰动	熱帶擾動	tropical disturbance
热带水域	熱帶水域	tropical waters
热带种	熱帶種	tropical species
热导率(＝导热系数)		
热滴定法	溫度滴定法	thermometric titration
热点	熱點	hot spot
热点地幔柱	熱點地函柱，熱點地幔柱	hot-spot plume
热点应力	熱點應力	hot-spot stress
热电偶腐蚀	熱電偶腐蝕	thermogalvanic corrosion
热对流	熱對流	thermal convection
热分解	熱分解	thermal decomposition
热辐射	熱輻射	thermal radiation
热惯性	熱慣性	thermal inertia
热核反应	熱核反應	thermonuclear reaction
热核聚变	熱核聚變	thermonuclear fusion
热红外	熱紅外	thermal infrared，TIR
热解成因甲烷	熱成因甲烷	thermal origin methane，thermogenic methane
热解[作用]	熱解作用，高溫分解	pyrolysis
热扩散	熱擴散	thermal diffusion
热力学	熱力學	thermodynamics
热量单位	熱量單位	thermal unit
热量收支	熱平衡，熱收支	heat budget
热量守恒	熱量守恆	conservation of heat
热流	熱流	heat flow
热流测量	熱流測量	heat flow measurement

大　陆　名	台　湾　名	英　文　名
热流探针	熱流探針	heat flow probe
热流异常	熱流異常	heat flow anomaly
热卤	熱液鹽水	hydrothermal brine
热卤水区	熱鹵水區, 熱鹽水區	hot brine area
热排水污染	熱排水汙染	thermal water pollution
热喷泉	熱噴泉	spouting hot spring
热膨胀	熱膨脹	thermal expansion
热膨胀系数	熱膨脹係數	coefficient of thermal expansion
热泉	深海熱泉	hydrothermal vent
热容量	熱容量	thermal capacity
热通量	熱流通量	heat flux
热污染	熱汙染	thermal pollution, heat pollution
热休克	熱休克	heat shock
热盐对流	溫鹽對流	thermohaline convection
热盐环流	溫鹽環流	thermohaline circulation
热盐流	溫鹽流	thermohaline current
热盐水	熱鹵水, 熱鹽水	thermal brine
热液变质作用	熱液變質作用	hydrothermal metamorphism
热液沉积物	熱液沉積物	hydrothermal sediment
热液成矿作用	熱液成礦作用	hydrothermal genesis
热液过程(=热液作用)		
热液活动	熱液活動	hydrothermal activity
热液交代变质	熱液交代變質	pyrometasomatism
热液交代矿床	熱液交代礦床	pyrometasomatic deposit
热液交换	熱液交換	hydrothermal exchange
热液颈	熱液頸	hydrothermal neck
热液矿床	熱液礦床	hydrothermal mineral deposit
热液矿化作用	熱液礦化作用	hydrothermal mineralization
热液矿物	熱液礦物	hydrothermal mineral
热液流体	熱液流體	hydrothermal fluid
热液能	熱液能	hydrothermal energy
热液丘	熱液丘	hydrothermal mound
热液蚀变	熱液蝕變	hydrothermal alteration
热液透镜	熱液透鏡	hydrothermal lens
热液型结壳	熱液型結殼	hydrothermal crust
热液羽状流, 热液柱	熱液柱	hydrothermal plume
热液柱(=热液羽状流)		
热液自生绿脱石	熱液自生綠脫石	hydrothermal nontronite

大　陆　名	台　湾　名	英　文　名
热液作用,热液过程	熱液作用	hydrothermal process
热异常	熱異常	thermal anomaly
热羽[状]体	熱羽[狀]體	thermal plume
热柱学说	熱柱學說	plume theory
人工岛	人工島	artificial island
人工海岸	人工海岸	artificial coast
人工海水	人造海水	artificial seawater
人工海滩	人工海灘	artificial beach
人工栖息地	人工棲所	artificial habitat
人工养滩(=人工育滩)		
人工鱼礁	人工魚礁	artificial fish reef
人工育滩,人工养滩	養灘,人工養灘	artificial beach nourishment, beach nourishment
人类共同继承遗产	人類共同繼承遺產	common heritage of mankind
人与生物圈自然保护区	人與生物圈自然保護區	Man and Biosphere Reserve, MAB Reserve
日本岛弧	日本島弧	Japan Island Arc
日本海	日本海	Japan Sea
日本海沟	日本海溝	Japan Trench
日本海盆	日本海盆	Japan Basin
日本海洋资料中心	日本海洋資料中心	Japanese Oceanographic Data Center, JODC
日本鳗虹彩病毒病	日本鰻虹彩病毒病	iridoviral disease of Japanese eel
日本气象厅	日本氣象廳	Japanese Meteorological Agency, JMA
日不等[现象]	週日不等,日潮不等	diurnal inequality
日内瓦公约	日內瓦公約	Geneva Conventions
日晒法	太陽能蒸發法	solarization
绒毛膜	絨毛膜	chorion
容量分析[法]	容量分析[法]	volumetric analysis
[容]量瓶	[容]量瓶	volumetric flask
容许误差	容許誤差	permissible error
溶度积	溶解度積	solubility product
溶剂萃取淡化法	溶劑萃取淡化法	desalination by solvent extraction
溶剂萃取法	溶劑萃取法	solvent extraction process
溶剂化[作用]	溶劑化[作用]	solvation
溶解氮	溶解氮	dissolved nitrogen
溶解动力学	溶解動力學	dissolution kinetics
溶解度	溶解度	solubility

大　陆　名	台　湾　名	英　文　名
溶解度泵	溶解度泵	solubility pump
溶解负载量	溶解負載量	dissolved load
溶解固体总量	溶解固體總量	total dissolved solid, TDS
溶解力	溶解力	dissolving power
溶解率	溶解率	dissolution rate
溶解容量	溶解容量	dissolving capacity
溶解通量	溶解通量	dissolved flux
溶解无机碳	溶解無機碳	dissolved inorganic carbon, DIC
溶解相	溶解相	dissolved phase
溶解效应	溶解效應	dissolution effect
溶解性固体	溶解性固體	dissolved solid
溶解盐类	溶解鹽類	dissolved salts
溶解氧	溶氧[量]	dissolved oxygen, DO
溶解氧饱和度	溶氧飽和度	dissolved oxygen saturation
溶解氧腐蚀	溶解氧腐蝕	dissolved oxygen corrosion
溶解营养盐类	溶解營養鹽類	dissolved nutrient salts
溶解有机氮	溶解有機氮	dissolved organic nitrogen, DON
溶解有机化合物	溶解有機化合物	dissolved organic compound
溶解有机磷	溶解有機磷	dissolved organic phosphorus, DOP
溶解有机碳	溶解有機碳	dissolved organic carbon, DOC
溶解有机质	溶解有機質	dissolved organic matter, DOM
溶解[作用]	溶解[作用]	dissolution
溶酶体	溶小體, 溶酶體	lysosome
溶氧测定器	溶氧測定器	dissolved oxygen gas analyzer
溶跃层	溶躍層, 溶躍面	lysocline
熔点	熔點	melting point
熔岩	熔岩	lava
铷锶测年	銣–鍶定年	rubidium-strontium dating
铷锶法	銣–鍶法	rubidium-strontium method
儒略时	朱利安時間	Julian time
蠕变	潛移, 蠕變	creep
蠕[动]流	蠕流	creeping flow
入海河口	海洋排放管	ocean outfall
入流[量]	入流[量]	inflow
入侵种	入侵種	invasive species
入射波	入射波	incident wave
入射角	入射角	incident angle
入射余角	入射餘角	grazing angle

大　陆　名	台　湾　名	英　文　名
入水	進水	entering water
入水管	入水管	incurrent siphon
软骨藻酸	軟骨藻酸	domoic acid
软海绵素	軟海綿素	halichondrin
软流圈	軟流圈	asthenosphere
软锰矿	軟錳礦	pyrolusite
软泥	軟泥	ooze，soft ooze
软水	軟水	soft water
软体动物学	軟體動物學	malacology
软洗涤剂	軟洗滌劑	soft detergent
瑞利散射	雷利散射	Rayleigh scattering
润滑作用	潤滑[作用]	lubrication
弱潮河口	小潮差河口灣	microtidal estuary
弱光层(＝弱光带)		
弱光带，弱光层	弱光帶，弱光層	dysphotic zone

S

大　陆　名	台　湾　名	英　文　名
鳃瓣	鰓板	lamellae，gill lamella
鳃盖	鰓蓋	operculum
鳃裂	鰓裂	gill slit
三倍体	三倍體	triploid
三倍体育种技术	三倍體育種技術	triploid breeding technique
三丙酮胺	三丙酮胺	triacetonamine
三级结构	三級結構	tertiary structure
三级消费者	三級消費者	tertiary consumer
三角洲	三角洲	delta
三角洲朵体	三角洲朵體，三角洲葉狀體	delta lobe
三角洲平原	三角洲平原	delta plain
三角洲平原复合体	三角洲平原複合體	deltaic-plain complex
三角洲前积	三角洲前積，三角洲增長	deltaic progradation
三角洲前缘	三角洲前緣	delta front
三联点	三聯接合點	triple junction
三酰甘油	三酸甘油酯，三醯甘油	triacylglycerol

大　陆　名	台　湾　名	英　文　名
三叶虫	三葉蟲	trilobite
三叶幼体	三葉蟲幼體	trilobite larva
散度算子	散度算子	divergence operator
散射	散射	scattering
散射比(=散射率)		
散射计	散射計	scatterometer
散射率，散射比	散射率	scatterance
散射系数	散射係數	scattering coefficient
散射相函数	散射相函數	scattering phase function
溞状幼体	溞狀幼體，眼幼蟲	zoea larva
扫描	掃描	scanning
扫描多频道微波辐射计	掃描多頻道微波輻射儀	scanning multichannal microwave radiometer, SMMR
扫描辐射计	掃描輻射儀	scanning tradiometer
扫描器	掃描器	scanner
色度(=色品)		
色度常数	色度常數	color constant
色度图(=色品图)		
色品，色度	色品，色度	chromaticity
色品图，色度图	色品圖	chromaticity diagram
色品坐标	色品座標	chromaticity coordinate
色谱	色譜	color spectrum
色谱法	層析法	chromatography
色散(=频散)		
色素	色素，色料	pigment
色素单位	色素單位	pigment unit
色素分析	色素分析	pigment analysis
沙坝	堰洲	barrier, bar
沙坝岛(=障壁岛)		
沙波，沙浪	砂浪	sand wave
沙蚕毒素	沙蠶毒素	nereistoxin
沙岛	砂島	sand island
沙堤	沙堤，沙壠	sand levee
沙脊，沙垅	砂脊	sand ridge
沙礁	沙礁	sand coral
沙茨基隆起	沙茨基隆起	Shatsky Rise
沙浪(=沙波)		
沙垅(=沙脊)		

大　陆　名	台　湾　名	英　文　名
沙孟海道	沙孟海道	Samoan Passage
沙面生物	沙面生物	epipsammon
沙内生物	砂棲性生物	endopsammon
沙丘	沙丘	sand dune
沙滩	沙灘，沙質海灘	sand beach
沙纹	砂波痕，砂波紋	sand ripple
沙洲链，堰洲群	堰洲群	barrier chain
沙嘴	沙嘴	spit，sand spit
沙嘴滩	沙嘴灘	spit beach
砂	砂	sand
砂颗粒磨圆度	砂粒球度	sand grain sphericity
砂矿	砂礫礦，砂積礦	placer
砂砾盖面（=滞留砾石）		
砂质海岸	砂質海岸	sandy coast
砂质胶结物	砂質膠結物	arenaceous cement
砂质有孔虫	砂質有孔蟲	arenaceous foraminifera
鲨肝醇	鯊肝醇	batylalcohol
筛分析	篩分析	sieve analysis
筛孔	篩孔	mesh
筛选	篩選	sieve
山海绵酰胺	山海綿醯胺	mycalamide
山脉	山脈，山系	mountain range，cordillera
珊瑚	珊瑚［蟲］	coral
珊瑚暗礁，珊瑚洲	珊瑚暗礁，珊瑚洲	coral shoal
珊瑚白化	珊瑚白化	coral bleaching
珊瑚-层孔虫岩礁	珊瑚-層孔蟲岩礁	coral-stromatoporoid reef
珊瑚虫	珊瑚蟲	coral polyp
珊瑚虫管	珊瑚蟲管	anthozoan polyp
珊瑚单体	珊瑚單體	corallite
珊瑚骼（=珊瑚体）		
珊瑚海	珊瑚海	Coral Sea
珊瑚海盆	珊瑚海盆	Coral Basin
珊瑚环礁	珊瑚環礁	coral atoll
珊瑚灰岩	珊瑚石灰岩	coral limestone
珊瑚礁	珊瑚礁	coral reef
珊瑚礁海岸	珊瑚礁海岸	coral reef coast
珊瑚礁海岸线	珊瑚礁海岸線，珊瑚礁濱線	coral reef shoreline

大　陆　名	台　湾　名	英　文　名
珊瑚礁角砾岩	珊瑚礁角礫岩	coral rag
珊瑚礁生物群落	珊瑚礁群落	coral reef community
珊瑚礁潟湖	珊瑚礁潟湖	coral reef lagoon
珊瑚丘	珊瑚丘	coral tableland
珊瑚砂	珊瑚砂	coral sand
珊瑚砂岩	珊瑚洲砂岩	cay sandstone
珊瑚石灰岩	珊瑚石灰岩	coralline crag
珊瑚塔	珊瑚塔	coral pinnacle
珊瑚滩	珊瑚灘	coral beach
珊瑚体，珊瑚骼	珊瑚骨［骼］體	corallum
珊瑚相	珊瑚相	coralline facies
珊瑚崖锥	珊瑚崖錐	coral talus
珊瑚藻	珊瑚藻	coralline algae
珊瑚藻沉积物	珊瑚藻沉積物	coralgal sediment
珊瑚藻微晶石灰岩	珊瑚藻微晶石灰岩	coralgal micrite
珊瑚藻相	珊瑚藻相	coral algal facies
珊瑚洲(＝珊瑚暗礁)		
珊瑚柱	珊瑚柱	coral pillar
闪烁	閃爍［現象］	scintillation
闪烁计	閃爍計	scintillometer
闪烁计数器	閃爍計數器	scintillation counter
闪烁镜	閃爍鏡	scintilloscope
闪烁谱仪	閃爍分光計	scintillation spectrometer
闪烁器	閃爍器	scintillator
闪烁探测器	閃爍探測器	scintillation probe
扇贝糖胺聚糖	扇貝醣胺聚醣	glycosaminoglycan of pectinid
扇阶地	扇階地	fan terrace
扇形沉积	扇形沉積	fan deposit
扇形三角洲	扇形三角洲	fan delta, fan-shaped delta
扇状岩堆	扇狀岩堆	fan talus
扇浊积岩	扇濁積岩	fan turbidite
商港	商港	commercial port
上滨缘	上濱緣	supralittoral fringe
上驳分析	裝船分析	load out analysis
上部结构	上部結構	upper structure
上部扇	上部扇	upper fan
上部水流动态	上部水流動態	upper flow regime
上层	上層	upper layer, epipelagic zone

大　陆　名	台　湾　名	英　文　名
上层浮游生物	附生浮游生物	epiplankton
上层鱼类	表層魚類，上層魚類	epipelagic fishes
上冲波(=爬升波)		
上叠扇	上疊扇，疊覆扇	suprafan
上覆层	上覆層，覆蓋層	superstratum
上壳	上殼	epitheca
上升海岸	上升海岸	coast of emergence, elevated coast
上升海岸线	負性濱線	negative shoreline
上升流	上升流，湧升流	upwelling, upward flow
上升流区	上升流區	upwelling area
上升流生态系统	湧升流生態系統	upwelling ecosystem
上升准平原	上升準平原	elevated peneplain
上行辐照度	上行輻照度	upwelling irradiance, upward irradi-ance
上行效应	上行效應	bottom-up effect
烧绿石(=氟硅铌钠矿)		
少种型大洋(=贫科属型海洋)		
少壮海岸	青年期海岸	adolescent coast
舌形沙坝	舌形沙壩	linguoid bar
舌状分布	舌狀分布	tonguelike distribution
蛇绿岩	蛇綠岩	ophiolite
蛇绿岩套	蛇綠岩系	ophiolite suite
蛇尾幼体	蛇尾幼蟲	ophiopluteus larva
蛇纹石	蛇紋石	serpentine
蛇纹岩	蛇紋岩	serpentinite
蛇纹岩化[作用]	蛇紋岩化作用	serpentinization
舍入误差	捨入誤差	round-off error
社会等级(=社会阶层)		
社会阶层，社会等级	社會階層	social hierarchy
射齿型，辐射栉牙	輻射櫛牙，射齒	actinodont
γ射线	γ射線	gamma ray
射线底片	放射線圖像	radiograph
γ射线[频]谱仪	γ射線[頻]譜儀	gamma ray spectrometer
γ射线探测器	γ射線探測器	gamma ray detector
γ射线探伤	γ射線探傷	gamma radiography
X射线荧光	X射線螢光	X-ray fluorescence
摄食	攝食	ingestion

大　陆　名	台　湾　名	英　文　名
摄食食物链	刮食性食物鏈	grazing food chain
摄影测量学	攝影測量學	photogrammetry
麝香蛸素	麝香章魚素	eledosin, moshatin
伸缩接头	伸縮接頭	telescopic joint
砷锰钙矿	砷錳鈣礦	caryinite
深层	深層	deep layer, bathypelagic zone
深层浮游生物	深層浮游生物	bathypelagic plankton
深层流	深層流	deep-water current
深层流动	深層流動	bathyrheal underflow
深成热液矿床	深成熱液礦床	plutonogenic hydrothermal deposit
深成岩	深成岩	plutonic rock
深地幔柱	深地函柱, 深地幔柱	deep mantle plume
深度基准面(＝测深基准面)		
深度计, 测深仪	深度計, 測深儀	bathmeter
深度–时间转换	深度–時間轉換	depth-time conversion
深度移位	深度移位, 深度偏移	depth migration
深度转换	深度轉換	depth conversion
深海暴流	深海暴流	deep-sea storm
深海测深	深海測深	deep-sea sounding
深海沉积[物]	深海沉積物	deep-sea sediment
深海带	深海帶, 深海區	bathyal zone
深海底	深海底, 深海床	deep-sea floor, deep-sea bed
深海地转流	深海地轉流	deep geostrophic current
深海动物	深海動物	bathyal fauna
深海工程	深海工程	deep-sea engineering
深海红土	深海紅土	abyssal red earth
深海环流	深海環流	deep-sea circulation
深海救助工具	深海救難載具	deep submergence rescue vehicle
深海盆地	深海盆地	deep-sea basin
深海平原	深淵底平原, 深海平原	deep-sea plain, abyssal plain
深海球形潜水器	球形深海潛水器	bathysphere
深海热泉蠕虫	深海熱泉管蟲	vestimentiferan worm
深海软泥	深海軟泥	deep-sea ooze, abyssal ooze
深海扇	深海扇	deep-sea fan
深海生态系统	深海生態系統	deep-sea ecosystem
深海生态学	深海生態學	deep-sea ecology
深海生物相	深海生物相	bathymetric biofacies

大　陆　名	台　湾　名	英　文　名
深海声传播	深海聲傳播	deep-sea acoustic propagation
深海声道	深海聲道	deep-sea sound channel, SOFAR channel
深海声散射层	深部散射層, 深海散射層	deep scattering layer, DSL
深海水道	深海水道	deep-sea channel
深海相	深海相	deep-sea facies
深海盐度计	深海鹽度計	bathysalinometer
深海锥	深海錐	deep-sea cone
深海钻井	深水鑽井, 深海鑽井	deep-water drilling
深海钻探计划	深海鑽探計畫	Deep-Sea Drilling Project, DSDP
深水波	深水波	deep-water wave
深水导管架	深水導管架	deep-water jacket
深水浮游生物	嫌光浮游生物	skoto-plankton
深水三角洲	深水三角洲	deep-water delta
深水拖体	深水拖體	deep tow
深水相	深水相	deep-water facies
深拖系统	深拖系統	deep-towed system
深渊带	深淵底带, 深海带	abyssal zone
神经丘	側線神經細胞	neuromast
神经酰胺	神經醯胺	ceramide
神经性贝毒	神經性貝毒	neurotoxic shellfish poison, NSP
渗出	滲出	seepage
渗滤	滲濾	percolation
渗滤系数	滲濾係數	percolation factor
渗透	滲濾, 滲透	osmosis, infiltration, permeation
渗透当量	滲透當量	osmotic equivalent
渗透理论	滲透理論	percolation theory
渗透滤器	滲透濾器	percolating filter
渗透系数	滲透係數	permeability, osmotic coefficient
渗透压	滲透壓	osmotic pressure
渗透压梯度	滲透壓梯度	osmotic pressure gradient
渗透压调节	滲透壓調節	osmoregulation
渗透压调节者	滲透壓調節者	osmoregulator
渗压随变生物	滲透壓順變生物	osmoconformer
蜃景, 海市蜃楼	海市蜃樓	mirage
升沉补偿器(=波浪补偿器)		

大　陆　名	台　湾　名	英　文　名
升华	升華	sublimation
升降系统	升降系统	jacking system
生产力	生產力	productivity
生产量-现存量比	年產量與平均重量之比率	P/B ratio
生产率	開採率	production rate
生产率金字塔	生產率金字塔	pyramid of production rate
生产平台	開採平臺	production platform
生产者	生產者	producer
生成物	生成物	resultant
生存力	生存力, 生活力	viability
生存曲线(=存活曲线)		
生痕构造	生痕構造, 生物遺跡構造	lebensspur structure
生活动力平台	生活及動力供應平臺	accommodation and power platform, APP
生活史策略	生活史對策	life history strategy
生活污水	生活汙水, 民生汙水	domestic sewage
生活型	生活型	life form
生活周期	生命週期	life cycle
生境	棲地	habitat
生境破碎	棲地碎裂	habitat fragmentation
生理盐水	生理鹽水	physiological saline
生理应激	生理緊迫	physiological stress
生命表	生命表	life table
生命期望, 估计寿命	生命期望, 估計壽命	life expectance
生命元素	生命元素	bioelement
生命支持系统	維生系統	life support system
生态等值	生態等值	ecological equivalent
生态毒理学	生態毒理學	ecotoxicology
生态风险评价	生態風險評估	ecological risk assessment
生态工程	生態工程	ecological engineering
生态恢复	生態復育	ecological restoration
生态基因组学	生態基因體學	ecological genomics
生态经济学	生態經濟學	ecological economics
生态旅游	生態旅遊	ecotourism
生态能	生質能	biofuel
生态评价	生態評估	ecological assessment

大　陆　名	台　湾　名	英　文　名
生态生物地理学	生態生物地理學	ecological biogeography
生态梯度	生態梯度	ecological gradient
生态危机	生態危機	ecological crisis
生态位, 小生境	生態區位	niche
生态位重叠	區位重疊度	niche overlap
生态位宽度	區位寬度	niche breadth
生态系[统]	生態系	ecosystem
生态系养殖	生態系養殖	ecosystem culture
生态型	生態型	ecotype
生态学	生態學	ecology
生态压力	生態壓力	ecology pressure
生态障碍	生態障碍	ecological barrier
生态足迹	生態足跡	ecological foot-print
生物安全	生物安全	biological safety
生物泵	生物幫浦, 生物泵	biological pump
生物标志物	生物指標	biomarker
生物不可降解物质	生物不可降解物質	non-biodegradable material
生物测定	生物檢驗	bioassay
生物沉积[物]	生物沉積物	biogenic sediment
生物淡化法	生物淡化法	biological desalination method
生物地理学	生物地理學	biogeography
生物地理域	生物地理區	biogeographic region
生物地球化学循环	生物地球化學循環	biogeochemical cycle
生物电	生物電	bioelectricity
生物多样性	生物多樣性	biodiversity
生物多样性公约	生物多樣性公約	Convention of Biological Diversity, CBD
生物多样性热点	生物多樣性熱點	biodiversity hotspot
生物发光	生物發光	bioluminescence
生物发光系统	生物發光系统	bioluminescent system
生物放大	生物放大, 生物富集[作用]	biomagnification
生物分解作用	生物分解作用	biolysis
生物复杂性	生物複雜性	biological complexity
生物富集法	生物富集法	biological concentration method
生物光学区域	生物光學區域	biooptical province
生物光学算法	生物光學算法	biooptical algorithm
生物硅	生物矽, 生物硅	biogenic silica

大　陆　名	台　湾　名	英　文　名
生物过程	生物過程	biological process
生物海洋学	生物海洋學	biological oceanography
生物合成	生物合成	biosynthesis
生物活性物质	生物活性物質	biologically active substance
生物季节	生物季節	biological season
生物碱	生物鹼類	alkaloid
生物礁	生物礁	bioherm, organic reef
生物礁层	生物礁層	biostrome
生物净化	生物淨化	biological purification
生物可利用度(=生物有效性)		
生物[块礁]岩	生物塊礁岩	biohermite
生物矿化[作用]	生物礦化[作用]	biomineralization
生物累积	生物累積	bioaccumulation
生物砾岩	生物礫岩	biomicrorudite
生物量	生物量	biomass
生物量金字塔(=生物量锥体)		
生物量锥体,生物量金字塔	生物量金字塔	pyramid of biomass
生物敏感性	生物敏感性	bio-sensitivity
生物膜	生物膜	biofilm
生物泥晶灰岩,生物细晶岩	生物細晶岩	biomicrite
生物年代学(=化石定年学)		
生物黏着	生物黏著	bioadhesion
生物浓缩	生物濃縮	biological concentration
生物气溶胶	生物氣膠	bioaerosol
生物清除	生物清除	biological scavenging
生物区系,生物群	生物相	biota
生物圈	生物圈,生物界	biosphere
生物群(=生物区系)		
生物群聚学	生物群聚學	biosociology
生物群落	生物群系,生物群區	biome
生物扰动	生物擾動[作用]	bioturbation
生物扰动岩	生物擾動岩	bioturbite
生物声呐	生物聲納,生物聲呐	biosonar

大　陆　名	台　湾　名	英　文　名
生物输入	生物性輸入	biological input
生物碎屑	生物碎屑	biological detritus, bioclastics
生物完整性	生物完整性	biological integrity
生物微亮晶石灰岩	生物微屑岩	biomicrosparite
生物污染物	生物汙染物	biological pollutant
生物污损, 生物污着	生物汙著	biofouling
生物污着腐蚀	生物汙著腐蝕	biofouling corrosion
生物细晶岩(=生物泥 晶灰岩)		
生物修复(=生物整治)		
生物需氧量	生物需氧量	biological oxygen demand, BOD
生物絮凝	生物絮凝	bioflocculation
生物遥测[术]	生物遙測, 生物追蹤	biotelemetry
生物异限带	生物異限帶	acrozone
生物有效性, 生物可利 用度	生物有效性, 生物可用 度	bioavailability
生物噪声	生物噪音	biological noise
生物整治, 生物修复	生物修復	bioremediation
生物指标	生物指標	bioindicator
生物自净	生物自淨	biological self-purification
生源物质	生源物質	biogenic material
生长激素	生長激素	growth hormone, somatotropin
生长效率	生長效率	growth efficiency
生殖对策	生殖對策	reproductive strategy
生殖隔离	生殖隔離	reproductive isolation
生殖个体	生殖個員	gonozooid
生殖洄游(=产卵洄游)		
生殖价	生殖價	reproductive value
生殖力, 产卵量	孕卵數, 生殖力	fecundity
生殖潜能	生殖潛能	reproductive potential
生殖群	生殖聚集	breeding swarm
声波	聲波	sound wave
声波测距	聲波測距	sound ranging
声波测深仪	聲波測深器	sonoprobe
声波基盘	聲波基盤	acoustic basement
声波记录仪	聲波記錄儀	sonograph
声波探测, 声学探测	聲波測深, 聲學探測	acoustic sounding
声波条带测绘	聲波條帶測繪	acoustic swath-mapping

大 陆 名	台 湾 名	英 文 名
声波图	聲波圖, 聲波記錄	sonogram
声波吸收	聲波吸收	acoustic absorption
声波吸收度	聲波吸收度	acoustic absorptivity
声波吸收系数	聲波吸收係數	acoustic absorption coefficient
声波吸收因子	聲波吸收因子	acoustic absorption factor
声传播异常	聲傳播異常	acoustic propagation anomaly
声带	聲帶	vocal cord
声道	低速槽, 聲道	sound channel
声呐	聲納	sonar, sound navigation and ranging
声呐导航	聲納導航	sonar navigation
声呐浮标	聲納浮標	sonobuoy
声呐剖面仪	聲納剖面儀	pinger profiler
声释放器	聲波釋放	acoustic release
声速	聲速	sound speed
声吸收, 吸声	聲吸收	sound absorption
声吸收系数, 吸声系数	聲吸收係數	sound absorption coefficient
声学多普勒海流剖面仪	聲學都卜勒海流剖面儀	acoustical Doppler current profiler, ADCP
声学海洋学	聲學海洋學	acoustical oceanography
声学探测(=声波探测)		
声学相关海流剖面仪	聲學相關海流剖面儀	acoustical correlation current profiler, ACCP
声遥感	聲波遙測, 聲學遙測	acoustic remote sensing
声应答器	發訊器, 音響詢答機	acoustic transponder, pinger
绳状熔岩	繩狀熔岩	pahoehoe lava, ropy lava
圣巴巴拉海盆	聖巴巴拉海盆	Santa Barbara Basin
圣克立托巴海沟	聖克立托巴海溝	San Cristobal Trench
盛冰期	盛冰期	severe ice period
盛行西风带	盛行西風帶	prevailing westerlies
剩磁	殘磁性	residual magnetism, remanent magnetism
剩余产物	剩餘產物, 副產品	residual product
湿地	濕地	wetland
湿地生态学	濕地生態學	wetland ecology
湿法分析	濕法分析	wet analysis
湿绝热	濕絕熱	wet adiabatic
湿绝热变化	濕絕熱變化	wet adiabatic change
湿绝热直减率	濕絕熱直減率, 飽和絕	moist adiabatic lapse rate

大　陆　名	台　湾　名	英　文　名
	熱直減率	
湿空气	濕空氣	wet air, moist air, humid air
石房蛤毒素	蛤蚌毒素, 渦鞭藻毒素	saxitoxin
石鲈鳍细胞系	石鱸鰭細胞系	grunt fin cell line, GF
石面生物	石面生物	epilithion
石内生物	岩内生物	endolithion
石珊瑚	石珊瑚	scleractinian
石盐团块	石鹽團塊	augensalz
石油污染	石油汙染	petroleum pollution
石油污染残留物	石油汙染殘留物	oil pollution residue
石油污染观测系统	石油汙染監視系統	oil pollution surveillance system
石油污染检测	石油汙染檢測	oil pollution detection
石油污染控制	石油汙染控制	oil pollution control
石油污染遥感系统	石油汙染遙測系統	oil pollution remote-sensing system
石油衍生烃	石油衍生烴	petroleum-derived hydrocarbon
石油资源	石油資源	oil resources
石[质]陨石	石質隕石	stony meteorite
时间常数	時間常數	time constant
时间序列	時間序列	time series
时空结构	時空結構	temporal-spatial structure
时滞	時間延遲	time lag
实际生态位	實際區位	realized niche
实孔径雷达	真實孔徑雷達	real aperture radar, RAR
实用盐标	實用鹽標	practical salinity scale
实用盐度	實用鹽度	practical salinity
实用盐度单位	實用鹽度單位	practical salinity unit, psu
蚀变矿物	蝕變礦物	altered mineral
蚀壶穴	蝕甌穴, 蝕壺穴	etched pothole
蚀刻者	蝕刻者	ethcher
食底泥动物	沉積物攝食生物	deposit feeder
食腐动物	食腐動物	saprophage, scavenger
食腐性	腐食性	saprophagous
食肉动物	肉食者	carnivore
食碎屑动物	食碎屑動物	detritus feeder
食碎屑食物链	碎屑性食物鏈	detritus food chain
食碎屑食物网	碎屑性食物網	detritus food web
食碎屑者	碎屑食者	detritivore
食物链	食物鏈	food chain

大　陆　名	台　湾　名	英　文　名
食物网	食物網	food web
食性	食性	feeding habit
食盐	食鹽	common salt
食用盐生植物	食用鹽生植物	halophytic food plant
食鱼者	魚食者	piscivore
食植动物	草食者	herbivore
食植者	刮食者	grazer
世界海洋环流实验	世界海洋環流實驗	World Ocean Circulation Experiment, WOCE
世界海洋数据库	世界海洋資料庫	world ocean database, WOD
世界海洋图集	世界海洋圖集	world ocean atlas, WOA
世界自然保护联盟	世界自然保護聯盟	International Union for Conservation of Nature and Natural Resources, IUCN
世界自然保护联盟红皮书	世界自然保護聯盟紅皮書	IUCN Red Data Book
世界自然保护联盟红色名录	世界自然保護聯盟紅色名錄	IUCN Red List
世界自然遗产	世界自然遗産	World Heritage
示源岩相	示源岩相	alimentation facies
示踪同位素	示蹤同位素	tracer isotope
示踪物	示蹤物, 示蹤劑	tracer
示踪研究	示蹤研究	tracer study
事故污染, 意外污染	意外汙染	accidental pollution
YD 事件(=新仙女木事件)		
事件沉积	事件沉積	event deposit
势能(=位能)		
视场	視場	field of view, FOV
视杆细胞	桿狀細胞	rod cell
视角	視角	viewing angle
视网膜	視網膜	retina
试剂	試劑	reagent
试剂空白	試劑空白	reagent blank
室	小室	chamber
适温生物	嗜溫生物	thermophilic organism
适盐生物	鹽生生物	halophile organism
适应辐射	適應輻射	adaptive radiation

大　陆　名	台　湾　名	英　文　名
嗜冷生物	嗜冷生物	psychrophilic organism
嗜冷细菌	嗜冷細菌	psychrophilic bacteria
嗜热细菌	嗜熱細菌	thermophilic bacteria
嗜温细菌	嗜溫細菌	mesophilic bacteria
嗜压细菌	嗜壓細菌	barophlic bacteria
嗜盐细菌	嗜鹽細菌	halophilic bacteria
噬菌体	噬菌體	bacteriophage
收集	收集，收取，採集	collection
收集器	收集器	collector
收敛条件	收斂條件	convergence condition
收缩说，冷缩说	收縮說，冷縮說	contraction theory
守恒浓度	守恆濃度	conservative concentration
守恒污染物	守恆性汙染物	conservative pollutant
守恒系统	守恆系統	conservative system
守恒性质	守恆性質	conservative property
守恒元素	守恆元素	conservative element
艏摇	平擺	yaw
受波器	受波器	seismic receiver
受精	受精	fertilization
受胁物种	受脅[物]種	threatened species
疏浚工程	疏浚工程，浚渫工程	dredging engineering
疏水键	疏水鍵	hydrophobic bond
疏水水合[作用]	疏水水合作用	hydrophobic hydration
疏水物	疏水物	hydrophobe
疏水性表面	疏水性表面	hydrophobic surface
疏松层	疏鬆層	tectorium
输出生产	輸出生產	export production
属	屬	genus
束丝藻叶黄素	束絲藻葉黃素	aphanizophyll
束速度	束速度	beam velocity
数据传输分系统	資料傳輸次系統	data transmission subsystem
数量性状	定量性狀	quantitative character
数值耗散	數值消散	numerical dissipation
数值扩散	數值擴散	numerical diffusion
数值模式	數值模式	numerical model
数值频散	數值頻散	numerical dispersion
数值稳定度	數值穩定度	numerical value stability
数字海洋	數位化海洋	digital ocean

大　陆　名	台　湾　名	英　文　名
数字海洋数据集	數位化海洋資料集	digital oceanographic dataset
衰变产物	衰變產物	decay product, descendant
衰变率	衰變率	decay rate
衰减	衰減	attenuation
衰减常数	衰減常數	attenuation constant, decay constant
衰减率	衰減率	attenuance
衰减系数	衰減係數	attenuation coefficient
栓缆	栓纜	tether cable
双低潮	雙低潮	double ebb
双高潮	雙高潮	double flood
双沟型	雙溝	sycon
双极化雷达	雙極化雷達	dual polarization radar
双极膜	雙極膜	bipolar membrane（BPM）
双扩散	雙擴散	double diffusion
双扩散不稳定	雙擴散不穩定	double diffusive instability
双台风	雙颱[風]	binary typhoons
双调和摩擦	雙調和摩擦	biharmonic friction
双调和算子	雙調和運算子	biharmonic operator
双周期	雙週期	dicycle
水边低沙丘	前丘, 前灘沙丘	foredune
水表下漂浮生物	水表下漂浮生物	infraneuston
水成结壳	水成結殼	hydrogenic crust
水成物质	水成物質, 水生物質	hydrogenous material
水成相	水成相	hydrogenous phase
水成型结核	水成型結核	hydrogenic nodule
水成组分	水成組分	hydrogenous component
水承载物质	水成物質	water-borne material
水尺	水尺	tide staff
水处理	水處理	water treatment, water processing
水处理剂	水處理劑	water treatment chemical
水处理设施	水處理設施	water treatment facility
水处理系统	水處理系統	water treatment system
水道, 通道	水道	channel, channel-way
水底植物(=底栖植物)		
水动型海平面变化 （=全球性海平面升 降）		
水管系	水管系統	water vascular system

大　陆　名	台　湾　名	英　文　名
水合淡化法	水合淡化法	desalination by hydrate process
水合离子半径	水合離子徑	hydrated ionic radius
水合氢离子	水合氫離子	hydronium ion
水合物	水合物	hydrate
水合物法	水合物[淡化]法	hydrate method
水合物冷冻淡化法	水合物冷凍[淡化]法	hydrate freezing process
水合物栓塞	水合物栓塞	hydrate plug
水合系数	水合數	hydration number
水化程度	水化程度	extent of hydration
水回收	水回收	water recovery
水回收设备	水回收設備	water recovery apparatus
水监测网	水監測網	water surveillance network
水解[作用]	水解[作用]	hydrolysis
水净化工程	淨水廠	water purification works
水库污染	水庫汙染	pollution of reservoir
水离解	水離解	hydrolytic dissociation
水力提升采矿系统	水力揚升採礦系統	hydraulic lift mining system
水量交换	水交換	water exchange
水量平衡	水分平衡,水量平衡	water balance
水量收支	水量收支	water budget
水龄	水齡	water age
水霉	水黴菌	water mold
水密	水密	water-tight
水面涉猎	水面獵食	surface dipping
水母毒素	水母毒素	physaliatoxin
水母型	水母型	medusa type
水漂生物	水漂生物	pleuston
水平极化	水平極化	horizontal polarization
水平探鱼仪	水平聲納儀	horizontal fish finder
水平位移补偿器(=水平运动补偿器)		
水平涡流扩散	水平渦動擴散	horizontal eddy diffusion
水平运动补偿器,水平位移补偿器	水平位移補償器	horizontal displacement compensator
水气界面	水氣界面	air-water interface
水枪	水槍	water gun
水圈	水圈	water sphere
水溶性催化剂	水溶性催化劑	water-soluble catalyst

大 陆 名	台 湾 名	英 文 名
水溶性分子	水溶性分子	water-soluble molecule
水溶性盐	水溶性鹽	water-soluble salt
水软化	水軟化	water softening, demineralization of water
水软化工厂	水軟化工廠	water softening plant
水软化剂	水軟化劑	water softening agent
水软化装置	水軟化裝置	water softening apparatus
水色	海洋水色	ocean color, water color
水色测定	海洋水色測量	ocean color measurement
水色遥感	海洋水色遙測	ocean color remote sensing
水深测量, 测深	測深法	bathymetry, sounding
水深剖面	水深剖面	water-depth profile
水深图	水深圖	bathymetric chart
水生大型植物	水生大型植物	aquatic macrophyte
水生环境污染	水生環境汙染	aquatic environmental pollution
水生生态系统	水生生態系統	aquatic ecosystem
水生生物	水生生物	hydrobiont
水生生物群落	水生生物群聚	aquatic community
水生生物学	水生生物學	hydrobiology
水生生物指数	水生生物指數	aquatic organism index
水生微型植物	水生微細藻	aquatic microphyte
水生盐生植物	水生鹽生植物	aquatic halophyte
水生植物	水生植物	hydrophyte, aquatic plant
水生作用	水生作用	aquatic effect
水声发射器	水下發音器	underwater sound projector
水声换能器	水下聲波轉能器	underwater sound transducer
水[体]净化	水的淨化	water purification
水听器	水下麥克風	hydrophone
水通量	通量	flux
水团	水團, 水體	water mass, water body
水卫生控制	水質衛生控制	water hygiene control
水位	水位	water level
水位计	水位計	nilometer
水文测量	水文測量	hydrographic survey
水文地球化学	水文地球化學	hydrogeochemistry
水文地球化学循环	水文地球化學循環	hydrogeochemical cycling
水文学	水文學	hydrology
水文循环	水文循環	hydrological cycle
水污染控制	水質汙染控制	water pollution control

大　陆　名	台　湾　名	英　文　名
水污染控制法	水質汙染管制法規	water pollution control law
水污染控制法规	水質汙染管制立法	water pollution control legislation
水污染物	水質汙染物	water contaminant, water quality pollutant
水污染源	水質汙染源	water pollution source
水螅型	水螅型	polyp type
水系	水系	water system
水下坝	水下壩	submarine bar
水下爆破	水下爆破	underwater blasting
水下电视机	水下電視機	underwater TV
水下定位系统	海下定位系統	subsea positioning system
水下焊接	水下焊接	underwater welding
水下机器人	水下機器人	underwater robot
水下礁丘	水下礁丘	nab
水下勘探	水下探勘	underwater exploration
水下热泉	水下熱泉	submerged hot spring
水下三角洲	水下三角洲	subaqueous delta
水下沙丘	水下沙丘	underwater dune
水下设备	海下作業設備	subsea equipment
水下声速仪	水下聲速儀	underwater sound velocimeter
水下声学定位	水下聲學定位	underwater acoustic positioning
水下声学通信	水下聲學通訊	underwater acoustic communication
水下听觉	水下聽覺	underwater audition
水下通信	水下通訊	underwater communication
水下信标	海下信標	subsea beacon
水下医学	水下医学	underwater medicine
水下照相机	水下照相機	underwater camera
水循环	水循環	water circulation
水–岩反应带	岩水反應帶	water-rock interaction zone
水盐碱化	水鹽鹼化	water salination
水样	水樣	water sample
水样储存	水樣儲存	water sample storage
水样稳定	水樣穩定	water sample stabilization
水硬度	水[的]硬度	water hardness
水预处理	水預處理	water pretreatment
水域保护	水域保護	watershed protection
水源保护	水源保護	water resource protection
水再生	水再生	water renovation

大　陆　名	台　湾　名	英　文　名
水再循环	水再循環	water recycle
水蒸气含量	水汽含量	water vapor content
水蒸气密度	水汽密度	water vapor density
水蒸气压强	水汽壓	water vapor pressure
水质	水質	water quality
水质保持	水質保持	water quality conservation
水质保护	水質保護	water quality protection
水质标准	水質標準	water quality standard, water quality criterion
水质参数	水質參數	water quality parameter
水质分析	水質分析	water quality analysis
水质分析仪	水質測量儀	water quality analyzer
水质改善条例	水質改善條例	water quality improvement act
水质管理	水質管理	water quality management
水质规划	水質規劃	water quality programme
水质监测	水質監測	water quality monitoring
水质监测船	水質監測船	water quality monitoring ship
水质监测系统	水質監測系統	water quality monitoring system
水质检查	水質檢查	water examination
水质结构	水結構	water structure
水质控制	水質控制	water quality control
水质控制系统	水質控制系統	water quality control system
水质模拟研究	水質模擬研究	water quality simulation study
水质目标	水質目標	water quality goal
水质评价	水質評價	water quality evaluation, water quality assessment
水质试验	水質試驗, 水質檢驗	water test
水质[数学]模型	水質模式	water quality model
水质条例	水質條例	water quality act
水[质]污染	水[質]汙染	water pollution, water contamination
水质污染监测仪	水質汙染監測儀	water pollution monitor
水质污染研究实验室	水質汙染研究實驗室	water pollution research laboratory
水质污染指数	水質汙染指數	water pollution index
水质要求	水質要求	water quality requirement
水质预测	水質預測	water quality forecast
水质指示剂	水質指示劑	water quality indicator
水质指数	水質指數	water quality index
水质自动监测系统	水質自動監測系統	automatic water quality monitoring

大　陆　名	台　湾　名	英　文　名
		system
水质自动监测仪	水質自動監測器	automatic water quality monitor
水中对比度	水中對比度	contrast in water
水准测量	水準測量	leveling
水准仪	水準儀	level
水资源保护	水資源保護	water resources protection
水资源规划	水資源規劃	water resources planning
顺岸栈桥式码头	突堤碼頭	open-type wharf
顺坝	順壩	longitudinal dike, parallel dike
顺磁性	順磁性	paramagnetism
顺浪	順浪	stern sea
顺路观测船计划	自願觀測船計畫	ship of opportunity program, SOOP
顺行轨道	順行軌道	prograde orbit
瞬间捕捞死亡系数	瞬間漁獲死亡係數	instantaneous fishing mortality coefficient
瞬时出生率	瞬間出生率	instantaneous birth rate
瞬时生物量	瞬間生物量	instantaneous biomass
瞬时生长率	瞬間成長率	instantaneous growth rate
瞬时视场角	瞬時視場角	instantaneous field of view, IFOV
瞬时死亡率	瞬間死亡率	instantaneous death rate
瞬时增长率	瞬間增長率	instantaneous rate of increase
朔望	朔望	syzygy
朔望潮	朔望潮	syzygial tide
丝绳状熔岩	絲繩狀熔岩	filamented pahoehoe
斯特藩定律	史蒂芬法則	Stefan law
斯通莱波	史東里波	Stoneley wave
斯托克斯波	史托克波	Stokes wave
斯托克斯矩阵	史托克矩陣	Stokes matrix
斯托克斯漂流	史托克漂送	Stokes drift
斯瓦罗浮子	史瓦羅浮子	Swallow float
斯韦德鲁普关系	史佛卓關係	Sverdrup relation
死区	死區	dead zone
死亡率	死亡率	mortality
四倍体	四倍體	tetraploid
四倍体育种技术	四倍體育種技術	tetraploid breeding technique
四分体	四分體	tetrad
四国海盆	四國海盆	Shikoku Basin
四射珊瑚	四射珊瑚	four-part coral, tetracoral

大 陆 名	台 湾 名	英 文 名
四足动物	四足動物	tetrapod
饲用盐生植物	餌料用鹽生植物	halophytic fodder plant
松山反向极性期	松山反向極性期	Matuyama reversed polarity chron
苏拉威西海盆	蘇拉威西海盆	Sulawesi Basin
苏禄海盆	蘇祿海盆	Sulu Basin
苏门答腊–爪哇岛弧	蘇門答臘–爪哇島弧	Sumatra-Java Island Arc
苏斯效应	休斯效應	Suess effect
溯河鱼类	溯河魚類, 溯河產卵迴游魚類	anadromous fishes
溯源侵蚀	溯源侵蝕	headward erosion
酸度	酸度, 酸性	acidity
酸度计(=pH 计)		
酸度系数	酸度係數	coefficient of acidity
酸化作用	酸化作用	acidification
随机交配	逢機交配	panmixis
随机扩增多态脱氧核糖核酸	隨機擴增多態性去氧核醣核酸	random amplified polymorphic DNA, RAPD
随机性疲劳分析	隨機性疲勞分析	random fatigue analysis
碎冰	碎冰	brash ice
碎波带	碎波帶	surf zone
碎屑流	碎屑流	debris flow
所罗门海沟	所羅門海溝	Solomon Trench
索饵场	索餌場	feeding ground
索马里板块	索馬里板塊	Somalia Plate
索马里海流	索馬里海流	Somali Current

T

大 陆 名	台 湾 名	英 文 名
他型, 异型	他型, 異型	allotype
塔礁	塔礁, 尖礁	reef pinnacle
塔斯马尼亚海道	塔斯馬尼亞海道	Tasmanian Passage, Tasmonion Seaway
塔斯曼海盆	塔斯曼海盆	Tasman Basin
胎生	胎生	viviparity
台地海岸	臺地海岸	platform coast
台风	颱風	typhoon

大　陆　名	台　湾　名	英　文　名
台风风暴潮紧急警报	颱風暴潮緊急警報	typhoon surge emergency warning
台风风暴潮警报	颱風暴潮警報	typhoon surge warning
台风风暴潮预报	颱風暴潮預報	typhoon surge forecasting
台风警报	颱風警報	typhoon warning
台风眼	颱風眼	typhoon eye
台风灾害	颱風災害	typhoon disaster
台卡导航仪	笛卡道航器	Decca navigator
台湾海峡	臺灣海峽	Taiwan Strait
台湾暖流	臺灣暖流	Taiwan Warm Current
苔藓虫素, 草苔虫素	苔蘚蟲素	bryostatin
苔藓虫幼体	苔蘚蟲幼體	cyphonautes larva
太平洋	太平洋	Pacific Ocean
太平洋板块	太平洋板塊	Pacific Plate
太平洋边缘	太平洋邊緣	Pacific margin
太平洋赤道潜流	太平洋赤道潛流	Pacific Equatorial Undercurrent
太平洋高压	太平洋高壓	Pacific high
太平洋十年际振荡	太平洋十年期振盪	Pacific decadal oscillation, PDO
太平洋型大陆边缘	太平洋型大陸邊緣	Pacific-type continental margin
太平洋型海岸	太平洋型海岸	Pacific-type coast
太阳潮	太陽潮	solar tide
太阳反辉	太陽反輝	sun glitter
太阳能淡化	太陽能淡化	solar desalination
太阳能蒸馏[淡化]法	太陽能蒸餾[淡化]法	solar distillation process
太阳全日潮	太陽全日潮	solar diurnal tide
太阳热	太陽熱	solar heat
太阳同步轨道	太陽同步軌道	sun-synchronous orbit
太阴潮	太陰潮	lunar tide
泰国湾	暹邏灣	Gulf of Thailand
滩槽	灘槽, 潮溝	swale
滩海	灘岸	beach strand
滩脊	灘脊	beach ridge
滩肩	灘肩	beach berm
滩肩脊, 滩台脊	灘臺脊	berm crest
滩肩前	前灘臺, 前灘肩	foreberm
滩礁	灘礁	bank reef
滩角	灘角, 灘嘴, 灘尖	beach cusp
滩面	灘面	beach face
滩台脊(=滩肩脊)		

大　陆　名	台　湾　名	英　文　名
滩涂养殖	潮間帶養殖，灘地養殖	tidal flat culture
坛状体(=壶腹)		
弹性回跳	彈性回跳	elastic rebound
探鱼仪	魚探儀	fish finder
DNA 探针	DNA 探針	DNA probe
碳固存	碳固存	carbon sequestration
碳汇	碳匯	carbon sink
碳获取	碳獲取	carbon acquisition
碳酸钙补偿深度	碳酸鈣補償深度	calcium carbonate compensation depth
碳酸喷气孔	碳酸噴孔口	mofette
碳酸岩造体(=碳酸盐建隆)		
碳酸盐补偿深度	碳酸鹽補償深度	carbonate compensation depth, CCD
碳酸盐建隆，碳酸岩造体	碳酸岩造體	carbonate buildup
碳酸盐台地	碳酸鹽地臺	carbonate platform
碳酸盐旋回	碳酸鹽循環	carbonate cycle
碳同化作用	碳同化作用	carbon assimilation
碳源	碳源	carbon source
汤加海沟	東加海溝	Tonga Trench
汤加-克马德克岛弧	東加-克馬得島弧	Tonga-Kermadec Island Arc
糖蛋白	醣蛋白	glycoprotein
特定年龄出生率	年齡別出生率	age-specific natality
特定年龄生命表	年齡別生命表	age-specific life table
特定年龄生殖力	年齡別孕卵數，年齡別生殖力	age-specific fecundity
特提斯海，古地中海	特提斯海，古地中海	Tethys
特异性	專一性	specificity
特有现象	在地特有化	endemism
特有种(=地方种)		
特征曲线法	特徵曲線法	method of characteristics
藤壶	藤壺	acorn barnacle
梯度变异(=渐变群)		
梯度分析	梯度分析	gradient analysis
提取[法]	提取[法]	extraction
体表附着生物	體表附著生物	epizoids
体长频度分布	體長頻度分布	length-frequency distribution
体积氯度(=氯度)		

大　陆　名	台　湾　名	英　文　名
体积摩尔浓度	體積莫耳濃度	molar concentration
体[积膨]胀系数	體[積膨]脹係數	volume expansion coefficient
体积守恒	容量守恆	conservation of volume
体积吸收系数	體[積]吸收係數	volume absorption coefficient
体密度	整體密度	bulk density
体散射	體散射	volume scattering
体散射函数	體散射函數	volume scattering function
体温度	整體溫度	bulk temperature
体温调节	體溫調節	thermoregulation
体系域	體系域	system tract
天顶角	天頂角	zenith angle
天皇海山群	天皇海山群	Emperor Seamount Chain
天气图	天氣圖	weather chart
天然堤	天然堤	natural levee
天然胶体	天然膠體	natural colloid
天然卤化有机物	天然鹵化有機物	natural halogenated organics
天然气	天然氣	natural gas
天然气处理系统	天然氣處理系統	natural gas treating system
天然气水合物, 可燃冰	天然氣水合物	natural gas hydrate, gas hydrate
天然气水合物储层	天然氣水合物貯槽	gas hydrate reservoir
天然气水合物丘	天然氣水合物丘	hydrate mound
天然气水合物稳定带	天然氣水合物穩定帶	gas hydrate stability zone, GHSZ
天然气水合物相图	天然氣水合物相圖	gas hydrate phase diagram
天然色	天然色, 原色	natural color
天然水	天然水	natural water
天然水资源	天然水力資源	natural water resources
天然同位素	天然同位素	natural isotope
天然吸附剂	天然吸附劑	natural adsorbing agent
天然盐水	天然鹽水	natural brine
天神霉素	天神黴素	istamycin
天文潮	天文潮	astronomical tide
天文导航	天文導航	astronavigation
天文定位	天文定位	astronomical fixation
天线温度	天線溫度	antenna temperature
填海	填海	sea reclamation
填石(=抛石)		
CFL 条件	CFL 條件	Courant-Friedrichs-Lewy condition, CFL condition

大　陆　名	台　湾　名	英　文　名
调和分析	調和分析	harmonic analysis
调制传递函数	調制轉換函數	modulation transfer function，MTF
挑战者号考察	挑戰者號探測	Challenger expedition
萜烯	萜烯類	terpene
铁绒硬泥石	黑硬綠泥石	chalcodite
铁石陨石	鐵石陨石	stony iron-meteorite
铁细菌腐蚀	鐵細菌腐蝕	iron bacteria corrosion
停潮	停潮	stand of tide，water stand，slack tide
停滞	停滯	stagnation
停滞盆地(＝滞流盆地)		
停滞水	停滯水	stagnant water
通道(＝水道)		
通风	通風	ventilation
通风温跃层	透氣溫躍層	ventilated thermocline
通用横轴墨卡托投影	國際橫麥卡脫	Universal Transverse Mercator，UTM
同胞种	同胞種	sibling species
同潮差线(＝等潮差线)		
同潮时线(＝等潮时线)		
[同分]异构体	同分異構物	isomer
同工酶	同功[異構]酶	isozyme
同化数	同化數	assimilation number
同化效率	同化效率	assimilation efficiency
同化[作用]	同化[作用]	assimilation
同类相残	同種相食	cannibalism
同离子排斥[作用]	同離子排斥[作用]	co-ion exclusion
同期沉积	同期堆積	synchronous deposit
同生裂谷	同生裂谷	synrift
同生群	同齡群	cohort
同时雌雄同体	同時雌雄同體	simultaneous hermaphrodite
同塑性	同塑	homoplasy
同位素地热温标	同位素地質溫度計	isotope geothermometer
同位素气候期	同位素氣候期	isotope climatic stage
同位素生理效应	同位素生理效應	isotopic vital effect
同物异名	同物異名	synonym
同向断层	順傾斷層	synthetic fault
同型接合性(＝纯合性)		
同域成种(＝同域物种 形成)		

大 陆 名	台 湾 名	英 文 名
同域分布	同域分布	sympatry
同域[共存]种	同域[共存]種	sympatric species
同域物种形成, 同域成种	同域種化	sympatric speciation
同源性	同源性	homology
痛痛病	痛痛症	itai-itai diseae
头索动物	頭索動物	cephalochordate
头胸部	頭胸	cephalothorax
投弃式温深仪	可棄式溫深儀	expendable bathythermograph, XBT
透光	透光, 光的穿透	penetration of light
透光层(= 真光带)		
透光层浮游生物	嗜光浮游生物	phaoplankton
透光度	透光度	transmittance
透明度	透明度	transparency
透明系数	透明係數	coefficient of transparency
透射系数	透射係數	coefficient of transmission
透水[流]量	透水[流]量	permeation flux
透水速度	透水速度	permeation velocity
透水性	透水性, 水滲透率	water permeability
突变	突變	mutation
突堤	突堤	mole
突发性质	突現性質	emergent property
图像编码	影像解碼	picture encoding
图像分辨率	影像解析度	image resolution
图像分类	影像分類	image classification
图像复原	影像還原	image restoration
图像畸变	影像畸變	image distortion
图像几何学	影像幾何	image geometry
图像校正	影像糾正	image rectification
图像结构	影像紋理	image texture
图像配准	影像校準	image registration
图像识别	圖形識別	image recognition
图像退化	影像衰退	image degradation
图像修正	影像修正	image correction
图像预处理	圖像預處理	image preprocessing
图像增强	影像強化	image enhancement
涂料	塗料, 塗蓋層	coating
土工织物	地工織物	geotextile, geofabric

大　陆　名	台　湾　名	英　文　名
土著种, 本地种	本土種, 原生種	indigenous species, native species
湍流	擾動, 紊流	turbulence, turbulent flow
湍流通量, 涡动通量	紊流通量, 亂流通量	turbulent flux
团粒	團粒	cumularspharolith
推动力	推動力, 驅動力	driving force
推进效率	推進效率	propulsive efficiency
推移质	底載	bed load
退避反射	縮回反射	withdrawal reflex
退磁曲线	退磁曲線	demagnetization curve
退覆	退覆	offlap
退化器官	痕跡器官	vestigial organ
退积海岸	後退海岸	retreating coast
退积作用	後退作用	retrogradation
退行轨道	逆行軌道	retrograde orbit
退行性演替(= 逆行演替)		
蜕变	蛻變	disintegration
蜕皮	蛻皮	ecdysis, molting
蜕皮激素	蛻皮激素	ecdysone
吞食性	吞取式	gulping
拖船	拖船	tug
拖航	拖航	tow
拖航分析	拖航分析	towing analysis
拖航状态	拖航狀態	towing state
拖缆	拖纜, 水中受波器	streamer
拖曳	拖曳	towing
拖曳船模试验池	船模拖曳水槽	ship model towing tank
拖曳式温盐深测量仪	拖曳式鹽溫深儀	towed CTD
拖曳系数	拖曳係數	drag coefficient
拖曳阵列声呐	拖曳陣列聲納	towed array sonar
脱硫作用	去硫作用, 脱硫作用	desulfurization
脱层	層脱, 分層	delamination
脱附, 解吸附[作用]	脱附, 解吸附	desorption
脱附效率	脱附效率	desorption efficiency
脱镁叶绿素	脱鎂葉綠素	phaeophytin
脱水剂, 干燥剂	脱水劑, 乾燥劑	desiccant
脱水物	脱水物	dehydrate
脱水[作用]	脱水[作用]	dehydration

大　陆　名	台　湾　名	英　文　名
脱盐，淡化	脱鹽，淡化	desalination
脱氧[作用]	脱氧[作用]	deoxidation
脱乙酰甲壳质	幾丁聚醣	chitosan
椭球面大地测量学	椭球面大地測量學	ellipsoidal geodesy
椭球状岩浆	椭球狀熔岩，枕狀熔岩	ellipsoidal lava
椭圆极化	椭圓極化	elliptical polarization
椭[圆性]角	椭圓化角	ellipticity angle
椭圆余摆线波	椭圓餘擺線波	elliptical trochoidal wave
椭圆余弦波	椭圓函數波	cnoidal wave
拓殖	拓殖	colonization

W

大　陆　名	台　湾　名	英　文　名
挖泥船	挖泥船	dredger
洼地	窪地，凹陷	depression
蛙跳法	跳蛙法	leapfrog scheme
瓦维斯海脊	瓦維斯海脊	Walvis Ridge
瓦维斯湾	瓦維斯灣	Walvis Bay
瓦因–马修斯假说	瓦因–馬修斯假說	Vine-Matthews hypothesis
歪型尾	異型尾	heterocercal tail
外滨，离岸	離岸，近海	offshore
外层空间源沉积物	外太空源沉積物，地外沉積物	extraterrestrial sediment
外肠幼体	外腸仔魚	exterilium larva
外岛弧	外弧	outer arc
外骨骼	外骨骼	exoskeleton
外海捕捞	近海捕撈	offshore fishing
外核	外核，外地核	outer core
外环加强结点	外加強環接點	external ring joint
外激素(=信息素)		
外寄生物食者	外寄生蟲食者	ectoparasites eaters
外来堆积体，移积物	外來堆積體，移積物	allochthonous deposit
外来物	外來物	allogene
外来岩块	外來岩塊	exotic block
外来岩体(=移置体)		
外来种	外來種，非本地種	exotic species

大　陆　名	台　湾　名	英　文　名
外陆架	外陸棚, 外陸架	outer shelf
外罗斯贝尺度	外羅士培尺度	external Rossby scale
外营效应	外營效應	exogene effect
外缘隆起	外緣隆起	outer swell, outer arch
外源沉积	外源堆積	adventitious deposit
外源种	外來種	alien species
弯曲沙洲	彎曲沙洲, 彎曲沙壩	curved bar
湾流	灣流	Gulf Stream
湾头滩	灣頭灘	point beach
完全吸收体	完全吸收體, 理想吸收體	perfect absorber
万向接头	萬象接頭	knuckle joint
网采浮游动物	網採浮游動物	net zooplankton
网采浮游生物	網採浮游生物	net plankton
网格参考系统	網格參考系統	grid reference system, GRS
网络分析	網絡分析	network analysis
网络结构	網絡式結構	network structure
网围养殖	網圍養殖	net enclosure culture
网箱	箱網	net cage
网箱养殖	箱網養殖	net cage culture, cage culture
网状脉硫化物	網狀脈硫化物	stock work sulfide
往复流	往復流	alternating current, rectilinear current
威尔逊旋回	威爾遜循環, 威爾遜旋迴	Wilson cycle
微板块	小板塊	microplate
微波辐射计	微波輻射儀	microwave radiometer
微波散射计	微波散射儀	microwave scatterometer
微波遥感器	微波遙測器	microwave remote sensor
微层化	微層化	microstratification
微大陆	微大陸	microcontinent
微地理变异	微地理的變異	microgeographic variation
微幅波(=小振幅波)		
微海洋学	微海洋學	micro-oceanography
微化石	微化石, 微體化石	microfossil
微结构	微結構	microstructure
微进化	微演化	microevolution
微量滴定法	微量滴定法	micro-titration
微量滴管	微量滴定管	microburette

大　陆　名	台　湾　名	英　文　名
微量元素(=痕量元素)		
微锰核	微錳核	micro-manganese nodule
微囊藻素	微囊藻素	microsystin
微生境	微棲所	microhabitat
微生态系统	微生態系統	microecosystem
微生物成因甲烷	微生物成因甲烷	microbial methane
微生物腐蚀	微生物腐蝕	bacterial corrosion, microbial corrosion
微[生物]食物环	微[生物]食物環	microbial food loop
微生物污染	微生物汙染	microbial contamination
微生物作用	微生物作用	microbial action
微食物网	微食物網	microbial food web
微体古生物学	微體古生物學	micropaleontology
微卫星	微衛星	microsatellite
微细结构	細結構	fine-structure
微咸水沉积	半鹹水堆積	brackish deposit
微型底栖生物	微型底棲生物	microbenthos
微型底栖植物	微型底棲植物	microphytobenthos, benthic micro-phyte
微型动物	微型動物相	microfauna
微型浮游动物	微型浮游動物	microzooplankton
微型浮游生物	超微浮游生物	nannoplankton
微型生态池(=小型实验生态系)		
微型植物群	微型植物相	microflora
微陨星	微隕石	micrometeorite
微震	微震	tremor
韦德尔海	威德爾海	Weddell Sea
韦德尔海豹	威德爾海豹	Weddell seal
韦德尔海底层水	威德爾海底層水	Weddell Sea bottom water
韦宁迈内兹均衡	維寧邁內茲均衡說	Vening Meinesz isostasy
围隔	圈隔	enclosure
围隔生态系	圈隔式生態系	enclosure ecosystem
围鳃腔	圍鰓腔	atrium
围填海工程	填海工程	sea reclamation works
围岩	圍岩	envelope
围堰	圍堰，堰艙	cofferdam
维恩定律	韋恩法則	Wien law
维恩位移律	韋恩位移定律	Wien displacement law

大　陆　名	台　湾　名	英　文　名
维玛断裂带(=维玛破裂带)		
维玛破裂带, 维玛断裂带	維瑪斷裂帶, 維瑪破裂帶	Vema fracture zone
维玛海沟	維瑪海溝	Vema Trench
维也纳标准平均海水	維也納標準平均海水	Vienna Standard Mean Ocean Water
伪彩色	偽色	pseudocolor
伪足	偽足	pseudopodium
尾海兔素	尾海兔素	dolastatin
纬度分布	緯度分布	latitudinal distribution
纬度梯度	緯度梯度	latitudinal gradient
卫星	[人造]衛星	satellite
卫星测高	衛星測高法	satellite altimetry
卫星导航系统	衛星導航系統	satellite navigation system
卫星地面[接收]站	衛星地面接收站	satellite ground receive station
卫星覆盖范围	衛星覆蓋範圍	satellite coverage
卫星海洋观测系统	衛星海洋觀測系統	satellite oceanic observation system
卫星海洋学	衛星海洋學	satellite oceanography
卫星海洋遥感	衛星海洋遙測	satellite ocean remote sensing
卫星种(=附属种)		
未饱和卤	未飽和鹵	non-saturated bittern
未补偿盆地	淺積盆地, 飢餓盆地	starved basin
未成熟期(=幼期)		
未充分成长风浪	未完全發展風浪	not fully developed sea
未污染河流	未沾汙的河流	uncontaminated stream
未污染水	未沾汙水	uncontaminated water
位密, 位势密度	位[勢]密度, 潛[勢]密度	potential density
位能, 势能	位能, 勢能	potential energy
位势高度	位勢高度, 動力高度	potentional height
位势密度(=位密)		
位势深度	位勢深度, 動力深度	potentional depth
位温	位溫, 潛溫, 勢溫	potential temperature
位涡	位渦	potential vorticity
位涡拟能	位渦擬能	potential enstrophy
胃皮层	胃皮層, 腸皮層	gastrodermis
魏格纳假说(=大陆漂移说)		

大　陆　名	台　湾　名	英　文　名
温差电偶	溫差電偶	thermal couple
温带风暴潮紧急警报	溫帶暴潮緊急警報	extra-storm surge emergency warning
温带风暴潮警报	溫帶暴潮警報	extra-storm surge warning
温带风暴潮预报	溫帶暴潮預報	extra-storm surge forecasting
温带浮游动物	溫帶浮游動物	temperate zooplankton
温带气旋	溫帶氣旋	extratropical cyclone
温带种	溫帶種	temperate species
温度	溫度	temperature
温度垂直断面［图］	溫度垂直斷面［圖］	vertical section of temperature, vertical temperature section
温度校正系数	溫度校正因子	temperature correction factor, TCF
温度距平(=温度异常)		
温度链	溫度串	thermistor chain
温度梯度	溫度梯度	temperature gradient
温度系数	溫度係數	temperature coefficient
温度盐度计	溫度鹽度計	thermosalinograph
温度异常, 温度距平	溫度異常, 溫度距平	temperature anomaly
温克勒［溶解氧］测定法	溫克勒［溶解氧］测定法	Winkler method
温氯深记录仪	溫氯深記錄儀	temperature-chlorinity-depth recorder
温泉	熱泉	hot spring
温深仪	溫深儀	bathythermograph, BT
温室气体	溫室氣體	greenhouse gas
温盐关系	溫鹽關係	T-S relation
温盐曲线	溫鹽曲線	thermohaline curve
温盐深测量仪	鹽溫深儀	conductivity-temperature-depth system, CTD
温盐深记录仪	溫鹽深記錄儀	conductivity-temperature-depth recorder, CTD recorder
温–盐图解, T-S 关系图	溫鹽圖, T-S 圖	temperature-salinity diagram, T-S diagram
温盐相关曲线	溫鹽相關曲線	T-S correlation curve
温跃层	斜溫層, 溫躍層, 溫度躍層	thermocline
温跃层厚度图	斜溫層厚度圖, 溫躍層厚度圖	thermocline thickness chart
温跃层强度图	斜溫層強度分布	distribution of thermocline intensity
文石, 霰石	霰石, 文石	aragonite

大　陆　名	台　湾　名	英　文　名
文石泥	德羅軟泥, 霰石軟泥	drewite
纹泥(=季候泥)		
吻虫	吻蟲	proboscis worm
稳定年龄分布	穩定年齡分布	stable age distribution
稳定条件	穩定條件	stability condition
稳定同位素	穩定同位素	stable isotope
稳定同位素地层学	穩定同位素地層學	stable isotope stratigraphy
稳定性	穩定性	stability
稳定[性]选择	穩定[型]天擇	stabilizing selection
稳定元素	穩定元素	stable element
稳定种群	静止的族群	stationary population
稳定周期	穩定週期	stable cycle
稳态, 恒定状态	穩態, 恆定狀態	homeostasis, stationary state, steady state
翁通爪哇海台	翁通爪哇海臺	Ontong Java Plateau
涡传导	渦漩傳導	eddy conduction
涡动黏滞率	渦黏滯度	eddy viscosity
涡动通量(=湍流通量)		
涡度方程	渦度方程	vorticity equation
涡流扩散	渦流擴散	turbulence diffusion, eddy diffusion
涡流扩散系数	渦流擴散係數, 渦動擴散係數	coefficient of eddy diffusion
涡流黏滞系数	渦流黏滯係數, 渦動黏滯係數	coefficient of eddy viscosity
涡流侵蚀	渦流侵蝕, 甌穴侵蝕	evorsion
涡旋	渦旋, 渦流	eddy
涡旋解析模式	渦旋解析模式	eddy-resolving model
沃顿海盆	沃頓海盆	Wharton Basin
污泥	汙泥, 泥漿	sludge
污泥处理	汙泥處理	sludge treatment, sludge handling
污泥处理过程	汙泥處理過程	sludge handling process
污泥腐殖质	汙泥腐殖質	sludge humus
污泥利用	汙泥利用	sludge utilization
污泥氧化	汙泥氧化	sludge oxidation
污染	汙染	contamination
污染程度	汙染程度	extent of pollution
污染带	汙染帶	zone of pollution
污染防治法	汙染防治法	anti-pollution law

大　陆　名	台　湾　名	英　文　名
污染公害	汙染公害	pollution nuisance
污染海水腐蚀	汙染海水腐蝕	polluted seawater corrosion
污染河口	汙染河口	polluted estuary
污染河流	汙染河流	polluted stream
污染区［域］	汙染區	contaminated area
污染生物指标	汙染生物指標	pollution organism indicator
污染水道	汙染的水道	polluted waterway
污染水域	汙染水域	polluted waters
污染水藻	汙染水藻	polluted water alga
污染损害赔偿责任	汙染損壞賠償責任	liability and compensation for pollution damage
污染物处置	汙染物棄置	pollutant disposal
污染物达标排放	汙染物排放標準	pollutant discharge under certain standard
污染物分类	汙染物分類	classification of pollutant
污染物扩散	汙染物擴散	pollutant dispersion
污染物浓度	汙染物濃度	pollutant concentration
污染物排出	汙染物排出	pollutant discharge
污染物清除	汙染物排除	contaminant removal
污染物衰减	汙染物衰減	decay of pollutant
污染物转化	汙染物轉換	transformation of pollutant
污染物总量控制	汙染物總量管制	total amount control of pollutant
污染演化	汙染演化	evolution of pollution
污染预测	汙染預測	pollution prediction
污染源	汙染源	pollution source
污染指数	汙染指數	index of pollution
污水	汙水	sewage
污水曝气	汙水曝氣	sewage aeration
污水池	汙水池	sewage tank
污水初步处理	汙水初步處理	primary treatment of sewage
污水处理厂	汙水處理廠	sewage treatment plant, sewage disposal works
污水处理构筑物	汙水處理構築物	sewage treatment structure
污水处理过程	汙水處理過程	sewage treatment process, sewage disposal process
污水处理系统	汙水處理系統	sewage treatment system, sewage disposal system
污水分析	汙水分析	sewage analysis

大　陆　名	台　湾　名	英　文　名
污水负荷量	汙水負荷量	sewage loading
污水工程	汙水工程	sewage works
污水管	汙水管	sewer pipe
污水管线	汙水管道	sewer line
污水过滤器	汙水過濾器	sewage filter
污水海洋处置技术	海洋汙水處理技術	marine sewage disposal technology
污水净化设备	汙水淨化設備	sewage purifier
污水颗粒	汙水顆粒	sewage particulate
污水流	汙水流道	sewage stream, sewage flow
污水流量	汙水流量	sewage rate
污水氯化作用	汙水氯化作用	sewage chlorination
污水排放	汙水排放	sewage discharge, sewage outfall
污水排放标准	汙水排放標準	sewage drainage standard
污水排水设备	汙水排水設備	sewerage
污水排水系统	汙水排水系統	sewerage system
污水水质	汙水水質	water quality of sewage
污水条例	汙水條例	sewer ordinance
污水污泥	汙水汙泥, 下水汙泥	sewage sludge
污水污泥处理	汙水汙泥處置	sewage sludge disposal
污水污泥气体	下水汙泥氣體	sewage sludge gas
污水污染	汙水汙染	sewage pollution
污水系统	汙水系統	sewage system
污水消化	汙水消化	sewage digestion
污水氧化	汙水氧化	sewage oxidation
污水再生法	汙水再生法	water renovation process
污水终沉槽	汙水最終沉降槽	sewage final settling tank
污水终沉池	汙水最終沉降池	sewage final settling basin
污损	汙損	fouling
污损膜	汙損膜	fouling film
污着[生物]群落	汙損生物群落	fouling community
无潮点	無潮點, 潮節點	amphidromic point
无潮区	無潮區	amphidromic region
无磁偏差线, 零磁偏线	無磁偏差線	agonic line
无氮有机质	無氮有機質	nitrogen-free organic matter
无定向磁强计, 反稳定磁力仪	反穩定磁力儀, 無定向磁力儀	astatic magnetometer
无毒赤潮	無毒赤潮	non-toxic red tide
无腐蚀性	無腐蝕性	non-corrosiveness

大　陆　名	台　湾　名	英　文　名
无骨材壳体	無構架殼體結構	unframed shell, unstiffened shell
无光层(=无光带)		
无光带, 无光层	無光帶, 無光區	aphotic zone
无光海洋环境	無光海洋環境	aphotic marine environment
无害通过	無害通過	innocent passage
无滑移条件	不可滑動條件	no-slip condition
无机环境	無機環境	inorganic environment
无机污染源	無機汙染源	inorganic pollution source
无机物质	無機物質	inorganic matter
无机营养盐	無機營養鹽	inorganic nutrient
无脊椎动物	無脊椎動物	invertebrate
无脊椎脊索动物	無脊椎之脊索動物	invertebrate chordate
无节幼体	無節幼蟲, 無節幼體	nauplius larva
无节幼体期	無節幼生期	nauplius stage
无结构镜煤	無結構鏡煤, 純鏡煤	euvitrain
无结构镜质体	無結構鏡質體	euvitrinite
无结构亮煤	無結構亮煤	colloclarite
无粒古铜橄榄陨石	球粒狀古橄隕石	amphoterite
无人潜水器	無人潛水器	unmanned submersible
无损检验	非破壞性檢驗	nondestructive testing, NDT
无铁陨石	無鐵隕石	asiderite
无通量边界条件	無通量邊界條件	no-flux boundary condition
无线电导航	無線電導航	radio navigation
无线电定位	無線電定位	radio positioning
无线电定位系统	無線電定位系統	radio positioning system
无性繁殖动物	無性繁殖群體動物	clonal animal
无氧带(=缺氧区)		
无源遥感器(=被动式 遥感器)		
无运动层	不動[水]層	level of no motion, LNM
无震海岭	無震洋脊, 無震海嶺	aseismic ridge
物理风化	物理風化	physical weathering
物理海洋学	物理海洋學	physical oceanography
物理吸附	物理吸附	physical adsorption
物理性污染	物理汙染	physical pollution
物质全球生物地球化学 循环	物質全球生地化循環	substance global biogeochemical circu- lation
物质守恒定律	物質守恆定律, 物質不	law of conservation of matter

大 陆 名	台 湾 名	英 文 名
	減定律	
物质循环	物質循環	material cycle
物种多度曲线，种-丰度曲线	物種多度曲線，物種豐度曲線	species-abundance curve
物种多样性	物種多樣性	species diversity
物种丰度	物種豐[富]度	species richness
物种均匀度	物種[均]匀度	species evenness
物种冗余	物種冗餘	species redundancy
物种入侵	物種入侵	species invasion
物种形成	物種形成，成種作用	speciation
物种组成，种类组成	種類組成	species composition
误差矩阵	誤差矩陣	error matrix
雾状层	濁狀層，霧狀層	nepheloid layer
雾状带	霧狀帶	nepheloid zone
雾状水	濁狀水，霧狀水	nepheloid water

X

大 陆 名	台 湾 名	英 文 名
西北太平洋海盆	西北太平洋海盆	Northwest Pacific Basin
西边界流	西邊界流	western boundary current
西菲律宾海盆	西菲律賓海盆	West Philippine Basin
西风爆发	西風爆發	west burst
西风带	西風帶	westerlies
西风漂流	西風漂流	west wind drifting current
西格陵兰海流	西格陵蘭海流	West Greenland Current
西卡罗林海盆	西卡羅林海盆	West Caroline Basin
西里伯斯海盆	西里伯斯海盆	Celebes Basin
西欧海盆	西歐海盆	West European Basin
吸附等温线	吸附等溫線	adsorption isotherm
吸附方程	吸附方程	adsorption equation
吸附过程	吸附過程	adsorption process
吸附剂	吸附劑	adsorbent
吸附率	吸附率	adsorption rate
吸附作用	吸附作用	sorption
吸力锚	吸力式錨	suction anchor
吸声(＝声吸收)		

大　陆　名	台　湾　名	英　文　名
吸声特性	吸聲特性	sound absorption characteristic
吸声系数(=声吸收系数)		
吸收率	吸收率	absorptance
吸收系数	吸收係數	absorption coefficient, coefficient of absorption
吸吮式	吸吮式	suctioning
稀释	稀釋	dilution
稀释比	稀釋比	dilution ratio
稀释介质	稀釋介質	dilute medium
稀释水	稀釋水, 沖淡水	diluted water
稀释旋回	稀釋循環	dilution cycle
稀有种	稀有種, 罕見種	rare species
习惯化	習慣化	habituation
习见种, 常见种	常見種	common species
席状沙洲	席狀沙洲	sheet bar
喜暗生物(=暗层生物)		
系泊设施	繫泊設施, 碇泊設施	mooring facilities
系统发生生物地理学	親緣地理學	phylogeography
系统发育(=种系发生)		
系统发育学	譜系學, 親緣關係學	phylogenetics
系统分类学	系統分類學	systematics
系统树	譜系樹, 親緣樹	genealogical tree, phylogenetic tree
系统误差	系統誤差	systematical error
[细胞]自溶	細胞自溶	autolysis
细菌	細菌	bacteria
细粒物	細粒沉積岩	pulverite
潟湖	潟湖	lagoon
潟湖沉积	潟湖堆積	lagoon deposit
虾黄素(=虾青素)		
虾青素, 虾黄素	蝦青素, 蝦黃素, 蝦紅素	astaxanthin
峡谷	峽谷	canyon
峡谷淤积	峽谷充填物	canyon fill
峡湾	峽灣	fjord
峡湾海岸	峽灣海岸	fjord coast
狭长地带	狹長地帶	strip
狭分布种	狹適應種類	stenotopic species

大　陆　名	台　湾　名	英　文　名
狭深生物	狭深生物	stenobathic organism
狭温生物	狭溫性生物	stenotherm
狭温种	狭溫種	stenothermal species
狭盐性	狭鹽性［的］	stenohaline
狭盐种	狭鹽種	stenohaline species
下层浮游生物	下層浮游生物	hypo-plankton
下沉海岸，海侵海岸	下沉海岸，侵蝕海岸	coast of submergence, sinking coast, submerged coast
下降流	沉降流，下降流，下沉流	downwelling, downward flow
下落断块	下落斷塊	downthrown block
下壳	下殼	hypotheca
下切侵蚀，向下侵蚀	向下侵蝕，下切侵蝕	downcutting
下倾断块	下傾斷塊	downdip block
下水分析	下水分析	launching analysis
下水桁架	下水桁架	launching truss
下行辐照度	下行輻照度	downwelling irradiance, downward irradiance
下行控制	下行控制	top-down control
下行效应	下行效應	top-down effect
夏季风	夏季風	summer monsoon
夏卵，单性卵	夏卵	summer egg
夏威夷海脊	夏威夷海脊，夏威夷海嶺	Hawaiian Ridge
夏威夷石	中長玄武岩，夏威夷岩	hawaiite
夏威夷式火山	夏威夷式火山	Hawaiian-type volcano
先锋种	先驅種	pioneer species
先进甚高分辨率辐射仪	進階極高解析度輻射儀	Advanced Very High Resolution Radio-meter, AVHRR
先行涌	前驅湧	forerunner
纤毛	纖毛	cilium
纤毛虫	纖毛蟲類，纖毛蟲	ciliate
纤毛冠	纖毛冠	corona
纤维用盐生植物	纖維用鹽生植物	halophytic fiber plant
弦杆	弦桿	chord
咸水沼泽	鹹水沼澤，鹽沼澤	saline bog
嫌光浮游生物	負趨光浮游生物	koto-plankton
显格式	顯式算法	explicit scheme

大 陆 名	台 湾 名	英 文 名
k 显著曲线(= k 优势曲线)		
现场比容	現場比容	specific volume *in situ*
现场密度	現場密度	density *in situ*
现场温度	現場溫度	temperature *in situ*
现存量	靜態生產量, 現存量	standing crop
现代沉积物	現代沉積物	modern sediment
线性极化	線性極化	linear polarization
限内适应	容忍性的適應	capacity adaptation
限制性片段长度多态性	限制性片段長度多態性	restriction fragment length polymorphism, RFLP
陷波(= 俘能波)		
腺介幼体	腺介幼蟲	cypris larva
霰石(= 文石)		
相对海平面变化	海平面相對變化	relative change of sea level
相对扩散	相對擴散	relative diffusion
相对年龄	相對年齡	relative age
相对年龄测定	相對年齡測定	relative age dating
相对涡度	相對渦度	relative vorticity
相干反射	相關反射	coherent reflection
相干反射系数	相關反射係數	coherent reflection coefficient
相干散射函数	相關散射函數	coherent scattering function
相关系数	相關係數	correlation coefficient
相关效应	相關效應	coherence effect
香农-维纳指数	夏儂-威納指數	Shannon-Wiener index
箱式取样器	箱式採岩器	box snapper, box corer
箱形峡谷	箱形峽谷	box canyon
详细设计	細部設計	detail design
响盐	響鹽	cracking salt
向岸风	向岸風	onshore wind
向岸流	向岸流	onshore current
向岸质量运输	向岸質量運輸	shoreward mass transport
向下侵蚀(= 下切侵蚀)		
相	相	phase, facies
相变	相變	phase change
相函数	相位函數	phase function
CCD 相机	CCD 相機	CCD camera
相律	相律	phase rule

大　陆　名	台　湾　名	英　文　名
相平衡	相平衡	phase equilibrium
相速度	相速度	phase velocity
相图	相[態]圖，全相圖	phase diagram
像素，像元	像元	pixel
像元(＝像素)		
削截	截切，削截	truncation
消磁，去磁	去磁，退磁	degauss
消光系数	消光係數	extinction coefficient
消化道内含物	胃内含物	gut content
消化腔	消化循環腔	gastrovascular cavity
消减带(＝俯冲带)		
消融	冰融	ablation
消融角砾岩	消融角礫岩	ablation breccia
消融仪	冰融儀	ablatograph
消融锥	消融錐	ablation cone
硝化细菌	硝化菌	nitrifying bacteria
硝化[作用]	硝化[作用]	nitrification
硝酸盐	硝酸鹽	nitrate
硝酸盐再生作用	硝酸鹽再生[作用]	nitrate regeneration
小安地列斯岛弧	小安地列斯島弧	Lesser Antilles Island Arc
小冰期	小冰期	little ice age
小波分析	小波分析	wavelet analysis
小潮	小潮	neap tide
小潮升	小潮升	neap rise
小骨	小骨	ossicle
小间断	小間斷，沉積停頓	diastem
小礁岛	小礁島	cay, kay
小菌落	小菌落	microcolony
小孔	小孔	ostium
小笠原–马里亚纳岛弧	小笠原–馬里亞納島弧	Bonin-Mariana Island Arc
小群落	小群落	microcommunity, microcenose
小生境(＝生态位)		
小珊瑚礁	小環礁，小珊瑚礁	faro
小滩角	小灘角	cusplet
小湾	小灣，小河灣	cove
小卫星	小衛星	minisatellite
小型底栖生物	小型底内底棲生物	meiobenthos
小型动物	小型動物	meiofauna

大　陆　名	台　湾　名	英　文　名
小型浮游生物	小型浮游生物	microplankton
小型实验生态系，微型生态池	微型生態池	microcosm
小型藻类	微型藻類	microalgae
小针刺	口針，小針	stylet
小振幅波，微幅波	小振幅波	small amplitude wave
楔块系统	楔入系統	wedge system
协同进化	共[同]演化	coevolution
斜方辉橄岩	正輝橄欖岩，斜方輝石橄欖岩	harzburgite
斜距	斜距	slant range
斜坡式防波堤	斜坡式防波堤	sloping breakwater, mound breakwater
斜倾型	斜傾型	apsacline
斜拖	斜拖	oblique haul
斜向俯冲	斜向隱沒	oblique subduction
斜向海岸	斜向海岸	insequent coast
斜压波	斜壓波	barocline wave
斜压不稳定	斜壓不穩定	baroclinic instability
斜压海洋	斜壓海洋	baroclinic ocean
斜压模式	斜壓模式	baroclinic model
斜压模[态]	斜壓模	baroclinic mode
心动过缓	心搏舒緩	bradycardia
心房	心房	atrium
辛普森指数	辛普森指數	Simpson's index
新不列颠海沟	新不列顛海溝	New Britain Trench
新达尔文学说	新達爾文學說	neo-Darwinism
新赫布里底板块	新赫布里底板塊	New Hebrides Plate
新骏河毒素	新駿河毒素	neosurugatoxin
新拉马克学说	新拉馬克學說	neo-Lamarckism
新生产力	新生產力	new productivity
新生代	新生代	Cenozoic Era
新仙女木期	新仙女木期	Younger Dryas
新仙女木事件，YD事件	新仙女木事件，YD事件	Younger Dryas event, YD event
信标	指向標，信標	beacon
信风	信風	trade winds
信风带	信風帶	trade-wind belt, trade-wind zone
信风海流	信風流	trade wind current

大 陆 名	台 湾 名	英 文 名
信息素, 外激素	費洛蒙	pheromone
信噪比	訊噪比	signal-to-noise ratio, S/N
星芒海绵素	星芒海綿素	stelletin
星下点	星下點	sub-satellite point, Nadir point
行星波	行星波	planetary wave
行星涡度	行星渦度	planetary vorticity
形状阻力	形狀阻力	form drag
K 型结点	K 型接合	K joint
T 型结点	T 型接合	T joint
X 型结点	X 型接合	X joint
Y 型结点	Y 型接合	Y joint
Y 型连岛坝, Y 型连岛沙洲	Y 型連島沙洲	Y-tombolo
Y 型连岛沙洲(=Y 型连岛坝)		
S 型生长曲线	S 型成長曲線	sigmoid growth curve
杏仁孔	杏仁孔	amygdule
杏仁状辉绿岩	杏仁狀輝綠岩, 鎂灰岩	dunstone
杏仁状玄武岩	杏仁狀玄武岩	amygdaloidal basalt
性比	性比	sex ratio
性别控制技术	性別控制技術	sex control technique
性角色逆转	性角色逆轉	sex role reversal
性逆转	性別轉換	sex reversal
性腺成熟系数	性腺成熟係數	coefficient of maturity
性信息素	性費洛蒙	sex pheromone
性选择	性擇	sexual selection
性状替换	形質置換, 性狀替換	character displacement
凶猛捕食者	有齒之掠食者	raptoriales
胸苷	胸腺嘧啶核苷	thymidine
雄核发育技术	雄核發育技術	androgenesis technique
雄性先熟	先雄後雌	protandry
休眠	休眠	dormancy
休眠孢子	休眠孢子	resting spore
休眠卵	休眠卵, 滯育卵	dormant egg, resting egg, diapause egg
休渔期(=禁渔期)		
修船码头	修船碼頭	repairing quay
溴化[作用]	溴化[作用]	bromination

大 陆 名	台 湾 名	英 文 名
需氧, 好氧	好氧性, 嗜氧性	aerobic
需氧菌(=好氧细菌)		
需氧量	需氧量	oxygen requirement
絮凝带	絮凝帶	flocculent zone
絮凝点	絮凝點	flocculation point
絮凝化	絮凝化	flocculating
絮凝结构	絮凝構造, 毛絮構造	flocculated structure
絮凝物	絮凝物	flocculate
絮凝状沉淀	絮凝狀沉澱	flocculent deposit
絮凝[作用]	絮凝作用	flocculation
玄武岩	玄武岩	basalt
悬浮	懸浮	suspension
悬浮颗粒	懸浮顆粒	suspended particle
悬浮体, 悬浮物	懸浮固體, 懸浮物質	suspended solid, suspended matter
悬浮体采样	懸浮物採樣	sampling of suspended load
悬浮铁矿物	懸浮鐵礦物	suspended iron mineral
悬浮物(=悬浮体)		
悬浮物搬运	懸浮物搬運	suspension transport
悬浮物摄食者	懸浮物攝食者	suspension feeder
悬浮细泥	懸浮細泥	suspended mud
悬链锚腿系泊	懸鏈式錨腿繫泊	catenary anchor leg mooring, CALM
悬崖, 陡崖	懸崖, 陡岸	cliff, bluff
悬移质	懸移質	suspended load
旋回层	週期堆積, 韻律層	cyclothem
旋回层序	旋廻層序	cyclic sequence
旋回沉积作用	旋廻沉積作用	cyclic sedimentation
旋转潮波系统	無潮系統	amphidromic system
旋转磁力仪	旋轉磁力儀	spinner magnetometer
旋转流	旋轉流	rotary current
漩涡	漩渦, 渦流	swirl
选型交配	選擇性交配	assortative mating
K 选择	K 型選汰	K-selection
r 选择	r 型選汰	r-selection
选择萃取	選擇萃取	selective extraction
选择透性	選擇透性	selective permeability
选择吸收	選擇吸收	selective absorption
选择性腐蚀	選擇腐蝕	selective corrosion
雪崩, 岩崩	雪崩, 岩崩	avalanche

大　陆　名	台　湾　名	英　文　名
雪卡毒素	雪卡毒素	ciguatoxin
血管形成抑制因子	血管形成抑制因子	angiogenesis inhibiting factor，AGIF
血红蛋白	血紅素	hemoglobin
血红质	血紅質	hemoerythrin
血蓝蛋白	血藍素，血青素	hemocyanin
血绿蛋白	血綠蛋白	chlorocruorin
驯化	馴化	acclimation
循环示踪剂	循環示蹤劑	circulation tracer
循序雌雄同体（＝连续雌雄同体）		
巽他海沟	巽他海溝	Sunda Trench
蕈状海鞘素	蕈状海鞘素	eudistomin

Y

大　陆　名	台　湾　名	英　文　名
压舱水，压载水	壓艙水	ballast water
压刻痕，刻蚀痕	刻蝕痕	tool mark
压力	壓力	pressure
压力渗析淡化法	壓力滲析淡化法	desalination by pressure dialysis, desalination by piezodialysis
压力渗析法	壓力滲析法	pressure dialysis
压扭作用，转换挤压作用	轉換擠壓作用	transpression
压汽蒸馏	壓汽蒸餾	vapor compression distillation
压实	壓實，壓密	compaction
压缩波，纵波	壓縮波，縱波	compressional wave
压缩波速度，纵波波速	壓縮波速度	compressional wave velocity
压缩率（＝压缩性）		
压缩系数	壓縮係數	coefficient of compressibility
压缩性，压缩率	壓縮性，壓縮率	compressibility
压载	壓載	ballast
压载水（＝压舱水）		
牙鲆弹状病毒病	彈狀病毒病	hirame rhabdoviral disease
牙鲆鳃细胞系	比目魚鰓細胞系	flounder gill cell line, FG
牙形刺	牙形石，牙形刺	conodont
芽孢生殖	芽孢生殖	spore reproduction

大 陆 名	台 湾 名	英 文 名
崖底侵蚀	崖底侵蝕	undercutting
雅可比法	賈可比法	Jacobi method
雅浦海沟	雅浦海溝	Yap Trench
亚成体，次成体	亞成體，次成體	subadult, adolecent
亚纲	亞綱	subclass
亚寒带种	亞寒帶種	subcold zone species
亚精胺	亞精胺	spermidine
亚门	亞門	subphylum
亚南极区	亞南極海區	subantarctic zone
亚热带种	亞熱帶種	subtropical species
亚速尔高压	亞速高壓	Azores high
亚硝酸盐	亞硝酸鹽	nitrite
亚型浮游动物	亞型浮游動物	metazooplankton
亚种	亞種	subspecies
亚种群	亞族群	subpopulation
淹没	淹没	inundation
淹没岸	沉溺海岸，沉降海岸	drowned coast
延迟时间	延遲時間	retention time
岩岸	岩礁岸	rocky shore
岩崩(=雪崩)		
岩洞	岩洞	shelter cave
岩浆弧	岩漿弧	magmatic arc
岩浆热源	岩漿熱源	magma heat source
岩礁	岩礁，岩丘	lithoherm, rock cay
岩沙海葵毒素	沙海葵毒素	palytoxin
岩石圈	岩石圈	lithosphere
岩石圈板块	岩石圈板塊	lithospheric plate
岩滩	岩灘	bench, rocky beach
岩屑	岩屑，鑽屑	lithic pyroclast
岩芯标本	岩芯標本	core sample
岩芯捕捉器	岩芯捕捉器，岩芯爪	core catcher
岩芯采取器	岩芯採取器，取岩芯器	corer
岩芯分析	岩芯分析	core analysis
岩芯管(=岩芯筒)		
岩芯切割机	岩芯切割機	core cutter
岩芯切片	岩芯切片	slabbed core
岩芯取样率	岩芯取芯率	core recovery
岩芯筒，岩芯管	岩芯管	core barrel

大　陆　名	台　湾　名	英　文　名
岩芯柱状图	岩芯記録圖, 岩芯柱狀圖	coregraph
岩芯钻	岩芯鑽	core drill
岩芯钻头	岩芯鑽頭, 取芯鑽頭	core bit
岩藻多糖, 墨角藻多糖	岩藻多醣	fucoidin, fucan
岩株	岩株	stock
沿岸带, 滨海带	沿岸帶, 濱海帶	littoral zone
沿岸带水色扫描仪	沿岸帶水色掃描儀	coastal zone color scanner, CZCS
沿岸底栖生物	沿岸底棲生物	littoral benthos
沿岸动物	沿岸動物相	littoral fauna
沿岸流	沿岸流	coastal current, littoral current, along-shore current
沿岸漂移	沿岸漂移	littoral drift
沿岸沙坝	沿岸沙洲	longshore bar
沿岸水	近岸水	coastal water
沿岸水域污染	沿岸水域汙染	coastal waters pollution
沿岸运输	沿岸搬運, 沿岸輸送	longshore transportation
沿岸沼泽	沿岸沼澤	flotant
沿轨扫描, 纵向扫描	沿軌掃描	along-track scanning
沿轨扫描仪	沿軌掃描儀	along-track scanner
沿海城市(=滨海城市)		
沿海港口业	沿海港口業	coastal port industry
沿海国	沿海國	coastal state
沿海运输业	沿海運輸業	coastal transportation industry
盐差能	鹽差能	salinity gradient energy
盐差能转换	鹽差能轉換	salinity gradient energy conversion
盐场	鹽場	saltern, salt pan
盐沉积物	鹽沉積物	saline sediment
盐度	鹽度, 含鹽量	salinity
盐度测定	鹽度測定	salinity determination
盐度垂直断面[图]	鹽度垂直斷面[圖]	vertical section of salinity
盐度计	鹽度儀, 鹽度計	salinometer
盐度梯度	鹽度梯度	salinity gradient
盐度遥感	鹽度遙測	salinity remote sensing
盐分	鹽分	saline matter
盐分平衡	鹽量平衡, 鹽平衡	salt balance
盐分守恒	鹽量守恆	conservation of salt
盐干扰误差(=盐误)		

大　陆　名	台　湾　名	英　文　名
盐海水	鹽海水	sea brine
盐害	鹽害	salt damage
盐含量	鹽含量	salt content
盐核	鹽核	salt nucleus
盐湖	鹽湖	saline lake
盐化工	鹽工業	chemical industry of salt
盐化作用	鹽漬化	salinization
盐浓度	鹽濃度	salt concentration
盐穹	鹽穹，鹽壘	ekzema
盐丘	鹽丘	salt dome
盐丘海岸	鹽丘海岸	salt-dome coast
盐溶液	鹽溶液	salt solution
盐[入]侵	鹽入侵	salt invasion
盐舌	鹽舌	salinity tongue
盐生灌丛	鹽生灌叢	halophyte bush vegetation
盐生生物	嗜鹽生物	halobiont
盐生植物	鹽生植物	halophyte
盐生植物避盐性	鹽生植物耐鹽性	halophyte salt-avoidance
盐生植物拒盐性	鹽生植物拒鹽性	halophyte salt-rejection
盐生植物泌盐性	鹽生植物泌鹽性	halophyte salt-secretion
盐生植物耐盐性	鹽生植物耐鹽性	halophyte salt-tolerance
盐生植物生态学	鹽生植物生態学	halophyte ecology
盐生植物生物学	鹽生植物生物學	halophyte biology
盐生植物稀盐性	鹽生植物稀鹽性	halophyte salt-dilution
盐生植物引种驯化	鹽生植物引種馴化	halophyte domestication
盐收缩	鹽收縮	saline contraction
盐输入	鹽輸入	saline influx
盐水	鹽水	salt brine
盐水处理	鹵水棄置	brine disposal
盐水淡化	鹽水淡化	saline water demineralization
盐水浮游生物	鹹水浮游生物	haliplankton
盐水腐蚀	鹵水腐蝕	brine corrosion
盐水环境	鹽水環境	saline environment
盐水入侵界	鹽水入侵	saline water intrusion
盐[水]楔	鹽水楔	salt water wedge
盐水楔河口(=高度分层河口)		
盐水转化装置	鹽水轉化裝置	salt water conversion facility

大　陆　名	台　湾　名	英　文　名
盐透过率	鹽透过率	salt passage
盐土植物	耐鹽植物	salt plant
盐误, 盐干扰误差	鹽干擾誤差	salt error
盐析	鹽析	salting-out
盐析色谱法	鹽析色譜法	salting-out chromatography
盐析洗脱色谱法	鹽析洗脱色譜	salting-out elution chromatography
盐析效应	鹽析效應	salting-out effect
盐腺	鹽腺	salt gland
盐楔效应	鹽楔效應	salt wedge effect
盐跃层	斜鹽層	halocline, salinocline
盐跃层强度图	鹽躍層強度分布	distribution of halocline intensity
盐沼	鹽沼	salt marsh
盐沼生物	鹽沼生物	salt marsh organism
盐沼植物	鹽沼植物	salt marsh plant
盐指	鹽指	salt finger
衍射系数	繞射係數	diffraction coefficient
掩护水域	遮蔽水域	sheltered waters
演化(=进化)		
演替	演替, 消長	succession
演替系列	演替系列	sere
厌氧层	缺氧層	anaerobic layer
厌氧沉积物	缺氧沉積物	anaerobic sediment
厌氧处理	厭氧處理	anaerobic treatment
厌氧废水	缺氧廢水	anaerobic wastewater
厌氧分解	厭氧分解	anaerobic decomposition
厌氧腐蚀	缺氧腐蝕	anaerobic corrosion
厌氧菌	厭氧菌, 厭氧性細菌	anaerobic bacteria
厌氧情况	缺氧情況	anaerobic condition
厌氧生态系统	厭氧生態系統	anaerobic ecosystem
厌氧微生物	嫌氧菌, 厭氧生物	anaerobe
厌氧消化[作用]	厭氧消化[作用]	anaerobic digestion
厌氧氧化	缺氧氧化	anaerobic oxidation
验潮井	驗潮井	tide gauge well
验潮仪	驗潮儀	tide gauge
堰洲海岸	堰洲海岸, 沙壩海岸	barrier coast
堰洲群(=沙洲链)		
羊膜	羊膜	amnion
阳极保护	陽極防蝕	anodic protection

大　陆　名	台　湾　名	英　文　名
阳极溶出伏安法	陽極析出伏安測定法	anodic stripping voltammetry
阳离子交换膜	陽離子交換膜	cation exchange membrane, cation permselective membrane
阳离子交换容量	陽離子交換容量	cation exchange capacity, CEC
阳离子交换树脂	陽離子交換樹脂	cation exchange resin
阳离子型表面活性剂	陽離子表面活性劑	cationic surfactant
洋	洋	ocean
洋岛拉斑玄武岩	洋島拉斑玄武岩, 洋島矽質玄武岩	oceanic island tholeiite, OIT
洋岛岩浆共生组合	洋島岩漿組合	oceanic island magmatic association
洋底	洋底, 洋底環境	fondo
洋底沉积	洋底沉積, 洋底岩層	fondothem
洋底破裂带	洋底破裂帶, 洋底斷裂帶	oceanic fracture zone
洋脊, 海岭, 海脊	洋脊, 海脊	oceanic ridge
洋脊–岛弧转换断层	洋脊－島弧轉型斷層	ridge-arc transform fault
洋脊拉斑玄武岩	洋脊拉斑玄武岩, 洋脊矽質玄武岩	oceanic ridge tholeiite
洋脊推动模型	洋脊推動模型, 脊推模型	ridge-push model
洋脊–洋脊转换断层	洋脊－洋脊轉型斷層	ridge-ridge transform fault
洋流, 海流	洋流, 海流	ocean current
洋内弧	洋內弧	intraoceanic arc
洋盆	海盆, 洋盆	ocean basin
洋壳(=大洋型地壳)		
洋中脊	中洋脊	mid-ocean ridge, median ridge
洋中脊跨学科全球实验	中洋脊跨領域全球試驗	Ridge Inter-Disciplinary Global Experiments, RIDGE
洋中脊玄武岩	中洋脊玄武岩	mid-ocean ridge basalt
洋中裂谷(=中央裂谷)		
仰冲板块	仰衝板塊	obduction plate
仰冲带	仰衝帶	obduction zone
养分耗竭	營養鹽耗竭	nutrient depletion
养分摄取	營養鹽吸收	nutrient uptake
养分收支	養分收支	nutrient budget
养分需要	營養需要	nutrient requirement
养分循环	營養物循環, 營養鹽循環	nutrient cycle

大　陆　名	台　湾　名	英　文　名
氧分布	氧分布	oxygen distribution
氧化分解	氧化分解	oxidative decomposition
氧化还原电位	氧化還原電位	oxidation-reduction potential
氧化还原电位不连续层	氧化還原電位不連續層	redox potential discontinuity, RPD
氧化还原指示剂	氧化還原指示劑	oxidation-reduction indicator
氧化剂	氧化劑	oxidant, oxidizer
氧化降解	氧化降解	oxidative degradation
氧化能力	氧化能力	oxidative capacity
氧化侵蚀	氧化侵蝕	oxidative attack
氧化倾向	氧化傾向	oxidation tendency
氧化实验	氧化實驗	oxidation test
氧化性能	氧化性能	oxidation susceptibility
氧化作用	氧化作用	oxidation
氧解离曲线	氧解離曲線	oxygen dissociation curve
氧浓度	氧濃度	oxygen concentration
氧同位素比值	氧同位素比	oxygen isotope ratio
氧同位素地层学	氧同位素地層學	oxygen isotope stratigraphy
氧同位素古温度	氧同位素古溫度	oxygen isotope paleotemperature
氧同位素期	氧同位素階, 氧同位素期	oxygen isotope stage
氧循环	氧循環	oxygen cycle
氧中毒	氧中毒	oxygen toxicity
氧最大层, 最大含氧层	最大含氧層, 氧最大層	oxygen maximum layer
氧最小层, 最小含氧层	最小含氧層, 氧最小層	oxygen minimum layer
遥感	遙測	remote sensing
遥感探鱼	遙測魚探	fish finding by remote sensing
遥控潜水器	遙控水下載具	remote-operated vehicle, ROV
遥相关	遙聯繫	teleconnection
药用盐生植物	藥用鹽生植物	halophytic medical plant
野生型	野生型	wild type
叶瓣状	叶瓣状	lobe
叶黄素	葉黃素	xanthophyll
叶绿素	葉綠素	chlorophyll
叶状体	葉狀體	thallus
叶状幼体	葉狀幼體, 葉形幼生	phyllosoma larva
夜光虫	夜光蟲	noctiluca
液化	液化	liquefaction
液泡	液泡	vacuole

大　陆　名	台　湾　名	英　文　名
液态水簇团模型	液態水簇團模型	cluster model of liquid water
一雌多雄制	一雌多雄制	polyandry
一类水体	第一類水體	case 1 water
一年冰	一年冰	first-year ice
一雄多雌制	一雄多雌制	polygyny
一致性	恆定性	consistency
伊丁玄武岩	伊丁玄武岩	carmeloite
伊豆–小笠原海沟	伊豆–小笠原海溝	Izu-Bonin Trench
伊朗板块	伊朗板塊	Iran Plate
伊里亚古陆	伊里亞古陸	Eria land
伊利石	伊萊石, 伊利石	illite
夷平海岸	夷平海岸, 平直海岸	rectification coast
夷平作用	夷平作用	planation
移动边界	移動邊界	moving boundary
移动波	移動波	wave of translation
移动式钻井平台	移動式鑽井平臺	mobile drilling platform
移积物(=外来堆积体)		
移液管	移液管, 吸量管	pipette, pipet
移置体, 外来岩体	移置岩體, 外來岩體	allochthon
移置推覆体	移置推覆體	allochthonous nappe
遗传标记	遺傳標記	genetic marker
遗传多态性	遺傳多態性	genetic polymorphism
遗传多样性	遺傳多樣性, 基因多樣性	genetic diversity
遗传分化系数	遺傳分化係數	genetic differentiation coefficient
遗传距离	遺傳距離	genetic distance
遗传力(=遗传率)		
遗传率, 遗传力	遺傳力	heritability
遗传漂变	遺傳漂變	genetic drift
遗传同类群	遺傳亞族群, 基因亞族群	genodeme
遗传修饰生物体	基改生物	genetically modified organism, GMO
遗迹化石	生痕化石, 痕跡化石	trace fossil, ichnofossil
遗迹学	生痕學	ichnology
遗漏误差	遺漏誤差	omission error
刈幅	刈幅	swath
异地保育, 易地保护	異地保育	*ex situ* conservation
异构化作用	異構化作用	isomerization

大　陆　名	台　湾　名	英　文　名
异化颗粒	異化顆粒	allochem
异精雌核发育技术	異精雌核發育技術	allogynogenesis technique
异生物质	異生物質，外來化合物	xenobiotics
异生营养	異營型營養	heterotrophic nutrition
异速生长	異速生長	allometry
异相[离子交换]膜	異相膜	heterogeneous [ion exchange] membrane
异型(=他型)		
异域成种(=异域物种形成)		
异域分布	異域分布	allopatry
异域物种形成,异域成种	異域種化	allopatric speciation
异藻蓝蛋白(=别藻蓝蛋白)		
异质种群(=集合种群)		
抑制作用	抑制作用	inhibition
易地保护(=异地保育)		
益生菌	益生菌	probiotics
逸度	易逸性,易逸度	fugacity
意外污染(=事故污染)		
意外泄漏	意外洩漏	accidental spillage
溢出(=溢流)		
溢出效应	溢出效應	spilling effect
溢流,溢出	溢流	overflow
溢流管道系统	溢流管道系統	overflow piping system
溢油	漏油	oil spill
溢油化学处理技术	漏油之化學處理	oil spill chemical treatment
溢油去除器	漏油消除器	oil spill remover
溢油生物处理技术	漏油之生物處理	oil spill biological treatment
溢油探测	漏油測量	oil spill detection
溢油物理处理技术	漏油之物理處理	oil spill physical treatment
溢油灾害	漏油災難	oil spill disaster
溢油治理技术	漏油處理	oil spill treatment
翼足类软泥	翼足蟲軟泥	pteropod ooze
阴极保护	陰極防蝕	cathodic protection
阴离子交换膜	陰離子交換膜	anion exchange membrane, anion permselective membrane

大　陆　名	台　湾　名	英　文　名
音响渔法	音響漁法	acoustic fishing
银大麻哈鱼疱疹病毒病	銀鮭疱疹病毒病	herpesviral disease of coho salmon
引潮力	引潮力，起潮力	tide-generating force, tide-producing force
引潮[力]势	引潮勢，起潮勢	tide potential
引航船	引水船	pilot vessel
引进种(=引入种)		
引入种，引进种	外來種	introduced species
饮用水	飲用水	potable water
饮用水水质标准	飲用水水質標準	water quality standard for drinking water
隐格式	隱式算法	implicit scheme
隐没板块(=俯冲板块)		
隐没带(=俯冲带)		
隐没侵蚀(=俯冲侵蚀)		
隐藻层	隱藻層	cryptalgalaminate
隐藻纹层岩	隱藻紋層岩	cryptalgalaminite
印度洋	印度洋	Indian Ocean
印度洋板块	印度洋板塊	Indian Ocean Plate
印度洋赤道潜流	印度洋赤道底流	Indian Equatorial Undercurrent
印度洋中脊	印度洋中洋脊	Central Indian Ridge
印记	銘印，印記	imprinting
印支造山运动	印支造山運動	Indosinian orogeny
英吉利海峡	英吉利海峽	English Channel
迎风法，迎风格式	上風法	upwind scheme
迎风格式(=迎风法)		
荧光	螢光	fluorescence
荧光测定法	螢光測定法	fluorometry, fluorimetry
荧光分析	螢光分析	fluorescence analysis
荧光抗体技术	螢光抗體技術	fluorescent antibody technique
荧光密度测定法	螢光密度測定法	fluodensitometry
荧光物质	螢光物質	fluorescent material
荧光指示剂	螢光指示劑	fluorescence indicator
萤光素	螢光素	luciferin
萤光素酶	螢光酵素	luciferase
营养不足	營養[鹽]缺乏，營養不足	nutrient deficiency
营养繁殖	營養繁殖	vegetative reproduction, vegetative

大　陆　名	台　湾　名	英　文　名
		propagation
营养负荷	營養負荷	nutrient loading
营养个体	營養個員	gastrozooid
营养化学	營養化學	nutrient chemistry
营养级	營養階層，食性階層	trophic level
营养价值	營養[價]值	nutritive value
营养结构	營養結構	trophic structure
营养物	營養物質，營養素	nutrient
营养需要	營養需要	nutritional requirement
营养盐	營養鹽	nutrient salt
营养盐污染	營養鹽汙染	nutrient pollution
营养盐现场自动分析仪	營養鹽現場自動分析儀	autonomous nutrient analyzer *in situ*, ANAIS
营养元素	營養元素	nutrient element
应答浮标	應答浮標	recall buoy
应力	緊迫	stress
硬度	硬度，剛度	hardness
硬鲕绿泥石	硬鮞綠泥石	baralite
硬锰矿	硬錳礦	manganese hydrate, psilomelane
硬泥灰岩	硬泥灰岩	marlite
硬水	硬水	hard water
硬洗涤剂	硬洗滌劑	hard detergent
永冻土	永凍土	permafrost
永久性浮游生物(=终生浮游生物)		
永久性温跃层	永久[恆定]溫躍層	permanent thermocline
涌潮	湧潮	tidal bore
涌浪	湧浪	swell
优势顶极	優勢極相	prevailing climax
优势度	優勢度	dominance
k 优势曲线, k 显著曲线	k 顯著曲線	k-dominance curve
优势种	優勢種	dominant species
优势种控制群落	優勢種控制之群聚	dominance-controlled community
油膜	油膜	oil film
油膜扩散	油膜擴散	oil slick spread
油膜探测	油膜檢驗，油膜探查	oil slick detection
油母质(=干酪根)		

大　陆　名	台　湾　名	英　文　名
油气工厂废水	油氣工廠廢水	oil-gas mill wastewater
油乳胶浆	油乳化泥漿	oil emulsion mud
油渗漏	油滲漏	oil seepage
油水边界	油-水邊界	oil-water boundary
油水分离	油水分離	oil separation
油水分离器	油水分離器	oil-water separator, oil and water trap
油污染	石油汙染	oil pollution
油吸收剂	油吸收劑	oil absorber
油脂状冰	油脂狀冰	grease ice
疣足	疣足	parapodium
疣足幼体	疣足幼體	nectochaeta larva
游动期	遊走生活期	motile stage
游离气	游離氣	free gas
游泳底栖生物	游泳底棲生物	nektobenthos
游泳生物	游泳生物	nekton
游泳水漂生物	游泳水漂生物	nektopleuston
有毒赤潮	有毒赤潮	toxic red tide
有毒物质	有毒物質	poisonous substance
有骨材壳体	有構架殼體結構	framed shell, stiffened shell
有害藻华	有害藻華	harmful algal bloom, HAB, harmful algal red tide
有机成分	有機成分	organic constituent
有机分析	有機分析	organic analysis
有机化学污染物	有機化學汙染物	organic chemical pollutant
有机缓冲溶液	有機緩衝溶液	organic buffer
有机降解	有機降解	organic degradation
有机胶体	有機膠體	organic colloid
有机溶质	有機溶質	organic solute
有机碳	有機碳	organic carbon
有机涂层	有機覆蓋層	organic coating layer
有机污染源	有機汙染源	organic pollution source
有机污水	有機汙水	organic sewage
有机吸收剂	有機吸收劑	organic absorbent
有机盐	有機鹽	organic salt
有机营养活性	有機營養活性	organotropic activity
有孔虫	有孔蟲	foraminifera
有孔虫软泥	有孔蟲軟泥	foraminiferal ooze
有孔虫岩	有孔蟲岩	foraminite

大　陆　名	台　湾　名	英　文　名
有明显边界水团	有明顯邊界水團	well-defined water mass
有限振幅波	有限振幅波	finite amplitude wave
有效波波高	示性波高,有效波高	height of significant wave
有效波高遥感	示性波高遙測	remote sensing of significant wave height
有效辐射	有效輻射	effective radiation
有效载荷	酬載	payload
有效种群大小	有效族群大小	effective population size
有氧呼吸[作用]	有氧呼吸[作用]	aerobic respiration
有氧消化[作用]	有氧消化[作用]	aerobic digestion
有源遥感器(=主动式遥感器)		
右旋位移	右旋位移	dextral displacement
幼虫期(=幼体期)		
幼期,未成熟期	幼期,未成熟期	young stage, immature stage
幼态延续	幼期性熟,幼體延續	neoteny
幼体	幼生,幼體	larva
幼体发育	幼形遺留	paedomorphosis
幼体期,幼虫期	幼生時期	larval stage
幼体生殖	幼體生殖	paedogenesis
诱导反渗透	誘導反滲透	induced reverse osmosis
诱导反应	誘導反應	induced reaction
诱惑者	誘引者	lurer
[淤]泥质海岸	泥質海岸	muddy coast
余摆线波	餘擺線波	trochoidal wave
余流	餘流,殘餘流	residual current
余震	餘震	aftershock
鱼肝油	魚肝油	fish liver oil
鱼怀卵量	魚育卵量	fish brood amount
鱼精蛋白	魚精蛋白	protamine
鱼类病理学	魚類病理學	fish pathology
鱼类免疫学	魚類免疫學	fish immunology
鱼类年龄鉴定	魚類年齡鑑定	fish age determination
鱼类年龄组成	魚類年齡組成	fish age composition
鱼类体长组成	魚類體長組成	fish length composition
鱼类药理学	魚類藥理學	fish pharmacology
鱼腥藻毒素 a	魚腥藻毒素-a	anatoxin-a
鱼油	魚油	fish oil

大　陆　名	台　湾　名	英　文　名
渔场	漁場	fishing ground
渔港	漁港	fishery port, fishing harbor
渔期(＝渔汛)		
渔汛, 渔期	漁汛, 漁期	fishing season
渔业	漁業	fishery
渔业保护区	保育區	conservation zone
渔业生物学	漁業生物學	fishery biology
渔业受灾	漁業受災	fishery damaged by disaster
渔业养护权	漁業養護權	fishing maintenance right
渔政管理	漁政管理	fishery administrative management
宇宙尘	宇宙塵	cosmic dust
羽腕幼体	羽腕幼體	bipinnaria larva
羽状[体]	舌狀[體], 羽狀[體]	plume
玉符山石	玉符山石	californite
芋螺毒素	芋螺毒素	conotoxin, CTX
育幼场	育幼場	nursing ground
预报模式	預測模式	predictive model
预测模式	預測模式	prognostic model
预防措施	預防措施	preventive measure
预防性处理	預防性處理	preventive treatment
阈值	閾值, 低限	threshold
元数据, 元资料	元資料, 詮釋資料	metadata
元素定性分析	元素定性分析	qualitative elementary analysis
元素分析	元素分析	elementary analysis
元素迁移	元素遷移	element migration
元资料(＝元数据)		
原地沉积, 原地堆积	原地堆積	autochthonous deposit
原地堆积(＝原地沉积)		
原地微生物生成模式	原地微生物氣水形成模式	microbial-gas-generation model *in situ*
原地岩体	原地岩體	autochthone
原核生物	原核生物	prokaryote
原口动物	原口動物	protostome
原溞状幼体	前眼幼體, 前溞狀幼蟲	protozoea larva
原色	原色	primary color
原生动物浮游生物	原生動物浮游生物	protozooplankton
原生[海]岸	原生海岸	primary coast
原生污染	原生汙染	primary pollution

大　陆　名	台　湾　名	英　文　名
原生污染物	原生汙染物	primary pollutant
原生演替	原生演替	primary succession
原始标准海水	原始標準海水	primary standard sea water
原始方程模式	原始方程模式	primitive equation model
原始海洋	原始海洋	proto-ocean
原始合作(=初级合作)		
原始核种	原始核種,原始核素	primordial nuclide
原水	原水	raw water
原索动物	原索動物	protochordate
原油污染	原油汙染	crude oil pollution
原植体植物,藻菌植物	菌藻植物	thallophyte
原种	系群	stock
原子吸收分光光度法	原子吸收分光光度法	atomic absorption spectrophotometry
原子吸收分光光度计	原子吸收分光光度計	atomic absorption spectrophotometer
原子荧光光度法	原子螢光光度法	atomic fluorescence spectrophotometry
圆度	圓度	roundness
圆极化,环形极化	圓形極化	circular polarization
圆砾岩(=硅结砾岩)		
圆皮海绵内酯	圓皮海綿內酯	discodermolide
圆丘	圓丘	knoll
源种群	源族群	source population
远岸带	下潮带	infralittoral zone
远岸缘	下濱緣	infralittoral fringe
远地点	遠地點	apogee
远红外	遠紅外	far infrared,FIR
远洋捕捞	遠洋捕撈	distant fishing
远洋沉积[物]	遠洋沉積[物]	pelagic deposit
远洋带	遠洋帶	pelagic zone
远洋海水	大洋水,遠洋海水	ocean water
远洋环境	遠洋環境	pelagic environment
远洋黏土	遠洋黏土	eupelagic clay
远洋相	遠洋相	eupelagic facies
约化重力,减重力	減重力	reduced gravity
约化重力模式,减重力模式	減重力模式	reduced gravity model
月潮间隙	月潮間隙	lunitidal interval
月池	月池,船井	moonpool
月运周期	陰歷週期	lunar cycle

大　陆　名	台　湾　名	英　文　名
越赤道气流	越赤道洋流	cross-equatorial flow
越冬	越冬	overwintering
越冬洄游, 冬季洄游	越冬洄游, 冬季洄游	overwintering migration
陨石	隕石	meteorite
运动补偿设备	運動補償設備	motion compensation equipment
运动方程	運動方程	equation of motion
运输分析	運輸分析	transportation analysis
晕船	暈船	seasickness
蕴藏量	蘊藏量	standing stock

Z

大　陆　名	台　湾　名	英　文　名
杂合性	雜合性, 異質接合性	heterozygosity
杂合子	雜合子, 異型合子	heterozygote
杂交	雜交	hybridization
杂交繁殖	遠親繁殖	outbreeding
杂食动物	雜食性者	omnivore
杂种带	雜種帶	hybrid zone
杂种群	雜種群	hybrid swarm
杂种优势	雜種優勢	heterosis, hybrid vigor
载人潜水器	載人潛水器	manned submersible
再沉积[作用]	再沉積[作用]	resedimentation, redeposit
再分布	再分布, 再分配	redistribution
再结晶[作用]	再結晶[作用]	recrystallization
再生生产	再生生產	regeneration production
再生性氮	再生性氮	regenerated nitrogen
再生循环	再生循環	regeneration cycle
再生[作用]	再生[作用]	regeneration
再水化[作用]	再水化[作用]	rehydration
再拓殖, 重定居	重新拓殖	recolonization
再悬浮	再懸浮	resuspension
再循环	再循環	recycle
再循环水	再循環水	recirculating water
在位分析	在位分析	in place analysis
早期指示者	早期指標生物	early indicator
藻丛(=藻席)		

大　陆　名	台　湾　名	英　文　名
藻胆蛋白	藻膽蛋白	phycobiliprotein
藻胆蛋白基因	藻膽蛋白基因	phycobiliprotein gene
藻胆[蛋白]体	藻膽體	phycobilisome
藻胆蛋白荧光探针	藻膽蛋白螢光探針	phycofluor probe
藻胆素	藻膽素	phycobilin
藻堤(=藻滩)		
藻毒素	藻毒素	algal toxin
藻海	藻海	sargasso sea
藻海滩	藻海灘	algal beach
藻红蛋白	藻紅素	phycoerythrin
藻红蓝蛋白	藻紅藍素	phycoerythrocyanin
藻红素	藻紅素蛋白	phycoerythrobilin
藻华	藻華	bloom
藻脊(=藻岭)		
藻胶	藻膠	phycocolloid
藻礁	藻礁	algal reef
藻礁沉积[物]	藻礁沉積	algal-reef sediment
藻结砂坪	藻結砂坪	algal bound sand flat
藻菌植物(=原植体植物)		
藻蓝蛋白	藻藍素	phycocyanin
藻蓝素	藻藍素蛋白	phycocyanobilin
藻类化学	藻類化學	algal chemistry, phycochemistry
藻类生物岩礁	藻類生物岩礁	algal bioherm
藻[类石]灰岩	藻[類石]灰岩	algal limestone
藻类学	藻類學	phycology
藻粒	藻粒	algal pellet
藻岭, 藻脊	藻嶺, 藻脊	algal ridge
藻丘	藻丘	algal mound
藻酸双酯钠	硫酸多醣	polysaccharide sulfate, PSS
藻滩, 藻堤	藻灘, 藻堤	algal bank
藻碳酸盐	藻碳酸鹽	algal carbonate
藻席, 藻丛	藻蓆	algal mat
藻穴	藻穴	algal pit
藻缘礁	藻緣礁	algal rim
藻质腐泥	藻質腐泥	algal sapropel
造波	造波, 起浪	wave generation
造波机	造波機	wave generator, wave maker

大　陆　名	台　湾　名	英　文　名
造礁珊瑚	造礁珊瑚	hermatypic coral
造礁生物	造礁生物	hermatypic organism
造陆运动, 造陆作用	造陸運動	epeirogeny
造陆作用(=造陆运动)		
造山期后	造山期後	epiorogenic
增生带	增積帶, 加積帶	accretionary belt
增生俯冲复合体	增積隱沒複合體	accretionary subduction complex
增生海岸	增積海岸, 加積海岸	accretionary coast
增生海脊	增積海脊	accretionary ridge
增生火山泥砾	增積火山泥礫	accretionary lapilli
增生盆地	增積盆地	accretionary basin
增生熔岩球	增積熔岩球	accretionary lava ball
增生沙坝	增積砂壩, 加積砂壩	accretionary bar
增生楔	增積楔形體, 增積岩體	accretionary prism, accretionary wedge
增生型板块边界	增積板塊邊界, 增生型 板塊邊界	accreting plate boundary
增碳[作用]	增碳作用, 再滲碳	recarburization
增益	增益	gain
栈桥	棧橋	trestle
张力腿平台	張力腳平臺	tension leg platform, TLP
章鱼毒素	章魚毒素	cephalotoxin
涨潮	漲潮	flood, flood tide
涨潮流	漲潮流	flood current
障碍海滩(=滨外沙埂)		
障壁岛, 沙坝岛	堰洲島, 離岸沙洲島	barrier island
沼泽	沼澤	swamp
沼泽沙丘	海沼沙脊	chenier
沼泽湿地(=草沼)		
折射	折射[作用]	refraction
折射波	折射波	refracted wave
折射光	折射光	refracted light
折射角	折射角	angle of refraction
折射理论	折射理論	refraction theory
折射率	折射率	refraction index
折射系数	折射係數	refraction coefficient
真彩色	真彩色	true color
真鲷虹彩病毒病	真鯛虹彩病毒病	iridoviral disease of red sea bream
真鲷鳍细胞系	嘉鱲鰭細胞系	red sea bream fin cell line, RSBF

大　陆　名	台　湾　名	英　文　名
真浮游生物	真浮游生物	euplankton
真光带，透光层	透光帶，真光帶，真光層	euphotic zone
真核生物	真核生物	eukaryote
真菌	真菌	fungus
真菌浮游生物	真菌浮游生物	mycoplankton
真空过滤［作用］	真空過濾［作用］	vacuum filtration
真盐生植物	真鹽生植物	euhalophyte
真游泳生物	真游泳生物	eunekton
真正寄生物	真正寄生生物	true parasite
诊断模式	診斷模式	diagnostic model
枕状构造	枕狀構造	pillow structure
枕状熔岩	枕狀熔岩	pillow lava
阵列天线	陣列天線	antenna array
振动取芯器	振動取岩芯器	vibratory corer
振幅随偏移距变化	振幅支距變化	amplitude variation with offset
震波成像	震波成像	seismic imaging
震波迹象	震波跡象	seismic event
震波收录	震波收錄	seismic acquisition
震测基盘	震測基盤	seismic basement
T 震相	T 震相	T-phase
震源	震波源，波源	seismic source
震源能量	震波能源	seismic energy source
震中	震央	epicenter
蒸发过程	蒸發過程	evaporation process
蒸发潜热	蒸發潛熱	latent heat of evaporation
蒸发热	蒸發熱	evaporation heat
蒸发速率	蒸發速率	evaporation rate
蒸发系数	蒸發係數	evaporation coefficient
蒸发岩	蒸發鹽，蒸發岩	evaporite
蒸馏	蒸餾	distillation
蒸馏法	蒸餾法	distillation process
蒸汽压缩式蒸馏淡化法	蒸氣壓縮式蒸餾淡化法	desalination by vapor compression distillation
蒸腾	蒸騰	transpiration
整接海岸线	整接海岸線，順向海岸線	concordant coastline
正常折射	正常折射	normal refraction

大　陆　名	台　湾　名	英　文　名
正反射	正反射	normal reflection
正浮力	正浮力	positive buoyancy
[正规]半日潮	半日潮	semi-diurnal tide
正规化雷达截面积	正規化雷達截面	normalized radar cross section, NRSC
[正规]全日潮	全日潮	diurnal tide
正射投影	正射攝影	orthophotography
正射图像	正射影像	orthoimage
正态分布	常態分布	normal distribution
正吸附	正吸附	positive adsorption
正向河口	正性河口	positive estuary
正压波	正壓波	barotropic wave
正压不稳定	正壓不穩定	barotropic instability
正压海洋	正壓海洋	barotropic ocean
正压模式	正壓模式	barotropic model
正压模[态]	正壓模	barotropic mode
郑和下西洋	鄭和下西洋	Zheng He's Expedition
政府间海洋学委员会	政府間海洋學委員會	Intergovernmental Oceanographic Commission, IOC
支承结构	支承架構	supporting structure
支柱根	支持根	prop root
芝加哥箭石标准	芝加哥箭石標準	Peedee belemnite standard, PDB standard
直布罗陀海峡	直布羅陀海峽	Strait of Gibraltar
直方图	直方圖	histogram
直方图等化	直方圖等化	histogram equalization
直方图均等化扩展	直方圖等化擴展	histogram-equalized stretch
直方图拉伸	直方圖拉伸	histogram stretch
直接交互作用	直接交互作用	direct interaction
直接接触式脱硫	直接接觸式脫硫	direct contact desulfurization
直接冷冻淡化法	直接冷凍淡化法	direct freezing desalination
直接氯化作用	直接氯化作用	direct chlorination
直接溴化作用	直接溴化作用	direct bromination
直立式防波堤	直立式防波堤	vertical-wall breakwater, upright breakwater
直线基线	直線基線	straight baseline
pH 值	pH 值	pH value
植物激素	植物激素, 生長素	plant hormone
植物区系	植物相	flora

大　陆　名	台　湾　名	英　文　名
植物营养物	植物營養物	plant nutrient
纸房状构造	盒式結構	cardhouse structure
纸色谱法	紙上色層分析法	paper chromatography
指示种	指標種	indicator species
指数增长	指數增長	exponential growth
DNA 指纹	DNA 指紋	DNA fingerprint
指状重叠冰	指狀重疊冰	finger rafted ice
指状沙坝	指狀沙壩	finger bar
志留纪	志留紀	Silurian Period
志愿观测船	自願觀測船	voluntary observation ship, VOS
制海权	制海權	command of the sea
质粒	質體	plasmid
质量传递, 质量转移	質量傳遞, 質量轉移	mass transfer
质量浓度	質量濃度	mass concentration
质量平衡	質量平衡	mass balance
质量收支	質量收支	mass budget
质量守恒定律	質量守恆[定]律	law of conservation of mass
质量性状	定性性狀	qualitative character
质量转移(=质量传递)		
质谱	質譜	mass spectrum
质谱分析	質譜分析	mass spectrometric analysis
质谱仪	質譜儀	mass spectrometer
质子重力梯度仪	質子梯度儀	proton gradiometer
栉板	櫛板帶	ctene
致病力(=毒力)		
致密海百合屑灰岩	緻密海百合屑石灰岩	criquinite
智利海沟	智利海溝	Chile Trench
智利海岭	智利海隆	Chile Rise
智利海盆	智利海盆	Chile Basin
智利型俯冲带	智利型隱沒帶, 智利型俯衝帶	Chilean-type subduction zone
滞海沉积	滯海沉積, 静海沉積	euxinic deposit
滞流盆地, 停滞盆地	停滯盆地	stagnant basin
滞流事件	滯流事件	stagnant event
滞留砾石, 砂砾盖面	滯留礫石	lag gravel
滞留时间	滯留時間, 存留時間	residence time
稚体	稚體	juvenile
中层	中層	middle layer, mesopelagic zone

大　陆　名	台　湾　名	英　文　名
中层浮游生物	幽暗層浮游生物，嫌光性浮游生物	knephoplankton
中层拖网	中層拖網	mid-water trawl
中层鱼类	中層魚類	mesopelagic fishes
中潮带	中潮帶	midlittoral zone
中潮河口	中潮河口灣	mesotidal estuary
中尺度涡	中尺度渦旋	mesoscale eddy
中大西洋裂谷	大西洋中央裂谷	Mid-Atlantic Rift Valley
中度干扰假说	中度干擾假說	intermediate disturbance hypothesis
中腐性生物，中污生物	中腐水性生物	mesosaprobe
中国北极黄河站	中國北極黃河站	Arctic Yellow River Station, China
中海底扇	海底扇中扇	middle fan
中和	中和	neutralization
中间层	中間層	mesosphere
中砾	小礫	pebble
中美海道	中美海道	Middle American Seaway
中美海沟	中美海溝，中亞美利加海溝	Middle American Trench
中山站	中山站	Zhongshan Station
中深热液矿床	中深熱液礦床	mesothermal ore deposit
中深热液矿脉	中深熱液礦脈	mesothermal vein
中生代	中生代	Mesozoic Era
中生盐生植物	中生鹽生植物	meso-halophyte
中太平洋海底山群	中太平洋海底山群	mid-Pacific seamounts
中太平洋隆起	中太平洋隆起，太平洋中隆	mid-Pacific rise
中位–中位链	中位–中位鏈	intermediate-intermediate link
中位种	中位種	intermediate species
中型底栖性	中型底棲性，底內底棲性	mesobenthic
中型浮游生物	中型浮游生物	mesoplankton
中型实验生态系	中型生態池	mesocosm
中性多态现象	中性多態現象	neutral polymorphism
中性浮标	中性浮標	neutrally buoyant float
中性共生	中性作用	neutralism
中性河口	中性河口	neutral estuary
中性理论	中性理論	neutral theory
中性粒子	中性粒子	neutral particle

大　陆　名	台　湾　名	英　文　名
中性膜电渗析	中性膜電滲析法	neutral-membrane electrodialysis
中性稳定[度]	中性穩定度	neutral stability
中央差分法	中央差分法	centered difference scheme
中央裂谷, 洋中裂谷	中央裂谷, 洋中裂谷	central rift, median valley
中子俘获	中子捕獲	neutron capture
中子活化产物	中子活化產物	neutron activation product
中子活化法	中子活化法	neutron activation technique
中子活化分析	中子活化分析	neutron activation analysis
中子活化辐射	中子活化輻射	neutron activation irradiation
中子吸收	中子吸收作用	neutron absorption
终冰期	終冰期	breakup period
终级生产力	終級生產力	ultimate productivity
终生浮游生物, 永久性 　浮游生物	永久性浮游生物	holoplankton
终止密码子	終止密碼子	termination codon
终止子	終止子	terminator
钟状壳	鐘狀殼	cupola
种–丰度曲线(=物种 　多度曲线)		
种间竞争	種間競爭	interspecific competition
种类组成(=物种组成)		
种–面积假说	種–面積假說	species-area hypothesis
种苗放流	種苗放流	seedling release
种名形容词	種小名	specific epithet
种内竞争	種內競爭	intraspecific competition
种群	族群	population
种群动态	族群動力學	population dynamics
种群指数生长	指數型[族群]成長	exponential population growth
种系发生, 系统发育	親緣關係, 譜系	phylogeny
重金属循环	重金屬循環	heavy metal circulation
重力波	重力波	gravity wave
重力取芯器	重力取芯器	gravity drop corer
重力式基础	重力式基礎	gravity type foundation
重力式平台	重力式平臺	gravity platform
重力位势地形	重力位地形	geopotential topography
重力位势距平(=重力 　位势异常)		
重力位势面	重力位面	geopotential surface

大　陆　名	台　湾　名	英　文　名
重力位势异常,重力位势距平	重力位異常	geopotential anomaly
重潜水	重裝備潛水	heavy gear diving
周期变形	週期變形	cyclomorphosis
周期表	週期表	periodic table
周期谱	週期譜	period spectrum
周转	周轉,替代	turnover
周转率	周轉速度,周轉率	turnover rate
周转时间	周轉時間	turnover time
轴对称海上重力仪	軸對稱海上重力儀	axially symmetric sea gravimeter
昼行性	晝行性,日行性	diurnality
昼夜垂直移动	晝夜垂直遷移	diurnal vertical migration
昼夜周期	晝夜週期	day-night cycle
皱皮熔岩	皺皮熔岩	dermolithic lava
侏罗纪	侏儸紀	Jurassic Period
主成分分析	主成分分析	principal component analysis
主动大陆边缘(=活动大陆边缘)		
主动式传感器	主動感測器	active sensor
主动式遥感器,有源遥感器	主動式遙測感應器	active remote sensor
主动微波	主動微波	active microwave
主梁	主樑	main girder
主温跃层	主斜溫層	main thermocline
主要成分	主要成分	essential component
主要构件	主要構件	primary member
主要排放	主要排放	primary emission
驻波	駐波	standing wave
柱塞	柱塞,活塞	plunger
抓斗式挖泥船	抓斗式挖泥船	grab dredger
爪哇海沟	爪哇海溝	Java Trench
专食性者	專食性者	food specialist
专属经济区	專屬經濟水域	exclusive economic zone, EEZ
专属经济区划界	專屬經濟區劃界	delimitation of the exclusive economic zone
专属渔区	專屬漁區	exclusive fishing zone, exclusive fishery zone
专题测图仪	主題繪圖儀	thematic mapper, TM

大　陆　名	台　湾　名	英　文　名
转变温度	轉變溫度	transition temperature
转换板块边缘	轉形板塊邊界	transform plate boundary
转换边界	轉換邊界	transform boundary
转换波	轉換波	converted wave
转换断层	轉形斷層	transform fault
转换函数	轉移函數	transfer function
转换挤压作用(=压扭 　作用)		
转基因生物	基因轉殖生物	transgenic organism
转基因鱼	基因轉殖魚	transgenic fish
转流	潮流顛轉	turn of tidal current
转移常数	轉移常數	transfer constant
桩贯入深度	樁貫入深度	pile penetration
桩基	樁基	pile foundation
桩套筒	樁套	pile sleeve
桩腿	錨柱腿	spud leg
桩靴	樁基腳	footing
状态变化	狀態變化	change of state
状态方程	狀態方程	equation of state
追猎者	追獵生物	chaser
椎骨	脊椎骨	vertebra
锥形过渡段	錐形漸變段	conical transition
锥状三角洲	錐狀三角洲	cone delta
准残留沉积(=变余沉 　积)		
准地转流	準地轉流	quasi-geostrophic current, quasi- 　geostrophic flow
准地转模式	準地衡模式	quasi-geostrophic model
准太阳同步轨道	近日同步軌道	near sun synchronous orbit
准周期	海面相對上升變化週期	paracycle
浊度	濁度, 混濁度	turbidity
浊度表	濁度表	turbidity meter
浊度[测定]法	濁度測定法	nephelometry
浊度计	濁度計	turbidimeter
浊积扇	濁流扇	turbidite fan
浊积岩层序	濁流岩層序, 濁積岩層 　序	turbidite sequence
浊流	濁流	turbidity current

大　陆　名	台　湾　名	英　文　名
仔鱼	仔魚	larval fish
资源	資源	resources
资源保护	資源保育	conservation of resources
资源分配	資源分配	resource allocation
资源管理	資源管理	resource management
资源开发	資源開發	resource development
资源勘探	資源勘探	resource exploration
资源评估	資源評估	stock assessment
资源增殖	資源增殖	stock enhancement
紫外线	紫外線	ultraviolet ray
紫外线辐射	紫外線輻射	ultraviolet radiation
紫外线光谱法	紫外線光譜法	ultraviolet spectroscopy
自动测波站	自動測波站	automatic wave station
自动跟踪	自動追蹤	automatic tracking
自动加药系统	自動加藥系統	automatic chemical addition and control system
自动图像传输	自動圖像傳輸	automatic picture transmission，APT
自发磁化	自發磁化	spontaneous magnetization
自发光	自發光	self-luminescence
自记验潮仪	自記水位計	mareograph
自净作用	自淨作用	self-purification
自切	自割	autotomy
自然保护区	自然保護區	nature reserve，reseravation area
自然环境	自然環境，物理環境	natural environment
自然胶结	自然膠結	natural cementation
自然衰减	自然衰減	natural attenuation
自然通量	自然通量	natural flux
自然选择	天擇	natural selection
自然灾害	自然災害	natural hazard
自升式钻井船	舉升式平臺	jack-up rig
自升式钻井平台	舉升式鑽井平臺	jack-up drilling rig
自生沉积[物]	自生沉積物	authigenic sediment
自生矿物	自生礦物	authigenic mineral
自私基因	自私基因	selfish gene
自体受精	自體受精	self-fertilization
自协变量谱(= 自协方差谱)		
自协方差	自協變量	autocovariance

大　陆　名	台　湾　名	英　文　名
自协方差谱，自协变量谱	自協變量譜	autocovariance spectrum
自养	自營	autotrophy
自养生物	自營生物	autotroph
自养[细]菌	自營[細]菌	autotrophic bacteria
自氧化	自氧化	auto-oxidation
自由波	自由波	free wave
自由基反应	自由基間反應	radical reaction
自治式潜水器	自主式水下載具	autonomous underwater vehicle, AUV
综合大洋钻探计划	綜合大洋鑽探計畫	Integrated Ocean Drilling Program, IODP
总初级生产力	總初級生產力	gross primary productivity
总初级生产量	基礎生產總量	gross primary production
总次级生产量	總次級生產量	gross secondary production
总氮	總氮量	total nitrogen
总辐射	總輻射	total radiation
总辐射功率	總輻射功率	total rediation power
总纲	超綱	superclass
总光合作用	總光合作用	gross photosynthesis
总光通量	總光通量	total light flux
总碱度	總鹼度	total alkalinity
总磷	總磷量，總有機磷量	total phosphorus
总散射系数	總散射係數	total scattering coefficient
总生产效率	總生產效率	gross production efficiency
总体[弹性]模数	統體[彈性]模數	bulk modulus [of elasticity]
总铁量	總鐵量，全鐵	total iron
总吸收	總吸收	total absorption
总吸收率	總吸收率	total absorptance
总硬度	總硬度	total hardness
总有机氮	總有機氮量	total organic nitrogen
总有机碳量	總有機碳量，總有機碳	total organic carbon, TOC
总有机物	總有機物量	total organic matter
纵波(=压缩波)		
纵波速度(=压缩波速度)		
纵荡	湧浪	surge
纵横比	[尾鰭]深寬比	aspect ratio
纵向海岸	縱岸，縱向海岸	longitudinal coast

大　陆　名	台　湾　名	英　文　名
纵向扫描(=沿轨扫描)		
纵摇	縱搖	pitch
走廊	通道，走廊	corridor
足丝	足絲	byssus
阻垢剂	阻垢劑	scale inhibitor, deposit control inhibi-tor
组织培养	組織培養	tissue culture
钻井	鑽井	drilling
钻井平台	鑽井平臺	drilling platform
钻孔记录	鑽孔記錄，鑽井記錄	driller's log
钻孔生物，钻蚀生物	鑽孔生物	borer, boring organism
钻蚀生物(=钻孔生物)		
钻探船	鑽探船，鑽井船	drilling vessel
钻柱运动补偿器	鑽柱運動補償器	drill string compensator, DSC
最大持续渔获量	最大持續生產量	maximum sustainable yield, MSY
最大含氧层(=氧最大层)		
最大密度	最大密度	maximum density
最低天文潮位	最低天文潮位	lowest astronomical tide
最高天文潮位	最高天文潮位	highest astronomical tide
最适摄食理论	最適攝食理論	optimal foraging theory
最适渔获量	適當生產量	optimum yield
最小风区	最小風域	minimum fetch
最小风时	最小延時	minimum duration
最小含氧层(=氧最小层)		
最小可存活种群	最小可存活族群	minimum viable population, MVP
坐底式钻井平台	坐底式鑽井平臺	submersible drilling platform
坐底稳定性	坐底穩定性	sit-on-bottom stability

副 篇

A

英 文 名	大 陆 名	台 湾 名
AABW(=Antarctic Bottom Water)	南极底层水	南極底層水
AAIW(=Antarctic Intermediate Water)	南极中间水	南極中層水
AAO(=Antarctic Oscillation)	南极涛动	南極振盪
AASW(=Antarctic Surface Water)	南极表层水	南極表層水
AAWW(=Antarctic Winter [Residual] Water)	南极冬季[残留]水	南極冬季[殘留]水
ablation	消融	冰融
ablation breccia	消融角砾岩	消融角礫岩
ablation cone	消融锥	消融錐
ablatograph	消融仪	冰融儀
abraded bedrock surface	浪蚀基岩面	浪蝕基岩面
abrasion	磨蚀	磨蝕
abrasion mark	磨蚀痕迹	磨蝕痕跡
abrasion platform	海蚀台[地]	海蝕平臺,海蝕臺地
abrasion shoreline	浪蚀海岸线	浪蝕海岸線
abrasion surface	海蚀面	海蝕面,浪蝕面
abrasion terrace	海蚀阶地,浪蚀阶地	海蝕階地,浪蝕階地
absorbed radiation dose	辐射吸收剂量	輻射吸收劑量
absorptance	吸收率	吸收率
absorption coefficient	吸收系数	吸收係數
abundance	丰度	豐度
abundance-biomass curve	丰度-生物量曲线	豐度-生物量曲線,AB曲線
abyss	海渊	海淵
abyssal deep(=abyss)	海渊	海淵
abyssal ooze(=deep-sea ooze)	深海软泥	深海軟泥
abyssal plain(=deep-sea plain)	深海平原	深淵底平原,深海平原
abyssal red earth	深海红土	深海紅土

英　文　名	大　陆　名	台　湾　名
abyssal zone	深渊带	深淵底带，深海带
ACC（=Antarctic Circumpolar Current）	南极绕极流	環南極洋流
accelerator mass spectrometer（AMS）	加速器质谱仪	加速器質譜儀
accessory mark	副轮	副標記，副輪
accidental pollution	事故污染，意外污染	意外汙染
accidental spillage	意外泄漏	意外洩漏
acclimation	驯化	馴化
accommodation and power platform（APP）	生活动力平台	生活及動力供應平臺
ACCP（=acoustical correlation current pro-filer）	声学相关海流剖面仪	聲學相關海流剖面儀
accreting plate boundary	增生型板块边界	增積板塊邊界，增生型板塊邊界
accretion（=consolidation）	固结［作用］	固結［作用］，凝固［作用］
accretionary bar	增生沙坝	增積砂壩，加積砂壩
accretionary basin	增生盆地	增積盆地
accretionary belt	增生带	增積帶，加積帶
accretionary coast	增生海岸	增積海岸，加積海岸
accretionary lapilli	增生火山泥砾	增積火山泥礫
accretionary lava ball	增生熔岩球	增積熔岩球
accretionary prism	增生楔	增積楔形體，增積岩體
accretionary ridge	增生海脊	增積海脊
accretionary subduction complex	增生俯冲复合体	增積隱沒複合體
accretionary wedge（=accretionary prism）	增生楔	增積楔形體，增積岩體
accretion beach face	加积海滩面	增積海灘面，加積海灘面
accretion bed	加积层	增積層，加積層
accretion ripple mark	加积波痕	加積波痕
accretion topography	加积地形	加積地形
accretion vein	加填矿脉	填加脈
accumulated island	堆积岛	堆積島
accumulation rate	堆积速率	堆積速率
accumulation species of marine pollution	海洋污染累积种	海洋汙染累積種
acidic mucopolysaccharide of *Apostichopus japonicus*	刺参黏多糖	刺參黏多糖
acidification	酸化作用	酸化作用
acidity	酸度	酸度，酸性
acorn barnacle	藤壶	藤壺

英　文　名	大　陆　名	台　湾　名
acoustic absorption	声波吸收	聲波吸收
acoustic absorption coefficient	声波吸收系数	聲波吸收係數
acoustic absorption factor	声波吸收因子	聲波吸收因子
acoustic absorptivity	声波吸收度	聲波吸收度
acoustical correlation current profiler （ACCP）	声学相关海流剖面仪	聲學相關海流剖面儀
acoustical Doppler current profiler（ADCP）	声学多普勒海流剖面仪	聲學都卜勒海流剖面儀
acoustical oceanography	声学海洋学	聲學海洋學
acoustic basement	声波基盘	聲波基盤
acoustic fishing	音响渔法	音響漁法
acoustic propagation anomaly	声传播异常	聲傳播異常
acoustic release	声释放器	聲波釋放
acoustic remote sensing	声遥感	聲波遙測，聲學遙測
acoustic sounding	声波探测，声学探测	聲波測深，聲學探測
acoustic swath-mapping	声波条带测绘	聲波條帶測繪
Acoustic Thermometry of Ocean Climate （ATOC）	海洋气候声学测温计划	海洋氣候聲學測溫計畫
acoustic transponder	声应答器	發訊器，音響詢答機
across-track scanner	跨轨扫描仪	跨軌掃描儀
acrozone	生物异限带	生物異限帶
actinodont	射齿型，辐射栉牙	輻射櫛牙，射齒
activated sewage	活性污泥，活性污水	活性汙水
activated sludge process	活性污泥法	活性汙泥法
activation analysis	活化分析	活化分析
activation energy	活化能	活化能
active carbon	活性炭	活性碳
active continental margin	活动大陆边缘，主动大陆边缘	活動大陸邊緣
active microwave	主动微波	主動微波
active plate margin	活动板块边缘	活動板塊邊緣
active remote sensor	主动式遥感器，有源遥感器	主動式遙測感應器
active sensor	主动式传感器	主動感測器
active volcano	活火山	活火山
activity	活度	活度
activity coefficient of seawater	海水活度系数	海水活度係數
adaptive radiation	适应辐射	適應輻射
ADCP（＝acoustical Doppler current profi-	声学多普勒海流剖面仪	聲學都卜勒海流剖面儀

英 文 名	大 陆 名	台 湾 名
ler)		
additive color	加色	加色
adductor muscle	闭壳肌	閉殼肌
adhesion	黏附	黏附
adhesive	黏合剂	黏附物,黏合劑
adhesive egg(=viscid egg)	黏性卵	黏性卵,黏著卵
adhesive force	附着力,黏附力	附著力,黏附力
adhesive organ	黏附器	黏附器官
adiabatic change	绝热变化	絕熱變化
adiabatic cooling	绝热冷却	絕熱冷卻
adiabatic curve	绝热曲线	絕熱曲線
adiabatic heating	绝热增温	絕熱增溫
adiabatic lapse rate	绝热直减率,绝热递减率	絕熱遞減率
adiabatic phenomenon	绝热现象	絕熱現象
adiabatic process	绝热过程	絕熱過程
adiabatic temperature gradient	绝热温度梯度	絕熱溫度梯度
adiabatic warming(=adiabatic heating)	绝热增温	絕熱增溫
adit	平坑	平坑
adolecent(=subadult)	亚成体,次成体	亞成體,次成體
adolescent coast	少壮海岸	青年期海岸
adsorbent	吸附剂	吸附劑
adsorption equation	吸附方程	吸附方程
adsorption isotherm	吸附等温线	吸附等溫線
adsorption process	吸附过程	吸附過程
adsorption rate	吸附率	吸附率
adult stage(=mature stage)	成熟期,成体期	成熟期,成體期
advanced coast	前移海岸	前移海岸
Advanced Very High Resolution Radiometer(AVHRR)	先进甚高分辨率辐射仪	進階極高解析度輻射儀
advancing coast	前进海岸	前進海岸
advection fog	平流雾	平流霧
advective term	平流项	平流項
adventitious deposit	外源沉积	外源堆積
aeolian	风成相	風成相
aeolian deposit	①风成沉积 ②风积物	①風成沉積 ②風積物
aerial expendable bathythermograph (AXBT)	机载投弃式温深仪	空載投棄式溫深儀

英　文　名	大　陆　名	台　湾　名
aerial photography	航空摄影	航空攝影
aerobic	需氧, 好氧	好氧性, 嗜氧性
aerobic bacteria	好氧细菌, 需氧菌	好氧細菌, 需氧菌
aerobic digestion	有氧消化[作用]	有氧消化[作用]
aerobic respiration	有氧呼吸[作用]	有氧呼吸[作用]
aerosol	气溶胶	氣溶膠, 氣膠
affinity	亲和力	親合力
aftershock	余震	餘震
agar	琼脂, 琼胶	洋菜膠, 瓊脂
agarose	琼脂糖	洋菜粉
age class	年龄组	年齡組
age dating	定年	定年
age determination	年代测定	年代測定
aged seawater	陈[化]海水	陈化海水
age of seawater	海水年龄	海水年齡
age-specific fecundity	特定年龄生殖力	年齡別孕卵數, 年齡別生殖力
age-specific life table	特定年龄生命表	年齡別生命表
age-specific natality	特定年龄出生率	年齡別出生率
aggregation	聚集	聚集, 聚合
aggressive mimicry	攻击拟态	攻擊[性]擬態
AGIF(=angiogenesis inhibiting factor)	血管形成抑制因子	血管形成抑制因子
aging	老化	陈化
agonic line	无磁偏差线, 零磁偏线	無磁偏差線
Agulhas Current	阿古拉斯海流	阿古拉斯海流
ahermatypic coral	非造礁珊瑚	非造礁珊瑚
air blow-out method	空气吹出法	空氣噴出法
air current ripple	风成波痕	風成波痕
air diving	空气潜水	空氣潛水
air gap	峰隙	峰隙
air gun	气枪	空氣槍
air gun array	气枪阵列	空氣槍陣列
air gun bubble pulse	气枪气泡脉冲	空氣槍氣泡脈波
air lifting	气举	氣力揚升
air-lift method	气举法	氣擧法
air sac	气囊	氣囊
air-sea exchange	海气交换	海氣交換
air-sea flux	海气通量	海氣通量

英 文 名	大 陆 名	台 湾 名
air-sea interaction	海气相互作用	海氣交互作用
air-sea interface	海气界面	海氣界面
air-tight	气密	氣密
air-water interface	水气界面	水氣界面
Airy [isostatic] hypothesis	艾里[均衡]假说	艾里均衡假說
Airy spiral	艾氏螺旋	艾氏螺旋
albedo	反照率	反照率
albinism	白化[现象]	白化[現象]
albino	白化体	白化體
Aleutian Basin	阿留申海盆	阿留申海盆
Aleutian Island Arc	阿留申岛弧	阿留申島弧
Aleutian low	阿留申低压	阿留申低壓
Aleutian Trench	阿留申海沟	阿留申海溝
algal bank	藻滩, 藻堤	藻灘, 藻堤
algal beach	藻海滩	藻海灘
algal bioherm	藻类生物岩礁	藻類生物岩礁
algal bound sand flat	藻结砂坪	藻結砂坪
algal carbonate	藻碳酸盐	藻碳酸鹽
algal chemistry	藻类化学	藻類化學
algal limestone	藻[类石]灰岩	藻[類石]灰岩
algal mat	藻席, 藻丛	藻蓆
algal mound	藻丘	藻丘
algal pellet	藻粒	藻粒
algal pit	藻穴	藻穴
algal reef	藻礁	藻礁
algal-reef sediment	藻礁沉积[物]	藻礁沉積
algal ridge	藻岭, 藻脊	藻嶺, 藻脊
algal rim	藻缘礁	藻緣礁
algal sapropel	藻质腐泥	藻質腐泥
algal toxin	藻毒素	藻毒素
alginic acid	褐藻酸	海藻酸
Algoman orogeny	阿尔戈马造山运动	阿爾岡紋造山運動
aliasing	混叠	摺疊效應
alien species	外源种	外來種
alimentation facies	示源岩相	示源岩相
alkali andesite	碱性安山岩	鹼性安山岩
alkali basalt	碱性玄武岩	鹼性玄武岩
alkali-calcic index	碱钙指数	鹼鈣指數

英　文　名	大　陆　名	台　湾　名
alkali-lime index (=alkali-calcic index)	碱钙指数	鹼鈣指數
alkali-lime series	碱钙岩系	鹼鈣岩系
alkalinity	碱度	鹼度
alkali-vapor magnetometer	碱金属蒸汽磁力仪	鹼金屬蒸汽磁力儀
alkaloid	生物碱	生物鹼類
allele	等位基因	對偶基因，等位基因
allelopathy	化感作用	異株剋生，相剋作用
Allen rule	艾伦律，艾伦法则	艾倫定律
all-female fish breeding	全雌鱼育种	全雌魚育種
all-male fish breeding	全雄鱼育种	全雄魚育種
allochem	异化颗粒	異化顆粒
allochthon	移置体，外来岩体	移置岩體，外來岩體
allochthonous deposit	外来堆积体，移积物	外來堆積體，移積物
allochthonous nappe	移置推覆体	移置推覆體
allogene	外来物	外來物
allogynogenesis technique	异精雌核发育技术	異精雌核發育技術
allometry	异速生长	異速生長
allopatric speciation	异域物种形成，异域成种	異域種化
allopatry	异域分布	異域分布
allophycocyanin	别藻蓝蛋白，异藻蓝蛋白	別藻藍蛋白，異藻藍素
allotype	他型，异型	他型，異型
alluvial facies	冲积相	沖積相
alluvial fan	冲积扇	沖積扇
alongshore current (=coastal current)	沿岸流	沿岸流
along-track scanner	沿轨扫描仪	沿軌掃描儀
along-track scanning	沿轨扫描，纵向扫描	沿軌掃描
alp	冰槽扇	冰槽扇
alpha diversity	α 多样性	α 多樣性
Alpha Ridge	阿尔法海脊	阿爾法海脊
altered mineral	蚀变矿物	蝕變礦物
alternating current	往复流	往復流
altimeter	高度计，测高仪	高度計，測高儀
altimetry	测高法	測高術
altitude	海拔	海拔
altruistic behavior	利他行为	利他行為
ambient noise of the sea	海洋环境噪声	海洋環境噪音

英 文 名	大 陆 名	台 湾 名
ambient temperature	环境温度	環境溫度
ambient water quality	环境水质	環境水質
ambrein	龙涎香醇	龍涎香醇
ambulacral system	步带系	水管系統, 步帶系統
ambush hunter	伏击掠食者	埋伏掠食者
amebocyte	变形虫状细胞, 阿米巴细胞	變形細胞
Amerasia Basin	美亚海盆	美亞海盆
amino-acid geothermometer	氨基酸地质温度计	氨基酸地質溫度計
amino-acid method	氨基酸法	氨基酸法
amino-acid racemization age method	氨基酸旋光法定年	氨基酸旋光法定年, 氨基酸消旋法測年
3-amino-2-hydroxypropanesulfonic acid	3-氨基-2-羟基丙磺酸	3-胺基-2-羥基丙磺酸, 3-氨基-2-羥基丙磺酸
amino-nitrogen	氨氮	胺基氮
Amirante Trench	阿米兰特海沟	阿米蘭特海溝
ammite	鲕状岩	鲕狀岩
ammonite(=ammite)	鲕状岩	鲕狀岩
amnesic shellfish poison(ASP)	记忆丧失性贝毒	失憶性貝毒
amnion	羊膜	羊膜
amphi-boreal distribution	北方两洋分布	两洋北方分布
amphidromic point	无潮点	無潮點, 潮節點
amphidromic region	无潮区	無潮區
amphidromic system	旋转潮波系统	無潮系統
amphidromous migration	非生殖洄游	兩向洄游
amphoterite	无粒古铜橄榄陨石	球粒狀古橄隕石
amplexid type	包珊瑚式	包珊瑚式
amplitude variation with offset	振幅随偏移距变化	振幅支距變化
ampulla	壶腹, 坛状体	壺腹, 壺狀體
ampullae of Lorenzini	罗氏壶腹	羅倫氏壺腹
AMS(=accelerator mass spectrometer)	加速器质谱仪	加速器質譜儀
amygdaloidal basalt	杏仁状玄武岩	杏仁狀玄武岩
amygdule	杏仁孔	杏仁孔
anadromous fishes	溯河鱼类	溯河魚類, 溯河產卵洄游魚類
anaerobe	厌氧微生物	嫌氧菌, 厭氧生物
anaerobic bacteria	厌氧菌	厭氧菌, 厭氧性細菌
anaerobic condition	厌氧情况	缺氧情況

英　文　名	大　陆　名	台　湾　名
anaerobic corrosion	厌氧腐蚀	缺氧腐蝕
anaerobic decomposition	厌氧分解	厭氧分解
anaerobic digestion	厌氧消化[作用]	厭氧消化[作用]
anaerobic ecosystem	厌氧生态系统	厭氧生態系統
anaerobic layer	厌氧层	缺氧層
anaerobic oxidation	厌氧氧化	缺氧氧化
anaerobic sediment	厌氧沉积物	缺氧沉積物
anaerobic treatment	厌氧处理	厭氧處理
anaerobic wastewater	厌氧废水	缺氧廢水
ANAIS(=autonomous nutrient analyzer *in situ*)	营养盐现场自动分析仪	營養鹽現場自動分析儀
analcite basalt	方沸玄武岩	方沸玄武岩
analytical chemistry of seawater	海水分析化学	海水分析化學
analytical equipment	分析设备	分析設備
analytical method	分析方法	分析方法
analytical model	解析模式, 分析模型	解析模式
anatoxin-a	鱼腥藻毒素 a	魚腥藻毒素-a
anchorage(=anchorage area)	锚[泊]地	錨泊地
anchorage area	锚[泊]地	錨泊地
anchored structure	锚泊结构	錨泊結構
ancillary data	辅助资料	輔助資料
andalusite	红柱石	紅柱石
Andaman Basin	安达曼海盆	安達曼海盆
Andaman-Nicobar Island Arc	安达曼–尼科巴岛弧	安達曼–尼科巴島弧
androgenesis technique	雄核发育技术	雄核發育技術
anemotoxin	海葵毒素	海葵毒素
angiogenesis inhibiting factor(AGIF)	血管形成抑制因子	血管形成抑制因子
angle of reflection(=reflection angle)	反射角	反射角
angle of refraction	折射角	折射角
Angola Basin	安哥拉海盆	安哥拉海盆
anion exchange membrane	阴离子交换膜	陰離子交換膜
anion permselective membrane(=anion exchange membrane)	阴离子交换膜	陰離子交換膜
anisotropy	各向异性	非均向性
anodic protection	阳极保护	陽極防蝕
anodic stripping voltammetry	阳极溶出伏安法	陽極析出伏安測定法
anoxia	缺氧	缺氧
anoxic basin	缺氧海盆	無氧海盆, 缺氧海盆

英　文　名	大　陆　名	台　湾　名
anoxic bottom condition	海底无氧状态	海底無氧狀態
anoxic condition	缺氧条件	無氧情況
anoxic environment	缺氧环境	無氧環境
anoxic pore water	缺氧间隙水	無氧間隙水
anoxic state	缺氧状态	無氧狀態
anoxic water	缺氧水	無氧水，無氧水體
anoxic zone	缺氧区，无氧带	無氧帶，缺氧層
Antarctica	南极洲	南極大陸，南極古陸
Antarctic aurora	南极光	南極光
Antarctic Bottom Water(AABW)	南极底层水	南極底層水
Antarctic Circle	南极圈	南極圈
Antarctic Circumpolar Current(ACC)	南极绕极流	環南極洋流
Antarctic climate	南极气候	南極氣候
Antarctic coastal current	南极沿岸流	南極沿岸流
Antarctic Continent(=Antarctica)	南极洲	南極大陸，南極古陸
Antarctic Convergence	南极辐合带	南極輻合帶
Antarctic Divergence	南极辐散带	南極輻散帶
Antarctic Ice Sheet	南极冰盖	南極冰層
Antarctic Intermediate Water(AAIW)	南极中间水	南極中層水
Antarctic krill	南极磷虾	南極磷蝦
Antarctic light(=Antarctic aurora)	南极光	南極光
Antarctic meteorite	南极洲陨石	南極洲隕石
Antarctic Ocean(=Southern Ocean)	南大洋，南极洋，南冰洋	南冰洋，南極洋，南濱洋
Antarctic Oscillation(AAO)	南极涛动	南極振盪
Antarctic ozone hole	南极臭氧洞	南極臭氧洞
Antarctic Peninsula	南极半岛	南極半島
Antarctic Plate	南极洲板块	南極洲板塊
Antarctic Point	南极角	南極角
Antarctic Polar Front	南极[海洋]锋	南極鋒面
Antarctic Pole(=South Pole)	南极	南極
Antarctic Protected Area	南极保护区	南極保護區
Antarctic sea smoke	南极烟状海雾	南極海煙
Antarctic Shelf Water	南极陆架水	南極陸棚水
Antarctic slope front	南极陆坡锋	南極陸坡鋒
Antarctic Surface Water(AASW)	南极表层水	南極表層水
Antarctic Treaty	南极条约	南極公約
Antarctic Treaty area	南极条约地区	南極公約區

英 文 名	大 陆 名	台 湾 名
Antarctic Treaty Party(ATP)	南极条约组织	南極公約組織
Antarctic Winter［Residual］Water（AAWW）	南极冬季[残留]水	南極冬季[殘留]水
antecedent precipitation index	前期降水指数	雨前指數
antenna array	阵列天线	陣列天線
antenna temperature	天线温度	天線溫度
anthopleurin	海葵素	海葵素
anthozoan polyp	珊瑚虫管	珊瑚蟲管
antibiotics	抗生素	抗生素
anticyclone	反气旋	反氣旋
anti-diffusive flux	逆扩散通量	逆擴散通量
anti-fouling	防污	抗附著, 抗汙損
anti-fouling coating	抗生物附着涂层	抗生物附著塗層
anti-fouling paint	抗生物附着涂料	抗生物附著塗料
anti-fouling system	抗生物附着系统	抗生物附著系統
anti-fouling toxicant	抗生物附着毒剂	抗生物附著毒劑
antifreeze protein	抗冻蛋白	抗凍蛋白
antifreeze protein gene	抗冻蛋白基因	抗凍蛋白基因
Antilles Current	安的列斯海流	安地列斯海流
anti-osmotic method(=reverse osmosis process)	反渗透法, 逆渗透法	逆滲透法, 反滲透法
antioxidant	抗氧化剂	抗氧化劑
anti-pollutant	抗污染剂	抗汙染劑
anti-pollution device	抗污染装置	抗汙染裝置
anti-pollution law	污染防治法	汙染防治法
anti-pollution system	抗污染系统	抗汙染系統
anti-pollution zone	防污染区	防汙染區
AO(=Arctic Oscillation)	北极涛动	北極振盪
AOU(=apparent oxygen utilization)	表观耗氧量	表觀耗氧量
aphanizophyll	束丝藻叶黄素	束絲藻葉黃素
aphotic marine environment	无光海洋环境	無光海洋環境
aphotic zone	无光带, 无光层	無光帶, 無光區
aplasmomycin	灭疟霉素	除瘧黴素
aplysiatoxin	海兔毒素	海兔毒素
aplysin	海兔素	海兔素
apogee	远地点	遠地點
apopore	出水孔	出水孔
APP(=accommodation and power plat-	生活动力平台	生活及動力供應平臺

英　文　名	大　陆　名	台　湾　名
form)		
apparent dissociation constant	表观解离常数	表觀解離常數
apparent optical properties	表观光学特性	表觀光學特性
apparent oxygen utilization(AOU)	表观耗氧量	表觀耗氧量
apparent solubility product	表观溶度积	表觀溶度積
apparent temperature	表观温度	視溫度
apposition beach	并列沙滩	並列沙灘
apron	裙地	裙地
apsacline	斜倾型	斜傾型
APT(=automatic picture transmission)	自动图像传输	自動圖像傳輸
aquafact	海蚀石	海蝕石
aquafarm	海洋牧场	海洋牧場
aquatic community	水生生物群落	水生生物群聚
aquatic ecosystem	水生生态系统	水生生態系統
aquatic effect	水生作用	水生作用
aquatic environmental pollution	水生环境污染	水生環境汙染
aquatic halophyte	水生盐生植物	水生鹽生植物
aquatic macrophyte	水生大型植物	水生大型植物
aquatic microphyte	水生微型植物	水生微細藻
aquatic organism index	水生生物指数	水生生物指數
aquatic plant(=hydrophyte)	水生植物	水生植物
aquiclude	隔水层	低度含水層
Arabian Basin	阿拉伯海盆	阿拉伯海盆
Arabian Sea	阿拉伯海	阿拉伯海
aragonite	文石，霰石	霰石，文石
Arakawa C grid	荒川 C 网格	荒川 C 網格
ara-T(=spongothymidine)	海绵胸腺嘧啶	海綿胸腺嘧啶
ara-U(=spongouridine)	海绵尿核苷	海綿尿核苷
archipelago	群岛，列岛	群島，列島
Arctic air mass	北冰洋气团	北極氣團
Arctic archipelago region	北极群岛地区	北極群島區域
Arctic Circle	北极圈	北極圈
Arctic climate	北极气候	北極氣候
Arctic cyclone	北极气旋	北極氣旋
Arctic front	北极锋	北極鋒
Arctic haze	北极霾	北極霾
Arctic Ocean	北冰洋	北冰洋
Arctic Ocean deep water	北冰洋深层水，北冰洋	北極海深層水

英　文　名	大　陆　名	台　湾　名
	底层水	
Arctic Oscillation (AO)	北极涛动	北極振盪
Arctic Pole	北极	北極
Arctic smoke	北冰洋烟状海雾	北極蒸氣霧
Arctic surface water	北冰洋表层水	北極海表層水
Arctic Yellow River Station, China	中国北极黄河站	中國北極黃河站
arc-trench gap	弧-沟间隙	弧－溝間隙
arcuate delta	弧形三角洲	弧形三角洲
arenaceous cement	砂质胶结物	砂質膠結物
arenaceous foraminifera	砂质有孔虫	砂質有孔蟲
Argentine Basin	阿根廷海盆	阿根廷海盆
armor block (=armor unit)	护面块体	護面塊
armor unit	护面块体	護面塊
artificial beach	人工海滩	人工海灘
artificial beach nourishment	人工育滩, 人工养滩	養灘, 人工養灘
artificial coast	人工海岸	人工海岸
artificial fish reef	人工鱼礁	人工魚礁
artificial habitat	人工栖息地	人工棲所
artificial island	人工岛	人工島
artificial seawater	人工海水	人造海水
aseismic ridge	无震海岭	無震洋脊, 無震海嶺
ash bed	火山灰层	火山灰層
asiderite	无铁陨石	無鐵隕石
ASP (=amnesic shellfish poison)	记忆丧失性贝毒	失憶性貝毒
aspect ratio	纵横比	[尾鰭]深寬比
assessment of marine environmental quality	海洋环境质量评价	海洋環境質量評估
assessment of the previous environment	环境回顾评价	環境回顧評估
assimilation	同化[作用]	同化[作用]
assimilation efficiency	同化效率	同化效率
assimilation number	同化数	同化數
assortative mating	选型交配	選擇性交配
astatic magnetometer	无定向磁强计, 反稳定磁力仪	反穩定磁力儀, 無定向磁力儀
astaxanthin	虾青素, 虾黄素	蝦青素, 蝦黃素, 蝦紅素
asterosaponin	海星皂苷	海星皂苷
asthenosphere	软流圈	軟流圈

英 文 名	大 陆 名	台 湾 名
astronavigation	天文导航	天文導航
astronomical fixation	天文定位	天文定位
astronomical tide	天文潮	天文潮
asymmetrical ripple mark	不对称波痕	不對稱波痕
asymptotic series	近似级数	近似級數
Atlantic Equatorial Undercurrent	大西洋赤道潜流	大西洋赤道潛流
Atlantic margin	大西洋边缘	大西洋邊緣
Atlantic Ocean	大西洋	大西洋
Atlantic phase	大西洋期	大西洋冰後期, 大西洋期
Atlantic-type coast	大西洋型海岸	大西洋型海岸
atmosphere input	大气输入	大氣輸入
atmosphere-ocean interaction(=air-sea interaction)	海气相互作用	海氣交互作用
atmospheric diving	常压潜水	大氣壓潛水
atmospheric tide	大气潮	大氣潮
atmospheric trace gas in seawater	海水中大气痕量气体	海水中大氣痕量氣體
atmospheric window	大气窗	大氣窗口
ATOC(=Acoustic Thermometry of Ocean Climate)	海洋气候声学测温计划	海洋氣候聲學測溫計畫
atoll	环礁	環礁
atoll island	环礁岛	環礁島, 環狀珊瑚島
atoll lagoon(=atoll lake)	礁湖	環礁潟湖
atoll lake	礁湖	環礁潟湖
atoll moor	环形泥炭沼泽	環形泥炭沼澤
atoll ring	环礁圈	環礁圈
atoll texture	环礁结构	環礁狀組織, 環狀組織
atomic absorption spectrophotometer	原子吸收分光光度计	原子吸收分光光度計
atomic absorption spectrophotometry	原子吸收分光光度法	原子吸收分光光度法
atomic fluorescence spectrophotometry	原子荧光光度法	原子螢光光度法
ATP(=Antarctic Treaty Party)	南极条约组织	南極公約組織
atrium	①围鳃腔 ②心房	①圍鰓腔 ②心房
attapulgite	凹凸棒石, 绿坡缕石	鎂鋁海泡石, 厄帖浦石, 綠坡縷石
attenuance	衰减率	衰減率
attenuation	衰减	衰減
attenuation coefficient	衰减系数	衰減係數
attenuation constant	衰减常数	衰減常數

英　文　名	大　陆　名	台　湾　名
attenuation of seawater	海水衰减率	海水的衰减率
Atterberg limit	阿特贝里限度	阿特堡限度
augensalz	石盐团块	石鹽團塊
aulacogen	断陷槽，拗拉槽	斷陷槽，拗拉槽
auricularia larva	耳状幼体	耳狀幼體
Aurora borealis	北极光	北極光
auroral electrojet	极光带电集流	極光電子噴流
Australian Plate	澳洲板块	澳洲板塊
australite	澳洲玻陨石	澳洲曜石
autecology	个体生态学	個體生態學
authigenic mineral	自生矿物	自生礦物
authigenic sediment	自生沉积[物]	自生沉積物
autochthone	原地岩体	原地岩體
autochthonous deposit	原地沉积，原地堆积	原地堆積
autocovariance	自协方差	自協變量
autocovariance spectrum	自协方差谱，自协变量 谱	自協變量譜
autogeosyncline	平原地槽	自成地槽
autolysis	[细胞]自溶	細胞自溶
automatic chemical addition and control system	自动加药系统	自動加藥系統
automatic picture transmission(APT)	自动图像传输	自動圖像傳輸
automatic tracking	自动跟踪	自動追蹤
automatic water quality monitor	水质自动监测仪	水質自動監測器
automatic water quality monitoring system	水质自动监测系统	水質自動監測系統
automatic wave station	自动测波站	自動測波站
autonomous nutrient analyzer in situ (ANAIS)	营养盐现场自动分析仪	營養鹽現場自動分析儀
autonomous underwater vehicle(AUV)	自治式潜水器	自主式水下載具
auto-oxidation	自氧化	自氧化
autoradiography	放射自显影	放射顯跡圖
autotomy	自切	自割
autotroph	自养生物	自營生物
autotrophic bacteria	自养[细]菌	自營[細]菌
autotrophy	自养	自營
AUV(=autonomous underwater vehicle)	自治式潜水器	自主式水下載具
auxospore	复大孢子	複大孢子，滋長孢子
avalanche	雪崩，岩崩	雪崩，岩崩

英 文 名	大 陆 名	台 湾 名
average cosine	平均余弦	平均餘弦
average grain diameter	平均粒径	平均粒徑
[average] height of highest one-tenth wave	1/10 大波[平均]波高	1/10 示性波高
[average] height of highest one-third wave	1/3 大波[平均]波高	1/3 示性波高
average roundness	平均圆度	平均圓度
average sphericity	平均球度	平均球度
AVHRR(=Advanced Very High Resolu- tion Radiometer)	先进甚高分辨率辐射仪	進階極高解析度輻射儀
avicennia(=mangrove)	红树林	紅樹林
avulsion	①急流冲刷 ②决口	①急流冲刷 ②决口
AXBT(=aerial expendable bathythermo- graph)	机载投弃式温深仪	空載投棄式溫深儀
axially symmetric sea gravimeter	轴对称海上重力仪	軸對稱海上重力儀
azimuth	方位[角]	方位[角]
azimuth ambiguity	方位模糊	方位模糊
azimuth correction	方位改正	方位修正
azimuth resolution	方位角分辨率	方位解析度
Azores high	亚速尔高压	亞速高壓

B

英 文 名	大 陆 名	台 湾 名
back-arc	弧后	弧後
back-arc basin	弧后盆地	弧後盆地
back-arc spreading	弧后扩张	弧後擴張
back-arc subduction	弧后俯冲, 弧后隐没	弧後隱沒, 弧後俯衝
background radiation	背景辐射	背景輻射
backreef	礁后[区]	礁後[區]
backscatter(=backscattering)	后向散射, 背散射	後向散射, 反向散射
backscattering	后向散射, 背散射	後向散射, 反向散射
backscattering coefficient	后向散射系数	後向散射係數
backshore	后滨	後濱, 濱後
backward scatterance	后向散射率	後向散射率
bacteria	细菌	細菌
bacterial corrosion	微生物腐蚀	微生物腐蝕
bacteriophage	噬菌体	噬菌體
balancing selection	平衡性选择	平衡性天擇

英　文　名	大　陆　名	台　湾　名
baleen	鲸须	鯨鬚
ballast	压载	壓載
ballast water	压舱水，压载水	壓艙水
Baltic Sea	波罗的海	波羅的海
Banda Basin	班达海盆	班達海盆
Banda Trench	班达海沟	班達海溝
bandwidth	频带宽度，带宽	頻帶寬度
bank(=shoal)	浅滩	淺灘
bank atoll	浅滩环礁	淺灘環礁
bank barrier	浅滩堡礁	淺灘堡礁
bank reef	滩礁	灘礁
bar(=barrier)	沙坝	堰洲
baralite	硬鲕绿泥石	硬鮞綠泥石
barge bumper	靠船碰垫	靠船緩衝駁船
barium sulfide nodule of the sea floor	海底硫酸钡结核	海底硫酸鋇結核
barocline wave	斜压波	斜壓波
baroclinic instability	斜压不稳定	斜壓不穩定
baroclinic mode	斜压模[态]	斜壓模
baroclinic model	斜压模式	斜壓模式
baroclinic ocean	斜压海洋	斜壓海洋
barophlic bacteria	嗜压细菌	嗜壓細菌
barotropic instability	正压不稳定	正壓不穩定
barotropic mode	正压模[态]	正壓模
barotropic model	正压模式	正壓模式
barotropic ocean	正压海洋	正壓海洋
barotropic wave	正压波	正壓波
barrier	沙坝	堰洲
barrier beach(=shore barrier)	滨外沙埂，障碍海滩	海濱障島，障島海灘
barrier chain	沙洲链，堰洲群	堰洲群
barrier coast	堰洲海岸	堰洲海岸，沙壩海岸
barrier island	障壁岛，沙坝岛	堰洲島，離岸沙洲島
barrier reef	堡礁，离岸礁	堡礁
basal metabolic rate(BMR)	基础代谢率	基礎代謝率
basal species	基位种	基位種
basalt	玄武岩	玄武岩
baselap	底超,底覆	底覆,底超
baseline	基线	基線
baseline of territorial sea	领海基线	領海基線

英　文　名	大　陆　名	台　湾　名
basement	基底	基盤，底層
basement high(=basement uplift)	基盘隆起	基盤隆起，基盤高地
basement rock	基[底]岩[石]	基岩
basement uplift	基盘隆起	基盤隆起，基盤高地
basement warp	基盘翘曲	基盤翹曲
Bashi Channel(=Bass Strait)	巴士海峡	巴士海峽
basic element of marine disaster	海洋灾害基本要素	海洋災害基本要因
basicity(=alkalinity)	碱度	鹼度
basin	盆地	盆地
basinal subsidence	盆形沉陷	盆形沉陷
basin-floor fan	盆底扇	盆底扇
Bass Strait	巴士海峡	巴士海峽
Batesian mimicry	贝氏拟态	貝氏擬態
bathmeter	深度计，测深仪	深度計，測深儀
bathyal deposit	半深海沉积	半深海堆積
bathyal facies(=hemipelagic facies)	半深海相	半深海相
bathyal fauna	深海动物	深海動物
bathyal zone	深海带	深海帶，深海區
bathymetric biofacies	深海生物相	深海生物相
bathymetric chart	水深图	水深圖
bathymetric line	海深线	深海線
bathymetry	水深测量，测深	測深法
bathypelagic organism	大洋深层生物	深層帶生物
bathypelagic plankton	深层浮游生物	深層浮游生物
bathypelagic zone(=deep layer)	深层	深層
bathyrheal underflow	深层流动	深層流動
bathysalinometer	深海盐度计	深海鹽度計
bathysphere	深海球形潜水器	球形深海潛水器
bathythermograph(BT)	温深仪	溫深儀
battlefield at sea	海上战场	海上戰場
batylalcohol	鲨肝醇	鯊肝醇
Bauschinger effect	包辛格效应	包氏作用
bay	海湾	海灣
beach	海滩	海灘
beach accretion	海滩淤积作用	海灘淤積作用
beach barrier	海滩沙堤	海灘沙堤，海底暗礁，海灘障壁
beach berm	滩肩	灘肩

英　文　名	大　陆　名	台　湾　名
beach comber	拍岸浪，滚浪	拍岸浪
beach cusp	滩角	灘角，灘嘴，灘尖
beach face	滩面	灘面
beachline	[海]滩线	灘線
beach nourishment(=artificial beach nourishment)	人工育滩，人工养滩	養灘，人工養灘
beach placer	海滨砂矿	海灘砂礦，海灘重礦床
beach pollution	海滩污染	海灘汙染
beach profile	海滩剖面	海灘縱剖面
beach ridge	滩脊	灘脊
beach strand	滩海	灘岸
beacon	信标	指向標，信標
beam attenuation coefficient	光束衰减系数	光束衰減係數
beam velocity	束速度	束速度
beam width	波束宽度	波束寬度
bedding(=foundation bed)	基床	層理
bed load	推移质	底載
Beer law	比尔定律	比爾定律
Beibu Gulf	北部湾	北部灣
bench	岩滩	岩灘
Benguela Current	本格拉海流	本格拉海流
Benioff zone	贝尼奥夫带	班尼奥夫帶，班氏帶
benthic boundary layer	海底边界层	海底邊界層
benthic community	底栖生物群落	底棲生物群落
benthic division	海底区	底棲區
benthic flux	海底通量	海底通量
benthic microphyte(=microphytobenthos)	微型底栖植物	微型底棲植物
benthic organism(=benthos)	底栖生物	底栖生物
benthic-pelagic coupling	海底–水层耦合	海底–水層耦合
benthic zone	底栖带	底棲帶
benthivore	底食者	底食者
bentho-hyponeuston	底栖性表下漂浮生物	底棲性表下漂浮生物
benthology	底栖生物学	底棲生物學
benthophyte	底栖植物，水底植物	底棲植物，水底植物
benthos	底栖生物	底栖生物
Bergmann rule	伯格曼律，伯格曼法则	貝格曼律
Bering Sea	白令海	白令海

英 文 名	大 陆 名	台 湾 名
berm crest	滩肩脊, 滩台脊	灘臺脊
Bermuda Rise	百慕达海隆	百慕達海隆
berth	泊位	泊位
beta diversity	β 多样性	β 多樣性
biharmonic friction	双调和摩擦	雙調和摩擦
biharmonic operator	双调和算子	雙調和運算子
bilateral symmetry	两侧对称	兩側對稱
binary fission	二分裂	二分裂[生殖]
binary typhoons	双台风	雙颱[風]
bioaccumulation	生物累积	生物累積
bioadhesion	生物黏着	生物黏著
bioaerosol	生物气溶胶	生物氣膠
bioassay	生物测定	生物檢驗
bioavailability	生物有效性, 生物可利用度	生物有效性, 生物可用度
biochronology	化石定年学, 生物年代学	化石定年學, 生物年代學
bioclastics(=biological detritus)	生物碎屑	生物碎屑
biodiversity	生物多样性	生物多樣性
biodiversity hotspot	生物多样性热点	生物多樣性熱點
bioelectricity	生物电	生物電
bioelement	生命元素	生命元素
biofilm	生物膜	生物膜
bioflocculation	生物絮凝	生物絮凝
biofouling	生物污损, 生物污着	生物汙著
biofouling corrosion	生物污着腐蚀	生物汙著腐蝕
biofuel	生态能	生質能
biogenic material	生源物质	生源物質
biogenic sediment	生物沉积[物]	生物沉積物
biogenic silica	生物硅	生物矽, 生物硅
biogeochemical cycle	生物地球化学循环	生物地球化學循環
biogeographic region	生物地理域	生物地理區
biogeography	生物地理学	生物地理學
bioherm	生物礁	生物礁
biohermite	生物[块礁]岩	生物塊礁岩
bioindicator	生物指标	生物指標
biological complexity	生物复杂性	生物複雜性
biological concentration	生物浓缩	生物濃縮

英　文　名	大　陆　名	台　湾　名
biological concentration method	生物富集法	生物富集法
biological desalination method	生物淡化法	生物淡化法
biological detritus	生物碎屑	生物碎屑
biological effects of marine pollution	海洋污染生物效应	海洋汙染生物效應
biological input	生物输入	生物性輸入
biological integrity	生物完整性	生物完整性
biologically active substance	生物活性物质	生物活性物質
biologically decomposable organic compound	可生物分解的有机化合物	可生物分解的有機化合物
biological monitoring for marine pollution	海洋污染生物监测	海洋汙染生物監測
biological noise	生物噪声	生物噪音
biological oceanography	生物海洋学	生物海洋學
biological oxygen demand(BOD)	生物需氧量	生物需氧量
biological pollutant	生物污染物	生物汙染物
biological process	生物过程	生物過程
biological pump	生物泵	生物幫浦，生物泵
biological purification	生物净化	生物淨化
biological safety	生物安全	生物安全
biological scavenging	生物清除	生物清除
biological season	生物季节	生物季節
biological self-purification	生物自净	生物自淨
bioluminescence	生物发光	生物發光
bioluminescent system	生物发光系统	生物發光系統
biolysis	生物分解作用	生物分解作用
biomagnification	生物放大	生物放大，生物富集[作用]
biomarker	生物标志物	生物指標
biomass	生物量	生物量
biome	生物群落	生物群系，生物群區
biomicrite	生物泥晶灰岩，生物细晶岩	生物細晶岩
biomicrorudite	生物砾岩	生物礫岩
biomicrosparite	生物微亮晶石灰岩	生物微屑岩
biomineralization	生物矿化[作用]	生物礦化[作用]
bionics	仿生学	仿生學
biooptical algorithm	生物光学算法	生物光學算法
biooptical province	生物光学区域	生物光學區域
biophile element	亲生物元素	親生物元素

英 文 名	大 陆 名	台 湾 名
bioremediation	生物整治，生物修复	生物修復
bio-sensitivity	生物敏感性	生物敏感性
biosociology	生物群聚学	生物群聚學
biosonar	生物声呐	生物聲納，生物聲呐
biosphere	生物圈	生物圈，生物界
biostrome	生物礁层	生物礁層
biosynthesis	生物合成	生物合成
biota	生物区系，生物群	生物相
biotelemetry	生物遥测[术]	生物遙測，生物追蹤
bioturbation	生物扰动	生物擾動[作用]
bioturbite	生物扰动岩	生物擾動岩
biounlimited element	非生物限制元素	非生物限制元素
bipartite oolite	二分鲕粒，对分鲕粒	二分鮞粒，對分鮞粒
bipinnaria larva	羽腕幼体	羽腕幼體
bipolar distribution(＝bipolarity)	两极分布，两极同源	雙極性，兩極分布
bipolarity	两极分布，两极同源	雙極性，兩極分布
bipolar membrane(BPM)	双极膜	雙極膜
bird-foot delta	鸟足[形]三角洲	鳥足狀三角洲
bird's eye structure	鸟眼构造	鳥眼構造
birth rate(＝natality)	出生率	出生率
bittern(＝brine)	卤水	鹵水
blackbody	黑体	黑體
black damp	毒瓦斯	毒瓦斯
black ice	黑冰	海面薄冰
Black Sea	黑海	黑海
black smoker	黑烟囱	黑煙囪
black smoker complex	黑烟囱复合体	黑煙囪複合體
Blake Plateau	布莱克海台	布萊克海臺
bloom	藻华	藻華
blowhole	鼻孔	噴氣孔，氣孔
blubber	鲸脂	油脂，鯨脂
blue-green algae	蓝藻	藍綠菌，藍綠藻
bluff(＝cliff)	悬崖，陡崖	懸崖，陡岸
BMR＝(basal metabolic rate)	基础代谢率	基礎代謝率
boat landing bridge	登船平台，登船桥台	登船橋臺
BOD(＝biological oxygen demand)	生物需氧量	生物需氧量
bogen structure	弧状构造	弧形構造
bogusite	淡沸绿岩，暗沸绿岩	暗沸綠岩

英　文　名	大　陆　名	台　湾　名
Bohai Coastal Current	渤海沿岸流	渤海沿岸流
Bohai Sea low	渤海低压	渤海低壓
Bohai Strait	渤海海峡	渤海海峽
Bohr effect	玻尔效应	波爾效應
bold coast	陡峻海岸	陡峻海岸
Bonin-Mariana Island Arc	小笠原-马里亚纳岛弧	小笠原-馬里亞納島弧
borer	钻孔生物，钻蚀生物	鑽孔生物
boring organism(=borer)	钻孔生物，钻蚀生物	鑽孔生物
bottleneck bay	瓶颈湾	瓶頸灣
bottleneck effect	瓶颈效应	瓶頸效應
bottom coring	海底取芯	海底取岩芯
bottom density current	底层密度流	底層密度流
bottom flow	底流	底流
bottom friction	底摩擦	底摩擦
bottom frictional layer	底摩擦层	海底摩擦層
bottom stress	底应力	海底應力
bottom trawl	底拖网	底拖網
bottom-up effect	上行效应	上行效應
bottom water	底层水	底層水
bottom wave	底波	底波
Bougainville Trench	布干维尔海沟	布干維爾海溝
Bouguer anomaly	布格异常	布蓋重力異常
Bouguer correction	布格改正	布蓋重力修正
Bouma sequence	鲍马序列，鲍马层序	鮑瑪層序
boundary layer	边界层	邊界層
Bowen ratio	鲍恩比	博文比[率]
box canyon	箱形峡谷	箱形峽谷
box corer(=box snapper)	箱式取样器	箱式採岩器
box snapper	箱式取样器	箱式採岩器
BPM(=bipolar membrane)	双极膜	雙極膜
brace	撑杆	支撐桿
brackebuschite	锰铁钒铅矿	錳鐵釩鉛礦，水礬錳鉛礦
brackish deposit	微咸水沉积	半鹹水堆積
brackish water	半咸水，半盐水	半鹹水
brackish water species	半咸水种	半鹹水種，半淡鹹水種
bradycardia	心动过缓	心搏舒緩
Bragg scattering	布拉格散射	布拉格散射

英 文 名	大 陆 名	台 湾 名
brash ice	碎冰	碎冰
braunite	褐锰矿	褐錳礦
brave west wind	咆哮西风带	咆嘯西風帶
Brazil Basin	巴西海盆	巴西海盆
Brazil Current	巴西海流	巴西海流
breadth of the territorial sea	领海宽度	領海寬度
breaker	破碎波	破浪，碎浪
breaker height	破碎波高	碎波高度
breaker zone	破碎波带	碎浪帶，破浪帶
breaking wave	[近]碎波	碎波
breakup period	终冰期	終冰期
breakwater	防波堤	防波堤
breath-hold diving	屏气潜水	閉氣潛水
breeding migration(=spawning migration)	产卵洄游，生殖洄游	產卵洄游，生殖洄游
breeding swarm	生殖群	生殖聚集
brevetoxin	短裸甲藻毒素	雙鞭甲藻毒素
Brewster angle	布儒斯特角	布魯斯特角
brightness	亮度	亮度
brightness temperature	亮度温度	亮度溫度
bright spot	亮点	亮點
brine	卤水	鹵水
brine corrosion	盐水腐蚀	鹵水腐蝕
brine disposal	盐水处理	鹵水棄置
broadcast spawner	扩散型产卵生物	釋放型產卵生物
bromination	溴化[作用]	溴化[作用]
brood spawner	孵育型产卵生物	孵育型產卵生物
brown clay	褐黏土	褐色黏土
brown tide	褐潮	褐潮
browser	啃牧者	囓食者
Brunhes normal polarity chron	布容正向极性期	布容尼斯正向期
Bryan and Cox model	布赖恩–考克斯模式	布萊恩–卡克斯模式
bryostatin	苔藓虫素，草苔虫素	苔蘚蟲素
BT(=bathythermograph)	温深仪	溫深儀
bubble effect	气泡效应	氣泡效應
buccopharyngeal cavity	口咽腔	口咽腔
buffer capacity	缓冲容量	緩衝容量，緩衝能力
buffer solution	缓冲溶液	緩衝溶液
bulk density	体密度	整體密度

英 文 名	大 陆 名	台 湾 名
bulk modulus [of elasticity]	总体[弹性]模数	統體[彈性]模數
bulk temperature	体温度	整體溫度
Bullard probe	布拉德型探针	布拉德型探針
buoyancy effect	浮力效应	浮力效應
buoyant apparatus	救生浮具	救生器材
buoyant mat	浮力沉垫	浮力沉澱
buried hill	潜山,埋藏山	潛山,埋藏丘
bycatch	兼捕渔获物	混獲
byssus	足丝	足絲

C

英 文 名	大 陆 名	台 湾 名
cage culture(=net cage culture)	网箱养殖	箱網養殖
caisson	沉箱	沉箱
calcareous ooze	钙质软泥	石灰質軟泥
calcareous sediment	钙质沉积物	鈣質沉積物
calcification	钙化[作用]	鈣化[作用]
calcispongiae	钙质海绵	鈣質海綿
calcite	方解石	方解石
calcite compensation depth(CCD)	方解石补偿深度	方解石補償深度
calcium carbonate compensation depth	碳酸钙补偿深度	碳酸鈣補償深度
calibration	校准	校準
caliche	钙质层	鈣質殼,鈣質層
caliche nodule	钙质结核	鈣質結核
California Current	加利福尼亚海流	加利福尼亞海流
californite	玉符山石	玉符山石
CALM(=catenary anchor leg mooring)	悬链锚腿系泊	懸鏈式錨腿繫泊
calp	灰蓝页岩	灰藍灰岩
caltorite	方沸橄玄岩	方沸橄玄岩
canal system	沟系	溝道系統
Canary Current	加那利海流	加那利海流
cannibalism	同类相残	同種相食
canyon	峡谷	峽谷
canyon fill	峡谷淤积	峽谷充填物
capacity adaptation	限内适应	容忍性的適應
cape(=headland)	岬角	岬角

英　文　名	大　陆　名	台　湾　名
cape front(=promontory front)	岬角锋	岬角鋒
capillary wave	毛细波，表面张力波	表面張力波，毛細波
carbon acquisition	碳获取	碳獲取
carbon assimilation	碳同化作用	碳同化作用
carbonate buildup	碳酸盐建隆，碳酸岩造体	碳酸岩造體
carbonate compensation depth(CCD)	碳酸盐补偿深度	碳酸鹽補償深度
carbonate cycle	碳酸盐旋回	碳酸鹽循環
carbonate platform	碳酸盐台地	碳酸鹽地臺
carbonate system in seawater	海水碳酸盐系统	海水碳酸鹽系統
carbonate system of the ocean	海洋碳酸盐系统	海洋碳酸鹽系統
carbon dioxide poisoning	二氧化碳中毒	二氧化碳中毒
carbon dioxide system in seawater	海水二氧化碳系统	海水二氧化碳系統
carbon sequestration	碳固存	碳固存
carbon sink	碳汇	碳匯
carbon source	碳源	碳源
carcinology	甲壳动物学	甲殼動物學
cardhouse structure	纸房状构造	盒式結構
Caribbean Plate	加勒比板块	加勒比板塊
Caribbean Sea	加勒比海	加勒比海
Carlsberg Ridge	卡尔斯伯格海脊	卡爾斯伯格海脊
carmeloite	伊丁玄武岩	伊丁玄武岩
carnivore	食肉动物	肉食者
β-carotene	β 胡萝卜素	β 胡蘿蔔素
carotenoid	类胡萝卜素	類胡蘿蔔素
carrageenan	卡拉胶	卡拉膠
carsbergite	氮铬矿	氮鉻礦，隕石礦物
caryinite	砷锰钙矿	砷錳鈣礦
cascade model	级联模型	層階模式(食物網)
Cascadia land	卡斯卡底古陆	卡斯卡底古陸
case 1 water	一类水体	第一類水體
case 2 water	二类水体	第二類水體
catadromous migration	降河洄游，降海繁殖	降河洄游，降海洄游
catch-per-unit effort(CPUE)	单位捕捞强度	單位努力漁獲量
category	分类阶元	分類層級
catenary anchor leg mooring(CALM)	悬链锚腿系泊	懸鏈式錨腿繫泊
Cathaysia	华夏古大陆	華夏古陸
cathodic protection	阴极保护	陰極防蝕

英 文 名	大 陆 名	台 湾 名
cation exchange capacity(CEC)	阳离子交换容量	陽離子交換容量
cation exchange membrane	阳离子交换膜	陽離子交換膜
cation exchange resin	阳离子交换树脂	陽離子交換樹脂
cationic surfactant	阳离子型表面活性剂	陽離子表面活性劑
cation permselective membrane(=cation exchange membrane)	阳离子交换膜	陽離子交換膜
caustobiolith	可燃性生物岩, 可燃性有机岩	可燃性生物岩
cay	小礁岛	小礁島
Cayman Trench	开曼海沟	開曼海溝
cay rock	海滩岩, 礁岛岩	海灘岩, 礁島岩
cay sandstone	珊瑚砂岩	珊瑚洲砂岩
CBD(=Convention of Biological Diversity)	生物多样性公约	生物多樣性公約
CCD(=①calcite compensation depth ②carbonate compensation depth ③charge-coupled device)	①方解石补偿深度 ②碳酸盐补偿深度 ③电荷耦合器件	①方解石補償深度 ②碳酸鹽補償深度 ③電荷耦合元件
CCD camera	CCD 相机	CCD 相機
CDW(=Circumpolar Deep Water)	绕极深层水	繞極深層水
CEC(=cation exchange capacity)	阳离子交换容量	陽離子交換容量
Celebes Basin	西里伯斯海盆	西里伯斯海盆
cellulose acetate series membrane	醋酸纤维素系列膜	醋酸纖維素系列膜
cementation	胶结作用	膠結作用
Cenozoic Era	新生代	新生代
Census of Marine Life(COML)	海洋生物普查计划	海洋生物普查計畫
centered difference scheme	中央差分法	中央差分法
center of origin	起源中心	種源中心
Central Indian Ridge	印度洋中脊	印度洋中洋脊
central rift	中央裂谷, 洋中裂谷	中央裂谷, 洋中裂谷
cephalochordate	头索动物	頭索動物
cephalothorax	头胸部	頭胸
cephalotoxin	章鱼毒素	章魚毒素
ceramide	神经酰胺	神經醯胺
cetin	鲸蜡	鯨蠟
cetol	鲸蜡醇	鯨蠟醇
CFL condition(=Courant-FriedrichsLewy condition)	CFL 条件	CFL 條件
chaetae	刚毛丛	剛毛叢
chalcodite	铁绒硬泥石	黑硬綠泥石

英 文 名	大 陆 名	台 湾 名
chalcolamprite	氟硅铌钠矿，烧绿石	氟矽鈮鈉礦，燒綠石
chalk	白垩	白堊
Challenger expedition	挑战者号考察	挑戰者號探測
chamber	室	小室
chamosite	鲕绿泥石	鮞綠泥石
change of state	状态变化	狀態變化
Changjiang Diluted Water	长江冲淡水	長江冲淡水，長江河口水舌
Changjiang-Huaihe cyclone	江淮气旋	江淮氣旋
Changjiang River Plume(=Changjiang Diluted Water)	长江冲淡水	長江冲淡水，長江河口水舌
channel	水道，通道	水道，通道
channel-mouth bar	河口沙坝	河口沙洲
channel of naval port	军港航道	軍港航道
channel-way(=channel)	水道，通道	水道，通道
character displacement	性状替换	形質置換，性狀替換
characteristic species	代表种	代表種
charge-coupled device(CCD)	电荷耦合器件	電荷耦合元件
chart datum	海图[水深]基准面	海圖[水深]基準面
chaser	追猎者	追獵生物
chasm	裂沟	裂溝
chelate	螯合物	螯合物
chemical cleaning	化学清洗	化學清洗
chemical diagenesis	化学成岩作用	化學成岩作用
chemical equilibrium of marine chemistry	海洋化学的化学平衡	海洋化學的化學平衡
chemical industry of salt	盐化工	鹽工業
chemical model of seawater	海水化学模型	海水化學模型
chemical oceanography	化学海洋学	化學海洋學
chemical oxygen demand(COD)	化学需氧量	化學需氧量
chemical picking(=chemical cleaning)	化学清洗	化學清洗
chemical pollutant	化学污染物	化學汙染物
chemical pollutant in the sea	海洋化学污染物	海洋化學汙染物
chemical pollution	化学污染	化學汙染
chemical potential	化学势	化學位能，化學勢
chemical potential difference	化学势差	化學位能差，化學勢差
chemical scavenging	化学清除	化學清除
chemical sediment	化学沉积物	化學沉積物
chemical speciation	化学物种形成	化學成種作用

英　文　名	大　陆　名	台　湾　名
chemical substance form in seawater	海水中物质形态	海水化學物質型態
chemical tracer	化学示踪剂	化學示蹤劑
chemical transport	化学传输	化學傳輸
chemical weathering	化学风化[作用]	化學風化
chemisorption	化学吸附	化學吸附
chemoautotroph	化能自养生物, 化能自养菌	化合自營生物
chemobiotic zone	化学生物带	化學生物帶
chemogenic reaction	化学生成反应	化學生成反應
chemoherm complexes	化学礁体系	化學礁體系
chemostatic culture	恒化培养	恆化培養
chemosynthesis	化能[生物]合成	化學[生物]合成
chemosynthetic bacteria	化合菌	化合細菌
chemotaxis	趋化性	趨化性
chemotaxy(=chemotaxis)	趋化性	趨化性
chemotrophy	化能营养	化學營養[階]
chenier	沼泽沙丘	海沼沙脊
Chilean-type subduction zone	智利型俯冲带	智利型隱沒帶, 智利型俯衝帶
Chile Basin	智利海盆	智利海盆
Chile Rise	智利海岭	智利海隆
Chile Trench	智利海沟	智利海溝
chinook salmon embryo cell line(CHSE)	大鳞大麻哈鱼胚胎细胞系	國王鮭魚胚胎細胞系
chirp	叽声讯号, 连续变频信号	唧聲訊號, 連續變頻信號
chitin	甲壳质, 几丁质	幾丁質
chitosan	脱乙酰甲壳质	幾丁聚醣
chloride anomaly	氯离子浓度异常	氯離子濃度異常
chlorinated hydrocarbon	氯化碳氢化合物, 氯代烃类	氯化碳氫化合物
chlorinity	氯度, 体积氯度	體積氯度, 氯容
chlorite	绿泥石	綠泥石
chloritization	绿泥石化	綠泥石化
chlorocruorin	血绿蛋白	血綠蛋白
chlorophyll	叶绿素	葉綠素
chlorosity(=chlorinity)	氯度, 体积氯度	體積氯度, 氯容
chlorosity factor	氯容因子	氯容因子

英　文　名	大　陆　名	台　湾　名
choanocyte	襟细胞, 领细胞	襟細胞, 領細胞
chondroitin sulfate	硫酸软骨素	硫酸軟骨素
chord	弦杆	弦桿
chordate	脊索动物	脊索動物
chorion	绒毛膜	絨毛膜
chromaticity	色品, 色度	色品, 色度
chromaticity coordinate	色品坐标	色品座標
chromaticity diagram	色品图, 色度图	色品圖
chromatography	色谱法	層析法
chrome mud	铬泥浆	鉻泥漿
chronic pollution	慢性污染	慢性汙染, 長期汙染
CHSE(=chinook salmon embryo cell line)	大鳞大麻哈鱼胚胎细胞系	國王鮭魚胚胎細胞系
ciguatoxin	雪卡毒素	雪卡毒素
ciliate	纤毛虫	纖毛蟲類, 纖毛蟲
cilium	纤毛	纖毛
CIR(=color infrared)	彩色红外	彩色紅外
circular polarization	圆极化, 环形极化	圓形極化
circulation	环流	環流
circulation tracer	循环示踪剂	循環示蹤劑
Circum-Pacific province	环太平洋岩区	環太平洋岩區
Circum-Pacific Volcanic Belt	环太平洋火山带	環太平洋火山帶, 環太平洋火圈
Circumpolar Deep Water(CDW)	绕极深层水	繞極深層水
circumtropical species	环热带种	環熱帶分布種
class	纲	綱
classification of marine environment	海洋环境分类	海洋環境分類
classification of pollutant	污染物分类	汙染物分類
classification of the wastes	废弃物分类	廢棄物分類
clathrate	笼形包合物	籠合物, 籠合體
claystone	黏土岩	黏土岩
CLCS(=Commission on the Limits of the Continental Shelf)	大陆架界限委员会	大陸礁層界限委員會
clear(=scavenge)	清除	清除
cliff	悬崖, 陡崖	懸崖, 陡岸
climate	气候	氣候
climate feedback	气候反馈	氣候回饋
climatic analysis	气候分析	氣候分析

英　文　名	大　陆　名	台　湾　名
climatic anomaly	气候异常	氣候異常
climatic assessment	气候评价	氣候評價
climatic belt	气候带	氣候帶
climatic change	气候变化	氣候變遷, 氣候變化
climatic diagnosis	气候诊断	氣候診斷
climatic factor	气候因子	氣候因子
climatic index	气候指数	氣候指數
climatic monitoring	气候监测	氣候監測
climatic simulation	气候模拟	氣候模擬
climatic system	气候系统	氣候系統
climatic zone(=climatic belt)	气候带	氣候帶
climatology	气候学	氣候學
climax	顶极［群落］	演替顛峰, 頂極, 極相 ［群落］
cline	渐变群, 梯度变异	漸變群, 梯度變異
clonal animal	无性繁殖动物	無性繁殖群體動物
clone	克隆	殖株, 無性繁殖系, 選 殖
closed culture with circulating water	封闭式循环水养殖	封閉式循環水養殖
closed cycle	封闭式循环	封閉式循環
closed cycle OTEC	闭式循环海水温差发电 系统	封閉式海洋溫差發電
closed fishing area	禁渔区	禁漁區
closed fishing line	禁渔线	禁漁線
closed fishing season	禁渔期, 休渔期	禁漁期, 休漁期
cluster	①簇 ②群集	①簇團, 群 ②群集
cluster model of liquid water	液态水簇团模型	液態水簇團模型
cnoidal wave	椭圆余弦波	橢圓函數波
COADS(=comprehensive ocean atmos- phere dataset)	海洋大气综合数据集	海洋大氣綜合數據集
coagulate flocculating agent	混凝剂	混凝劑
coal-waste artificial reef	煤灰人工鱼礁	煤灰魚礁
coarse-tail grading(=size range)	粒级	粒級
coast(=seacoast)	海岸	濱海帶
coastal accretion	海岸加积	海岸加積
coastal city	滨海城市, 沿海城市	沿海城市
coastal climate	滨海气候, 海岸带气候	沿海氣候
coastal current	沿岸流	沿岸流

英 文 名	大 陆 名	台 湾 名
coastal delta	海岸三角洲	沿海三角洲
coastal dynamics	海岸动力学	海岸動力學
coastal embayment	滨岸海湾	濱岸海灣
coastal encroachment	海岸进侵	海岸進侵
coastal engineering	海岸工程	海岸工程
coastal environment	近海环境	海岸環境
coastal erosion disaster	海岸侵蚀灾害	海岸侵蝕災害
coastal front	海岸锋	岸邊鋒面
coastal management	海岸管理	海岸管理
coastal management plan	海岸管理计划	海岸管理計畫
coastal monitoring	近海监测	海岸監測
coastal night fog	海岸夜雾	海岸夜霧
coastal ocean dynamics	近海海洋动力学	近岸海洋動力學
coastal ocean science	海岸海洋科学	海岸海洋科學
coastal pollution	近海污染	海岸汙染
coastal port industry	沿海港口业	沿海港口業
coastal resources	近海资源	海岸資源, 沿岸資源
coastal state	沿海国	沿海國
coastal tourism	滨海旅游	海岸旅遊
coastal transportation industry	沿海运输业	沿海運輸業
Coastal Upwelling Ecosystems Analysis Program(CUEA)	近海上升流区生态系统 分析计划	沿岸上升流區生態系統 分析計畫
coastal water	沿岸水	近岸水
coastal waters pollution	沿岸水域污染	沿岸水域汙染
coastal wetland	滨海湿地	沿海濕地
coastal zone	海岸带	海岸帶
coastal zone color scanner(CZCS)	沿岸带水色扫描仪	沿岸帶水色掃描儀
coastal zone development	海岸带开发	海岸帶開發
coastal zone management	海岸带管理	海岸帶管理
coastal zone management law	海岸带管理法	海岸帶管理法
coastal zone pollution	海岸带污染	海岸帶汙染
coastal zone resources	海岸带资源	海岸帶資源, 沿海資源
coast defense	海岸防护	海防
coast defense engineering	海岸防护工程	海防工程
coastline	海岸线	海岸線
coast of emergence	上升海岸	上升海岸
coast of submergence	下沉海岸, 海侵海岸	下沉海岸, 侵蝕海岸
coating	涂料	塗料, 塗蓋層

英　文　名	大　陆　名	台　湾　名
cobalt-rich crust	[富]钴结壳	鈷結殼, 富鈷結殼
cobble	卵石, 粗砾	瓜礫, 粗礫
coccoconite	钙板藻灰泥	鈣板藻灰泥
coccolith	球石粒, 颗石藻片	鈣板藻片, 顆石藻片
coccolith ooze	颗石软泥	球石片, 鈣板藻軟泥, 顆石藻軟泥
coccolithophore	颗石藻, 钙板藻	顆石藻, 鈣板藻
Cocos Plate	科克斯板块	科克斯板塊
COD(=chemical oxygen demand)	化学需氧量	化學需氧量
coefficient of absorption(=absorption coefficient)	吸收系数	吸收係數
coefficient of acidity	酸度系数	酸度係數
coefficient of compressibility	压缩系数	壓縮係數
coefficient of discharge	放流量系数	放流量係數
coefficient of eddy diffusion	涡流扩散系数	渦流擴散係數, 渦動擴散係數
coefficient of eddy viscosity	涡流黏滞系数	渦流黏滯係數, 渦動黏滯係數
coefficient of maturity	性腺成熟系数	忹腺成熟係数
coefficient of sound-transmission	传声系数	傳聲係數
coefficient of thermal expansion	热膨胀系数	熱膨脹係數
coefficient of transmission	透射系数	透射係數
coefficient of transparency	透明系数	透明係數
coefficient of viscosity(=viscosity coefficient)	黏性系数, 黏滞系数	黏滯係數, 黏度
coevolution	协同进化	共[同]演化
coexistence	共存	共存
cofferdam	围堰	圍堰, 堰艙
coherence	凝聚	凝聚
coherence effect	相关效应	相關效應
coherent reflection	相干反射	相關反射
coherent reflection coefficient	相干反射系数	相關反射係數
coherent scattering function	相干散射函数	相關散射函數
cohesion	内聚力	内聚, 内聚力
cohort	同生群	同齡群
co-ion exclusion	同离子排斥[作用]	同離子排斥[作用]
cold current	寒流	冷流
cold eddy	冷涡	冷渦

英 文 名	大 陆 名	台 湾 名
cold seep	冷泉	冷泉
cold shock	冷休克	冷休克
cold spring(=cold seep）	冷泉	冷泉
cold temperate species	冷温带种	冷溫帶種
cold water species	冷水种	冷水種
cold water sphere	冷水圈，冷水层	冷水圈
cold water tongue	冷水舌	冷水舌
cold wave	寒潮	寒潮
cold zone species	寒带种	寒帶種
collar cell(=choanocyte）	襟细胞，领细胞	襟細胞，領細胞
collection	收集	收集，收取，採集
collector	收集器	收集器
collision	碰撞	碰撞
collision margin	碰撞边缘	碰撞邊緣
colloblast	黏细胞	膠細胞
colloclarite	无结构亮煤	無結構亮煤
colloid	胶体，胶结态	膠凝態
colloidal form in seawater	海水中胶态	海水膠體
colloidal nitrogen in seawater	海水中胶体氮	海水膠體氮
colloidal organic material	胶凝态有机质	膠凝態有機質
colloidal phosphorus in seawater	海水中胶体磷	海水膠體磷
colloidal species in seawater	海水中物质胶体存在形式	海水物質膠體存在形式
colloidal suspension	胶状悬浮［体］	膠凝態懸浮，膠凝懸體
colloidization	胶凝作用	膠凝作用，膠化作用
colloid masking	胶体遮蔽作用	膠體遮蔽作用
colloid particle	胶体微粒	膠粒，膠體微粒
colonial coral	群体珊瑚	群體珊瑚
colonial organism	群体生物	群體生物
colonization	拓殖	拓殖
colony	群体	群體
color comparison tube	比色管	比色管
color constant	色度常数	色度常數
color filter	滤色器	濾色器，濾色片
colorimeter	比色计	比色計
colorimetry	比色法	比色法
color index	比色指数	比色指數
color infrared(CIR）	彩色红外	彩色紅外

英　文　名	大　陆　名	台　湾　名
color of the sea	海色	海色，海洋水色
color spectrum	色谱	色譜
column	立柱	圆柱
COML(= Census of Marine Life)	海洋生物普查计划	海洋生物普查計畫
command of the sea	制海权	制海權
commensalism	偏利共生，偏利共栖	片利共生
commercial port	商港	商港
commission error	多余性误差，超算误差	超出誤差
Commission on the Limits of the Continental Shelf(CLCS)	大陆架界限委员会	大陸礁層界限委員會
common heritage of mankind	人类共同继承遗产	人類共同繼承遺產
common permit	普通许可证	普通許可證
common salt	食盐	食鹽
common species	习见种，常见种	常見種
community	群落	群聚，群落
community ecology(= synecology)	群落生态学	群體生態學
community function	群落功能	群聚功能，群落功能
community structure	群落结构	群聚結構，群落結構
compaction	压实	壓實，壓密
compensation current	补偿流	補償流
compensation depth	补偿深度，补偿层	補償深度
compensation light intensity	补偿光强度	平準光強度，補償光照強度
compensation point	补偿点	平準點，補償點
competence	搬运力	搬運力
competition	竞争	競爭
competition coefficient	竞争系数	競爭係數
complex in seawater	海水[中]络合物	海水錯合物
composite breakwater	混合式防波堤	合成式防波堤
composite image	合成影像	合成影像
composite membrane	复合膜	複合膜
compound	化合物	化合物
compound specific activity	化合物比活度	化合物比活度
comprehensive development and utilization of coastal zone	海岸带综合开发与利用	海岸帶綜合開發與利用
comprehensive ocean atmosphere dataset (COADS)	海洋大气综合数据集	海洋大氣綜合數據集
compressibility	压缩性，压缩率	壓縮性，壓縮率

英　文　名	大　陆　名	台　湾　名
compressibility of sea water	海水压缩性	海水壓縮率
compressional basin	挤压盆地	擠陷盆地，擠壓盆地
compressional wave	压缩波，纵波	壓縮波，縱波
compressional wave velocity	压缩波速度，纵波波速	壓縮波速度
compression system	加压系统	加壓系統
compression test	加压试验	加壓試驗
compression therapy	加压治疗	加壓治療
computational stability	计算稳定度	計算穩定度
concentrated pool	浓缩池	濃縮池
concentration cell	浓差电池	濃差電池
concentration cell corrosion	浓差电池腐蚀	濃差電池腐蝕
concentration factor	浓缩因子	濃縮因數
concentration gradient	浓度梯度	濃度梯度
concentration polarization	浓差极化	濃差極化
concentration potential	浓差电势	濃差電勢
conchology	贝类学	貝類學
concordant coastline	整接海岸线	整接海岸線，順向海岸線
concrete platform	混凝土平台	混凝土平臺
concretion	结核	結核，固結
condensation	凝结[作用]	凝結[作用]
condensation nucleus	凝结核	凝結核
condensed sequence	凝聚层序	凝聚層序
conduction	传导	傳導
conductive salinometer	导电式盐度计	導電式鹽度計
conductivity	①电导率 ②传导性	①電導率，電導係數 ②傳導性
conductivity-temperature-depth recorder（CTD recorder）	温盐深记录仪	溫深導電記錄儀
conductivity-temperature-depth system（CTD）	温盐深测量仪	鹽溫深儀
conductor	导体	導體
conductor frame	隔水套管构架	套管構架
conductor tube	隔水套管	套管
cone delta	锥状三角洲	錐狀三角洲
confidence limit	可信限度	可信限度
conglomerate	砾岩	礫岩
conical transition	锥形过渡段	錐形漸變段

英　文　名	大　陆　名	台　湾　名
conodont	牙形刺	牙形石，牙形刺
conotoxin (CTX)	芋螺毒素	芋螺毒素
conservation of heat	热量守恒	熱量守恆
conservation of marine resources	海洋资源保护	海洋資源保護，海洋資源保育
conservation of resources	资源保护	資源保育
conservation of salt	盐分守恒	鹽量守恆
conservation of volume	体积守恒	容量守恆
conservation zone	渔业保护区	保育區
conservative behavior of chemical substance in estuary	河口化学物质保守行为	河口化學物質守恆行為
conservative concentration	守恒浓度	守恆濃度
conservative constituent	保守组分	守恆成分
conservative constituent of seawater	海水保守组分	海水守恆成分
conservative element	守恒元素	守恆元素
conservative pollutant	守恒污染物	守恆性汙染物
conservative property	守恒性质	守恆性質
conservative system	守恒系统	守恆系統
consistency	一致性	恆定性
consolidation	固结[作用]	固結[作用]，凝固[作用]
constancy of composition of seawater	海水成分恒定性	海水成分恆定性
constant principle of seawater major component	海水中常量元素恒比定律	海水中常量元素恆比定律
constant species	恒有种	恆存種，恆有種
constinuous on-stream monitoring of water quality	连续运转的水质监测	連續運轉的水質監測
constituent day	分潮日	分潮日
constituent hour	分潮时	分潮時
constituent of seawater	海水成分	海水成分
container ship	集装箱船	貨櫃船
contaminant removal	污染物清除	汙染物排除
contaminated area	污染区[域]	汙染區
contamination	污染	汙染
content	含量	含量
continent	大陆	大陸
continental accretion	大陆增生	大陸增生
continental drift	大陆漂移	大陸漂移

英　文　名	大　陆　名	台　湾　名
continental drift hypothesis	大陆漂移说, 魏格纳假说	大陸漂移假說, 魏格納假說
continental growth	大陆增长作用	大陸成長, 大陸增長
continental margin	大陆边缘, 陆缘	大陸邊緣, 陸緣
continental platform	大陆台地	大陸臺地
continental rise	大陆隆	大陸隆起
continental rise apron	陆隆裙	陸隆堆裙
continental rise cone	陆隆锥	陸隆堆錐
continental shelf	大陆架	大陸棚, 大陸架
continental shelf facies(=shelf facies)	陆架相	陸棚相, 陸架相
continental slope	大陆坡	大陸坡, 大陸斜坡
continental sphere	陆界, 陆圈	陸圈, 陸界
continental terrace	大陆阶地	大陸階地
continent-island model	大陆–岛屿模型	大陸–島嶼模型
continentization	大陆化作用	陸殼化, 大陸化
continuity	连续性	連續性
continuity equation	连续方程	連續方程
continuous culture	连续培养	連續培養
continuous observation	连续观测	連續觀測
contour current	等深流	等深[海]流
contour flooding	边缘注水	邊緣注水
contourite	等深流沉积[岩]	平積岩
contour line(=isohypse)	等高线	等高線
contraction theory	收缩说, 冷缩说	收縮說, 冷縮說
contraposed shoreline	叠置滨线	疊置濱線
contrast enhancement	反差增强	對比強化
contrast in water	水中对比度	水中對比度
contrast stretch	对比拉伸	對比拉伸
control of eutrophication in the sea area	海域富营养化控制	海域優養化控制
convection cell	对流单体, 对流[涡]胞	對流圈, 對流環, 對流包
convection current	对流	對流
convection theory	对流说	對流說
convective body	对流体	對流體
convective mixing	对流混合	對流混合
convective process	对流过程	對流過程
conventional diving	常规潜水	正規潛水
Convention of Biological Diversity(CBD)	生物多样性公约	生物多樣性公約

英　文　名	大　陆　名	台　湾　名
Convention on Fishing and Conservation of the Living Resources of the High Seas	公海捕鱼和生物资源养护公约	公海捕鱼和生物资源保育公约
Convention on the Continental Shelf	大陆架公约	大陸礁層公約
Convention on the High Seas	公海公约	公海公約
convergence	辐合	輻合
convergence condition	收敛条件	收斂條件
convergence zone	辐合带	輻合帶
convergent current	汇聚流	匯聚流
convergent evolution	趋同进化，趋同演化	趨同演化
convergent margin	汇聚边缘	匯聚邊緣，聚合邊緣
converted wave	转换波	轉換波
conveyor	传送带	傳送帶，輸送帶
Cooperative Study of the Kuroshio and Adjacent Regions(CSK)	黑潮及邻近水域的合作研究	黑潮及鄰近水域的合作研究
Copenhagen water	国际[哥本哈根]标准海水	國際[哥本哈根]標準海水
copepodid larva(=copepodite)	桡足幼体	橈足類幼生
copepodid stage	桡足幼体期	橈足期
copepodite	桡足幼体	橈足類幼生
copolymerisation	共聚合作用	共聚合作用
coprecipitation	共沉淀	共沉澱
coquina	介壳灰岩	貝殼石灰岩，介殼石灰岩
coral	珊瑚	珊瑚[蟲]
coral algal facies	珊瑚藻相	珊瑚藻相
coral atoll	珊瑚环礁	珊瑚環礁
Coral Basin	珊瑚海盆	珊瑚海盆
coral beach	珊瑚滩	珊瑚灘
coral bleaching	珊瑚白化	珊瑚白化
coralgal micrite	珊瑚藻微晶石灰岩	珊瑚藻微晶石灰岩
coralgal sediment	珊瑚藻沉积物	珊瑚藻沉積物
coral limestone	珊瑚灰岩	珊瑚石灰岩
coralline algae	珊瑚藻	珊瑚藻
coralline crag	珊瑚石灰岩	珊瑚石灰岩
coralline facies	珊瑚相	珊瑚相
corallite	珊瑚单体	珊瑚單體
corallum	珊瑚体，珊瑚骼	珊瑚骨[骼]體
coral pillar	珊瑚柱	珊瑚柱

英 文 名	大 陆 名	台 湾 名
coral pinnacle	珊瑚塔	珊瑚塔
coral polyp	珊瑚虫	珊瑚蟲
coral rag	珊瑚礁角砾岩	珊瑚礁角礫岩
coral reef	珊瑚礁	珊瑚礁
coral reef coast	珊瑚礁海岸	珊瑚礁海岸
coral reef community	珊瑚礁生物群落	珊瑚礁群落
coral reef lagoon	珊瑚礁潟湖	珊瑚礁潟湖
coral reef shoreline	珊瑚礁海岸线	珊瑚礁海岸線,珊瑚礁濱線
coral sand	珊瑚砂	珊瑚砂
Coral Sea	珊瑚海	珊瑚海
coral shoal	珊瑚暗礁,珊瑚洲	珊瑚暗礁,珊瑚洲
coral-stromatoporoid reef	珊瑚–层孔虫岩礁	珊瑚–層孔蟲岩礁
coral tableland	珊瑚丘	珊瑚丘
coral talus	珊瑚崖锥	珊瑚崖錐
corange line	等潮差线,同潮差线	同潮差線
cordillera(=mountain range)	山脉	山脈,山系
Cordillera-type orogenic belt	科迪勒拉型造山带	科迪勒拉型造山帶
core analysis	岩芯分析	岩芯分析
core area	核心区	核心區
core barrel	岩芯筒,岩芯管	岩芯管
core bit	岩芯钻头	岩芯鑽頭,取芯鑽頭
core boring	取芯钻进	取芯鑽進,取芯鑽採
core catcher	岩芯捕捉器	岩芯捕捉器,岩芯爪
core cutter	岩芯切割机	岩芯切割機
core drill	岩芯钻	岩芯鑽
coregraph	岩芯柱状图	岩芯記錄圖,岩芯柱狀圖
core method	核心法	核心法
corer	岩芯采取器	岩芯採取器,取岩芯器
core recovery	[岩芯]取样率	岩芯取芯率
core sample	岩芯标本	岩芯標本
coring	取岩芯	取岩芯
Coriolis effect	科里奥利效应	科氏效應
Coriolis force	科里奥利力	科氏力
corner reflector	角反射器	角反射器
corona	纤毛冠	纖毛冠
correlation coefficient	相关系数	相關係數

英 文 名	大 陆 名	台 湾 名
corridor	走廊	通道，走廊
corrosion	腐蚀	腐蚀，侵蚀
corrosion-causing bacteria	腐蚀微生物	腐蚀微生物
corrosion control	腐蚀控制，防蚀	腐蚀控制，防蚀
corrosion inhibitor	缓蚀剂	缓蚀劑
corrosion prevention(=corrosion control)	腐蚀控制，防蚀	腐蚀控制，防蚀
corrosion proof	抗腐蚀	抗腐蚀
corrosion rate	腐蚀速率	腐蚀速率
corrosion resistance	抗腐蚀性，耐蚀性	抗腐蚀性
corrosion seawater	腐蚀性海水	腐蚀性海水
corrosive action	腐蚀作用	腐蚀作用
corrosive nature of seawater	海水腐蚀特性	海水腐蚀特性
cosmic dust	宇宙尘	宇宙塵
cosmopolitan species	广布种	全球種，廣佈種
cost of marine resource exploitation	海洋资源开发成本	海洋資源開發成本
cotidal line	等潮时线，同潮时线	同潮線，等潮線
countercurrent	逆流	對流交換
coupled oscillation	共振	相互共振
Courant-Friedrichs-Lewy condition(CFL condition)	CFL 条件	CFL 條件
Courant number	库朗数	庫朗數
covalence	共价	共價
cove	①小湾 ②谷地	①小灣，小河灣 ②谷地
CPUE(=catch-per-unit effort)	单位捕捞强度	單位努力漁獲量
cracking salt	响盐	響鹽
crane barge(=floating crane craft)	起重船	起重船
crane vessel(=floating crane craft)	起重船	起重船
creep	蠕变	潛移，蠕變
creeping flow	蠕[动]流	蠕流
crest line	波峰线	波峰線
Cretaceous Period	白垩纪	白堊紀
criquinite	致密海百合屑灰岩	緻密海百合屑石灰岩
critical depth	临界深度	臨界水深
critical member	关键构件	關鍵構件
critical species of marine pollution	海洋污染评价种	海洋汙染評估種
Cromwell Current	克伦威尔海流	克倫威爾海流
cross bar	横沙洲	橫沙洲
cross-bedding(=cross-stratification)	交错层理	交错層理，交互成層

英　文　名	大　陆　名	台　湾　名
cross-coupling effect	交叉耦合效应	交叉耦合效應
cross-equatorial flow	越赤道气流	越赤道洋流
crossover orbit	交叠轨道	交疊軌道
crossplot	交会图	對照圖示
cross-stratification	交错层理	交錯層理，交互成層
cross-stratum	交错层	交錯層
Crozet Basin	克罗泽海盆	克羅澤海盆
Crozet Plateau	克罗泽海台	克羅澤海臺
crude oil pollution	原油污染	原油汙染
cruise	航次	航次
crust	地壳	地殼
crustacean	甲壳动物	甲殼動物
cryptalgalaminate	隐藻层	隱藻層
cryptalgalaminite	隐藻纹层岩	隱藻紋層岩
cryptophycin	念珠藻素	念珠藻素
crystalline limestone	结晶石灰岩	結晶石灰岩
crystallization	结晶	結晶
crystal pool	结晶池	結晶池
CSK(=Cooperative Study of the Kuroshio and Adjacent Regions)	黑潮及邻近水域的合作研究	黑潮及鄰近水域的合作研究
CTD(=conductivity-temperature-depth system)	温盐深测量仪	鹽溫深儀
CTD recorder(=conductivity-temperature-depth recorder)	温盐深记录仪	溫深導電記録儀
ctene	栉板	櫛板帶
CTX(=conotoxin)	芋螺毒素	芋螺毒素
CUEA(=Coastal Upwelling Ecosystems Analysis Program)	近海上升流区生态系统分析计划	沿岸上升流區生態系統分析計畫
cumularspharolith	团粒	團粒
cumulative curve	累积曲线	累積曲線
cuphole	杯状穴	杯狀穴
cupola	钟状壳	鐘狀殼
current direction	流向	流向
current drift	泥沙流	泥沙流
current meter	海流计	海流儀
current shear front	流速切变锋	流切鋒
current speed	流速	流速
current velocity(=current speed)	流速	流速

英　文　名	大　陆　名	台　湾　名
curved bar	弯曲沙洲	彎曲沙洲, 彎曲沙壩
curvilinear coordinates	曲线坐标	曲線座標
cuspate bar	尖角坝	尖頭沙壩, 三角沙壩
cusplet	小滩角	小灘角
cut-and-fill	冲淤	蝕積
cyclic sedimentation	旋回沉积作用	旋廻沉積作用
cyclic sequence	旋回层序	旋廻層序
cyclomorphosis	周期变形	週期變形
cyclone	气旋	氣旋
cyclothem	旋回层	週期堆積, 韻律層
cyphonautes larva	苔藓虫幼体	苔蘚蟲幼體
cypris larva	腺介幼体	腺介幼蟲
CZCS(=coastal zone color scanner)	沿岸带水色扫描仪	沿岸帶水色掃描儀

D

英　文　名	大　陆　名	台　湾　名
dactylene	海兔醚	海兔醚
Dalton law	道尔顿定律	道爾頓定律
Dalton number	道尔顿数	道爾頓數
damage of coastal water conservancy project	海岸水利工程损毁	近岸水域保全計畫的破壞
damped cycle	减幅周期	減幅週期, 阻尼週期
dark bottle	暗瓶	暗瓶
data transmission subsystem	数据传输分系统	資料傳輸次系統
datum level	基准面	基準面
day-night cycle	昼夜周期	晝夜週期
DDC(=deck decompression chamber)	甲板减压舱	甲板減壓艙
dead zone	死区	死區
debris flow	碎屑流	碎屑流
Debye-Hückel limiting law	德拜-休克尔限制定律	德拜-休克爾限制定律
Debye-Hückel theory	德拜-休克尔理论	德拜-休克爾理論
Debye-Hückel theory of strong electrolyte	德拜-休克尔强电解质理论	德拜-休克爾強電解質理論
decay	腐解	腐解
decay constant(=attenuation constant)	衰减常数	衰減常數
decay of pollutant	污染物衰减	汙染物衰減

英　文　名	大　陆　名	台　湾　名
decay product	衰变产物	衰變產物
decay rate	衰变率	衰變率
Decca navigator	台卡导航仪	笛卡導航器
decision tree	决策树	決策樹
deck decompression chamber(DDC)	甲板减压舱	甲板減壓艙
deck unit	甲板装置	甲板裝置
declination	磁偏角	磁偏角
decompose	①腐烂 ②分解	①腐爛 ②分解
decompression	减压现象	減壓現象
decontamination fluid	去污流体	除汙流體
decontamination index	去污指数, 净化指数	除汙指數
deconvolution	反褶积	解迴旋, 反褶積
deep geostrophic current	深海地转流	深海地轉流
deep layer	深层	深層
deep mantle plume	深地幔柱	深地函柱, 深地幔柱
deep scattering layer(DSL)	深海声散射层	深部散射層, 深海散射層
deep-sea acoustic propagation	深海声传播	深海聲傳播
deep-sea basin	深海盆地	深海盆地
deep-sea bed(=deep-sea floor)	深海底	深海底, 深海床
deep-sea channel	深海水道	深海水道
deep-sea circulation	深海环流	深海環流
deep-sea cone	深海锥	深海錐
Deep-Sea Drilling Project(DSDP)	深海钻探计划	深海鑽探計畫
deep-sea ecology	深海生态学	深海生態學
deep-sea ecosystem	深海生态系统	深海生態系統
deep-sea engineering	深海工程	深海工程
deep-sea facies	深海相	深海相
deep-sea fan	深海扇	深海扇
deep-sea floor	深海底	深海底, 深海床
deep-sea ooze	深海软泥	深海軟泥
deep-sea plain	深海平原	深淵底平原, 深海平原
deep-sea sediment	深海沉积[物]	深海沉積物
deep-sea sound channel	深海声道	深海聲道
deep-sea sounding	深海测深	深海測深
deep-sea storm	深海暴流	深海暴流
deep submergence rescue vehicle	深海救助工具	深海救難載具
deep tow	深水拖体	深水拖體

英　文　名	大　陆　名	台　湾　名
deep-towed system	深拖系统	深拖系统
deep-water current	深层流	深層流
deep-water delta	深水三角洲	深水三角洲
deep-water drilling	深海钻井	深水鑽井，深海鑽井
deep-water facies	深水相	深水相
deep-water jacket	深水导管架	深水導管架
deep-water wave	深水波	深水波
deflocculated structure	非絮凝结构	非絮凝結構
deflocculation	解絮凝[作用]，反絮凝[作用]	反絮凝作用，去絮凝作用
degauss	消磁，去磁	去磁，退磁
deglaciation	冰川减退，冰川消退	冰川减退，冰消
degradation	降解[作用]	降解[作用]
degree of dissociation	解离程度	離解程度
degree of ionization	电离度	電離度，游離度
degree of mineralization	矿化程度	礦化程度
degree of polarization	极化度	極化度
dehydrate	脱水物	脱水物
dehydration	脱水[作用]	脱水[作用]
deionized water	去离子水	去離子水
delamination	脱层	層脱，分層
delimitation of the exclusive economic zone	专属经济区划界	專屬經濟區劃界
delta	三角洲	三角洲
delta front	三角洲前缘	三角洲前緣
deltaic-plain complex	三角洲平原复合体	三角洲平原複合體
deltaic progradation	三角洲前积	三角洲前積，三角洲增長
delta lobe	三角洲朵体	三角洲朵體，三角洲葉狀體
delta plain	三角洲平原	三角洲平原
demagnetization curve	退磁曲线	退磁曲線
deme	繁殖群	繁殖亞族群
demersal egg	沉性卵	沉性卵
demersal fishes	底层鱼类	底層魚類
demineralization of water(=water softening)	水软化	水軟化
denitrification	反硝化[作用]	脱硝[作用]
densimeter	密度计	密度計

英 文 名	大 陆 名	台 湾 名
density	密度	密度
density current	密度流	密度流
density-dependent	密度制约	密度相關
density-dependent mortality	密度制约死亡率	密度制約死亡率
density excess	密度超量	條件密度
density flow(＝density current)	密度流	密度流
density independent	非密度制约	密度無關
density *in situ*	现场密度	現場密度
density-temperature relationship	密度–温度关系	密度–溫度關係
density underflow	高密度底流	高密度底流
denudation	剥蚀作用	剝蝕作用,溶蝕作用
denudation rate	剥蚀速率	剝蝕速率
deodorizing technology	海水异味去除技术	海水異味去除技術
deoxidation	脱氧[作用]	脱氧[作用]
depletion	枯竭	枯竭
depocenter	沉积中心	沉積中心
depolarization	去极化	去極化
deposit control inhibitor(＝scale inhibitor)	阻垢剂	阻垢劑
deposit feeder	食底泥动物	沉積物攝食生物
deposition(＝sedimentation)	沉积作用	沉積作用
depositional cycle	堆积循环	堆積循環,堆積旋廻
depositional environment	沉积环境	堆積環境
depositional model	沉积模式	堆積模式
depositional sequence	沉积层序	堆積層序
depositional system	沉积体系	堆積體系
depression	洼地	窪地,凹陷
depression angle	俯角	俯角
depth conversion	深度转换	深度轉換
depth migration	深度移位	深度移位,深度偏移
depth-time conversion	深度–时间转换	深度–時間轉換
dermolithic lava	皱皮熔岩	皺皮熔岩
desalination	脱盐,淡化	脱鹽,淡化
desalination by hydrate process	水合淡化法	水合淡化法
desalination by piezodialysis(＝desalination by pressure dialysis)	压力渗析淡化法	壓力滲析淡化法
desalination by pressure dialysis	压力渗析淡化法	壓力滲析淡化法
desalination by reverse osmosis	反渗透淡化法	逆滲透淡化法
desalination by solvent extraction	溶剂萃取淡化法	溶劑萃取淡化法

英 文 名	大 陆 名	台 湾 名
desalination by vapor compression distil-lation	蒸汽压缩式蒸馏淡化法	蒸氣壓縮式蒸餾淡化法
desalination membrane	淡化膜	淡化膜
desalination plant	淡化厂	淡化廠
desalination process	淡化过程	淡化過程
desalination technology	淡化技术	淡化技術
desalted water	淡化水	淡化水
descaling agent	除垢剂	除垢劑
descaling capability	除垢能力	去垢能力
descendant(=decay product)	衰变产物	衰變產物
descriptive chemical oceanography	描述性化学海洋学	描述性化學海洋學
desiccant	脱水剂, 干燥剂	脱水劑, 乾燥劑
desiccation	干燥[作用]	乾燥[作用], 乾化
desorption	脱附, 解吸附[作用]	脱附, 解吸附
desorption efficiency	脱附效率	脱附效率
desulfurization	脱硫作用	去硫作用, 脱硫作用
detached breakwater	岛式防波堤	離岸堤, 島式防波堤
detached wharf	岛式码头	離岸碼頭
detachment	滑脱	脱底, 滑脱
detail design	详细设计	細部設計
detection of red tide toxin	赤潮毒素检测	赤潮毒素檢測
determinate fatigue analysis	确定性疲劳分析	確定性疲勞分析
detrainment [in ocean]	卷出	逸出
detrition	风化破碎作用	風化破碎作用, 成屑作用
detritivore	食碎屑者	碎屑食者
detritus feeder	食碎屑动物	食碎屑動物
detritus food chain	食碎屑食物链	碎屑性食物鏈
detritus food web	食碎屑食物网	碎屑性食物網
deuterostome	后口动物	後口動物
Devonian Period	泥盆纪	泥盆紀
dextral displacement	右旋位移	右旋位移
DHA(=docosahexenoic acid)	二十二碳六烯酸	二十二碳六烯酸
diadinoxanthin	硅甲藻黄素	矽甲藻黄素
diagenesis	成岩作用	成岩作用
diagenetic facies	成岩相	成岩相
diagenetic process	成岩过程	成岩過程
diagnostic model	诊断模式	診斷模式

英 文 名	大 陆 名	台 湾 名
diamagnetism	反磁性	反磁性
diamictite	混杂陆源沉积岩	陸源混積岩
diapause egg(=dormant egg)	休眠卵	休眠卵, 滯育卵
diapirism	底辟作用	貫入作用
diapir salt	底辟盐体构造	衝頂構造鹽體
diapir structure	底辟构造	衝頂構造
diarrhetic shellfish poison(DSP)	腹泻性贝毒	腹瀉性貝毒
diastem	小间断	小間斷, 沉積停頓
diatom	硅藻	矽藻, 硅藻
diatomaceous earth	硅藻土	矽藻土
diatomin	硅藻素	矽藻素
diatom ooze	硅藻软泥	矽藻軟泥, 硅藻軟泥
diatoxanthin	硅藻黄素	矽藻黃素
DIC(=dissolved inorganic carbon)	溶解无机碳	溶解無機碳
dicycle	双周期	雙週期
didemnin	膜海鞘素	膜海鞘素
dielectric constant	介电常数	介電常數
difference vegetation index(DVI)	差分植被指数	差分植被指數
differential compaction	差异压实作用	差異化固結作用, 分異化壓縮作用
differential erosion	差异侵蚀	差異侵蝕
diffraction coefficient	衍射系数	繞射係數
diffuse attenuation coefficient	漫射衰减系数	漫射衰減係數
diffuse reflection	漫反射	漫反射
diffusion	扩散	擴散
diffusion coefficient	扩散系数	擴散係數
diffusion constant	扩散常数	擴散常數
diffusion effect	扩散效应	擴散效應
diffusion equation	扩散方程	擴散方程
diffusivity	扩散率	擴散率
digital ocean	数字海洋	數位化海洋
digital oceanographic dataset	数字海洋数据集	數位化海洋資料集
dilatation	膨胀	膨脹, 脹縮
dilatometer	膨胀计	膨脹計
dilatometric technique	膨胀计方法	膨脹計方法
diluted water	稀释水	稀釋水, 沖淡水
dilute medium	稀释介质	稀釋介質
dilution	稀释	稀釋

英　文　名	大　陆　名	台　湾　名
dilution cycle	稀释旋回	稀釋循環
dilution ratio	稀释比	稀釋比
dimensional analysis	量纲分析	因次分析
dioecism(=gonochorism)	雌雄异体	雌雄異體
dioxide	二氧化物	二氧化物
diploid	二倍体	雙倍體，二倍體
direct bromination	直接溴化作用	直接溴化作用
direct chlorination	直接氯化作用	直接氯化作用
direct contact desulfurization	直接接触式脱硫	直接接觸式脱硫
direct freezing desalination	直接冷冻淡化法	直接冷凍淡化法
direct interaction	直接交互作用	直接交互作用
disaggregate	崩解	崩解，解集
discharge	排出	排出
discodermolide	圆皮海绵内酯	圓皮海綿内酯
discolored water	变色[海]水	變色水
discriminant analysis	判别分析	判別分析
disequilibrium	不平衡	不平衡
disintegration	蜕变	蜕變
dispersion	频散，色散	色散，彌散
dispersion relation	频散关系	頻散關係
dispersion wave	频散波	頻散波
disruptive selection	歧化选择	分裂天擇，歧化天擇
disseminated gas hydrate	浸染状天然气水合物	浸染狀天然氣水合物
disseminated sulfide	浸染状硫化物	浸染硫化物
dissemination system of marine information	海洋信息分发系统	海洋資訊分發系統
dissociation constant	离解常数	離解常數
dissolution	溶解[作用]	溶解[作用]
dissolution effect	溶解效应	溶解效應
dissolution kinetics	溶解动力学	溶解動力學
dissolution rate	溶解率	溶解率
dissolved carbon dioxide in seawater	海水中溶解二氧化碳	海水溶解二氧化碳
dissolved flux	溶解通量	溶解通量
dissolved forms in seawater	海水中溶解态	海水溶解物質
dissolved greenhouse gas in seawater	海水中溶解温室气体	海水溶解溫室氣體
dissolved inorganic carbon(DIC)	溶解无机碳	溶解無機碳
dissolved load	溶解负载量	溶解負載量
dissolved nitrogen	溶解氮	溶解氮

英 文 名	大 陆 名	台 湾 名
dissolved nitrogen in seawater	海水中溶解氮	海水溶解氮
dissolved nutrients in seawater	海水中溶解营养盐	海水溶解營養鹽
dissolved nutrient salts	溶解营养盐类	溶解營養鹽類
dissolved organic carbon(DOC)	溶解有机碳	溶解有機碳
dissolved organic compound	溶解有机化合物	溶解有機化合物
dissolved organic matter(DOM)	溶解有机质	溶解有機質
dissolved organic nitrogen(DON)	溶解有机氮	溶解有機氮
dissolved organic phosphorus(DOP)	溶解有机磷	溶解有機磷
dissolved oxygen(DO)	溶解氧	溶氧[量]
dissolved oxygen corrosion	溶解氧腐蚀	溶解氧腐蝕
dissolved oxygen gas analyzer	溶氧测定器	溶氧測定器
dissolved oxygen meter for seawater	海水溶解氧测定仪	海水溶氧測定儀
dissolved oxygen saturation	溶解氧饱和度	溶氧飽和度
dissolved phase	溶解相	溶解相
dissolved salts	溶解盐类	溶解鹽類
dissolved solid	溶解性固体	溶解性固體
dissolving capacity	溶解容量	溶解容量
dissolving power	溶解力	溶解力
distant fishing	远洋捕捞	遠洋捕撈
distillation	蒸馏	蒸餾
distillation process	蒸馏法	蒸餾法
distribution of halocline intensity	盐跃层强度图	鹽躍層強度分布
distribution of marine industries	海洋产业布局	海洋產業佈局
distribution of pycnocline intensity	密跃层强度图	密度躍層強度分布
distribution of thermocline intensity	温跃层强度图	斜溫層強度分布
diurnal inequality	日不等[现象]	週日不等, 日潮不等
diurnality	昼行性	晝行性, 日行性
diurnal tide	[正规]全日潮	全日潮
diurnal vertical migration	昼夜垂直移动	晝夜垂直遷移
diver	潜水员	潛水員, 潛水伕
divergence	辐散	輻散
divergence operator	散度算子	散度算子
divergent boundary	离散边界	擴張邊界
divergent evolution	趋异进化	趨異演化
divergent plate boundary	离散板块边界	分離板塊邊界
diversity index	多样性指数	多樣性指標
diversity-stability hypothesis	多样性稳定假说	多樣性穩定性假說
diving	潜水	潛水

英　文　名	大　陆　名	台　湾　名
diving accident	潜水事故	潛水事故
diving bell	潜水钟	潛水鐘
diving compression-decompression procedure	潜水加减压程序	潛水加減壓程序
diving decompression	潜水减压	潛水減壓
diving decompression sickness	潜水减压病	潛水減壓病
diving decompression stop	潜水减压停留站	潛水減壓站
diving depth	潜水深度	潛水深度
diving disease	潜水疾病	潛水疾病
diving medical security	潜水医学保障	潛水醫學保障
diving medicine	潜水医学	潛水醫學
diving physiology	潜水生理学	潛水生理學
diving procedure	潜水程序	潛水程序
diving's equipment	潜水装具, 潜水装备	潛水裝備
diving tourism	旅游潜水	潛水觀光
DNA fingerprint	DNA 指纹	DNA 指紋
DNA probe	DNA 探针	DNA 探針
DO(=dissolved oxygen)	溶解氧	溶氧[量]
DOC(=dissolved organic carbon)	溶解有机碳	溶解有機碳
dock	船坞	船塢
docosahexenoic acid(DHA)	二十二碳六烯酸	二十二碳六烯酸
dolastatin	尾海兔素	尾海兔素
dolomite	白云石	白雲岩, 白雲石
dolomite carbonatite	白云碳酸盐岩	白雲碳酸鹽岩
dolomitization	白云石化	白雲岩化作用
DOM(=dissolved organic matter)	溶解有机质	溶解有機質
domestic seawater technology	大生活用海水技术	生活用海水技術
domestic sewage	生活污水	生活汙水, 民生汙水
domestic waste	家庭废物	生活廢棄物
dominance	优势度	優勢度
dominance-controlled community	优势种控制群落	優勢種控制之群聚
dominant species	优势种	優勢種
domoic acid	软骨藻酸	軟骨藻酸
DON(=dissolved organic nitrogen)	溶解有机氮	溶解有機氮
Donghai Coastal Current	东海沿岸流	東海沿岸流
DOP(=dissolved organic phosphorus)	溶解有机磷	溶解有機磷
Doppler bandwidth	多普勒频宽	都卜勒頻寬
Doppler current meter	多普勒海流计	都卜勒海流儀

英　文　名	大　陆　名	台　湾　名
Doppler effect	多普勒效应	都卜勒效應
Doppler navigation system	多普勒导航系统	都卜勒導航系統
Doppler radar	多普勒雷达	都卜勒雷達
Doppler sonar	多普勒声呐	都卜勒聲納
dormancy	休眠	休眠
dormant egg	休眠卵	休眠卵，滯育卵
double diffusion	双扩散	雙擴散
double diffusive instability	双扩散不稳定	雙擴散不穩定
double ebb	双低潮	雙低潮
double flood	双高潮	雙高潮
downcutting	下切侵蚀，向下侵蚀	向下侵蝕，下切侵蝕
downdip block	下倾断块	下傾斷塊
downgoing plate（＝subduction plate）	俯冲板块，隐没板块	隱沒板塊，俯衝板塊
downgoing slab（＝subduction plate）	俯冲板块，隐没板块	隱沒板塊，俯衝板塊
downthrown block	下落断块	下落斷塊
downward flow（＝downwelling）	下降流	沉降流，下降流，下沉流
downward irradiance（＝downwelling irradiance）	下行辐照度	下行輻照度
downwelling	下降流	沉降流，下降流，下沉流
downwelling irradiance	下行辐照度	下行輻照度
draft correction	吃水修正	吃水修正
drag coefficient	拖曳系数	拖曳係數
drainage basin	流域	流域，滙水盆地
Drake Passage	德雷克海峡	德雷克海峽
dredge（＝bottom trawl）	底拖网	底拖網
dredger	挖泥船	挖泥船
dredging engineering	疏浚工程	疏浚工程，浚渫工程
drewite	文石泥	德羅軟泥，霰石軟泥
drift current	漂流	表流，漂流
drift ice	流冰	流冰
drifting buoy	漂流浮标	漂流浮標
drifting egg	漂流卵	漂流卵
drifting organism	漂流生物	漂流生物
drifting weed	漂流藻，漂流杂草	漂流藻，漂流草
driller's log	钻孔记录	鑽孔記錄，鑽井記錄
drilling	钻井	鑽井

英 文 名	大 陆 名	台 湾 名
drilling platform	钻井平台	鑽井平臺
drilling vessel	钻探船	鑽探船,鑽井船
drill string compensator(DSC)	钻柱运动补偿器	鑽柱運動補償器
driving force	推动力	推動力,驅動力
dropper	滴管	滴管
dropping mercury electrode	滴汞电极	滴汞電極
drowned coast	淹没岸	沉溺海岸,沉降海岸
drowning	溺水	沉溺
DSC(=drill string compensator)	钻柱运动补偿器	鑽柱運動補償器
DSDP(=Deep-Sea Drilling Project)	深海钻探计划	深海鑽探計畫
DSL(=deep scattering layer)	深海声散射层	深部散射層,深海散射層
DSP(=diarrhetic shellfish poison)	腹泻性贝毒	腹瀉性貝毒
dual polarization radar	双极化雷达	雙極化雷達
Duhem theorem	杜安定理	杜亨定理
dumping area at sea	海洋倾倒区	海拋區
dumping skill at sea	海洋倾倒技术	海拋技術
dunite	纯橄榄岩	純橄欖岩
dunstone	杏仁状辉绿岩	杏仁狀輝綠岩,鎂灰岩
DVI(=difference vegetation index)	差分植被指数	差分植被指數
dynamical oceanography	动力海洋学	動力海洋學
dynamic [computation] method	动力[计算]方法	動力方法
dynamic positioning	动力定位	動力定位,動態定位
dynamic positioning rig	动力定位钻井船	動力定位式鑽井架
dysbaric osteonecrosis	减压性骨坏死	減壓性骨壞死
dysphotic zone	弱光带,弱光层	弱光帶,弱光層

E

英 文 名	大 陆 名	台 湾 名
EAG(=electroantennogram)	触角电位图	觸角電位圖
early indicator	早期指示者	早期指標生物
earth dynamics	地球动力学	地球動力學
earth ellipsoid	大地椭球[体]	大地橢球體
earth holography	大地全息术	大地全像術
earth magnetic field(=geomagnetic field)	地磁场	地磁場,地球磁場
earth resources satellite(ERS)	地球资源卫星	地球資源衛星

英　文　名	大　陆　名	台　湾　名
earth tripolite(=diatomaceous earth)	硅藻土	矽藻土
East African Graben	东非地堑	東非地塹
East African Rift Valley	东非裂谷	東非裂谷
East Antarctic Craton	东南极克拉通	東南極克拉通, 東南極古陸
East Antarctic Ice Sheet	东南极冰盖	東南極冰棚
East Antarctic Shield	东南极地盾	東南極地盾
East Asian monsoon	东亚季风	東亞季風
East Australian Current	东澳大利亚海流	東澳大利亞海流
East China Sea Coastal Current(=Dong-hai Coastal Current)	东海沿岸流	東海沿岸流
East China Sea cyclone	东海气旋	東海氣旋
Easter fracture zone	复活岛破裂带, 复活岛断裂带	復活島斷裂帶, 復活島破裂帶
easterlies	东风带	東風帶
easterly trade wind	贸易东风	貿易東風
eastern boundary current	东边界流	東方邊界流
East Greenland Current	东格陵兰海流	東格陵蘭海流
East Indian Ridge	东印度洋海脊	東印度洋海脊
East Melanesia Trench	东美拉尼西亚海沟	東美拉尼西亞海溝
East Pacific Rise	东太平洋海隆	東太平洋隆起, 東太平洋海隆
East Wind Drift	东风漂流	東風漂流
ebb	落潮	退潮
ebb current	落潮流	落潮流
ebbing	沉陷	沉陷, 坳陷
ebb tide(=ebb)	落潮	退潮
ebb-tide current(=ebb current)	落潮流	落潮流
EC_{50}(=median effective concentration)	半数效应浓度	半效應濃度
eccentricity	偏心率	偏心率
ecdysis	蜕皮	蜕皮
ecdysone	蜕皮激素	蜕皮激素
echinoderm	棘皮动物	棘皮動物
echinopluteus larva	海胆幼体	海膽幼體
echinoside	棘辐肛参苷	棘輻肛參苷
echo	回声	回聲
echogram	超声回波图, 回波成像	回聲測深圖, 音測圖
echograph	回声深度记录器	回聲深度記錄器

英　文　名	大　陆　名	台　湾　名
echolocation	回声定位	回聲定位
echo ranging	回声测距	回聲測距,回聲定位
echosounder	回声测深仪	回聲測深儀
echo sounding	回声测深	回音測深
ecological assessment	生态评价	生態評估
ecological barrier	生态障碍	生態障碍
ecological biogeography	生态生物地理学	生態生物地理學
ecological crisis	生态危机	生態危機
ecological economics	生态经济学	生態經濟學
ecological effect of marine pollution	海洋污染生态效应	海洋汙染生態效應
ecological engineering	生态工程	生態工程
ecological equivalent	生态等值	生態等值
ecological foot-print	生态足迹	生態足跡
ecological genomics	生态基因组学	生態基因體學
ecological gradient	生态梯度	生態梯度
ecological restoration	生态恢复	生態復育
ecological risk assessment	生态风险评价	生態風險評估
ecology	生态学	生態學
ecology pressure	生态压力	生態壓力
economic evaluation of marine resources	海洋资源经济评价	海洋資源經濟評估
ECOR(=Engineering Committee on Oce- anic Resources)	海洋资源工程委员会	海洋資源工程委員會
ecosystem	生态系[统]	生態系
ecosystem culture	生态系养殖	生態系養殖
ecotone	群落交错区	生態系交會區
ecotourism	生态旅游	生態旅遊
ecotoxicology	生态毒理学	生態毒理學
ecotype	生态型	生態型
ecteinascidin 743	海鞘素 743	海鞘素 743
ectoparasites eaters	外寄生物食者	外寄生蟲食者
ectotherm(=poikilotherm)	变温动物,冷血动物	變溫動物,冷血動物
ED(=electrodialysis)	电渗析	電滲析
eddy	涡旋	渦旋,渦流
eddy conduction	涡传导	渦漩傳導
eddy diffusion(=turbulence diffusion)	涡流扩散	渦流擴散
eddy-resolving model	涡旋解析模式	渦旋解析模式
eddy viscosity	涡动黏滞率	渦黏滯度
edge detection	边缘检测	邊緣偵測

英　文　名	大　陆　名	台　湾　名
edge effect	边缘效应	邊緣效應
edge enhancement	边缘增强；边缘强化	邊緣強化
edge matching	边缘匹配	邊緣媒合
edge wave	边缘波	[沙]岸緣波
EDR(=electrodialysis reversal)	[频繁]倒极电渗析	往復式電透析
EEZ(=exclusive economic zone)	专属经济区	專屬經濟水域
effective population size	有效种群大小	有效族群大小
effective radiation	有效辐射	有效輻射
effect of seaboard	海岸效应	海岸效應
egg laying(=oviposition)	产卵	產卵
eicosapentenoic acid(EPA)	二十碳五烯酸	二十碳五烯酸
Ekman depth	埃克曼深度	艾克曼深度
Ekman drift current	埃克曼漂流	艾克曼漂流
Ekman layer	埃克曼层	艾克曼層
Ekman number	埃克曼数	艾克曼數
Ekman pumping	埃克曼抽吸	艾克曼泵，艾克曼抽吸
Ekman spiral	埃克曼螺旋	艾克曼螺旋
Ekman transport	埃克曼输送	艾克曼輸送
ekzema	盐穿	鹽穿，鹽壘
elastic rebound	弹性回跳	彈性回跳
electric fish	电鱼	電魚
electric fishing	电渔法	電魚法
electric organ	发电器官	發電器官
electroantennogram(EAG)	触角电位图	觸角電位圖
electrochemical corrosion	电化学腐蚀	電化學腐蝕
electrochemical protection	电化学保护	電化學防蝕，電解防蝕
electrode	电极	電極，焊條
electrode potential	电极电势	電極電勢，電極電位
electrode type salinometer	电极式盐度计	電極式鹽度儀
electrodialysis(ED)	电渗析	電滲析
electrodialysis process	电渗析法	電滲析法
electrodialysis process for desalination	电渗析淡化法	電滲析淡化法
electrodialysis reversal(EDR)	[频繁]倒极电渗析	往復式電透析
electrodialysis unit(=electrodialyzer)	电渗析器	電滲析器
electrodialyzer	电渗析器	電滲析器
electrolysis	电解	電解
electrolyte	电解质	電解質，電離質
electrolytic cell	电解池	電解[電]池

英 文 名	大 陆 名	台 湾 名
electrolytic dissociation(= ionization)	电离作用	電離作用, 離子化作用
electrolytic titration(= potentiometric titration)	电位滴定[法], 电势滴定	電位滴定[法], 電勢滴定
electromagnetic field	电磁场	電磁場
electromagnetic radiation(EMR)	电磁辐射	電磁輻射
electromagnetic spectrum(EMS)	电磁波谱	電磁波譜
electromagnetic wave	电磁波	電磁波
electron activity of seawater	海水电子活度	海水電子活度
electronic chart	电子海图	電子海圖
electronic navigation	电子导航	無線電導航
electron microprobe	电子微探针	電子微探針
electron microscope	电子显微镜	電子顯微鏡
electrophoresis of seawater	海水电泳	海水電泳
electroreceptive fishes	电觉鱼类	電覺魚類
electroreceptive organ	电觉器官	電受器器官, 電覺器官
electroreceptor	电感受器	電感受器
electro-striction	电缩作用	電伸縮[現象]
eledosin	麝香蛸素	麝香章魚素
elementary analysis	元素分析	元素分析
element in seawater	海水元素	海水元素
element migration	元素迁移	元素遷移
elevated coast(= coast of emergence)	上升海岸	上升海岸
elevated peneplain	上升准平原	上升準平原
elevation displacement	高度位移	高度位移
elimination of air	排气	排氣
ELISA(= enzyme-linked immunosorbent assay)	酶联免疫吸附测定	酵素免疫法
ellipsoidal geodesy	椭球面大地测量学	橢球面大地測量學
ellipsoidal lava	椭球状岩浆	橢球狀熔岩, 枕狀熔岩
elliptical polarization	椭圆极化	橢圓極化
elliptical trochoidal wave	椭圆余摆线波	橢圓餘擺線波
ellipticity angle	椭[圆性]角	橢圓化角
El Niño	厄尔尼诺	聖嬰[現象]
El Niño and southern oscillation(ENSO)	恩索	聖嬰南方振盪
embankment	堤防	堤防
embayed coast	港湾海岸, 多湾海岸	港灣海岸, 灣形海岸, 多灣海岸
emergent property	突发性质	突現性質

英　文　名	大　陆　名	台　湾　名
emergy	能值	能值
emigration	迁出	遷出
emissivity	发射率	放射率
emittance	发射	放射
Emperor Seamount Chain	天皇海山群	天皇海山群
EMR(=electromagnetic radiation)	电磁辐射	電磁輻射
EMS(=electromagnetic spectrum)	电磁波谱	電磁波譜
enclosure	围隔	圈隔
enclosure ecosystem	围隔生态系	圈隔式生態系
encyst	包囊	包囊化, 被覆化
endangered species	濒危种	瀕危種
endemic species	地方种, 特有种	特有種, 地方種
endemism	特有现象	在地特有化
endobenthic	底内底栖性	底内底棲性
endolithion	石内生物	岩内生物
endopelos	泥内生物	泥内生物
endopsammon	沙内生物	砂棲性生物
endotherm	内温动物	内溫動物
energy recovery	能量回收	能量回收
Engineering Committee on Oceanic Resources(ECOR)	海洋资源工程委员会	海洋資源工程委員會
engineering oceanology	海洋工程水文	海洋工程水文
English Channel	英吉利海峡	英吉利海峽
enrockment	抛石, 填石	填石
ENSO(=El Niño and southern oscillation)	恩索	聖嬰南方振盪
ENSO event	恩索事件	聖嬰南方振盪事件
entering water	入水	進水
enthalpy of desalting	淡化焓	淡化熱函
entrainment	夹卷	逸入
entrainment [in ocean]	卷入	捲入
entropy of seawater	海水熵	海水的熵
envelope	围岩	圍岩
environmental assessment	环境评价	環境評價
environmental biological impact	环境生物影响	環境生物影響
environmental capacity	环境容量	環境容量
environmental characteristic	环境特性	環境特性
environmental chemistry of marine organic	海洋有机物环境化学	海洋有機物環境化學

英　文　名	大　陆　名	台　湾　名
matter		
environmental condition	环境条件	環境條件
environmental conditioning	环境调节	環境調節
environmental consequence(＝environ- mental impact)	环境影响	環境影響
environmental conservation(＝environ- mental protection)	环境保护	環境保護
environmental criteria(＝environmental standard)	环境标准	環境標準
environmental degradation	环境退化	環境退化
environmental design	环境设计	環境設計
environmental deterioration	环境恶化	環境惡化
environmental disaster control	环境灾害监测	環境災害監測
environmental disturbance	环境干扰	環境失調
environmental factor	环境因子	環境因素
environmental forecasting	环境预测	環境預測
environmental impact	环境影响	環境影響
environmental monitoring	环境监测	環境觀測
environmental niche	环境小生境	環境小生境
environmental noise	环境噪声	環境噪聲
environmental noise legislation	环境噪声法规	環境噪聲法規
environmental oceanography	环境海洋学	環境海洋學
environmental pollution	环境污染	環境汙染
environmental protection	环境保护	環境保護
environmental quality index	环境质量指数	環境質量指標
environmental quality parameter	环境质量参数	環境質量參數
environmental resources	环境资源	環境資源
environmental risk assessment	环境风险评价	環境風險評估
environmental satellite(ENVISAT)	环境卫星	環境衛星
environmental standard	环境标准	環境標準
environmental surveillance	环境监视	環境監視
environmental trace analysis	环境痕量分析	環境痕量分析
environmental variation	环境变异	環境變異
environment contamination(＝environ- mental pollution)	环境污染	環境汙染
environment law	环境法	環境保護法
ENVISAT(＝environmental satellite)	环境卫星	環境衛星
enzyme-linked immunosorbent assay	酶联免疫吸附测定	酵素免疫法

英　文　名	大　陆　名	台　湾　名
（ELISA）		
EPA（=eicosapentenoic acid）	二十碳五烯酸	二十碳五烯酸
epeirogeny	造陆运动，造陆作用	造陸運動
ephyra larva	碟状幼体	碟狀幼體，碟狀幼蟲
epibenthos	附表底栖生物，浅水底 　栖生物	底上底棲生物
epicenter	震中	震央
epicontinental sea	陆缘海	陸緣海
epidemic spawning	流行性产卵	集體產卵
epidiagenesis	表生成岩作用	表生成岩作用，後生成 　岩作用
epifauna	底表动物	底表動物，附著動物
epiflora	底表植物	底表植物，附著植物
epigenesis	后生作用	後生成岩作用，晚期成 　岩作用
epigenic sediment	表层沉积物	表層沉積物
epilithion	石面生物	石面生物
epineuston	表上漂浮生物	表上漂浮生物
epiorogenic	造山期后	造山期後
epipelagic fishes	上层鱼类	表層魚類，上層魚類
epipelagic organism	大洋上层生物	大洋上層生物
epipelagic plankton	大洋上层浮游生物	表層浮游生物，大洋上 　層浮游生物
epipelagic zone（=upper layer）	上层	上層
epipelos	泥面生物	泥面生物
epiphyte	附生植物	附生植物
epiplankton	上层浮游生物	附生浮游生物
epiplatform	地台浅部	地臺淺部，邊緣地臺， 　臺地淺部
epipsammon	沙面生物	沙面生物
episodic movement	短期地壳运动	短期地殼運動，幕式構 　造運動
episodic subsidence	阶段性沉降	間歇性沉降
epitheca	上壳	上殼
epithermal deposit	低温水热矿床	低溫熱液礦床，淺層熱 　液礦床
epithermal vein	低温水热矿脉	淺成熱液礦脈
epizoids	体表附着生物	體表附著生物

英　文　名	大　陆　名	台　湾　名
eptatretin	黏盲鳗素	黏盲鳗素
equal color band	等水色带	等水色帶
equation of motion	运动方程	運動方程
equation of state	状态方程	狀態方程
equatorial air mass	赤道气团	赤道氣團
equatorial calms	赤道无风带	赤道無風帶
equatorial countercurrent	赤道逆流	赤道反流
equatorial current	赤道流	赤道流
equatorial drift	赤道暖流	赤道暖流
equatorial easterlies	赤道东风带	赤道東風帶
equatorial undercurrent	赤道潜流	赤道潛流
equatorial wave guide	赤道波导	赤道波導
equatorial westerlies	赤道西风带	赤道西風帶
equilibrium	平衡	平衡
equilibrium condition	平衡条件	平衡條件, 平衡狀況
equilibrium constant	平衡常数	平衡常數
equilibrium potential	平衡电势	平衡電勢
equilibrium profile	平衡剖面	平衡剖面
equilibrium tide	平衡潮	平衡潮
equilibrium vapor pressure	平衡水汽压	平衡蒸汽壓
equitable principle	公平原则	公平原則
equivalence potential	等价电位	等當電位
equivalent blackbody temperature	黑体等效温度	黑體等效溫度
equivalent conductance	等效电导	等效電導
equivalent duration	等效风时	等效延時
equivalent fetch	等效风区	等效風域
equivalent grade	等粒级	等粒級
equivalent weight	当量	當量
Eria land	伊里亚古陆	伊里亞古陸
erosion	侵蚀	侵蝕, 腐蝕
erosional valley	侵蚀谷	侵蝕谷
erosion coast	侵蚀海岸	侵蝕海岸
error matrix	误差矩阵	誤差矩陣
ERS(=①earth resources satellite ②European remote sensing satellite)	①地球资源卫星 ②欧洲遥感卫星	①地球資源衛星 ②歐洲遙測衛星
eruption	喷发	噴發
eruption fissure	喷发裂隙	噴發裂隙
eruptive deposit	喷发沉积	噴發堆積

英　文　名	大　陆　名	台　湾　名
eruptive rock	喷发岩	噴發岩，噴出岩
Erythraean	厄立特里亚古海	厄文特里亞古海
ESA（ =European Space Agency）	欧洲太空署	歐洲太空署
essential amino acid	必需氨基酸	必要氨基酸，必需氨基酸
essential component	主要成分	主要成分
essential element	必需元素	［生命］必要元素
essential mineral	基本矿物	主要礦物
estuarine biogeochemistry	河口生物地球化学	河口生物地球化學
estuarine biology	河口生物学	河口生物學
estuarine chemistry	河口化学	河口化學
estuarine circulation	河口环流	河口環流
estuarine delta	河口［湾］三角洲	河口灣三角洲
estuarine deposit	河口沉积	河口灣堆積
estuarine dynamics	河口动力学	河口動力學
estuarine environment	河口环境	河口環境
estuarine facies	河口相	河口灣相
estuarine flux	河口通量	河口通量
estuarine front	河口锋	河口鋒
estuarine interface	河口界面	河口界面
estuarine jet flow theory	河口射流理论	河口射流理論
estuarine plume front	河口羽状锋	河口羽状鋒
estuarine residual current	河口余流	河口餘流
estuarine science	河口学	河口學
estuarine upwelling	河口上升流	河口湧升流
estuary	河口	河口灣，河口
estuary deposit	河口湾沉积	河口灣沉積
estuary improvement	河口治理	河口治理
etched pothole	蚀壶穴	蝕甌穴，蝕壺穴
etcher	蚀刻者	蝕刻者
eudistomin	覃状海鞘素	覃状海鞘素
euhalophyte	真盐生植物	真鹽生植物
eukaryote	真核生物	真核生物
Eulerian method	欧拉法	歐拉法
eunekton	真游泳生物	真游泳生物
eupelagic clay	远洋黏土	遠洋黏土
eupelagic facies	远洋相	遠洋相
euphotic zone	真光带，透光层	透光帶，真光帶，真光

英　文　名	大　陆　名	台　湾　名
		層
euplankton	真浮游生物	真浮游生物
Eurasia	欧亚大陆	歐亞大陸
Eurasia Basin	欧亚海盆	歐亞海盆
Eurasian Plate	欧亚板块	歐亞板塊
European remote sensing satellite(ERS)	欧洲遥感卫星	歐洲遙測衛星
European Space Agency(ESA)	欧洲太空署	歐洲太空署
eurybaric organism	广压生物	廣壓生物
eurybathic organism	广深生物	廣深生物
euryhaline species	广盐种	廣鹽種
euryhalinity	广盐性	廣鹽性
euryphagous animal	广食性动物	廣食性動物
euryphotic zone	广旋光性层	廣光性層
eurythermal	广温性	廣溫性
eurythermal species	广温种	廣溫種
eu-sapropel	成熟腐泥	成熟腐泥
eustasy	全球性海平面升降，水动型海平面变化	全球性海平面升降
eustatic cycle	全球性海平面升降循环	全球性海平面升降循環
eustatic fluctuation	海面变动	海面變動
eustatism	全球性海平面升降性	全球性海平面升降
eutrophication index	富营养化指数	優養化指數
euvitrain	无结构镜煤	無結構鏡煤，純鏡煤
euvitrinite	无结构镜质体	無結構鏡質體
euxinic deposit	滞海沉积	滯海沉積，静海沉積
evaporation coefficient	蒸发系数	蒸發係數
evaporation heat	蒸发热	蒸發熱
evaporation process	蒸发过程	蒸發過程
evaporation rate	蒸发速率	蒸發速率
evaporite	蒸发岩	蒸發鹽，蒸發岩
evenness	均匀度	均匀度
event deposit	事件沉积	事件沉積
Evo-Devo(=evolutionary developmental biology)	进化发生生物学	演化發生生物學
evolution	进化，演化	演化
evolutionary developmental biology(Evo-Devo)	进化发生生物学	演化發生生物學
evolution of pollution	污染演化	汙染演化

英 文 名	大 陆 名	台 湾 名
evorsion	涡流侵蚀	渦流侵蝕, 甌穴侵蝕
excess	过度	過度
exclusive economic zone(EEZ)	专属经济区	專屬經濟水域
exclusive fishery zone(=exclusive fishing zone)	专属渔区	專屬漁區
exclusive fishing zone	专属渔区	專屬漁區
excurrent canal	出水管	出水管
exhalent siphon(=excurrent canal)	出水管	出水管
exogene effect	外营效应	外營效應
exoskeleton	外骨骼	外骨骼
exotic block	外来岩块	外來岩塊
exotic species	外来种	外來種, 非本地種
expansion coefficient	膨胀系数	膨脹係數
expendable bathythermograph(XBT)	投弃式温深仪	可棄式溫深儀
explicit scheme	显格式	顯式算法
exploitation competition	利用性竞争, 开发竞争	剝削競爭
exponential growth	指数增长	指數增長
exponential population growth	种群指数生长	指數型[族群]成長
export production	输出生产	輸出生產
exposed waters	开阔海域	開闊海域
ex situ conservation	异地保育, 易地保护	異地保育
extensive culture	粗[放]养[殖]	粗放[式]養殖
extent of hydration	水化程度	水化程度
extent of pollution	污染程度	汙染程度
exterilium larva	外肠幼体	外腸仔魚
external ring joint	外环加强结点	外加強環接點
external Rossby scale	外罗斯贝尺度	外羅士培尺度
extinction	灭绝	滅絕
extinction coefficient	消光系数	消光係數
extraction	提取[法]	提取[法]
extraction of bromine from seawater	海水提溴	海水提溴
extraction of deuterium from seawater	海水提氘	海水提氘
extraction of iodine from seawater	海水提碘	海水提碘
extraction of lithium from seawater	海水提锂	海水提鋰
extraction of magnesium from seawater	海水提镁	海水提鎂
extraction of potassium from seawater	海水提钾	海水提鉀
extraction of uranium from seawater	海水提铀	海水提鈾
extra-storm surge emergency warning	温带风暴潮紧急警报	溫帶暴潮緊急警報

英　文　名	大　陆　名	台　湾　名
extra-storm surge forecasting	温带风暴潮预报	溫帶暴潮預報
extra-storm surge warning	温带风暴潮警报	溫帶暴潮警報
extraterrestrial sediment	外层空间源沉积物	外太空源沉積物, 地外沉積物
extratropical cyclone	温带气旋	溫帶氣旋

F

英　文　名	大　陆　名	台　湾　名
fabrication design	加工设计	組裝設計, 裝配設計
facies(=phase)	相	相
failure probability	破坏概率	破壞機率
Falkland Current	福克兰海流	福克蘭洋流
false color	假彩色	假彩
false color infrared	假彩色红外	假色紅外
family	科	科
FAMOUS(=French-American Mid-Ocean Undersea Study)	法美联合大洋中部海下研究	法美聯合大洋中部海下研究
fan apex	沉积扇顶端	沉積扇頂端
fan bay	冲积扇湾	沖積扇灣
fan delta	扇形三角洲	扇形三角洲
fan deposit	扇形沉积	扇形沉積
fan-shaped delta(=fan delta)	扇形三角洲	扇形三角洲
fan talus	扇状岩堆	扇狀岩堆
fan terrace	扇阶地	扇階地
fan turbidite	扇浊积岩	扇濁積岩
Farallon Plate	法拉荣板块	法拉榮板塊
far infrared(FIR)	远红外	遠紅外
faro	小珊瑚礁	小環礁, 小珊瑚礁
fast ice	固定冰	固定冰
fast spreading	快速扩张	快速擴張
fathogram	测深图	測深圖
fatigue break	疲劳断裂	疲勞斷裂
fault coast	断层海岸	斷層海岸
fault embayment	断层湾	斷層灣
fault-plane solution	断层面解	斷層面解
fault rift	断层峡谷	斷層[峽]谷

英　文　名	大　陆　名	台　湾　名
fault terrace	断层阶地	斷層階地
faunal evolution	动物演化	動物群演化
fecundity	生殖力，产卵量	孕卵數，生殖力
feedback	反馈	回饋
feeding ground	索饵场	索餌場
feeding habit	食性	食性
femtoplankton	超微微型浮游生物	超微微浮游生物
fertilization	受精	受精
fetch	风区	風域，受風距離
fetid carbonate ooze	臭碳酸盐软泥	臭碳酸鹽軟泥
FG(=flounder gill cell line）	牙鲆鳃细胞系	比目魚鰓細胞系
fidelity	确限度	[棲地]忠誠度
field of view(FOV）	视场	視場
filamented pahoehoe	丝绳状熔岩	絲繩狀熔岩
filter feeder	滤食性动物	濾食者
filtering system	过滤系统	過濾系統
filtrate	滤液	滲出液，濾出液
filtration	过滤	過濾
fine and microstructure of ocean	海洋细微结构	海洋細微架構
fine-structure	微细结构	細結構
finger bar	指状沙坝	指狀沙壩
finger rafted ice	指状重叠冰	指狀重疊冰
finite amplitude wave	有限振幅波	有限振幅波
FIR(=far infrared）	远红外	遠紅外
first-year ice	一年冰	一年冰
fish age composition	鱼类年龄组成	魚類年齡組成
fish age determination	鱼类年龄鉴定	魚類年齡鑑定
fish brood amount	鱼怀卵量	魚育卵量
fish cloning	克隆鱼	複製魚
fishery	渔业	漁業
fishery administrative management	渔政管理	漁政管理
fishery biology	渔业生物学	漁業生物學
fishery damaged by disaster	渔业受灾	漁業受災
fishery port	渔港	漁港
fish finder	探鱼仪	魚探儀
fish finding by remote sensing	遥感探鱼	遙測魚探
fish immunology	鱼类免疫学	魚類免疫學
fishing ground	渔场	漁場

英 文 名	大 陆 名	台 湾 名
fishing harbor(=fishery port)	渔港	漁港
fishing intensity	捕捞强度	捕撈強度
fishing licence system	捕鱼许可制度	捕魚許可制度
fishing maintenance right	渔业养护权	漁業養護權
fishing on the high sea	公海渔业	遠洋漁業, 公海漁業
fishing season	渔汛, 渔期	漁汛, 漁期
fish length composition	鱼类体长组成	魚類體長組成
fish liver oil	鱼肝油	魚肝油
fish oil	鱼油	魚油
fish pathology	鱼类病理学	魚類病理學
fish pharmacology	鱼类药理学	魚類藥理學
fissure eruption	裂隙式喷发	裂縫噴發
fixed artificial island	固定式人工岛	固定式人工島
fixed buoy wave observation	锚泊浮标海浪观测	錨碇浮標海浪觀測
fixed drilling platform	固定式钻井平台	固定式鑽井平臺
fixed oceanographic station	定点海洋观测站	定點海洋觀測站
fixed platform	固定式平台	固定式平臺
fixed point wave observation	定点海浪观测	定點波浪觀測
fixed structure	固定式结构	固定式結構
fjord	峡湾	峽灣
fjord coast	峡湾海岸	峽灣海岸
flagellum	鞭毛	鞭毛
flat coast	低平海岸	低平海岸
flat-topped seamount	海底平顶山	海底平頂山
flaw	断裂	斷裂
flexure(=warp)	挠曲, 翘曲	翹曲
flight path	轨径	軌徑
flipper	鳍肢	鰭肢
FLNG(=floating liquid natural gas unit)	浮式天然气液化装置	浮式天然氣液化裝置
float-and-wait	漂浮–等待	漂浮–等待
floating artificial island	浮动式人工岛	浮動式人工島
floating breakwater	浮式防波堤	浮式防波堤
floating crane craft	起重船	起重船
floating drilling rig	浮式钻井平台	浮式鑽井平臺
floating fish reef	浮鱼礁	浮魚礁
floating hose	浮式软管	浮式軟管
floating liquid natural gas unit(FLNG)	浮式天然气液化装置	浮式天然氣液化裝置
floating oil production and storage unit	浮式生产储油装置	浮式生産貯油船

英　文　名	大　陆　名	台　湾　名
（FPSO）		
floating pier(=floating-type wharf)	浮式码头	浮式碼頭
floating pile driver	打桩船	打椿船
floating production platform	浮式生产平台	浮式生產平臺
floating reef	浮礁	浮礁
floating structure	浮式结构	浮式構架
floating-type wharf	浮式码头	浮式碼頭
flocculate	絮凝物	絮凝物
flocculated structure	絮凝结构	絮凝構造，毛絮構造
flocculating	絮凝化	絮凝化
flocculation	絮凝[作用]	絮凝作用
flocculation point	絮凝点	絮凝點
flocculent deposit	絮凝状沉淀	絮凝狀沉澱
flocculent zone	絮凝带	絮凝帶
floe ice	浮冰	浮冰
flood	涨潮	漲潮
flood current	涨潮流	漲潮流
flood tide(=flood)	涨潮	漲潮
flora	植物区系	植物相
Florida Current	佛罗里达流	佛羅里達洋流
flotant	沿岸沼泽	沿岸沼澤
flounder gill cell line(FG)	牙鲆鳃细胞系	比目魚鰓細胞系
flow	流动	流動
flow discharge	流量	流量
flow mark	流痕	流痕
fluid mud	浮泥	浮泥
fluid permeability	流体透过性	流體滲透率
fluid pressure	流体压力	流體壓力
fluid velocity	流体速度	流體速度
fluid wave	流体波	流體波
fluodensitometry	荧光密度测定法	螢光密度測定法
fluorimetry(=fluorometry)	荧光测定法	螢光測定法
fluorescence	荧光	螢光
fluorescence analysis	荧光分析	螢光分析
fluorescence indicator	荧光指示剂	螢光指示劑
fluorescence of seawater	海水荧光	海水的螢光
fluorescent antibody technique	荧光抗体技术	螢光抗體技術
fluorescent material	荧光物质	螢光物質

英　文　名	大　陆　名	台　湾　名
fluorometry	荧光测定法	螢光測定法
flushing time	冲换时间	沖換時間
flute	流槽	流槽，溝，槽
flux	水通量	通量
fly ash	飞灰	飛灰
foam flotation method	起泡分离法	起泡分離法
foaming and separation method(=foam flotation method)	起泡分离法	起泡分離法
fodinichnion	觅食迹	攝食痕跡
fondo	洋底	洋底，洋底環境
fondothem	洋底沉积	洋底沉積，洋底岩層
food chain	食物链	食物鏈
food generalist	广食性者	廣食性者
food organism	饵料生物	餌料生物
food specialist	专食性者	專食性者
food web	食物网	食物網
footing	桩靴	樁基腳
foraging behavior	觅食行为	覓食行為
foraminifera	有孔虫	有孔蟲
foraminiferal ooze	有孔虫软泥	有孔蟲軟泥
foraminite	有孔虫岩	有孔蟲岩
forced wave	强制波	強制波
fore-arc	弧前	弧前
fore-arc basin	弧前盆地	弧前盆地
fore-barrier	前礁堤	前礁堤
foreberm	滩肩前	前灘臺，前灘肩
foredeep	陆外渊	前淵，陸外淵
foredune	水边低沙丘	前丘，前灘沙丘
foreland	前陆	前陸
foreland basin	前陆盆地	前陸盆地
foreland shelf	前陆架	前陸棚
forerunner	先行涌	前驅湧
forerunner wave	前驱波	前驅波
foreset bed	前积层	前積層
foreshore	前滨	前濱，前灘
foreshore berm	前滨滩台	前濱灘臺，前濱灘肩
fore-trench	前海沟	前海溝
fore-trough	前渊	前淵，前海槽

英　文　名	大　陆　名	台　湾　名
form drag	形状阻力	形狀阻力
forward scatterance	前向散射率	前向散射率
forward scattering	前向散射	前向散射
Fossa Magna	大地沟	大地溝,大海溝帶
fossil	化石	化石
fossil energy	化石能源	化石能源
fossil plate	古板块	古板塊
fossil remanence	古残磁	古殘磁
fossil ridge	古洋脊	古洋脊
fossil subduction zone	古俯冲带,古消减带,古隐没带	古隱沒帶,古消減帶
fouling	污损	汙損
fouling community	污着[生物]群落	汙損生物群落
fouling film	污损膜	汙損膜
foundation bed	基床	層理
foundation capability	地基承载能力	基礎承載力
founder-controlled community	创始者控制群落	創始者控制群聚
founder effect	创始者效应	創始者效應
Fourier transform	傅里叶变换	傅氏轉換,傅氏變換
four-part coral	四射珊瑚	四射珊瑚
FOV(=field of view)	视场	視場
f-plane	f 平面	f 平面
FPSO(=floating oil production and storage unit)	浮式生产储油装置	浮式生產貯油船
fractional precipitation	分级沉淀,分步沉淀	分級沉澱,分步沉澱
fractionation	分馏	分化
fracture	裂缝	裂縫,破裂
fracture zone	破裂带	破碎帶,裂隙帶
fragmentation	裂殖	斷裂生殖
fragmentation hypothesis	分离说	分離說
framed shell	有骨材壳体	有構架殼體結構
framework	框架	架構,體系
frazil ice	冰针	冰針
free gas	游离气	游離氣
free-slip condition	可滑动条件	可滑動條件
free wave	自由波	自由波
freeze preservation	冷冻保存	冷凍保存
freezing	冻结	結冰,冷凍

英 文 名	大 陆 名	台 湾 名
freezing desalination	冷冻脱盐	冷凍脫鹽
freezing ice period	[结]冰期	結冰期
freezing period	初冰期	初冰期
freezing point	冰点	冰點，凝固點
freezing point depression	冰点降低	冰點降低
freezing process	冷冻过程	凍結過程
French-American Mid-Ocean Undersea Study(FAMOUS)	法美联合大洋中部海下研究	法美聯合大洋中部海下研究
frequency domain method of dynamic analysis	频域法动力分析	頻域法動力分析
fresh water	淡水	淡水
freshwater run-off	淡水径流	淡水徑流
frictional depth	摩擦深度	摩擦深度
friction stress	摩擦应力	摩擦應力
frigate bird	军舰鸟	軍艦鳥
fringing reef	岸礁，裙礁	岸礁，裙礁
front bay	陆缘湾	陸緣灣
Froude number	弗劳德数	佛勞德數
fucan(=fucoidin)	岩藻多糖，墨角藻多糖	岩藻多醣
fucoidin	岩藻多糖，墨角藻多糖	岩藻多醣
fugacity	逸度	易逸性，易逸度
full mixed estuary	垂向均匀河口	完全混合河口
fully developed sea	充分成长风浪	完全發展風浪
fumarole	喷气孔	噴氣孔，氣孔
functional redundancy	功能冗余性	功能冗餘性
functional response	功能反应	功能反應
fungus	真菌	真菌
funnel sea	漏斗海	漏斗海
funnel-shaped bay	漏斗海湾	漏斗灣
funoran	海萝聚糖，海萝胶	海蘿膠
furcellaran	叉红藻胶	叉紅藻膠
furrow	槽沟	槽溝

G

英　文　名	大　陆　名	台　湾　名
Gaia hypothesis	盖娅假说	蓋婭假說
gain	增益	增益
gale warning	大风警报	強風警報
game theory	博弈论	博弈理論
gametophyte	配子体	配子體
gamma diversity	γ多样性	γ多樣性
gamma radiography	γ射线探伤	γ射線探傷
gamma ray	γ射线	γ射線
gamma ray detector	γ射线探测器	γ射線探測器
gamma ray spectrometer	γ射线[频]谱仪	γ射線[頻]譜儀
gap	间隙	間隙
gap analysis	间隙分析	間隙分析
gas bubble	气泡	氣泡
gas chromatography	气相色谱法	氣相色譜法
gas constant	气体常数	氣體常數
gaseous pollutant	气体污染物	氣體汙染物
gas exchange	气体交换	氣體交換
gas gland	气腺	氣腺
gas hydrate（=natural gas hydrate）	天然气水合物,可燃冰	天然氣水合物
gas hydrate phase diagram	天然气水合物相图	天然氣水合物相圖
gas hydrate reservoir	天然气水合物储层	天然氣水合物貯槽
gas hydrate stability zone（GHSZ）	天然气水合物稳定带	天然氣水合物穩定帶
gas membrane method	气态膜法	氣體薄膜法
gas spout	喷气口	噴氣口
gastrodermis	胃皮层	胃皮層,腸皮層
gastrovascular cavity	消化腔	消化循環腔
gastrozooid	营养个体	營養個員
Gause rule	高斯法则	高氏法則
Gauss-Seidel method	高斯–赛德尔法	高斯–塞德法
GCP（=ground control point）	地面控制点	地面控制點
GEBCO（=general bathymetric chart of the oceans）	大洋地势图	通用海洋水深圖
Geiger counter	盖革计数器	蓋革計數器

英　文　名	大　陆　名	台　湾　名
GEK(=geomagnetic electrokinetography)	地磁测流仪	地磁測流儀
gel	凝胶	凝膠[體]，凍膠
gelatin	明胶	明膠，凝膠[體]
gelatinous plankton	胶质浮游生物	膠質浮游生物，膠囊浮游生物
gelation(=colloidization)	胶凝作用	膠凝作用，膠化作用
genealogical tree	系统树	譜系樹，親緣樹
gene flow	基因流	基因流動
gene frequency	基因频率	基因頻率
gene pool	基因库	基因庫
general bathymetric chart of the oceans (GEBCO)	大洋地势图	通用海洋水深圖
generalist	广适者	廣適者
general ocean circulation	海洋总环流	海洋主環流
gene silencing	基因沉默	基因靜默
genetically modified organism(GMO)	遗传修饰生物体	基改生物
genetic differentiation coefficient	遗传分化系数	遺傳分化係數
genetic distance	遗传距离	遺傳距離
genetic diversity	遗传多样性	遺傳多樣性，基因多樣性
genetic drift	遗传漂变	遺傳漂變
genetic marker	遗传标记	遺傳標記
genetic polymorphism	遗传多态性	遺傳多態性
Geneva Conventions	日内瓦公约	日內瓦公約
genodeme	遗传同类群	遺傳亞族群，基因亞族群
genome	基因组	基因體
genotype	基因型	基因型
genus	属	屬
geochemical cycle	地球化学循环	地球化學循環
geochemical indicator	地球化学指标	地球化學指標
geochemistry of marine sediment	海洋沉积物地球化学	海洋沉積物地球化學
geocoding	地理编码	地碼編定
geofabric(=geotextile)	土工织物	地工織物
geographical barrier	地理障碍	地理障礙
geographic information system(GIS)	地理信息系统	地理資訊系統
geographic isolation	地理隔离	地理隔離
geographic reference system(GEOREF)	地理参照系	地理參考系統

英　文　名	大　陆　名	台　湾　名
geoid	大地水准面	大地水準面
geologic hazard	地质灾害	地質災害
geomagnetic anomaly	地磁异常	地磁異常
geomagnetic declination	地磁偏角	地磁偏角
geomagnetic electrokinetography (GEK)	地磁测流仪	地磁測流儀
geomagnetic excursion	地磁偏移, 地磁漂移	地磁偏移
geomagnetic field	地磁场	地磁場, 地球磁場
geomagnetic inclination	地磁倾角	地磁傾角
geomagnetic polarity reversal	地磁极性反向, 地磁极反转	地磁極反轉
geophone (=seismic detector)	地震检波器	受波器
geopotential anomaly	重力位势异常, 重力位势距平	重力位異常
geopotential surface	重力位势面	重力位面
geopotential topography	重力位势地形	重力位地形
GEOREF (=geographic reference system)	地理参照系	地理參考系統
geostationary meteorological satellite (GMS)	地球同步气象卫星	地球同步氣象衛星
geostationary opertional environmental satellite (GOES)	地球同步运转环境卫星	地球同步運轉環境衛星
geostrophic current	地转流	地轉流
geostrophic flow (=geostrophic current)	地转流	地轉流
geostrophic method	地转方法	地轉方法
geosuture	地缝合线	地縫合線
geosynchronous orbit	地球同步轨道	地球同步軌道
geosynchronous satellite	地球同步卫星	地球同步衛星
geotextile	土工织物	地工織物
geothermal activity	地热活动	地熱活動[性]
geothermal gradient	地温梯度	地溫梯度
GESAMP (=Group of Experts on the Scientific Aspects of Marine Pollution)	海洋污染科学专家组	海洋汙染科學專家組
GF (=grunt fin cell line)	石鲈鳍细胞系	石鱸鰭細胞系
GHSZ (=gas hydrate stability zone)	天然气水合物稳定带	天然氣水合物穩定帶
gill lamella (=lamellae)	鳃瓣	鰓板
gill slit	鳃裂	鰓裂
girdle	环带	殼環
GIS (=geographic information system)	地理信息系统	地理資訊系統
glacio-aqueous sediment	冰水沉积[物]	冰河水沉積物

英　文　名	大　陆　名	台　湾　名
glaciofluvial deposit(=glacio-aqueous sediment)	冰水沉积[物]	冰河水沉積物
gliding motility	滑行运动	滑行運動
global change	全球变化	全球變遷
global environmental change	全球环境变化	全球環境變遷
Global Ocean Ecosystem Dynamics (GLOBEC)	全球海洋生态系动力学研究计划	全球海洋生態系動力學研究計畫
global positioning system(GPS)	全球定位系统	全球定位系統
GLOBEC(=Global Ocean Ecosystem Dynamics)	全球海洋生态系动力学研究计划	全球海洋生態系動力學研究計畫
globigerina mud(=globigerina ooze)	抱球虫软泥	抱球蟲泥, 球房蟲軟泥
globigerina ooze	抱球虫软泥	抱球蟲泥, 球房蟲軟泥
globigerinid marl	抱球虫泥灰岩	抱球蟲泥灰岩
glucan	葡聚糖	葡聚醣
glucosamine	葡糖胺, 氨基葡糖	葡萄醣胺, 氨基葡萄醣
glyceryltaurine	甘油牛磺酸	甘油牛磺酸
glycoprotein	糖蛋白	醣蛋白
glycosaminoglycan of pectinid	扇贝糖胺聚糖	扇貝醣胺聚醣
GMO(–genetically modified organism)	遗传修饰生物体	基改生物
GMS(=geostationary meteorological satellite)	地球同步气象卫星	地球同步氣象衛星
GOES(=geostationary opertional environmental satellite)	地球同步运转环境卫星	地球同步運轉環境衛星
going out of surface in emergency	潜水员应急出水	潛水員緊急浮上
Gondwana	冈瓦纳古陆	岡瓦納大陸
gonochorism	雌雄异体	雌雄異體
gonozooid	生殖个体	生殖個員
GPS(=global positioning system)	全球定位系统	全球定位系統
grab dredger	抓斗式挖泥船	抓斗式挖泥船
gradient analysis	梯度分析	梯度分析
grain size	粒度, 粒径	粒徑
grain size analysis	粒度分析, 粒径分析	粒徑分析, 粒度分析
gravel	砾石	礫石
gravity drop corer	重力取芯器	重力取芯器
gravity platform	重力式平台	重力式平臺
gravity type foundation	重力式基础	重力式基礎
gravity wave	重力波	重力波
grazer	食植者	刮食者

英　文　名	大　陆　名	台　湾　名
grazing angle	入射余角	入射餘角
grazing food chain	摄食食物链	刮食性食物鏈
grease ice	油脂状冰	油脂狀冰
Great Wall Station	长城站	長城站
green fluorescent protein	绿荧光蛋白	綠螢光蛋白
green fluorescent protein gene	绿荧光蛋白基因	綠螢光蛋白基因
greenhouse gas	温室气体	溫室氣體
grey body	灰体	灰體
grey ice	灰冰	灰冰
grey scale	灰度	灰度
grey-white ice	灰白冰	灰白冰
grid reference system(GRS)	网格参考系统	網格參考系統
groin	丁坝	突堤
gross output value of marine industries	海洋产业总产值	海洋產業總產值
gross photosynthesis	总光合作用	總光合作用
gross primary production	总初级生产量	基礎生產總量
gross primary productivity	总初级生产力	總初級生產力
gross production efficiency	总生产效率	總生產效率
gross secondary production	总次级生产量	總次級生產量
gross volume of offshore hydrocarbon resources	海洋油气总资源量	海洋油氣總資源量
ground control point(GCP)	地面控制点	地面控制點
ground general stability	地基整体稳定性	基礎整體穩定性
ground resolution	地面分辨率	地面解析度
ground station	地面站	地面站
ground truth	地面实况	地表實況
ground water	地下水	地下水
ground water flow	地下水流	地下水流
Group of Experts on the Scientific Aspects of Marine Pollution(GESAMP)	海洋污染科学专家组	海洋汙染科學專家組
group of smoker	海底烟囱群	海底煙囪群
group recruitment	群体补充	群體補充
group selection	群[体]选择	群擇
group velocity	群速度	群速度
growth efficiency	生长效率	生長效率
growth hormone	生长激素	生長激素
GRS(=grid reference system)	网格参考系统	網格參考系統
grunt fin cell line(GF)	石鲈鳍细胞系	石鱸鰭細胞系

英　文　名	大　陆　名	台　湾　名
guideline	导向索	導引索
guild	共位群	同功群，棲位
gulf(=bay)	海湾	海灣
Gulf of Mexico	墨西哥湾	墨西哥灣
Gulf of Thailand	泰国湾	暹邏灣
Gulf Stream	湾流	灣流
gully	冲沟	雛谷，沖蝕溝
gulping	吞食性	吞取式
gushing spring(=volcanic spring)	火山泉	火山泉
gusset point	带垫板结点	結點板接點
gut content	消化道内含物	胃内含物
gutter	口道	口道
guyot	平顶海山	海桌山，平頂海底山
gynogenesis technique	雌核发育技术	雌核發育技術
gyre	流涡	環流，渦流

H

英　文　名	大　陆　名	台　湾　名
HAB(=harmful algal bloom)	有害藻华	有害藻華
habitat	生境	棲地
habitat fragmentation	生境破碎	棲地碎裂
habituation	习惯化	習慣化
hadal depth	超深深度	超深深度
hadal fauna	超深渊动物	超深淵動物區系，超深淵動物相
hadal zone	超深渊带	超深淵帶
hailite	海力特	海力特
half-garben	半地堑	半地塹
half-life	半衰期	半衰期，半壽期
half-spreading rate	半扩张速率	半擴張速率
half-tide level	半潮面	半潮面
halichondrin	软海绵素	軟海綿素
haline water	高咸水	高鹽水
haliplankton	盐水浮游生物	鹹水浮游生物
halitoxin	海绵毒素	海綿毒素
halmyrolysis	海解作用	海底風化作用，海解作

英 文 名	大 陆 名	台 湾 名
		用
halobiont	盐生生物	嗜鹽生物
halocline	盐跃层	斜鹽層
halogen	卤素	鹵素
halogen hydride	卤化氢	鹵化氫
haloid acid	卤酸	鹵酸
halomon	海乐萌	海樂萌
halophile organism	适盐生物	鹽生生物
halophilic bacteria	嗜盐细菌	嗜鹽細菌
halophyte	盐生植物	鹽生植物
halophyte biology	盐生植物生物学	鹽生植物生物學
halophyte bush vegetation	盐生灌丛	鹽生灌叢
halophyte domestication	盐生植物引种驯化	鹽生植物引種馴化
halophyte ecology	盐生植物生态学	鹽生植物生態學
halophyte salt-avoidance	盐生植物避盐性	鹽生植物耐鹽性
halophyte salt-dilution	盐生植物稀盐性	鹽生植物稀鹽性
halophyte salt-rejection	盐生植物拒盐性	鹽生植物拒鹽性
halophyte salt-secretion	盐生植物泌盐性	鹽生植物泌鹽性
halophyte salt-tolerance	盐生植物耐盐性	鹽生植物耐鹽性
halophytic fiber plant	纤维用盐生植物	纖維用鹽生植物
halophytic fodder plant	饲用盐生植物	餌料用鹽生植物
halophytic food plant	食用盐生植物	食用鹽生植物
halophytic health plant	保健用盐生植物	保健用鹽生植物
halophytic medical plant	药用盐生植物	藥用鹽生植物
haplodiploidy	单倍二倍性	單倍兩倍性
haploid	单倍体	單倍體
haploid breeding technique	单倍体育种技术	單倍體育種技術
haploid syndrome	单倍体综合征	單倍體綜合症
haplotype	单体型,单元型	單倍型
harbor(＝port)	港口	港口, 港灣
harbor accommodation	港口设施	港灣設施
harbor boat	港作船	港灣工作船
harbor engineering(＝port engineering)	港口工程	港口工程, 港灣工程
harbor hinterland	港口腹地	港口腹地, 港灣腹地
harbor siltation	港口淤积	港灣淤積
harbor site	港址	港址
hard detergent	硬洗涤剂	硬洗滌劑
hardness	硬度	硬度, 剛度

英　文　名	大　陆　名	台　湾　名
hard water	硬水	硬水
Hardy-Weinberg law	哈迪-温伯格定律	哈温定律
harem	眷群	妻妾群
harmful algal bloom(HAB)	有害藻华	有害藻華
harmful algal red tide(=harmful algal bloom)	有害藻华	有害藻華
harmonic analysis	调和分析	調和分析
harmonic analysis of tide	潮汐调和分析	潮汐調和分析
harmonic constant of tide	潮汐调和常数	潮汐調和常數
harnessing of red tide	赤潮治理	赤潮治理
harzburgite	斜方辉橄岩	正辉橄欖岩,斜方輝石橄欖岩
hatchability	孵化率	孵化力,孵化率
hatching	孵化	孵化
Hawaiian Ridge	夏威夷海脊	夏威夷海脊,夏威夷海嶺
Hawaiian-type volcano	夏威夷式火山	夏威夷式火山
hawaiite	夏威夷石	中長玄武岩,夏威夷岩
HBL(=hyperbaric lifeboat)	高压救生舱	高壓救生艙
headland	岬角	岬角
headward erosion	溯源侵蚀	溯源侵蝕
healed structure	叠瓦状构造	覆瓦狀構造
healthy mariculture	健康海水养殖	健康海水養殖
heat budget	热量收支	熱平衡,熱收支
heat flow	热流	熱流
heat flow anomaly	热流异常	熱流異常
heat flow measurement	热流测量	熱流測量
heat flow probe	热流探针	熱流探針
heat flux	热通量	熱流通量
heat pollution(=thermal pollution)	热污染	熱汙染
heat shock	热休克	熱休克
heave compensator	波浪补偿器,升沉补偿器	垂盪補償器
heavy gear diving	重潜水	重裝備潛水
heavy metal circulation	重金属循环	重金屬循環
heavy wall joint	厚壁筒结点	厚壁筒接合
heel	倾斜	傾側
height of significant wave	有效波波高	示性波高,有效波高

英　文　名	大　陆　名	台　湾　名
Heinrich event	海因里希事件	漂冰碎屑事件
helium-oxygen diving	氦氧潜水	氦氧潜水
Hellenic Trench	海伦海沟	海倫海溝
hemicrystalline	半晶质	半晶質
hemipelagic deposit	半远洋沉积[物]	半遠洋沉積[物]
hemipelagic facies	半深海相	半深海相
hemocyanin	血蓝蛋白	血藍素，血青素
hemoerythrin	血红质	血紅質
hemoglobin	血红蛋白	血紅素
herbivore	食植动物	草食者
heritability	遗传率，遗传力	遺傳力
hermaphrodite	雌雄同体	雌雄同體
hermatypic coral	造礁珊瑚	造礁珊瑚
hermatypic organism	造礁生物	造礁生物
herpesviral disease of coho salmon	银大麻哈鱼疱疹病毒病	銀鮭疱疹病毒病
herpesvirus salmonis disease	鲑疱疹病毒病	鮭疱疹病毒病
hervidero（＝mud volcano）	泥火山	泥火山
Hess Rise	海斯隆起	海斯隆起，赫斯海隆
heterocercal tail	歪型尾	異型尾
heterogeneous［ion exchange］membrane	异相[离子交换]膜	異相膜
heterosis	杂种优势	雜種優勢
heterotrophic nutrition	异生营养	異營型營養
heterozygosity	杂合性	雜合性，異質接合性
heterozygote	杂合子	雜合子，異型合子
hibernation	冬眠	冬眠
high altitude satellite	高轨卫星	高軌衛星
higher high water	高高潮	高高潮
higher low water	高低潮	高低潮
highest astronomical tide	最高天文潮位	最高天文潮位
high frequency ground wave radar	高频地波雷达	高頻地波雷達
highly fluorescing waters	强荧光水域	強螢光水域
high pass filter	高通滤波器	高通濾波器
high pressure	高[气]压	高壓
high pressure nervous syndrome	高压神经综合征	高壓神經綜合症
high resolution picture transmission（HRPT）	高分辨[率]图像传输	高解析度圖像傳輸
high sea	公海	公海
highstand	高水位期	高水位期

英　文　名	大　陆　名	台　湾　名
high tidal level	高潮面	高潮面, 满潮面
high tidal terrace	高潮阶地, 满潮阶地	高潮階地, 滿潮階地
high water	高潮, 满潮	高潮, 滿潮
high water line	高潮线	高潮線, 滿潮線
hirame rhabdoviral disease	牙鲆弹状病毒病	彈狀病毒病
histogram	直方图	直方圖
histogram equalization	直方图等化	直方圖等化
histogram-equalized stretch	直方图均等化扩展	直方圖等化擴展
histogram stretch	直方图拉伸	直方圖拉伸
historical oceanography	历史海洋学	歷史海洋學
historic bay	历史性海湾	歷史性海灣
historic waters	历史性水域	歷史水域
holdfast	固着器	固著器, 附著器
hollandite	锰钡矿	錳鋇礦
Holocene Epoch	全新世	全新世
hologram imagery	全息图像	全像術
hologram radar	全息雷达	全像雷達
holophytic nutrition	全植型营养	全植物式營養
holoplankton	终生浮游生物, 永久性浮游生物	永久性浮游生物
holothurin	海参素	海参素
holotoxin	海参毒素	海参毒素, 皂苷毒素
homeostasis	稳态, 恒定状态	穩態, 恆定狀態
homeotherm	恒温生物	恆溫生物
homeothermy	恒温性	恆溫性
home range	巢域, 活动圈	活動圈
homogeneous [ion exchange] membrane	均相[离子交换]膜	均相[離子交換]膜
homogeneous layer	均匀层	均勻層
homology	同源性	同源性
homoplasy	同塑性	同塑
homotaurine	高牛磺酸	高牛磺酸
homozygosity	纯合性, 同型接合性	純合性, 同質接合性
homozygote	纯合子	純合子, 同質接合子
horizon	层位	層位
horizontal displacement compensator	水平运动补偿器, 水平位移补偿器	水平位移補償器
horizontal distribution of chemical elements in ocean	海洋中化学元素水平分布	海洋化學元素水平分布

英　文　名	大　陆　名	台　湾　名
horizontal eddy diffusion	水平涡流扩散	水平渦動擴散
horizontal fish finder	水平探鱼仪	水平聲納儀
horizontal polarization	水平极化	水平極化
horst	地垒	地壘
hot brine area	热卤水区	熱鹵水區，熱鹽水區
hot spot	热点	熱點
hot-spot plume	热点地幔柱	熱點地函柱，熱點地幔柱
hot-spot stress	热点应力	熱點應力
hot spring	温泉	熱泉
hot spring on the ocean floor(=submarine hot spring)	海底热泉	海底熱泉
HRPT(=high resolution picture transmission)	高分辨[率]图像传输	高解析度圖像傳輸
Huanghai Coastal Current	黄海沿岸流	黃海沿岸流
Huanghai Cold Water Mass	黄海冷水团	黃海冷水團
Huanghai Warm Current	黄海暖流	黃海暖流
Hudson Bay	哈得孙湾	哈得遜灣
humic acid	腐殖酸	腐植酸
humid air(=wet air)	湿空气	濕空氣
humus	腐殖质	腐植質
hurricane	飓风	颶風
hybridization	杂交	雜交
hybrid swarm	杂种群	雜種群
hybrid vigor(=heterosis)	杂种优势	雜種優勢
hybrid zone	杂种带	雜種帶
hydrate	水合物	水合物
hydrated ionic radius	水合离子半径	水合離子半徑
hydrate freezing process	水合物冷冻淡化法	水合物冷凍[淡化]法
hydrate method	水合物法	水合物[淡化]法
hydrate mound	天然气水合物丘	天然氣水合物丘
hydrate plug	水合物栓塞	水合物栓塞
hydration number	水合系数	水合數
hydraulic lift mining system	水力提升采矿系统	水力揚升採礦系統
hydraulic pressure shock	静水压休克	靜水壓休克
hydrobiology	水生生物学	水生生物學
hydrobiont	水生生物	水生生物
hydrogenic crust	水成结壳	水成結殼

英　文　名	大　陆　名	台　湾　名
hydrogenic nodule	水成型结核	水成型結核
hydrogen ion concentration	氢离子浓度	氫離子濃度
hydrogenous component	水成组分	水成組分
hydrogenous material	水成物质	水成物質，水生物質
hydrogenous phase	水成相	水成相
hydrogeochemical cycling	水文地球化学循环	水文地球化學循環
hydrogeochemistry	水文地球化学	水文地球化學
hydrographic survey	水文测量	水文測量
hydrological cycle	水文循环	水文循環
hydrology	水文学	水文學
hydrolysis	水解[作用]	水解[作用]
hydrolytic dissociation	水离解	水離解
hydronium ion	水合氢离子	水合氫離子
hydrophile	亲水物	親水物
hydrophilic polymer	亲水性聚合物	親水性聚合物
hydrophilic surface	亲水性表面	親水性表面
hydrophobe	疏水物	疏水物
hydrophobic bond	疏水键	疏水鍵
hydrophobic hydration	疏水水合[作用]	疏水水合作用
hydrophobic surface	疏水性表面	疏水性表面
hydrophone	水听器	水下麥克風
hydrophyte	水生植物	水生植物
hydrostatic approximation	静力近似	靜水壓近似
hydrostatic pressure	流体静压力	流體靜壓力
hydrostatic stress	流体静应力	流體靜應力
hydrothermal activity	热液活动	熱液活動
hydrothermal alteration	热液蚀变	熱液蝕變
hydrothermal brine	热卤	熱液鹽水
hydrothermal circulation	[海底]热液循环	熱液循環
hydrothermal crust	热液型结壳	熱液型結殼
hydrothermal energy	热液能	熱液能
hydrothermal exchange	热液交换	熱液交換
hydrothermal fluid	热液流体	熱液流體
hydrothermal genesis	热液成矿作用	熱液成礦作用
hydrothermal lens	热液透镜	熱液透鏡
hydrothermal metamorphism	热液变质作用	熱液變質作用
hydrothermal mineral	热液矿物	熱液礦物
hydrothermal mineral deposit	热液矿床	熱液礦床

英　文　名	大　陆　名	台　湾　名
hydrothermal mineralization	热液矿化作用	熱液礦化作用
hydrothermal mound	热液丘	熱液丘
hydrothermal neck	热液颈	熱液頸
hydrothermal nontronite	热液自生绿脱石	熱液自生綠脫石
hydrothermal plume	热液柱	熱液柱
hydrothermal process	热液作用，热液过程	熱液作用
hydrothermal sediment	热液沉积物	熱液沉積物
hydrothermal vent	热泉	深海熱泉
hydrothermal vent community	海底热液生物群落	海底熱泉生物群落
7-α-hydroxyfucosterol	7-α-羟基岩藻甾醇	7-α-羥基岩藻固醇
hyperbaric lifeboat(HBL)	高压救生舱	高壓救生艙
hyperbaric medicine	高气压医学	高壓醫學
hyperbaric oxygen chamber	高压氧舱	高壓氧氣艙
hyperbaric oxygen medicine	高压氧医学	高壓氧醫學
hyperbaric oxygen therapy	高压氧治疗	高壓氧治療
hyperbaric physiology	高气压生理学	高壓生理學
hyperhaline water(=ultrahaline water)	超盐水，高盐水	超鹽水，高鹽水
hyperspectral imaging	高光谱成像	高光譜影像
hypha	菌丝	菌絲
hyponeuston	表下漂浮生物	水表下漂浮生物
hypo-plankton	下层浮游生物	下層浮游生物
hypotheca	下壳	下殼
hypothermia	降温	失溫
hypoxidosis	缺氧症	缺氧症
hypsographic curve	陆高海深曲线	陸高海深曲線

I

英　文　名	大　陆　名	台　湾　名
IABO(=International Association of Biological Oceanography)	国际生物海洋学协会	國際生物海洋協會
IAHS(=International Association of Hydrological Sciences)	国际水文科学协会	國際水文科學協會
IAP(=ion activity product)	离子活度积	離子活度積
IAPSO(=International Association for the Physical Sciences of the Ocean)	国际海洋物理科学协会	國際海洋物理科學協會
iceberg	冰山	冰山

英　文　名	大　陆　名	台　湾　名
ice-breaker	破冰船	破冰船
ice cake	冰块	冰塊
ice cap	冰盖	冰蓋
ice cover(=ice cap)	冰盖	冰蓋
ice edge	冰缘线	冰緣
ice fall	冰瀑布	冰瀑布
ice fog	冰雾	冰霧
Icelandic low	冰岛低压	冰島低壓
ice shelf	冰架，陆缘冰	冰棚
ice shelf water	冰架水	冰棚水
ichnofossil(=trace fossil)	遗迹化石	生痕化石，痕跡化石
ichnology	遗迹学	生痕學
ICITA(=International Cooperative Investigations of Tropical Atlantic)	国际热带大西洋合作调查	國際熱帶大西洋合作調查
ideal fluid(=perfect fluid)	理想流体	理想流體
ideal gas(=perfect gas)	理想气体	理想氣體
IES(=inverted echo sounder)	颠倒式回声测深仪	顛倒式測深儀
IFOV(=instantaneous field of view)	瞬时视场角	瞬時視場角
IGBP(=International Geosphere-Biosphere Programme)	国际地圈–生物圈计划	國際地圈–生物圈計畫
IGRF(=international geomagnetic reference field)	国际地磁参考场	國際地磁參考場
illite	伊利石	伊萊石，伊利石
image classification	图像分类	影像分類
image correction	图像修正	影像修正
image degradation	图像退化	影像衰退
image distortion	图像畸变	影像畸變
image enhancement	图像增强	影像強化
image geometry	图像几何学	影像幾何
image preprocessing	图像预处理	圖像預處理
image recognition	图像识别	圖形識別
image rectification	图像校正	影像糾正
image registration	图像配准	影像校準
image resolution	图像分辨率	影像解析度
image restoration	图像复原	影像還原
IMAGES(=International Marine Global Change Study)	国际海洋全球变化研究	國際海洋全球變遷研究
image texture	图像结构	影像紋理

英　文　名	大　陆　名	台　湾　名
imaging radar	成像雷达	影像雷達
immature stage(=young stage)	幼期，未成熟期	幼期，未成熟期
immersed halophyte vegetation	沉水盐生植被	沉水鹽生植被
immigration	迁入	遷入
IMO(=International Maritime Organization)	国际海事组织	國際海事組織
implicit scheme	隐格式	隱式算法
imprinting	印记	銘印，印記
IMSO(=International Maritime Satellite Organization)	国际海事卫星组织	國際海事衛星組織
inbreeding	近交	近親繁殖
incidental species	偶见种	偶見種
incident angle	入射角	入射角
incident wave	入射波	入射波
inclination	倾角	傾角
incompetent rock	不坚实岩层	弱岩
incompressibility	不可压缩性	不可壓縮性
incondensable gas	不冷凝气体	不可凝氣體
incurrent siphon	入水管	入水管
index fossil	标准化石	標準化石
index of economic evaluation for marine resources	海洋资源经济评价指标	海洋資源經濟評估指標
index of marine geochemical facies	海洋地球化学相指标	海洋地球化學相指標
index of oil content	含油量指数	含油量指數
index of pollution	污染指数	汙染指數
Indian Equatorial Undercurrent	印度洋赤道潜流	印度洋赤道底流
Indian Ocean	印度洋	印度洋
Indian Ocean Plate	印度洋板块	印度洋板塊
indicator species	指示种	指標種
indicator species of marine pollution	海洋污染指示种	海洋汙染指標種
indigenous species	土著种，本地种	本土種，原生種
indirect gradient analysis	间接梯度分析	間接梯度分析
indirect interaction	间接交互作用	間接交互作用
indissolubility	难溶性	難溶性，不溶性
Indosinian orogeny	印支造山运动	印支造山運動
induced reaction	诱导反应	誘導反應
induced reverse osmosis	诱导反渗透	誘導反滲透
inducted-conductivity temperature indica-	感应电导示温仪	感應電導示溫儀

英　文　名	大　陆　名	台　湾　名
tor		
inductive salinometer	感应盐度计	感應式鹽度儀
industrial culture	工厂化养殖	企業化養殖
industrial wastewater	工业废水	工業廢水
inert gas(=noble gas)	惰性气体	惰性氣體
inertia gravitational wave [in ocean]	[海洋]惯性重力波	慣性重力波
inertial current	惯性流	慣性流
inertial flow(=inertial current)	惯性流	慣性流
inertial motion	惯性运动	慣性運動
inertial wave	惯性波	慣性波
inertia period	惯性周期	慣性週期
infauna	底内动物	底內動物
infectious hematopoietic necrosis	传染性造血器官坏死病	傳染性造血器官壞死病
infectious pancreatic necrosis	传染性胰脏坏死病	傳染性胰臟壞死病
infiltration(=osmosis)	渗透	滲濾, 滲透
inflow	入流[量]	入流[量]
infralittoral fringe	远岸缘	下濱緣
infralittoral zone	远岸带	下潮帶
infraneuston	水表下漂浮生物	水表下漂浮生物
infrared radiation thermometer(IRT)	红外线辐射温度计	紅外線輻射溫度計
infrared radiometer	红外辐射计	紅外輻射計
infrared ray	红外线	紅外線
infrared remote sensor	红外遥感器	紅外遙感器
infrared spectroscopy	红外光谱学	紅外光譜學
ingestion	摄食	攝食
inhibition	抑制作用	抑制作用
inhomogeneity	不均匀性, 多相性	不均匀性, 多相性
initial condition	初始条件	初始條件
initial environmental evaluation	初步环境评估	初級環評
inland waters	内陆水域	內陸水域
inland wetland	内陆湿地	內陸濕地
inner bud	内芽	內芽
inner core	内核	內核
inner shelf	内陆架	內陸棚, 內陸架
innocent passage	无害通过	無害通過
inorganic colloid in seawater	海水中无机胶体	海水無機膠體
inorganic environment	无机环境	無機環境
inorganic matter	无机物质	無機物質

英　文　名	大　陆　名	台　湾　名
inorganic nutrient	无机营养盐	無機營養鹽
inorganic pollution source	无机污染源	無機汙染源
inorganic species in seawater	海水中物质无机存在形式	海水無機性物種
in place analysis	在位分析	在位分析
insequent coast	斜向海岸	斜向海岸
inshore	内滨	近海，近岸
inshore fishing	近海捕捞	近海捕撈
inshore marine environment	近岸海洋环境	近岸海洋環境
inshore waters	近岸水域	近岸水域
insolubility	不溶性	不溶[解]性
instability	不稳定性	不穩定性，不穩定度
instantaneous biomass	瞬时生物量	瞬間生物量
instantaneous birth rate	瞬时出生率	瞬間出生率
instantaneous death rate	瞬时死亡率	瞬間死亡率
instantaneous field of view(IFOV)	瞬时视场角	瞬時視場角
instantaneous fishing mortality coefficient	瞬间捕捞死亡系数	瞬間漁獲死亡系數
instantaneous growth rate	瞬时生长率	瞬間成長率
instantaneous rate of increase	瞬时增长率	瞬間增長率
instinctive behavior	本能行为	本能行為
insular species	隔离种	島嶼種
integrated coastal zone management	海岸带综合管理	海岸帶綜合管理
Integrated Ocean Drilling Program(IODP)	综合大洋钻探计划	綜合大洋鑽探計畫
integrated use of marine resources	海洋资源综合利用	海洋資源綜合利用
intensive culture	集约养殖，精养	集約式養殖，集約養殖
interannual variation	年际变化	年際變化
interarc basin	弧间盆地	弧間盆地
interbed	间层	層間，互層
intercalation	夹层	夾層
interface	界面	界面
interface exchange process	界面交换过程	界面交換過程
interface in seawater	海洋界面	海水界面
interface reaction in seawater	海洋界面作用	海水界面作用
interfacial activity	界面活性	界面活性
interfacial film	界面薄膜	界面薄膜
interfacial phenomenon	界面现象	界面現象
interfacial polymerization	界面聚合[作用]	界面聚合作用
interfacial tension	界面张力	界面張力

英　文　名	大　陆　名	台　湾　名
interfacial wave	界面波	界面波
interference	干涉	直接互涉
interference competition	干扰竞争	互涉競爭
interference of light	光干扰	光的干擾
interferometry	干涉测量	干涉術
interglacial period	间冰期	間冰期
interglacial stage(＝interglacial period)	间冰期	間冰期
Intergovemmental Panel on Climate Change(IPCC)	气候变化政府间专门委员会	政府間氣候變化專門委員會
Intergovernmental Oceanographic Commission(IOC)	政府间海洋学委员会	政府間海洋學委員會
intermediate disturbance hypothesis	中度干扰假说	中度干擾假說
intermediate-intermediate link	中位-中位链	中位-中位鏈
intermediate species	中位种	中位種
intermittent estuary	间歇性河口	間歇性河口
intermittent stream	间歇河流，间歇性溪流	間歇性河流
internal ring joint	内环加强结点	内加強環接點
internal Rossby scale	内罗斯贝尺度	内羅士培尺度
internal sea	内海	内海
internal tide	内潮	内潮
internal water	内水	内水
internal wave	内波	内波
International Association for the Physical Sciences of the Ocean(IAPSO)	国际海洋物理科学协会	國際海洋物理科學協會
International Association of Biological Oceanography(IABO)	国际生物海洋学协会	國際生物海洋協會
International Association of Hydrological Sciences(IAHS)	国际水文科学协会	國際水文科學協會
international canal	国际运河	國際運河
International Cooperative Investigations of Tropical Atlantic(ICITA)	国际热带大西洋合作调查	國際熱帶大西洋合作調查
international geomagnetic reference field (IGRF)	国际地磁参考场	國際地磁參考場
International Geosphere-Biosphere Programme(IGBP)	国际地圈-生物圈计划	國際地圈-生物圈計畫
international law of the sea	国际海洋法	國際海洋法
International Marine Global Change Study (IMAGES)	国际海洋全球变化研究	國際海洋全球變遷研究

英 文 名	大 陆 名	台 湾 名
International Maritime Organization (IMO)	国际海事组织	國際海事組織
International Maritime Satellite Organization(IMSO)	国际海事卫星组织	國際海事衛星組織
International Ocean Carbon Coordination Project(IOCCP)	国际海洋碳协调计划	國際海洋碳協調計畫
International Ocean Institute(IOI)	国际海洋学院	國際海洋學院
International Oceanographic Data and Information Exchange(IODE)	国际海洋数据及信息交换	國際海洋數據及訊息交換
International Seabed Authority(ISA)	国际海底管理局	國際海底管理局
International Tribunal for the Law of the Sea(ITLOS)	国际海洋法法庭	國際海洋[法]法庭
International Tsunami Warning Center (ITWC)	国际海啸警报中心	國際海嘯警報中心
International Union for Conservation of Nature and Natural Resources(IUCN)	世界自然保护联盟	世界自然保護聯盟
interpolymerization	共聚作用	共聚作用
InterRidge Project	国际洋中脊研究计划	國際中洋脊研究計畫
interspecific competition	种间竞争	種間競爭
interstitial brine	间隙卤水	間隙鹵水
interstitial environment	粒间环境	粒間環境
interstitial fauna	间隙动物	間隙動物
interstitial fluid	间隙液体	填隙流體
interstitial material	间隙物质	間隙物質
interstitial organism	间隙生物	間隙生物
interstitial water	孔隙水, 间隙水	孔隙水, 間隙水
intertidal ecology	潮间带生态学	潮間帶生態學
intertidalite	潮间带沉积物	潮間帶沉積物
intertidal zone	潮间带	潮間帶
interzonal fauna	区间动物	區間動物
intra-arc basin	弧内盆地	弧內盆地
intracratonic basin	克拉通内盆地	古陸內盆地
intraoceanic arc	洋内弧	洋內弧
intraplate volcanism	板内火山活动	板塊內部火山作用
intraspecific competition	种内竞争	種內競爭
intrinsic rate of increase	内禀增长率	內在增長率
introduced species	引入种, 引进种	外來種
introgression hybridization	渐渗杂交	漸滲雜交

英　文　名	大　陆　名	台　湾　名
intrusion	侵入	侵入
intrusive rock	侵入岩	侵入岩
inundation	淹没	淹没
invasive species	入侵种	入侵種
inversion layer	逆温层	逆溫層
inversion of oceanographic element	海洋要素反演	海洋要素反轉
invertebrate	无脊椎动物	無脊椎動物
invertebrate chordate	无脊椎脊索动物	無脊椎之脊索動物
inverted barometer effect	颠倒压力效应	顛倒壓力效應
inverted echo sounder(IES)	颠倒式回声测深仪	顛倒式測深儀
IOC(= Intergovernmental Oceanographic Commission)	政府间海洋学委员会	政府間海洋學委員會
IOCCP(= International Ocean Carbon Coordination Project)	国际海洋碳协调计划	國際海洋碳協調計畫
IODE(= International Oceanographic Data and Information Exchange)	国际海洋数据及信息交换	國際海洋數據及訊息交換
IODP(= Integrated Ocean Drilling Program)	综合大洋钻探计划	綜合大洋鑽探計畫
IOI(= International Ocean Institute)	国际海洋学院	國際海洋學院
ion activity product(IAP)	离子活度积	離子活度積
ion concentration cell	离子浓度电池	離子濃差電池
ion exchange	离子交换	離子交換
ion exchange capacity	离子交换容量	離子交換容量, 離子交換能力
ion exchange chromatography	离子交换色谱法	離子交換色層法
ion exchange dialysis	离子交换渗析	離子交換滲析
ion exchange membrane	离子交换膜	離子交換膜
ion exchange resin	离子交换树脂	離子交換樹脂
ion flux	离子通量	離子通量
ionic activity	离子活度	離子活度
ionic bond	离子键	離子鍵
ionic desalination	离子淡化	離子淡化
ionic hydration	离子水合[作用]	離子水合作用
ionic polymerization	离子型聚合	離子聚合作用
ionic product	离子积	離子度積
ionium-thorium method of dating	锾-钍测年法	鑀-釷定年法
ionization	电离作用	電離作用, 離子化作用
ionization potential	电离电势	電離位能

英 文 名	大 陆 名	台 湾 名
ionizing particle	电离粒子	電離化質點，電離化粒子
ionizing radiation	电离辐射	電離化輻射
ion pair	离子对	離子對
ion pair in seawater	海水中离子对	海水離子對
ion permselective membrane(=ion ex- change membrane)	离子交换膜	離子交換膜
ion scavenging	离子清除	離子清除
ion selective electrode	离子选择电极	離子選擇性電極
Iowan glacial stage	艾俄瓦冰期	艾俄瓦冰期
IPCC(=Intergovemmental Panel on Cli- mate Change)	气候变化政府间专门委 员会	政府間氣候變化專門委 員會
Iran Plate	伊朗板块	伊朗板塊
iridoviral disease of Japanese eel	日本鳗虹彩病毒病	日本鰻虹彩病毒病
iridoviral disease of red sea bream	真鲷虹彩病毒病	真鯛虹彩病毒病
IRM(=isothermal remanent magnetiza- tion)	等温剩余磁化	等溫殘磁
iron bacteria corrosion	铁细菌腐蚀	鐵細菌腐蝕
irradiance	辐照度	輻照度
irradiance reflectance	辐照度比	輻照反射率
irregular diurnal tide	不正规全日潮	不規則全日潮
irregular semi-diurnal tide	不正规半日潮	不規則半日潮
irregular wave	不规则波	不規則波
irreversible marine environmental impact	不可恢复的环境影响	不可復原的海洋環境衝 擊
IRT(=infrared radiation thermometer)	红外线辐射温度计	紅外線輻射溫度計
ISA(=International Seabed Authority)	国际海底管理局	國際海底管理局
isallotherm	等变温线	等變溫線
isentrope	等熵线	等熵線
isentropic analysis	等熵分析	等熵分析
isentropic flow	等熵流[动]	等熵流
isentropic process	等熵过程	等熵過程
isentropic surface	等熵面	等熵面
isentropy	等熵	等熵
island	[海]岛	[海]島
island arc	岛弧	島弧
island chain	岛链	島鏈
island landscape	海岛景观	海島景觀

英　文　名	大　陆　名	台　湾　名
island mole	岛堤	島堤
islands (= archipelago)	群岛，列岛	群島，列島
island shelf	岛架	島棚，島架
island slope	岛坡	島坡
island tourism	海岛观光旅游	海島觀光旅遊
isobar	等压线	等壓線
isobaric surface	等压面	等壓面
isobase	等基线	等基線
isobath	等深线	等深線
isobathymetric line (= isobath)	等深线	等深線
isobathytherm	等温深度线	等溫深度線，等溫深度面
isocals	等热量线	等熱量線
isochromatic line	等色线	等水色線
isochrone	等时线	等時線
isoclinic line	等倾线	等磁傾角線
isoenthalpic	等焓线	等焓線
isoenthalpy	等焓	等焓
isogal	等伽线	等重力線
isogam	等磁力线	等磁力線
isogeotherm	等地温面	等地溫線
isogon	等磁偏线	等磁偏線
isogonism	等角[现象]	等角[現象]
isohaline	等盐[度]线	等鹽[度]線
isohel	等日照线	等日照線
isohyet	等雨量线	等雨量線
isohypse	等高线	等高線
isolated breakwater (= detached breakwater)	岛式防波堤	離岸堤，島式防波堤
isolating mechanism	隔离机制	隔離機制
isolation-by-distance model	距离隔离模型	距離隔離模型
isomer	[同分]异构体	同分異構物
isomerization	异构化作用	異構化作用
isopach map	等厚线图	等厚圖
isopiestic point	等压点	等壓點
isopiestics (= isobar)	等压线	等壓線
isopleth	等值线	等值線，等濃線
isopor	地磁等年变线	地磁等年變線

英 文 名	大 陆 名	台 湾 名
isopycnic line	等密度线	等密度線
isopycnic surface	等密度面	等密度面
isosmoticity	等渗性	等渗性，等渗壓
isostasy	地壳均衡	地殼均衡
isostatic compensation	均衡补偿	地殼均衡補償
isostatic curve(=isobar)	等压线	等壓線
isostatic rebound	地壳均衡回弹	地殼均衡回彈
isosteric surface	等比容面	等比容面
isotherm	等温线	等溫線
isothermal change	等温变化	等溫變化
isothermal expansion	等温膨胀	等溫膨脹
isothermal layer	等温层	等溫層
isothermal process	等温过程	等溫過程
isothermal remanent magnetization(IRM)	等温剩余磁化	等溫殘磁
isotope climatic stage	同位素气候期	同位素氣候期
isotope geothermometer	同位素地热温标	同位素地質溫度計
isotopic vital effect	同位素生理效应	同位素生理效應
isotropy	各向同性	各向同性，均向性
isozyme	同工酶	同功[異構]酶
istamycin	天神霉素	天神黴素
isthmus	地峡	地峽
itai-itai diseae	痛痛病	痛痛症
iterative method	迭代法	疊代法
iteroparity	多次生殖	多次生殖
ITLOS(=International Tribunal for the Law of the Sea)	国际海洋法法庭	國際海洋[法]法庭
ITWC(=International Tsunami Warning Center)	国际海啸警报中心	國際海嘯警報中心
IUCN(=International Union for Conservation of Nature and Natural Resources)	世界自然保护联盟	世界自然保護聯盟
IUCN Red Data Book	世界自然保护联盟红皮书	世界自然保護聯盟紅皮書
IUCN Red List	世界自然保护联盟红色名录	世界自然保護聯盟紅色名錄
Izu-Bonin Trench	伊豆-小笠原海沟	伊豆-小笠原海溝

J

英　文　名	大　陆　名	台　湾　名
jacket	导管架	套管架
jacket launching barge	导管架下水驳船	套管架下水駁船
jacket leg	导管架腿柱	套管架腳柱
jacket lifting eye	导管架吊耳	套管架吊孔
jacket panel	导管架组片	套管架嵌板
jacket pile-driven platform	导管架桩基平台	套管架樁基平臺
jacket positioning	导管架定位	套管架定位
jacking capacity	举升能力	舉升能力
jacking system	升降系统	升降系統
Jackson turbidity unit(JTU)	杰克逊[浊]度	杰克遜濁度計
jack-up drilling rig	自升式钻井平台	舉升式鑽井平臺
jack-up rig	自升式钻井船	舉升式平臺
Jacobi method	雅可比法	賈可比法
Japan Basin	日本海盆	日本海盆
Japanese Meteorological Agency(JMA)	日本气象厅	日本氣象廳
Japanese Oceanographic Data Center (JODC)	日本海洋资料中心	日本海洋資料中心
Japan Island Arc	日本岛弧	日本島弧
Japan Sea	日本海	日本海
Japan Trench	日本海沟	日本海溝
Jaramillo polarity subchron	哈拉米略极性亚期	哈拉米洛極性亞期
Java Trench	爪哇海沟	爪哇海溝
jetty	导[流]堤	突堤,導流堤
JGOFS(=Joint Global Ocean Flux Study)	全球联合海洋通量研究	全球海洋通量聯合研究
JMA(=Japanese Meteorological Agency)	日本气象厅	日本氣象廳
JOA(=Joint Oceanographic Assembly)	海洋学联合大会	海洋學聯合大會
JODC(=Japanese Oceanographic Data Center)	日本海洋资料中心	日本海洋資料中心
JOIDES(=Joint Oceanographic Institutions for Deep Earth Sampling)	海洋协会地球深层取样机构	聯合海洋機構地球深層取樣計畫
Joint Global Ocean Flux Study(JGOFS)	全球联合海洋通量研究	全球海洋通量聯合研究
Joint Oceanographic Assembly(JOA)	海洋学联合大会	海洋學聯合大會

英 文 名	大 陆 名	台 湾 名
Joint Oceanographic Institutions for Deep Earth Sampling(JOIDES)	海洋协会地球深层取样机构	聯合海洋機構地球深層取樣計畫
Joint Technical Commission for Oceanography and Marine Meteorology (JTCOMM)	海洋学和气象学联合技术委员会	海洋學和氣象學聯合技術委員會
JTCOMM(=Joint Technical Commission for Oceanography and Marine Meteorology)	海洋学和气象学联合技术委员会	海洋學和氣象學聯合技術委員會
JTU(=Jackson turbidity unit)	杰克逊[浊]度	杰克遜濁度計
Juan de Fuca Plate	胡安德富卡板块	皇安德富卡板塊
Julian time	儒略时	朱利安時間
Jurassic Period	侏罗纪	侏儸紀
jurisdictional sea	管辖海域	管轄海域
juvenile	稚体	稚體
juxtaposition	毗连	並置, 毗連

K

英 文 名	大 陆 名	台 湾 名
Kaena polarity subchron	凯纳极性亚期	凱納亞期
kainic acid	红藻氨酸	紅藻氨酸
kalloplankton(=gelatinous plankton)	胶质浮游生物	膠質浮游生物, 膠囊浮游生物
kame complex	冰砾阜群	冰礫阜群
kaolinite	高岭石	高嶺石, 高嶺土
K-Ar dating(=potassium-argon dating)	钾-氩测年	鉀-氫定年
karst coast	喀斯特海岸	喀斯特海岸
Kasten corer	盒式取样器	開斯頓岩芯取樣器, 盒式取樣器
kataglacial	末冰期	晚冰期
kay(=cay)	小礁岛	小礁島
K_1-component	K_1 分潮	K_1 分潮
K_2-component	K_2 分潮	K_2 分潮
K_1-constituent(=K_1-component)	K_1 分潮	K_1 分潮
K_2-constituent(=K_2-component)	K_2 分潮	K_2 分潮
k-dominance curve	k 优势曲线, k 显著曲线	k 顯著曲線

英　文　名	大　陆　名	台　湾　名
kelp	昆布	昆布, 巨藻
kelp bed	海藻床	巨藻床, 海藻床
Kelvin wave	开尔文波	凯文波
Kermadec Trench	克马德克海沟	克馬德克海溝
kerogen	干酪根, 油母质	油母質
key bed	标准层	標準層, 指標層
key species	关键种	關鍵種
kinetic energy	动能	動能
kin selection	亲属选择	親屬選擇
Kirchoff law	基尔霍夫定律	克希荷夫定律
K joint	K 型结点	K 型接合
knephoplankton	中层浮游生物	幽暗層浮游生物, 嫌光性浮游生物
knickpoint	①急折点 ②裂点	①急折點 ②裂點
knoll	①海底丘 ②圆丘	①海底丘 ②圓丘
knot	节	節(船速單位)
knuckle joint	万向接头	萬象接頭
Knudsen's table	克努森表	克努森表
Kochitti polarity subchron	扣齐地极性亚期	扣齊地極性亞期
kollanite	硅结砾岩, 圆砾岩	圓礫岩
Kolmogorov hypothesis	科尔莫戈罗夫假说	科默果夫假說
Korea Strait	朝鲜海峡	朝鮮海峽
koto-plankton	嫌光浮游生物	負趨光浮游生物
K-selection	K 选择	K 型選汰
K-strategy	K 策略, K 对策	K 策略
Kula plate	库拉板块	庫拉板塊
Kullenberg corer	库伦堡取芯管	庫倫堡取芯管
Kuril Basin	千岛海盆	千島海盆
Kuril Island Arc	千岛岛弧	千島島弧
Kuril-Kamchatka Trench	千岛-堪察加海沟	千島-堪察加海溝
Kuroshio	黑潮	黑潮
Kuroshio extension current	黑潮延续流	黑潮延伸流
Kyoto Protocol	京都议定书	京都協議書

L

英　文　名	大　陆　名	台　湾　名
Labrador Current	拉布拉多尔海流	拉布拉多海流
Labrador Sea	拉布拉多尔海	拉布拉多海
LAC(=local area coverage)	局地区域覆盖	區域面覆蓋
Lacoste sea gravimeter	拉科斯特海洋重力仪	拉科斯特海洋重力儀
lag gravel	滞留砾石，砂砾盖面	滯留礫石
lagoon	潟湖	潟湖
lagoon deposit	潟湖沉积	潟湖堆積
Lagrangian method	拉格朗日法	拉觀法，拉格朗日法
Lambertian surface	朗伯漫射面	藍伯漫射面
lamellae	鳃瓣	鳃板
lamellibranchia larva	瓣鳃类幼体	瓣鳃類幼體
laminar boundary layer	层流边界层	層流邊界層
laminar flow	层流	層流
laminine	昆布氨酸，海带氨酸	昆布胺酸，海帶胺酸，海帶氨酸
land-based pollution prevention and treatment	陆源污染防治	陸側汙染防治，陸源汙染防治
land breeze	陆风	陸風
land fabrication	陆上预制	陸上預報
land-locked species	陆封种	陸封種
Land-Ocean Interactions in the Coastal Zone(LOICZ)	海岸带陆海相互作用研究计划	陸海交互作用帶［計畫］
LANDSAT	陆地卫星	大地衛星
land-sea breeze	陆海风	陸海風
land-sea interface	陆海交界	陸海交界
landslide	滑坡	滑坡
land-tied island	陆连岛	陸連島
lane identification	航道识别	航導辨別
La Niña	拉妮娜，反厄尔尼诺	反聖嬰
lapout	超覆	超覆
large marine ecosystem(LME)	大海洋生态系统	大海洋生態系
larva	幼体	幼生，幼體
larval fish	仔鱼	仔魚

英 文 名	大 陆 名	台 湾 名
larval stage	幼体期，幼虫期	幼生時期
larynx	喉	咽部
laser altimeter	激光高度计	雷射高度計
last-appearance datum	末现面	末现面
latent energy	潜能	潛能
latent heat	潜热	潛熱
latent heat of condensation	凝结潜热	凝結潛熱
latent heat of evaporation	蒸发潜热	蒸發潛熱
latent heat of vaporization	汽化潜热	汽化潛熱
latent heat release	潜热释放	潛熱釋放
lateral accretion	侧向加积	側向加積作用
lateral eddy diffusivity	侧涡扩散率	側向渦流擴散係數
lateral erosion	侧[向侵]蚀	側蝕
laterally loaded pile	侧向承载桩	側向力承載樁
lateral migration	侧向运移	側向移位
lateral mixing	侧向混合	側向混合
lateral reflection	侧反射	側向反射
lateral stress	侧向应力	側向應力
latitudinal coast	横向海岸	橫向海岸
latitudinal distribution	纬度分布	緯度分布
latitudinal gradient	纬度梯度	緯度梯度
launching analysis	下水分析	下水分析
launching truss	下水桁架	下水桁架
Laurasia	劳亚古[大]陆，北方古陆	勞亞古[大]陸，北方古陸
lava	熔岩	熔岩
law and regulation of sea	海洋法规	海洋法規
law of conservation of mass	质量守恒定律	質量守恆[定]律
law of conservation of matter	物质守恒定律	物質守恆定律，物質不滅定律
law of superposition	叠加定律	疊置律
law of the sea	海洋法	海洋法
lay barge(=pipeline laying barge)	铺管船	布管駁船
layer	层	層
layered hydrate	层状水合物	層狀水合物
LD_{50}(=median lethal dosage)	半数致死剂量	半數致死劑量
leapfrog scheme	蛙跳法	跳蛙法
lebensspur structure	生痕构造	生痕構造，生物遺跡構

英　文　名	大　陆　名	台　湾　名
		造
lecithotrophic larva	卵黄营养幼体	卵黃食性之幼生
length-frequency distribution	体长频度分布	體長頻度分布
lens	晶状体	水晶體
leptocephalus	鳗鲕幼体	葉形幼生,狹首幼生
Leslie matrix	莱斯利矩阵	萊斯利矩陣
Lesser Antilles Island Arc	小安地列斯岛弧	小安地列斯島弧
less saline water	低盐水	低鹽水
levee breach(=avulsion)	决口	決口
level	水准仪	水準儀
level bottom community	平底生物群落	平底生物群落
leveling	水准测量	水準測量
level of no motion(LNM)	无运动层	不動[水]層
liability and compensation for pollution damage	污染损害赔偿责任	汙染損壞賠償責任
licence of sea area use	海域使用证	海域使用證
lidar(=light detection and ranging)	光雷达	光達
lido(=seashore swimming ground)	海滨浴场	海水浴場
life cycle	生活周期	生命週期
life expectance	生命期望,估计寿命	生命期望,估計壽命
life form	生活型	生活型
life history strategy	生活史策略	生活史對策
life support system	生命支持系统	維生系統
life table	生命表	生命表
lifting analysis	吊装分析	吊裝分析
lifting lug	吊点	吊點
light and dark bottle technique	黑白瓶法	光暗瓶法
light bottle	光瓶	光瓶
light-compass orientation	光罗盘定向	光羅盤定向
light compensation point	光补偿点	光的平準點
light detection and ranging	光雷达	光達
light energy(=luminous energy)	光能	光能
light fishing	光诱渔法	光誘漁法,火誘漁法
light flux	光通量	光通量
light house	灯塔	燈塔
light intensity	光强度	光強度
light oil	轻质油	輕[質]油
light penetration	光透射	光透射

英　文　名	大　陆　名	台　湾　名
light pollution	光污染	光汙染
light refraction	光折射	光折射
light saturation	光饱和	光飽和
light saturation point	光饱和点	光飽和點
light scattering	光散射	光散射
light spectrum	光谱	光譜
light transmission(=light penetration)	光透射	光透射
light trap	光诱捕器	燈光誘捕器
light vessel	灯船	燈船
light weight diving	轻潜水	輕裝備潛水
liman	①泥湾 ②河口淤泥沉积	①泥灣 ②河口淤泥堆積
limnology	湖沼学	湖沼學
Lindeman's law	林德曼定律	林德曼定律, 百分之十定律
linearization of wave force	波浪力线性化	波力線性化
linear polarization	线性极化	線性極化
linguoid bar	舌形沙坝	舌形沙壩
lionan coast	溺谷海岸	溺谷海岸
liquefaction	液化	液化
liquid-solid interface ternary complex in seawater	海水中液–固界面三元络合物	海水中液–固相界面三元錯合物
lithic pyroclast	岩屑	岩屑, 鑽屑
lithoherm	岩礁	岩礁, 岩丘
lithosphere	岩石圈	岩石圈
lithospheric plate	岩石圈板块	岩石圈板塊
little ice age	小冰期	小冰期
littoral benthos	沿岸底栖生物	沿岸底棲生物
littoral current(=coastal current)	沿岸流	沿岸流
littoral drift	沿岸漂移	沿岸漂移
littoral fauna	沿岸动物	沿岸動物相
littoral placer(=beach placer)	海滨砂矿	海灘砂礦, 海灘重礦床
littoral zone	沿岸带, 滨海带	沿岸帶, 濱海帶
LME(=large marine ecosystem)	大海洋生态系统	大海洋生態系
LNM(=level of no motion)	无运动层	不動[水]層
load out analysis	上驳分析	裝船分析
lobe	叶瓣状	叶瓣狀
local area coverage(LAC)	局地区域覆盖	區域面覆蓋
local extinction	局部地区灭绝	局部地區滅絕

英 文 名	大 陆 名	台 湾 名
local pollution	局部污染	局部汙染
loch	滨海湖	濱海湖
locus	基因座	基因座
logistic growth	逻辑斯谛增长	邏輯型成長,邏輯斯諦成長
logistic population growth	逻辑斯谛种群增长	邏輯型[族群]成長,推理型[族群]成長
log-normal hypothesis	对数-正态假说	對數-常態假說
LOICZ(=Land-Ocean Interactions in the Coastal Zone)	海岸带陆海相互作用研究计划	陸海交互作用帶[計畫]
Lomonosov Ridge	罗蒙诺索夫海岭	羅蒙諾索夫海脊
longitudinal coast	纵向海岸	縱岸,縱向海岸
longitudinal dike	顺坝	順壩
longitudinal zonality	经度地带性	經度地帶性
long range navigation(Loran)	罗兰	羅遠,遠程導航[系統]
longshore bar	沿岸沙坝	沿岸沙洲
longshore transportation	沿岸运输	沿岸搬運,沿岸輸送
long-term ecological research	长期生态研究	長期生態研究
long wave	长波	長波
long-wave infrared(LWIR)	长波红外	長波紅外
long-wave radiation	长波辐射	長波輻射
lophophore	触手冠	總擔,觸手冠
Loran(=long range navigation)	罗兰	羅遠,遠程導航[系統]
Lord Howe Rise	罗德豪隆起	羅德豪隆起
Lotka-Volterra equation of competition	洛特卡-沃尔泰拉竞争方程	洛特卡-沃爾泰競爭方程式
Lotka-Volterra equation of predation	洛特卡-沃尔泰拉掠食方程	洛特卡-沃爾泰掠食方程式
lottery theory	彩票理论	彩票理論
low altitude satellite	低轨卫星	低軌衛星
low coast(=flat coast)	低平海岸	低平海岸
low-energy coast	低能海岸	低能海岸
lowest astronomical tide	最低天文潮位	最低天文潮位
low salinity characteristic	低盐特性	低鹽特性
lowstand	低水位期	低水位期
low temperature multi-effect distillation	低温多效蒸馏	低溫多效蒸餾
low water	低潮	低潮,乾潮
low water line	低潮线	低潮線

英 文 名	大 陆 名	台 湾 名
lubrication	润滑作用	潤滑［作用］
luciferase	萤光素酶	螢光酵素
luciferin	萤光素	螢光素
luminescence	发光	發光
luminous energy	光能	光能
luminous intensity(＝light intensity)	光强度	光強度
luminous organism	发光生物	發光生物
lunar cycle	月运周期	陰歷週期
lunar tide	太阴潮	太陰潮
lunitidal interval	月潮间隙	月潮間隙
lurer	诱惑者	誘引者
lutite	泥岩	泥屑岩
LWIR(＝long-wave infrared)	长波红外	長波紅外
lysocline	溶跃层	溶躍層,溶躍面
lysosome	溶酶体	溶小體,溶酶體

M

英 文 名	大 陆 名	台 湾 名
MAB Reserve(＝Man and Biosphere Reserve)	人与生物圈自然保护区	人與生物圈自然保護區
macroalgae	大型藻类	大型藻類
macrobenthos	大型底栖生物	大型底棲生物
macroevolution	宏观进化	巨演化
macrofauna	大型动物	大型動物
macroplankton	大型浮游生物	大型浮游生物
macrotidal estuary	强潮河口	高潮差河口灣
magma heat source	岩浆热源	岩漿熱源
magmatic arc	岩浆弧	岩漿弧
magnetic airborne survey	空中磁力调查	空中磁力調查
magnetically quiet	磁［力宁］静	磁力寧靜
magnetic anomaly	磁异常	磁力異常
magnetic basement	磁性基底	磁性基盤
magnetic dip(＝magnetic inclination)	磁倾角	磁傾角,地磁傾角
magnetic field intensity(＝magnetic field strength)	磁场强度	磁場強度
magnetic field strength	磁场强度	磁場強度

英　文　名	大　陆　名	台　湾　名
magnetic inclination	磁倾角	磁傾角，地磁傾角
magnetic particle technique(MT)	磁粉探伤	磁粉探傷檢測
magnetic polarity reversal	磁极反转	磁極反轉
magnetic prospecting	磁法勘探	磁力探勘
magnetic quiet zone	磁[平]静带	磁平靜帶
magnetic reversal	地磁反向	磁性反轉，地磁反轉
magnetic stratigraphy(=magnetostratigra-phy)	磁性地层学	磁性地層學
magnetic susceptibility	磁化率	磁感率
magnetism separation	磁性分离	磁性分離
magnetometer	磁强计	磁力儀
magnetometric resistivity method	磁电阻率法	磁電阻率法
magnetosphere	磁层，磁圈	磁層，磁圈
magnetostratigraphy	磁性地层学	磁性地層學
magnetotelluric sounding	大地电磁测深法	大地電磁測深法
main girder	主梁	主樑
maintenance of marine living resources	海洋生物资源养护	海洋生物資源養護
main thermocline	主温跃层	主斜溫層
major element in seawater	海水中常量元素	海水中常量元素
malacology	软体动物学	軟體動物學
Malthusian growth	马尔萨斯生长	馬爾薩斯成長
Mammoth event	马默思[反向]事件	馬默思地磁反向事件
Mammoth polarity subchron	马默思极性亚期	馬默思極性亞期
management of marine disaster reduction and relief	海洋减灾救灾管理	海洋減災救災管理
management of marine resources	海洋资源管理	海洋資源管理
management on sea area use	海域使用管理	海域使用管理
Man and Biosphere Reserve(MAB Reserve)	人与生物圈自然保护区	人與生物圈自然保護區
manganese agglutination	锰凝结物	錳凝結物
manganese crust	锰壳	錳殼
manganese hydrate	硬锰矿	硬錳礦
mangrove	红树林	紅樹林
mangrove coast	红树林海岸	紅樹林海岸
mangrove community	红树林生物群落	紅樹林生物群落
mangrove swamp	红树林沼泽	紅樹林沼澤
mangrove vegetation	红树林植被	紅樹林植被
Manihiki Plateau	马尼希基海台	馬尼希基海臺

英　文　名	大　陆　名	台　湾　名
mannan	甘露聚糖, 甘露糖胶	甘露聚糖, 甘露糖膠
manned submersible	载人潜水器	載人潛水器
mannitol	甘露[糖]醇	甘露[糖]醇
mantle	地幔	地幔
mantle bulge	地幔隆起	地幔隆起
mantle convection	地幔对流	地幔對流
mantle plume	地幔柱	地幔柱
mantle wedge	地幔楔体	地幔楔形體
manufacturing technique of marine information products	海洋信息产品制作技术	海洋資訊產品製作技術
mareograph	自记验潮仪	自記水位計
marginal accretion	边缘增生	邊緣增積
marginal arc	边缘弧	陸緣島弧
marginal aulacogen	边缘断陷槽	邊緣斷陷槽
marginal basin	边缘盆地	邊緣盆地, 邊緣海盆
marginal ice zone	陆缘海冰带	陸緣海冰帶
marginal sea	边缘海	邊緣海
Mariana Basin	马里亚纳海盆	馬里亞納海盆
Mariana Trench	马里亚纳海沟	馬里亞納海溝
Mariana Trough	马里亚纳海槽	馬里亞納海槽
Mariana-type subduction zone	马里亚纳型俯冲带	馬里亞納型隱沒帶
mariculture	海水养殖	海水養殖
mariculture industry	海水养殖业	海水養殖業, 淺海養殖業
mariculture technique	海水养殖技术	海水養殖技術, 淺海養殖技術
marine acoustics	海洋声学	海洋聲學
marine aerosol	海洋气溶胶	海洋氣溶膠
marine air mass	海洋气团	海洋氣團
marine algae chemistry	海洋藻类化学	海洋藻類化學
marine analytical chemistry	海洋分析化学	海洋分析化學
marine aquaculture pollution	海水养殖污染	海水養殖汙染
marine aquatic products processing	海洋水产品加工业	海洋水產品加工業
marine artificial port	海上港口	海上人工港
marine bacteria	海洋细菌	海洋細菌
marine bioacoustics	海洋生物声学	海洋生物聲學
marine bioactive substances	海洋生物活性物质	海洋生物活性物質
marine biochemical engineering	海洋生化工程	海洋生化工程

英 文 名	大 陆 名	台 湾 名
marine biochemical resources	海洋生化资源	海洋生化資源
marine biogeochemistry	海洋生物地球化学	海洋生物地球化學
marine biological noise	海洋生物噪声	海洋生物噪音
marine biological pharmacy industry	海洋生物制药业	海洋生物製藥業
marine biological pollution	海洋生物污染	海洋生物汙染
marine biology	海洋生物学	海洋生物學
marine biomaterial	海洋生物材料	海洋生物材料
marine bionics	海洋仿生学	海洋仿生學
marine biotechnology	海洋生物技术	海洋生物技術
marine biotoxin	海洋生物毒素	海洋生物毒素
marine boundary delimitation	海洋划界	海洋劃界
marine chemical behavior	海洋化学特性	海洋化學特性
marine chemical resources	海洋化学资源	海洋化學資源
marine chemicals	海洋化学品	海洋化學品
marine chemistry	海洋化学	海洋化學
marine chemistry industry	海洋化工业	海洋化工業
marine climate	海洋性气候	海洋氣候
marine climatology	海洋气候学	海洋氣候學
marine communications and transportation industry	海洋交通运输业	海洋交通運輸業
marine corrosion	海水腐蚀, 海水侵蚀	海水腐蝕
marine crane	海上起重机	海上起重機
marine cryology	海冰学	海冰学
marine data	海洋数据	海洋資料
marine data application file	海洋数据应用文件	海洋資料應用檔
marine data archive	海洋数据文档, 海洋资料文档	海洋資料典藏
marine data assimilation technology	海洋数据同化技术	海洋資料同化技術
marine database	海洋数据库	海洋資料庫
marine data conversion	海洋数据转换	海洋資料轉換
marine data file	海洋数据文件	海洋資料檔
marine data formatting	海洋数据格式化	海洋資料格式化
marine data fusion technique	海洋数据融合技术	海洋資料融合技術
marine data manipulation	海洋数据操作	海洋資料操作
marine data quality control	海洋资料质量控制	海洋資料品質管理
marine dataset	海洋数据集	海洋資料集
marine data transform	海洋数据变换	海洋資料變換
marine development	海洋开发	海洋開發, 海洋拓展

英 文 名	大 陆 名	台 湾 名
marine development planning	海洋开发规划	海洋開發規劃
marine disaster	海洋灾害	海洋災害
marine disaster forecasting and warning	海洋灾害预报和警报	海洋災害預報和警報
marine disaster prevention	海洋防灾	海洋防災
marine disaster reduction	海洋减灾	海洋減災
marine disaster reduction engineering	海洋减灾工程	海洋減災工程
marine disposal of radioactive wastes	放射性废物的海洋处置	放射性廢物的海洋處置
marine drug	海洋药物	海洋藥物
marine ecological disaster	海洋生态灾害	海洋生態災害
marine ecological monitoring	海洋生态监测	海洋生態監測
marine ecology	海洋生态学	海洋生態學
marine economics	海洋经济学	海洋經濟學
marine economy	海洋经济	海洋經濟
marine ecosystem	海洋生态系统	海洋生態系統
marine ecosystem dynamics	海洋生态系统动力学	海洋生態系統動力學
marine ecosystem ecology	海洋生态系统生态学	海洋生態系統生態學
marine electrochemistry	海洋电化学	海洋電化學
marine elemental geochemistry	海洋元素地球化学	海洋元素地球化學
marine energy resources	海洋能源	海洋能源
marine engineering geology	海洋工程地质	海洋工程地質[學]
marine environment	海洋环境	海洋環境
marine environmental assessment	海洋环境评价	海洋環境評估
marine environmental assessment system	海洋环境评价制度	海洋環境評估系統
marine environmental background value	海洋环境背景值	海洋環境背景值
marine environmental baseline [survey]	海洋环境基线[调查]	海洋環境基線[調查]
marine environmental capacity	海洋环境容量	海洋環境容量
marine environmental carrying capacity	海洋环境承载能力	海洋環境承載力
marine environmental chemistry	海洋环境化学	海洋環境化學
marine environmental contamination	海洋环境沾污	海洋環境汙染
marine environmental criteria	海洋环境基准	海洋環境準則
marine environmental data and information referral system(MEDI)	海洋环境资料信息目录	海洋環境資訊目錄, 海洋環境數據和資料查詢系統
marine environmental element	海洋环境要素	海洋環境要素
marine environmental forecasting and prediction	海洋环境预报预测	海洋環境預報與預測
marine environmental geochemistry	海洋环境地球化学	海洋環境地球化學
marine environmental hydrodynamics	海洋环境流体动力学	海洋環境流體動力學

英　文　名	大　陆　名	台　湾　名
marine environmental impact	海洋环境影响	海洋環境影響
marine environmental impact assessment	海洋环境影响评价	海洋環境影響評估
marine environmental impact prediction	海洋环境影响预测	海洋環境衝擊預測
marine environmental impact statement	海洋环境影响报告书	海洋環境影響報告書
marine environmental law	海洋环境法	海洋環境法
marine environmental load	海洋环境荷载	海洋環境負載
marine environmental management	海洋环境管理	海洋環境管理
marine environmental monitoring	海洋环境监测	海洋環境監測
marine environmental protection	海洋环境保护	海洋環境保護
marine environmental protection law	海洋环境保护法	海洋環境保護法
marine environmental protection technology	海洋环境保护技术	海洋環境保護技術
marine environmental quality	海洋环境质量, 海洋环境品质	海洋環境品質
marine environmental science	海洋环境科学	海洋環境科學
marine environmental self-purification capability	海洋自净能力	海洋自淨能力
marine environmental standard	海洋环境标准	海洋環境標準
marine environmental value	海洋环境价值	海洋環境價值
marine environment forecast	海洋环境预报	海洋環境預報
marine environment monitoring technology	海洋环境监测技术	海洋環境監測技術
marine erosion	海蚀作用	海蝕作用
marine farm	海洋农场	海洋牧場, 海洋農場
marine fatty acid	海洋脂肪酸	海洋脂肪酸
marine fishery	海洋渔业	海洋漁業
marine fishery resources	海洋渔业资源	海洋漁業資源
marine fishing	海洋捕捞	海洋捕撈
marine fishing activity	海洋钓鱼活动	海洋魚釣活動
marine fishing industry	海洋捕捞业	海洋捕撈業
marine fouling	海洋污着	海洋汙[染附]著
marine functional zone	海洋功能区	海洋功能區
marine functional zoning	海洋功能区划	海洋功能區劃
marine gas hydrate	海洋天然气水合物	海洋天然氣水合物
marine genetic engineering	海洋生物基因工程	海洋生物基因工程
marine geochemistry	海洋地球化学	海洋地球化學
marine geographic information system （MGIS）	海洋地理信息系统	海洋地理資訊系統

英　文　名	大　陆　名	台　湾　名
marine geology	海洋地质学	海洋地質學
marine geomagnetic anomaly	海洋地磁异常	海洋地磁異常
marine geomagnetic survey	海洋地磁调查	海洋地磁調查
marine geomorphology	海洋地貌学	海洋地形學
marine geophysical prospecting	海洋地球物理勘探	海洋地球物理探勘
marine geophysical survey	海洋地球物理调查	海洋地球物理調查
marine geophysics	海洋地球物理学	海洋地球物理學
marine geotechnical test	海洋土工试验	海洋大地工程試驗
marine GIS database	海洋地理信息系统数据库	海洋地理資訊系統資料庫
marine gravimeter	海洋重力仪	海上重力儀
marine gravimetry	海洋重力测量	海洋重力測量
marine gravity anomaly	海洋重力异常	海洋重力異常
marine gravity survey	海洋重力调查	海洋重力調查
marine heat flow survey	海洋地热流调查	海洋地熱流調查
marine heavy metal pollution	海洋重金属污染	海洋重金屬汙染
marine humus	海洋腐殖质	海洋腐殖質
marine hydrodynamic noise	海洋流体动力噪声	海洋流體動力噪音
marine hydrography	海洋水文学	海洋水文學
marine hydrology(=marine hydrography)	海洋水文学	海洋水文學
marine induced polarization method	海洋激发极化法	海洋引發極化法
marine industry	海洋产业	海洋產業
marine information	海洋信息	海洋資訊
marine information code	海洋信息分类代码	海洋資訊分類代碼
marine information processing	海洋信息处理	海洋資訊處理
marine information processing technique	海洋信息处理技术	海洋資訊處理技術
marine information products	海洋信息产品	海洋資訊產品
marine information service	海洋信息服务	海洋資訊服務
marine information sharing	海洋信息共享	海洋資訊共享
marine information technology	海洋信息技术	海洋資訊技術
marine information transmission	海洋信息传输	海洋資訊傳輸
marine inorganic pollution	海洋无机污染	海洋無機汙染
marine installation	海上安装	海上安裝
marine interfacial chemistry	海洋界面化学	海洋界面化學
[marine] internal wave	[海洋]内波	内波
marine isotope chemistry	海洋同位素化学	海洋同位素化學
marine living resources	海洋生物资源	海洋生物資源
marine magnetometer	海洋磁力仪	海上磁力儀

英 文 名	大 陆 名	台 湾 名
marine magnetotelluric sounding	海洋大地电磁测深	海洋大地電磁探測
marine manufacturing industry	海洋制造业	海洋製造業
marine meteorology	海洋气象学	海洋氣象學
marine microbial ecology	海洋微生物生态学	海洋微生物生態學
marine microbiology	海洋微生物学	海洋微生物學
marine mining	海洋采矿业	海洋採礦業
marine natural hydrocarbon	海洋天然烃	海洋天然烴
marine natural product	海洋天然产物	海洋天然產物
marine natural product chemistry	海洋天然产物化学	海洋天然產物化學
marine natural reserves	海洋自然保护区	海洋自然保留區
marine objective analysis technique	海洋客观分析技术	海洋客觀分析技術
marine [observational] section	海洋断面	海洋斷面
marine oil spill	海上溢油	離岸漏油
marine optic buoy	海洋光学浮标	海洋光學浮標
marine optics	海洋光学	海洋光學
marine organic carbon	海洋有机碳	海洋有機碳
marine organic chemistry	海洋有机化学	海洋有機化學
marine organic geochemistry	海洋有机地球化学	海洋有機地球化學
marine organic matter	海洋有机物	海洋有機物
marine organic substance(=marine organic matter)	海洋有机物	海洋有機物
marine park(=ocean park)	海洋公园	海洋公園
marine pathogenic pollution	海洋病原体污染	海洋病原汙染
marine pendulum	海上摆仪	海上擺儀
marine petroleum degrading microorganism	海洋石油降解微生物	海洋石油裂解菌
marine petroleum pollution	海洋石油污染	海洋石油汙染
marine photochemistry	海洋光化学	海洋光化學
marine phycology	海藻学	海藻學
marine physical chemistry	海洋物理化学	海洋物理化學
marine physics	海洋物理学	海洋物理學
marine policy	海洋政策	海洋政策
marine pollutant	海洋污染物	海洋汙染物
marine pollution	海洋污染	海洋汙染
marine pollution biology	海洋污染生物学	海洋汙染生物學
marine pollution chemistry	海洋污染化学	海洋汙染化學
marine pollution control	海洋污染控制	海洋汙染控制
marine pollution ecology	海洋污染生态学	海洋汙染生態學

英　文　名	大　陆　名	台　湾　名
marine pollution history	海洋污染史	海洋汙染史
marine pollution monitoring	海洋污染监测	海洋汙染監測
marine pollution monitoring technology	海洋污染监测技术	海洋汙染監測技術
marine pollution of pesticide	海洋农药污染	海洋農藥汙染
marine pollution prediction	海洋污染预报	海洋汙染預報
marine pollution prevention	海洋污染防治	海洋汙染防治
marine pollution prevention law	海洋污染防治法	海洋汙染防治法
marine pollution source	海洋污染源	海洋汙染源
marine pond extensive culture	港[埝]养[殖]	魚塭養殖
marine positioning	海上定位	海上定位
marine primary industry	海洋第一产业	海洋初級產業
marine proton magnetic gradiometer	海洋质子磁力梯度仪	海洋質子磁力梯度儀
marine proton magnetometer	海洋质子磁力仪	海洋質子磁力儀
marine radioactive pollution	海洋放射性污染	海洋放射性汙染
marine radioactivity	海洋放射性	海洋放射性
marine radioecology	海洋放射生态学	海洋放射生態學
marine ranch(=aquafarm)	海洋牧场	海洋牧場
marine realtime data	海洋实时数据	海洋即時資料
marine reflection seismic survey	海洋反射地震调查	海洋反射震測調查
marine refraction seismic survey	海洋折射地震调查	海洋折射震測調查
marine reserve	海洋保护区	海洋保護區
marine resource chemistry	海洋资源化学	海洋資源化學
marine resource development(=marine resource exploitation)	海洋资源开发	海洋資源開發
marine resource exploitation	海洋资源开发	海洋資源開發
marine resources	海洋资源	海洋資源
marine resource utilization	海洋资源利用	海洋資源利用
marine reverberation	海洋混响	海洋迴響
marine salvage	海难救助	海上救難
marine science	海洋科学	海洋科學
marine secondary industry	海洋第二产业	海洋次級產業
marine sediment	海洋沉积物	海洋沉積物
marine sediment acoustics	海洋沉积声学	海洋沉積聲學
marine sedimentation	海洋沉积作用	海洋沉積作用
marine sedimentology	海洋沉积学	海洋沉積學
marine seismic profiler	海洋地震剖面仪	海洋地震剖面儀
marine seismics	海洋地震学	海洋震測
marine seismic streamer	海洋地震漂浮电缆	海洋地震漂浮電纜

英 文 名	大 陆 名	台 湾 名
marine seismic survey	海洋地震调查	海洋地震調查
marine self-potential method	海洋自然电位法	海洋自然電位法
marine service industry	海洋服务业	海洋服務業
marine sewage disposal technology	污水海洋处置技术	海洋汙水處理技術
marine snow	海雪	海洋雪花
marine space resources	海洋空间资源	海洋空間資源
marine spatial data	海洋空间数据	海洋空間資料
marine strategy	海洋战略	海洋策略
marine stratigraphy	海洋地层学	海洋地層學
marine suction mining dredger	海上吸扬式采矿船	海上吸揚式採礦船
[marine] surface wave	[海洋]表面波	[海洋]表面波
marine synoptic chart	海洋天气图	海洋天氣圖
marine technology	海洋技术	海洋技術
marine tertiary industry	海洋第三产业	海洋三級產業
marine thermal pollution	海洋热污染	海洋熱汙染
marine tourism	海洋旅游业	海洋旅遊業
marine tourism resources	海洋旅游资源	海洋旅遊資源
marine towage	海上拖运	海上拖運
marine transect(=marine [observational] section)	海洋断面	海洋斷面
marine transportation	海上运输	海運
marine vertical distribution	海洋要素垂直分布图	海洋垂直分布
marine waste disposal	海洋废弃物处置	海洋廢棄物拋置
marine weather forecast	海洋天气预报	海洋天氣預報, 海洋氣象預報
marine weather forecast for working place	海上作业点天气预报	海上施工天氣預報
marine wetland	海洋湿地	海洋濕地
marine wide-angle reflection seismic survey	海洋广角反射地震调查	海洋廣角反射震測調查
maritime archaeology	海洋考古	海洋考古學
maritime arts	海洋艺术	海事藝術
maritime aviation meteorology	海洋航空气象学	海洋航空氣象學
maritime aviation weather forecast	海洋航空天气预报	海洋航空天氣預報
maritime bridge	海上桥梁	海上橋樑
maritime civilization	海洋文明	海事文明
maritime cultural geography	海洋人文地理	海洋人文地理
maritime exploration	海洋探险	海洋探險
maritime factory	海上工厂	海上工廠

英　文　名	大　陆　名	台　湾　名
maritime folklore	海洋民俗	海洋民俗
maritime historical geography	海洋历史地理	海事歷史地理
maritime silk route	海上丝绸之路	海上絲路
maritime superpower	海洋霸权	海洋霸權
marker gene	标记基因	標記基因
marlite	硬泥灰岩	硬泥灰岩
Marquesas fracture zone	马克萨斯破裂带，马克萨斯断裂带	馬克薩斯破裂帶，馬克薩斯斷裂帶
marsh	草沼，沼泽湿地	沼澤
mass balance	质量平衡	質量平衡
mass budget	质量收支	質量收支
mass concentration	质量浓度	質量濃度
mass data compression technique	海量数据压缩技术	大量資料壓縮技術
mass data storage technique	海量数据存储技术	大量資料存儲技術
mass extinction	集群灭绝，大灭绝	大滅絕
massive hydrate	块状天然气水合物	塊狀水合物
massive oölith	块状鲕石	塊狀鮞石
massive sulfide	块状硫化物	塊狀硫化物
mass spectrometer	质谱仪	質譜儀
mass spectrometric analysis	质谱分析	質譜分析
mass spectrum	质谱	質譜
mass transfer	质量传递，质量转移	質量傳遞，質量轉移
mass transfer coefficient	传质系数	傳質係數
mat	沉垫	基墊
material cycle	物质循环	物質循環
maternal effect	母体效应	母體效應
matrix(= substrate)	基质	基質，底質
mature stage	成熟期，成体期	成熟期，成體期
Matuyama reversed polarity chron	松山反向极性期	松山反向極性期
maximum density	最大密度	最大密度
maximum sustainable yield(MSY)	最大持续渔获量	最大持續生產量
M_2-component	M_2 分潮	M_2 分潮
M_6-component	M_6 分潮	M_6 分潮
M_2-constituent(= M_2-component)	M_2 分潮	M_2 分潮
M_6-constituent(= M_6-component)	M_6 分潮	M_6 分潮
mean activity coefficient	平均活度系数	平均活度係數
mean annual runoff	年平均径流量	年平均徑流量
mean compressibility	平均压缩性	平均壓縮率

英　文　名	大　陆　名	台　湾　名
meander	①河曲 ②曲流	①河曲 ②曲流
mean high water interval	平均高潮间隙	平均高潮間隙
mean residence time	平均停留时间	平均滯留時間
mean salinity	平均盐度	平均鹽度
mean sea level	平均海平面	平均海平面
mean sea surface temperature	平均海面水温	平均海面水溫
mean sea surface temperature anomaly	平均海面水温距平	平均海面水溫距平
MEDI(=marine environmental data and information referral system)	海洋环境资料信息目录	海洋環境資訊目錄, 海洋環境數據和資料查詢系統
median effective concentration(EC_{50})	半数效应浓度	半效應濃度
median lethal dosage(LD_{50})	半数致死剂量	半數致死劑量
median ridge(=mid-ocean ridge)	洋中脊	中洋脊
median valley(=central rift)	中央裂谷, 洋中裂谷	中央裂谷, 洋中裂谷
Mediterranean circulation	地中海环流	地中海環流
Mediterranean Sea	地中海	地中海
medusa type	水母型	水母型
megabenthos	巨型底栖生物	巨型底棲生物
megalopa larva	大眼幼体	大眼幼體
megaplankton	巨型浮游生物	巨型浮游生物
megaripple	大波痕	大波痕
meiobenthos	小型底栖生物	小型底内底棲生物
meiofauna	小型动物	小型動物
Melanesia Basin	美拉尼西亚海盆	美拉尼西亞海盆
melopelagic plankton	半浮游生物	半浮游生物
melting point	熔点	熔點
membrane bioreactor	膜生物反应器	膜生物回應器
membrane distillation	膜蒸馏	膜蒸餾
membrane potential	膜电位	膜電位
Mendocino fracture zone	门多西诺破裂带, 门多西诺断裂带	門多西諾破裂帶
Mercator bearing	墨卡托方位角	麥卡托方位角
Mercator map projection	墨卡托地图投影	麥卡托地圖投影
mercenene	蛤素	蛤素
meridian angle	经向角	經[度]向角, 子午線角
meridional distribution	经向分布	經[度]向分布
merocrystalline(=hemicrystalline)	半晶质	半晶質
mero-hyponeuston	阶段性表下漂浮生物	階段性表下漂浮生物

英　文　名	大　陆　名	台　湾　名
meroplankton	阶段浮游生物	暫時性浮游生物
mesa	方山	方山，平頂山
mesenchyme	间质	間質
mesh	筛孔	篩孔
mesobenthic	中型底栖性	中型底棲性，底內底棲性
mesocosm	中型实验生态系	中型生態池
meso-halophyte	中生盐生植物	中生鹽生植物
mesopelagic fishes	中层鱼类	中層魚類
mesopelagic organism	大洋中层生物	大洋中層生物
mesopelagic plankton	大洋中层浮游生物	中層浮游生物，大洋中層浮游生物
mesopelagic zone(=middle layer)	中层	中層
mesophilic bacteria	嗜温细菌	嗜溫細菌
mesoplankton	中型浮游生物	中型浮游生物
mesosaprobe	中腐性生物，中污生物	中腐水性生物
mesoscale eddy	中尺度涡	中尺度渦旋
mesosphere	中间层	中間層
mesothermal ore deposit	中深热液矿床	中深熱液礦床
mesothermal vein	中深热液矿脉	中深熱液礦脈
mesotidal estuary	中潮河口	中潮河口灣
Mesozoic Era	中生代	中生代
metacommunity	集合群落	關聯群聚
metadata	元数据，元资料	元資料，詮釋資料
metal complexing ligand concentration in seawater	海水中金属络合配位体浓度	海水中金屬螯合基濃度
metalliferous sediment	金属沉积物	金屬沉積物
metallothionein	金属硫蛋白	金屬硫蛋白
metamorphosis	变态	變態
metapopulation	集合种群，异质种群	關聯族群
metarelict sediment(=palimpsest sediment)	变余沉积，准残留沉积	變餘沉積物
metazoan	后生动物	後生動物
metazooplankton	亚型浮游动物	亞型浮游動物
meteorite	陨石	隕石
meteorological tide	气象潮	氣象潮
methane-carbon content	甲烷碳含量，甲烷碳当量	甲烷–碳含量

英　文　名	大　陆　名	台　湾　名
methane vent	甲烷喷口	甲烷噴泉
method of characteristics	特征曲线法	特徵曲線法
method of undetermined coefficient	待定系数法	未定係數法
MGIS(＝marine geographic information system)	海洋地理信息系统	海洋地理資訊系統
microalgae	小型藻类	微型藻類
microbenthos	微型底栖生物	微型底棲生物
microbial action	微生物作用	微生物作用
microbial contamination	微生物污染	微生物汙染
microbial corrosion(＝bacterial corrosion)	微生物腐蚀	微生物腐蝕
microbial food loop	微[生物]食物环	微[生物]食物環
microbial food web	微食物网	微食物網
microbial-gas-generation model *in situ*	原地微生物生成模式	原地微生物氣水形成模式
microbial methane	微生物成因甲烷	微生物成因甲烷
microburette	微量滴管	微量滴定管
microcenose(＝microcommunity)	小群落	小群落
microcolony	小菌落	小菌落
microcommunity	小群落	小群落
microcontinent	微大陆	微大陸
microcosm	小型实验生态系, 微型生态池	微型生態池
microecosystem	微生态系统	微生態系統
microevolution	微进化	微演化
microfauna	微型动物	微型動物相
microflora	微型植物群	微型植物相
microfossil	微化石	微化石, 微體化石
microgeographic variation	微地理变异	微地理的變異
microhabitat	微生境	微棲所
micro-manganese nodule	微锰核	微錳核
micrometeorite	微陨星	微隕石
micro-oceanography	微海洋学	微海洋學
micropaleontology	微体古生物学	微體古生物學
microphytobenthos	微型底栖植物	微型底棲植物
microplankton	小型浮游生物	小型浮游生物
microplate	微板块	小板塊
microporous support	多孔支撑层	微孔支撐
microsatellite	微卫星	微衛星

英　文　名	大　陆　名	台　湾　名
microstratification	微层化	微層化
microstructure	微结构	微結構
microsystin	微囊藻素	微囊藻素
microtidal estuary	弱潮河口	小潮差河口灣
micro-titration	微量滴定法	微量滴定法
microwave radiometer	微波辐射计	微波輻射儀
microwave remote sensor	微波遥感器	微波遙測器
microwave scatterometer	微波散射计	微波散射儀
microzooplankton	微型浮游动物	微型浮游動物
Mid-Arctic Ridge	北冰洋中脊	北冰洋中洋脊
Mid-Atlantic Ridge	大西洋中脊	大西洋中洋脊
Mid-Atlantic Rift Valley	中大西洋裂谷	大西洋中央裂谷
Middle American Seaway	中美海道	中美海道
Middle American Trench	中美海沟	中美海溝,中亞美利加海溝
middle fan	中海底扇	海底扇中扇
middle layer	中层	中層
midlittoral zone	中潮带	中潮帶
mid-ocean canyon	大洋中央峡谷	洋中峽谷
mid-ocean dynamics experiment(MODE)	大洋中动力实验	洋中動力學試驗
mid-ocean ridge	洋中脊	中洋脊
mid-ocean ridge basalt	洋中脊玄武岩	中洋脊玄武岩
mid-ocean valley	大洋中央裂谷	大洋中央裂谷,洋中裂谷
mid-Pacific rise	中太平洋隆起	中太平洋隆起,太平洋中隆
mid-Pacific seamounts	中太平洋海底山群	中太平洋海底山群
mid-water trawl	中层拖网	中層拖網
Mie scattering	米氏散射	米氏散射
migration	洄游	洄游,遷移
migration route	洄游路线	洄游路線
migratory fishes	洄游鱼类	洄游魚類
Milankovitch cycle	米兰科维奇旋回	米蘭科維奇循環
Milankovitch theory	米兰科维奇理论	米蘭科維奇理論
military oceanology	军事海洋学	軍事海洋學
military ocean technology	军事海洋技术	軍事海洋技術
milky sea	海发光	海面磷光
millennium ecosystem assessment	千年生态系统评估	千禧年生態系統評估

英　文　名	大　陆　名	台　湾　名
mimicry	拟态	擬態
mineralizing	矿化	礦化
minimum duration	最小风时	最小延時
minimum fetch	最小风区	最小風域
minimum viable population(MVP)	最小可存活种群	最小可存活族群
minisatellite	小卫星	小衛星
minor element in seawater	海水中微量元素	海水次要元素
minor inorganics	次要无机成分	次要無機成分
mirage	蜃景, 海市蜃楼	海市蜃樓
mixed layer	混合层	混合層
mixed layer model	混合层模式	混合層模式
mixed layer sound channel	混合层声道	混合層聲道
mixed pixel	混合像素	混合像素
mixed tide	混合潮	混合潮
[mixing] caballing	[混合]增密	混合加密
mixing coefficient	混合系数	混合係數
mixing fog	混合雾	混合霧
mixing length	混合长度	混合長度
mixing ratio	混合比	混合比
mixing zone	混合区	混合區
mixotroph	混合营养生物	混合營養生物
mobile drilling platform	移动式钻井平台	移動式鑽井平臺
MODE(=mid-ocean dynamics experiment)	大洋中动力实验	洋中動力學試驗
modern sediment	现代沉积物	現代沉積物
modulation transfer function(MTF)	调制传递函数	調制轉換函數
module	模块	模組
module support frame	模块支承桁架	模組支撐桁架
mofette	碳酸喷气孔	碳酸噴孔口
Mohole	莫霍钻探	莫霍[面]鑽孔
Mohorovičić discontinuity	莫霍[洛维契奇]界面	莫霍不連續面, 莫氏不連續面
Mohr-Knudsen method	莫尔–克努森测定法	莫爾–克努森[氯度]測定法
moist adiabatic lapse rate	湿绝热直减率	濕絕熱直減率, 飽和絕熱直減率
moist air(=wet air)	湿空气	濕空氣
molar concentration	体积摩尔浓度	體積莫耳濃度

英 文 名	大 陆 名	台 湾 名
molar extinction coefficient	摩尔消光系数	莫耳消光係數
mole	突堤	突堤
molecular diffusion	分子扩散	分子擴散
molecular viscosity	分子黏性	分子黏滯度
molting(=ecdysis)	蜕皮	蜕皮
monitor	监测器	監測器
monitoring	监测	監測
monitoring network	监测网	監測網
monochromatic radiation	单色辐射	單色輻射
monochrome	单色	單色
monoclimax hypothesis	单顶极学说, 单峰假说	單元顛峰論
monoculture	单养	單養
monocycle	单周期	單週期
monoecism(=hermaphrodite)	雌雄同体	雌雄同體
monogamy	单配性	單配制
monolayer	单层	單層, 單分子層
monomer	单体	單體, 單體分子
monophagy	单食性	單食性
monosex fish breeding	单性鱼育种	單性魚繁殖, 單性魚育種
monosex fish culture	单性鱼养殖	單性魚養殖
monsoon	季风	季風
monsoon burst	季风爆发	季風爆發
monsoon climate	季风气候	季風氣候
monsoon current	季风[海]流	季風流
monsoon trough	季风槽	季風槽
moonpool	月池	月池, 船井
moored data buoy	锚泊资料浮标	錨碇資料浮標
moored subsurface buoy(=submerged buoy)	潜标	潛標
mooring facilities	系泊设施	繫泊設施, 碇泊設施
moraine	冰碛	冰磧
mortality	死亡率	死亡率
moshatin(=eledosin)	麝香蛸素	麝香章魚素
motile stage	游动期	遊走生活期
motion compensation equipment	运动补偿设备	運動補償設備
mound breakwater(=sloping breakwater)	斜坡式防波堤	斜坡式防波堤
mountain range	山脉	山脈, 山系

英　文　名	大　陆　名	台　湾　名
moving boundary	移动边界	移動邊界
Mozambique Basin	莫桑比克海盆	莫三鼻克海盆
Mozambique Channel	莫桑比克海峡	莫三鼻克海峡
MS$_4$-component	MS$_4$ 分潮	MS$_4$ 分潮
MS$_4$-constituent(= MS$_4$-component)	MS$_4$ 分潮	MS$_4$ 分潮
MSS(= multispectral scanner)	多波谱扫描仪	多波譜掃描儀
MSY(= maximum sustainable yield)	最大持续渔获量	最大持續生產量
MT(= magnetic particle technique)	磁粉探伤	磁粉探傷檢測
MTF(= modulation transfer function)	调制传递函数	調制轉換函數
mud	泥	泥
mud avalanche	泥崩	泥流
mud diapir	泥底辟	泥貫入構造，泥衝頂構造
mud dumping area	抛泥区	抛泥區
muddy coast	[淤]泥质海岸	泥質海岸
mud flat	泥滩，泥沼地	泥灘，泥質海灘
mud line	泥线	泥線
mudlump	泥丘	泥丘
mudlump coast	泥丘海岸	泥丘海岸
mud mat	防沉板	防沉墊板
mud volcano	泥火山	泥火山
Müllerian mimicry	米勒拟态	米勒擬態
multiband	多波段	多波段
multi-beam	多波束	多波束
multi-beam bathymetric system	多波束测深系统	多波束測深系統
multi-beam echo sounder	多波束回声测深仪	多聲束[回音]測深儀
multi-beam sonar	多波束声呐	多波束聲納
multichannel	多波道	多波道，多頻道
multichannel analyzer	多道分析器	多頻道分析儀
multichannel processing	多波道处理	多波道處理，多頻道處理
multichromatic spectrophotometry	多色分光光度术	多色分光光度測定[法]
multicomponent mixture	多元混合物	多元混合物，多組分混合物
multicomponent reverse osmosis membrane	多组分反渗透膜	多組分[多項]逆滲透膜
multicycle coast	多循环海岸	多循環海岸
multidimensional niche concept	多度空间生态位概念	多空間尺度生態區位之

英 文 名	大 陆 名	台 湾 名
		概念
multi-effect distillation	多效蒸馏	多效蒸餾
multi-effect vacuum distillation process	多效真空蒸馏法	多效真空蒸餾法
multifidene	马鞭藻烯	馬鞭藻烯
multifrequency fish finder	多频探鱼仪	多頻魚探儀
multilateral well	多底井，分支井	分支井
multiparameter water quality probe	海洋水质监测仪	多參數水質探測儀
multipath effect	多途效应	多途效應
multiple linear regression analysis	多次线性回归分析	多種線性回歸分析
multiple reflection	多次反射	複反射
multiple source	多波源	多波源
multiple water-bottom reflection	海底多次反射	海底複反射
multi-point mooring	多点系泊	多點錨碇
multi-source and multi-streamer offshore seismic acquisition	多源多缆海上地震采集	多源多纜海上地震採集
multispectral scanner(MSS)	多波谱扫描仪	多波譜掃描儀
multi-stage flash distillation	多级闪蒸	多級閃急蒸餾法
multiyear ice	多年冰	多年冰
municipal sewage	城市污水	城市汙水
mutation	突变	突變
mutualism	互利共生	互利共生
MVP(=minimum viable population)	最小可存活种群	最小可存活族群
mycalamide	山海绵酰胺	山海綿醯胺
mycoplankton	真菌浮游生物	真菌浮游生物
myoglobin	肌红蛋白	肌蛋白
mysis larva	糠虾期幼体	糠蝦期幼體，糠蝦幼蟲
myxoxanthophyll	蓝藻叶黄素	藍藻葉黃素

N

英 文 名	大 陆 名	台 湾 名
nab	水下礁丘	水下礁丘
Nadir point(=sub-satellite point)	星下点	星下點
Nanhai Coastal Current	南海沿岸流	南海沿岸流
Nanhai Warm Current	南海暖流	南海暖流
nannofossil	超微化石	超微化石
nannofossil ooze	超微化石软泥	超微化石軟泥

英　文　名	大　陆　名	台　湾　名
nannopaleontology	超微古生物学	超微古生物學
nannoplankton	微型浮游生物	超微浮游生物
nanofiltration(NF)	纳滤	超微過濾
nanofiltration membrane	纳滤膜	超微濾膜，奈米過濾膜
nano-particle in seawater	海水中纳米粒子	海水中奈米粒子
nanophytoplankton	纳微型浮游植物	微微浮游植物
nanoplankton	纳微型浮游生物	微微浮游生物
nanozoopkankton	纳微型浮游动物	微微浮游動物
Nansen bottle(= reversing water sampler)	颠倒采水器，南森瓶	顛倒式採水器，南森瓶
Nansen Ridge	南森海脊	南森海脊，南森海嶺
NAO(= Northern Atlantic Oscillation)	北大西洋涛动	北大西洋振盪
natality	出生率	出生率
National Oceanic and Atmospheric Administration(NOAA)	美国国家海洋与大气局	美國國家海洋和大氣［管理］局
native species(= indigenous species)	土著种，本地种	本土種，原生種
NATO(= North Atlantic Treaty Organization)	北大西洋公约组织	北大西洋公約組織
natural adsorbing agent	天然吸附剂	天然吸附劑
natural attenuation	自然衰减	自然衰減
natural brine	天然盐水	天然鹽水
natural cementation	自然胶结	自然膠結
natural colloid	天然胶体	天然膠體
natural color	天然色	天然色，原色
natural environment	自然环境	自然環境，物理環境
natural flux	自然通量	自然通量
natural gas	天然气	天然氣
natural gas hydrate	天然气水合物，可燃冰	天然氣水合物
natural gas treating system	天然气处理系统	天然氣處理系統
natural halogenated organics	天然卤化有机物	天然鹵化有機物
natural hazard	自然灾害	自然災害
natural isotope	天然同位素	天然同位素
natural levee	天然堤	天然堤
natural selection	自然选择	天擇
natural water	天然水	天然水
natural water resources	天然水资源	天然水力資源
nature reserve	自然保护区	自然保護區
nauplius larva	无节幼体	無節幼蟲，無節幼體
nauplius stage	无节幼体期	無節幼生期

英　文　名	大　陆　名	台　湾　名
nautical almanac	航海天文历	航海天文歷
nautical chart	航海图	航海圖
nautical medical psychology	航海医学心理学	航海醫學心理學
nautical medicine	航海医学	航海醫學
naval engineering technology	海军工程技术	海軍工程技術
naval port	军港	軍港
naval port dredge	军港疏浚	軍港疏浚，軍港浚渫
naval port engineering	军港工程	軍港工程
naval port pollution control	军港污染防治	軍港汙染防治
naval strategies	海军战略学	海軍戰略學
naval systems engineering technology	海军系统工程技术	海軍系統工程技術
Navier-Stokes equation	纳维-斯托克斯方程	那微史托克方程
navigation	导航	導航
navigation aid	航标	航道標誌，航標
navigation channel	航道	航道
navigation equipment	导航设备	航海設備
navy	海军	海軍
Nazca Plate	纳斯卡板块	納茲卡板塊，納斯卡板塊
N_2-component	N_2 分潮	N_2 分潮
N_2-constituent(= N_2-component)	N_2 分潮	N_2 分潮
NDT(= nondestructive testing)	无损检验	非破壞性檢驗
neap rise	小潮升	小潮升
neap tide	小潮	小潮
near infrared(NIR)	近红外	近紅外
nearshore	近滨，近岸	近岸
nearshore circulation	近岸环流	近岸環流
nearshore currents(= nearshore current system)	近岸流系	近岸海流，近岸流系
nearshore current system	近岸流系	近岸海流，近岸流系
nearshore deposit	近岸沉积	近岸沉積
nearshore environment	近滨环境	近岸環境
nearshore tourism	近海旅游	近海旅遊
nearshore zone	近海区	近岸區
near sun synchronous orbit	准太阳同步轨道	近日同步軌道
near-zone sounding	近距测深	近距測深
nectochaeta larva	疣足幼体	疣足幼體
negative buoyancy	负浮力	負浮力

英　文　名	大　陆　名	台　湾　名
negative catalyst	负催化剂	緩化劑, 負催化劑
negative potential	负电势	負電位, 負電勢
negative shoreline	上升海岸线	負性濱線
nektobenthos	游泳底栖生物	游泳底棲生物
nekton	游泳生物	游泳生物
nektopleuston	游泳水漂生物	游泳水漂生物
nematocyst	刺丝囊	刺絲囊
nematocyte	刺丝胞	刺絲胞
nemertine worm	纽虫	紐蟲
neo-Darwinism	新达尔文学说	新達爾文學說
neo-Lamarckism	新拉马克学说	新拉馬克學說
neosurugatoxin	新骏河毒素	新駿河毒素
neoteny	幼态延续	幼期性熟, 幼體延續
nepheloid layer	雾状层	濁狀層, 霧狀層
nepheloid sediment	浑浊沉积物	混濁沉積物
nepheloid water	雾状水	濁狀水, 霧狀水
nepheloid zone	雾状带	霧狀帶
nephelometry	浊度[测定]法	濁度測定法
nereistoxin	沙蚕毒素	沙蠶毒素
neritic community	浅海生物群落	淺海生物群落
neritic organism	近海生物	近海生物
neritic sediment	浅海沉积[物]	淺海沉積[物]
neritic zone	浅海带	淺海帶
nested grid	嵌套网格	巢狀網格
net buoyancy	净浮力	淨浮力
net cage	网箱	箱網
net cage culture	网箱养殖	箱網養殖
net enclosure culture	网围养殖	網圍養殖
net irradiance	净辐照度	淨輻照度
net photosynthesis	净光合作用	淨光合作用
net plankton	网采浮游生物	網採浮游生物
net primary production	净初级生产量	淨初級生產量
net primary productivity	净初级生产力	淨初級生產力
net production	净生产量	淨生產量
net radiometer	净辐射计	淨輻射表
net transport	净输送	淨輸送
network analysis	网络分析	網絡分析
network structure	网络结构	網絡式結構

英　文　名	大　陆　名	台　湾　名
net zooplankton	网采浮游动物	網採浮游動物
neuromast	神经丘	側線神經細胞
neurotoxic shellfish poison(NSP)	神经性贝毒	神經性貝毒
neuston	漂浮生物	漂浮生物
neutral estuary	中性河口	中性河口
neutralism	中性共生	中性作用
neutralization	中和	中和
neutrally buoyant float	中性浮标	中性浮標
neutral-membrane electrodialysis	中性膜电渗析	中性膜電滲析法
neutral particle	中性粒子	中性粒子
neutral polymorphism	中性多态现象	中性多態現象
neutral stability	中性稳定[度]	中性穩定度
neutral theory	中性理论	中性理論
neutron absorption	中子吸收	中子吸收作用
neutron activation analysis	中子活化分析	中子活化分析
neutron activation irradiation	中子活化辐射	中子活化輻射
neutron activation product	中子活化产物	中子活化產物
neutron activation technique	中子活化法	中子活化法
neutron capture	中子俘获	中子捕獲
New Britain Trench	新不列颠海沟	新不列顛海溝
New Hebrides Plate	新赫布里底板块	新赫布里底板塊
new ice	初生冰	初生冰
new productivity	新生产力	新生產力
Newtonian fluid	牛顿流体	牛頓流體
NF(=nanofiltration)	纳滤	超微過濾
niche	生态位,小生境	生態區位
niche breadth	生态位宽度	區位寬度
niche overlap	生态位重叠	區位重疊度
Nile Delta	尼罗河三角洲	尼羅河三角洲
nilometer	水位计	水位計
Ninety East Ridge	东经90°海岭	東經90度海脊,東九十度脊,東經九十度洋脊
nip	浪蚀洞	浪蝕洞
NIR(=near infrared)	近红外	近紅外
nitrate	硝酸盐	硝酸鹽
nitrate in seawater	海水中硝酸盐	海水[中]硝酸鹽
nitrate regeneration	硝酸盐再生作用	硝酸鹽再生[作用]

英　文　名	大　陆　名	台　湾　名
nitric oxide in seawater	海水中一氧化氮	海水一氧化氮
nitrification	硝化[作用]	硝化[作用]
nitrifying bacteria	硝化细菌	硝化菌
nitrite	亚硝酸盐	亞硝酸鹽
nitrogen assimilation	氮同化[作用]	氮同化作用
nitrogenation	氮化作用	氮化作用
nitrogen circulation	氮循环	氮循環
nitrogen cycle(=nitrogen circulation)	氮循环	氮循環
nitrogen fixation	固氮[作用]	固氮作用
nitrogen fixing algae	固氮藻类	固氮藻類
nitrogen fixing bacteria	固氮细菌	固氮菌
nitrogen-free organic matter	无氮有机质	無氮有機質
nitrogen narcosis	氮麻醉	氮醉
nitrogen-oxygen diving	氮氧潜水	氮氧潛水
NOAA(=National Oceanic and Atmospheric Administration)	美国国家海洋与大气局	美國國家海洋和大氣[管理]局
noble gas	惰性气体	惰性氣體
noble metal	贵金属	貴金屬
noctiluca	夜光虫	夜光蟲
nodular hydrate	结核状水合物	核狀水合物
no-flux boundary condition	无通量边界条件	無通量邊界條件
non-biodegradable material	生物不可降解物质	生物不可降解物質
non-cellulosic series membrane	非纤维素系列膜	非纖維素系列膜
non-conservative behavior of chemical substance in estuary	河口化学物质非保守行为	河口化學物質非守恆行為
non-conservative concentration	非保守浓度	非保守濃度
non-conservative constituent of seawater	海水非保守成分	海水非守恆成分
non-conservative element	非保守元素	非守恆元素
non-conservative quantity	非保守量	非保守量
non-corrosive material	不锈材料	非腐蝕材料
non-corrosiveness	无腐蚀性	無腐蝕性
non-decompression diving	不减压潜水	不減壓潛水
nondestructive testing(NDT)	无损检验	非破壞性檢驗
non-electrolyte	非电解质	非電解質
nonharmonic constant of tide	潮汐非调和常数	潮汐非調和常數
nonimaging sensor	非成像传感器	非成像感測器
nonionic surfactant	非离子型表面活性剂	非離子型表面活化劑
nonlinear instability	非线性不稳定	非線性不穩定

英 文 名	大 陆 名	台 湾 名
non-living resources	非生物资源	非生物資源
non-point source pollution	非点源污染	非點源汙染
non-realtime data	海洋非实时数据	非即時資料
non-renewable marine resources	海洋不可再生资源	海洋不能自生資源
non-saturated bittern	未饱和卤	未飽和鹵
non-selective scattering	非选择性散射	非選擇性散射
non-toxic red tide	无毒赤潮	無毒赤潮
non-transparent	不透明	不透明
non-uniform	不均匀	不均勻
normal concentration	标准浓度	規定濃度,標準濃度
normal distribution	正态分布	常態分布
normal electrode potential	标准电极电势	標準電極勢
normalization	标准化	標準化,規格化
normalized radar cross section(NRSC)	正规化雷达截面积	正規化雷達截面
normalized unit	归一化单位	標準化單位
normalized vegetation index(NVI)	归一化植被指数	常態化植被指數
normalized water-leaving radiance	归一化离水辐亮度	正規化離水輻射度,標準化離水輻射度
normal reflection	正反射	正反射
normal refraction	正常折射	正常折射
normal seawater(=standard seawater)	标准海水	標準海水
normal sequence	常态层序	常態層序
normal solution	规定溶液	規定溶液,當量溶液
normal stress	法向应力	正向應力
North American Basin	北美海盆	北美海盆
North American Plate	北美板块	北美板塊
North Atlantic Current	北大西洋流	北大西洋洋流
North Atlantic deep water	北大西洋深层水	北大西洋深層水
North Atlantic Treaty Organization (NATO)	北大西洋公约组织	北大西洋公約組織
Northeast Pacific Basin	东北太平洋海盆	東北太平洋海盆
Northern Atlantic Oscillation(NAO)	北大西洋涛动	北大西洋振盪
Northern Pacific Oscillation(NPO)	北太平洋涛动	北太平洋振盪
northern polar light(=Aurora borealis)	北极光	北極光
North magnetic pole	北磁极,磁北极	磁北極
North New Hebrides Trench	北新赫布里底海沟	北新赫布里底海溝
North Pole(=Arctic Pole)	北极	北極
North Sea	北海	北海

英 文 名	大 陆 名	台 湾 名
Northwest Pacific Basin	西北太平洋海盆	西北太平洋海盆
Norwegian Current	挪威海流	挪威海流
Norwegian Sea deep water	挪威海深层水	挪威海深層水
no-slip condition	无滑移条件	不可滑動條件
not fully developed sea	未充分成长风浪	未完全發展風浪
notochord	脊索	脊索
NPO（=Northern Pacific Oscillation）	北太平洋涛动	北太平洋振盪
NRSC（=normalized radar cross section）	正规化雷达截面积	正規化雷達截面
NSP（=neurotoxic shellfish poison）	神经性贝毒	神經性貝毒
numerical diffusion	数值扩散	數值擴散
numerical dispersion	数值频散	數值頻散
numerical dissipation	数值耗散	數值消散
numerical model	数值模式	數值模式
numerical value stability	数值稳定度	數值穩定度
nursery area	孵育区，孵育场	孵育場
nursing ground	育幼场	育幼場
nutrient	营养物	營養物質，營養素
nutrient budget	养分收支	養分收支
nutrient chemistry	营养化学	營養化學
nutrient cycle	养分循环	營養物循環，營養鹽循環
nutrient deficiency	营养不足	營養[鹽]缺乏，營養不足
nutrient depletion	养分耗竭	營養鹽耗竭
nutrient element	营养元素	營養元素
nutrient in seawater	海水营养盐	海水營養鹽
nutrient loading	营养负荷	營養負荷
nutrient pollution	营养盐污染	營養鹽汙染
nutrient requirement	养分需要	營養需要
nutrient salt	营养盐	營養鹽
nutrient uptake	养分摄取	營養鹽吸收
nutritional requirement	营养需要	營養需要
nutritive value	营养价值	營養[價]值
NVI（=normalized vegetation index）	归一化植被指数	常態化植被指數

O

英　文　名	大　陆　名	台　湾　名
obduction	潜涌	上衝，仰衝
obduction plate	仰冲板块	仰衝板塊
obduction zone	仰冲带	仰衝帶
objective wave forecast	海浪客观预报	客觀波浪預報
oblique haul	斜拖	斜拖
oblique subduction	斜向俯冲	斜向隱沒
observation platform	观测平台	觀測平臺
observing technology of suspending material in seawater	海水中悬浮物观测技术	海水懸浮物觀測技術
ocean	洋	洋
ocean acoustics(=marine acoustics)	海洋声学	海洋聲學
ocean acoustic tomography	海洋声层析技术	海洋聲層析
ocean ambient noise(=ambient noise of the sea)	海洋环境噪声	海洋環境噪音
ocean-atmosphere exchange(=air-sea exchange)	海气交换	海氣交換
ocean-atmosphere heat exchange	海气热交换	海氣熱交換
ocean basin	洋盆	海盆，洋盆
ocean-bottom seismograph(=submarine seismograph)	海底地震仪	海底地震儀
ocean chlorophyl remote sensing	海洋叶绿素遥感	海洋葉綠素遙測
ocean circulation	大洋环流	海洋環流
[ocean] cold water mass	[大洋]冷水团	冷水團
ocean color	水色	海洋水色
ocean color measurement	水色测定	海洋水色測量
ocean color remote sensing	水色遥感	海洋水色遙測
ocean color scanner	海洋水色扫描仪	海洋水色掃描儀
ocean current	洋流，海流	洋流，海流
ocean current energy	海流能	洋流能
ocean current energy generation	海流发电	洋流發電
ocean digitization	海洋数字化	海洋數據化
ocean discharge	排入海水	排入海洋
ocean dumping	海洋倾倒	海抛

英 文 名	大 陆 名	台 湾 名
ocean ecological landscape	海洋生态景观	海洋生態景觀
ocean energy	海洋能	海洋能
ocean energy conversion	海洋能转换	海洋能轉換
ocean energy farm	海洋能农场	海洋能源農場
ocean energy power generation industry	海洋能发电业	海洋能源發電產業
ocean energy utilization	海洋能利用	海洋能源利用
ocean engineering	海洋工程	海洋工程
ocean engineering construction industry	海洋工程建筑业	海洋工程營建業
ocean engineering physical model	海洋工程物理模型	海洋工程物理模型
ocean exploitation(=marine development)	海洋开发	海洋開發, 海洋拓展
ocean floor(=subsoil)	底土	底土
ocean-floor metamorphism	海底变质作用	海底變質作用, 洋底變質作用
ocean flux	海洋通量	海洋通量
oceanic adventure(=maritime exploration)	海洋探险	海洋探險
oceanic biooptics	海洋生物光学	海洋生物光學
[oceanic] bottom water	[大洋]底层水	底層水
[oceanic] central water	[大洋]中央水	中央水
oceanic crust	大洋型地壳, 洋壳	海洋地殼, 大洋型地殼, 洋殼
[oceanic] deep water	[大洋]深层水	深層水
oceanic denitrification rate	大洋脱氮速率	大洋脱氮速率
oceanic fouling forecast	海洋污损预报	海洋汙損預報
oceanic fracture zone	洋底破裂带	洋底破裂帶, 洋底斷裂帶
oceanic front	海洋锋	海洋鋒
oceanic heat flow	海底热流	海底熱流
oceanic historical and cultural landscape	海洋历史文化景观	海洋歷史文化景觀
[oceanic] intermediate water	[大洋]中层水	中層水
oceanic island magmatic association	洋岛岩浆共生组合	洋島岩漿組合
oceanic island tholeiite(OIT)	洋岛拉斑玄武岩	洋島拉斑玄武岩, 洋島矽質玄武岩
oceanic layer	大洋层	大洋層
oceanic layering	海洋地壳分层	海洋地殼分層
oceanic load tide	海洋负荷潮	海洋負荷潮
oceanic nitrogen budget	海洋氮收支	海洋氮收支
oceanic plankton	大洋浮游生物	大洋性浮游生物

英 文 名	大 陆 名	台 湾 名
oceanic plate	大洋板块	海洋板块
oceanic ridge	洋脊,海岭	洋脊
oceanic ridge tholeiite	洋脊拉斑玄武岩	洋脊拉斑玄武岩,洋脊矽質玄武岩
oceanic rise	海隆	海洋隆起,海隆
oceanic sound scatterer	海洋声散射体	海洋聲散射體
[oceanic] subsurface water	[大洋]次表层水	次表層水
oceanic supremacy(=maritime superpower)	海洋霸权	海洋霸權
[oceanic] surface water	[大洋]表层水	表層水
oceanic tholeiite	大洋拉斑玄武岩	大洋拉斑玄武岩
oceanic troposphere	大洋对流层	海洋對流層
[oceanic] upper water	[大洋]上层水	上層水
oceanic upwelling	大洋上升流	大洋上升流
oceanic zone	大洋区	大洋區
ocean industry(=marine industry)	海洋产业	海洋產業
ocean isothermal plot	海洋等温线图	海洋等溫線圖
ocean Kelvin wave	海洋开尔文波	海洋凱爾文波
ocean magnetic survey	海上磁法测量	海上磁力測勘
ocean management	海洋管理	海洋管理
ocean observation satellite	海洋观测卫星	海洋觀測衛星
ocean observation technology	海洋观测技术	海洋觀測技術
oceanodromous migration	海洋性洄游	海洋性洄游
oceanographic analysis	海洋分析	海洋分析
oceanographic environmental survey	海洋环境调查	海洋環境調查
oceanographic investigation(=oceanographic survey)	海洋调查	海洋調查
oceanographic standard	海洋学标准	海洋學標準
oceanographic survey	海洋调查	海洋調查
oceanographic tracer	海洋示踪物	海洋示蹤物
oceanography	海洋学	海洋學
oceanology(=oceanography)	海洋学	海洋學
ocean optics(=marine optics)	海洋光学	海洋光學
ocean outfall	入海河口	海洋排放管
ocean park	海洋公园	海洋公園
ocean physics(=marine physics)	海洋物理学	海洋物理學
ocean pollution(=marine pollution)	海洋污染	海洋汙染
ocean productivity	海洋生产力	海洋生產力

英　文　名	大　陆　名	台　湾　名
ocean remote sensing	海洋遥感	海洋遙測
ocean remote sensing observation	海洋遥感观测	海洋遙測觀測
ocean response	海洋响应	海洋反應
ocean Rossby wave	海洋罗斯贝波	海洋羅士培波
ocean science(=marine science)	海洋科学	海洋科學
ocean shipping routes forecast	大洋航线预报	大洋航線預報
ocean space utilization	海洋空间利用	海洋空間利用
ocean storage	海洋贮藏	海洋貯藏
ocean stratification	海洋层化	海洋層化作用
ocean survey technology	海洋调查技术	海洋調查技術
ocean technology(=marine technology)	海洋技术	海洋技術
ocean temperature remote sensing	海洋水温遥感	海洋水溫遙測
ocean thermal energy	海洋热能, 海水温差能	海洋熱能
ocean thermal energy conversion(OTEC)	海洋热能转换, 海水温差发电	海水溫差發電
ocean thermal power system	海洋热能发电系统	海洋熱能發電系統
ocean thermodynamics	海洋热力学	海洋熱力學
ocean transparency(=seawater transparency)	海水透明度	海水透明度
ocean water	远洋海水	大洋水, 遠洋海水
ocean wave	海浪	海浪
ocean waves angular spreading	海浪[的]角散	海浪角度擴散, 海浪角度擴展
ocean waves dispersion	海浪[的]弥散	海浪色散, 波浪分散
ocean wave spectrum	海浪[能]谱	海浪能譜
ochthium	泥滩群落	泥灘生物群落
O_1-component	O_1 分潮	O_1 分潮
O_4-component	O_4 分潮	O_4 分潮
Office of Naval Research(ONR)	美国海军研究总署	美國海軍研究署
offlap	退覆	退覆
offshore	外滨, 离岸	離岸, 近海
offshore appraisal well	海上评价井	離岸評價井
offshore bar	滨外坝	濱外沙洲, 岸外壩
offshore beach	滨外滩	濱外灘
offshore cluster wells	海洋丛式井	離岸叢聚井
offshore directional well	海上定向井	離岸定向井
offshore drilling	近海钻井	離岸鑽井
offshore drilling installation	海上钻井设施	離岸鑽井設置

英 文 名	大 陆 名	台 湾 名
offshore drilling rig	海上钻井平台	離岸鑽井平臺
offshore drilling riser	海上钻井隔水管	離岸鑽井升導管
offshore engineering	近海工程, 离岸工程	離岸工程
offshore fishing	外海捕捞	近海捕撈
offshore gas production	海上采气	離岸採氣
offshore oil-gas bearing basin	海洋油气盆地	離岸油氣盆地
offshore oil-gas development well	海上油气开发井	離岸油氣開發井
offshore oil-gas field	海上油气田	離岸油氣田
offshore oil-gas horizontal well	海上油气水平井	離岸油氣水平井
offshore oil-gas pool	海上油气藏	離岸油氣貯池
offshore oil-gas recovery	海洋油气采收率	離岸油氣回收
offshore oil-gas-water processing plant	海上油气水处理设备	離岸油氣水處理廠
offshore oil-gas-water processing system	海上油气水处理系统	離岸油氣水處理系統
offshore oil production system	海上采油系统	離岸採油系統
offshore oil resources	海洋石油资源	離岸石油資源
offshore oil spill(=marine oil spill)	海上溢油	離岸溢油
offshore platform	近海平台	離岸平臺
offshore production	海上采油	離岸開採
offshore production facilities	海上油田生产设施	離岸開採設施
offshore production platform	海上采油平台	離岸開採平臺
offshore production system	全海式海上生产系统	離岸開採係統
offshore production technology	海上采油技术	離岸開採技術
offshore storage unit	海上储油装置	離岸貯油裝置
offshore structure	海洋构筑物	海洋結構物, 近海結構物
offshore terminal(=detached wharf)	岛式码头	離岸碼頭
offshore trap	海上溢油圈闭	海上油氣捕獲
offshore waters	滨外水域	離岸水域
offshore well logging	海洋测井	離岸測井
offshore wildcat well	海上预探井	離岸預探井
offshore wind	离岸风	離岸風
oil absorber	油吸收剂	油吸收劑
oil and water trap(=oil-water separator)	油水分离器	油水分離器
oil emulsion mud	油乳胶浆	油乳化泥漿
oil film	油膜	油膜
oil-gas mill wastewater	油气工厂废水	油氣工廠廢水
oil leak	漏油	漏油
oil pollution	油污染	石油汙染

英　文　名	大　陆　名	台　湾　名
oil pollution control	石油污染控制	石油汙染控制
oil pollution detection	石油污染检测	石油汙染檢測
oil pollution remote-sensing system	石油污染遥感系统	石油汙染遙測系統
oil pollution residue	石油污染残留物	石油汙染殘留物
oil pollution surveillance system	石油污染观测系统	石油汙染監視系統
oil resources	石油资源	石油資源
oil seepage	油渗漏	油滲漏
oil separation	油水分离	油水分離
oil slick	海面油膜	油膜
oil slick detection	油膜探测	油膜檢驗, 油膜探查
oil slick spread	油膜扩散	油膜擴散
oil spill	溢油	漏油
oil spill biological treatment	溢油生物处理技术	漏油之生物處理
oil spill chemical treatment	溢油化学处理技术	漏油之化學處理
oil spill detection	溢油探测	漏油測量
oil spill disaster	溢油灾害	漏油災難
oil spill physical treatment	溢油物理处理技术	漏油之物理處理
oil spill remover	溢油去除器	漏油消除器
oil spill treatment	溢油治理技术	漏油處理
oil-water boundary	油水边界	油–水邊界
oil-water separator	油水分离器	油水分離器
oily pollutant	含油污染物	含油汙染物
oily sewage	含油污水	含油汙水
oily waste	含油废物	含油廢物
oily waste liquor	含油废液	含油廢液
oily wastewater	含油废水	含油廢水
oily water(=oily sewage)	含油污水	含油汙水
OIT(= oceanic island tholeiite)	洋岛拉斑玄武岩	洋岛拉斑玄武岩, 洋岛矽質玄武岩
okadaic acid	冈田[软海绵]酸	岡田[軟海綿]酸
Okhotsk high	鄂霍茨克海高压	鄂霍次克海高壓
Okinawa Trough	冲绳海槽	沖繩海槽
oligohaline	寡盐生物	寡鹽生物
oligohaline species	寡盐种	寡鹽種
oligostenohaline species	低狭盐种	低狹鹽種
oligotaxic ocean	贫种属型海洋, 少种型大洋	貧屬種型海洋, 貧屬種型大洋
oligotrophication	贫营养	貧養化

英　文　名	大　陆　名	台　湾　名
oligotrophic water	贫营养水	貧營養水
olivine basalt	橄榄玄武岩	橄欖玄武岩
olivine gabbro	橄榄辉长岩	橄欖輝長岩
olivine tholeiite	橄榄拉斑玄武岩	橄欖矽質玄武岩
omission error	遗漏误差	遺漏誤差
omnivore	杂食动物	雜食性者
one-way time	单程时间	單程時間
ONR(=Office of Naval Research)	美国海军研究总署	美國海軍研究署
onshore current	向岸流	向岸流
onshore wind	向岸风	向岸風
ontogeny	个体发生, 个体发育	個體發生, 個體發育
Ontong Java Plateau	翁通爪哇海台	翁通爪哇海臺
oöcastic chert	鲕状燧石	鮞狀燧石
ooid	鲕粒	鮞粒, 鮞石, 鮞狀岩
ooide	鲕状石	鮞狀石
oolite(=ooid)	鲕粒	鮞粒, 鮞石, 鮞狀岩
ooze	软泥	軟泥
opaque(=non-transparent)	不透明	不透明
open boundary condition	开边界条件	開口邊界條件
open cycle OTEC	开式循环海水温差发电系统	開式循環海洋溫差發電
open end steel pile	开口钢管桩	開口鋼管樁
open ocean	开放大洋	開闊大洋
open-type wharf	顺岸栈桥式码头	突堤碼頭
open waters(=exposed waters)	开阔海域	開闊海域
opercula	盖	口蓋
operculum	鳃盖	鰓蓋
ophiolite	蛇绿岩	蛇綠岩
ophiolite suite	蛇绿岩套	蛇綠岩系
ophiopluteus larva	蛇尾幼体	蛇尾幼蟲
opportunistic species	机会种	隨機種
optical density	光[学]密度	光學密度
optical depth	光学深度	光學深度
optical energy(=luminous energy)	光能	光能
optical oceanography	光学海洋学	光學海洋學
optical spectrum(=light spectrum)	光谱	光譜
optical thickness	光学厚度	光學厚度
optical water type	光学水型	光學水型

英　文　名	大　陆　名	台　湾　名
optimal foraging theory	最适摄食理论	最適攝食理論
optimum yield	最适渔获量	適當生產量
orbit height	轨道高度	軌道高度
order	目	目
ordination	排序	排序
organic absorbent	有机吸收剂	有機吸收劑
organic analysis	有机分析	有機分析
organic buffer	有机缓冲溶液	有機緩衝溶液
organic carbon	有机碳	有機碳
organic chemical pollutant	有机化学污染物	有機化學汙染物
organic coating layer	有机涂层	有機覆蓋層
organic colloid	有机胶体	有機膠體
organic colloid in seawater	海水中有机胶体	海水有機膠體
organic constituent	有机成分	有機成分
organic degradation	有机降解	有機降解
organic nitrogen in seawater	海水中有机氮	海水有機氮
organic phosphorus in seawater	海水中有机磷	海水有機磷
organic pollution source	有机污染源	有機汙染源
organic reef(=bioherm)	生物礁	生物礁
organic salt	有机盐	有機鹽
organic sewage	有机污水	有機汙水
organic solute	有机溶质	有機溶質
organic species in seawater	海水中物质有机存在形式	海水有機物種
organotropic activity	有机营养活性	有機營養活性
orthogenesis	定向进化	定向進化
orthoimage	正射图像	正射影像
orthophotography	正射投影	正射攝影
osmoconformer	渗压随变生物	滲透壓順變生物
osmoregulation	渗透压调节	滲透壓調節
osmoregulator	渗透压调节者	滲透壓調節者
osmosis	渗透	滲濾，滲透
osmotic coefficient(=permeability)	渗透系数	滲透係數
osmotic equivalent	渗透当量	滲透當量
osmotic pressure	渗透压	滲透壓
osmotic pressure gradient	渗透压梯度	滲透壓梯度
ossicle	小骨	小骨
ostium	小孔	小孔

英　文　名	大　陆　名	台　湾　名
OTEC (= ocean thermal energy conversion)	海洋热能转换, 海水温差发电	海水溫差發電
OTEC power system	海洋热能转换系统, 海水温差发电系统	海水溫差發電系統
otolith	耳石	耳石
outbreeding	杂交繁殖	遠親繁殖
outer arc	外岛弧	外弧
outer arch (= outer swell)	外缘隆起	外緣隆起
outer core	外核	外核, 外地核
outer limit of the continental shelf	大陆架外部界限	大陸棚外緣
outer shelf	外陆架	外陸棚, 外陸架
outer swell	外缘隆起	外緣隆起
outfall	排水口	放流
outfall standard of domestic seawater	大生活用海水排海标准	生活用海水排海標準
outflow	流出	流出
outgassing	除气作用	除氣
overdominance	超显性	超顯性
overfishing	捕捞过度	過漁, 過度漁撈
overflow	溢流, 溢出	溢流
overflow piping system	溢流管道系统	溢流管道系統
overlap (= lapout)	超覆	超覆
overlapping joint	搭接结点	複疊接合
overwintering	越冬	越冬
overwintering migration	越冬洄游, 冬季洄游	越冬洄游, 冬季洄游
oviparity	卵生	卵生
oviposition	产卵	產卵
ovoviviparity	卵胎生	卵胎生的
oxidant	氧化剂	氧化劑
oxidation	氧化作用	氧化作用
oxidation-reduction indicator	氧化还原指示剂	氧化還原指示劑
oxidation-reduction potential	氧化还原电位	氧化還原電位
oxidation-reduction reaction in seawater	海水中氧化还原作用	海水[中]氧化還原作用
oxidation susceptibility	氧化性能	氧化性能
oxidation tendency	氧化倾向	氧化傾向
oxidation test	氧化实验	氧化實驗
oxidative attack	氧化侵蚀	氧化侵蝕
oxidative capacity	氧化能力	氧化能力

英 文 名	大 陆 名	台 湾 名
oxidative decomposition	氧化分解	氧化分解
oxidative degradation	氧化降解	氧化降解
oxidizer(=oxidant)	氧化剂	氧化劑
oxygen concentration	氧浓度	氧濃度
oxygen consumption	耗氧量	氧消耗, 耗氧量
oxygen content	含氧量	含氧量
oxygen cycle	氧循环	氧循環
oxygen dissociation curve	氧解离曲线	氧解離曲線
oxygen distribution	氧分布	氧分布
oxygen isotope paleotemperature	氧同位素古温度	氧同位素古溫度
oxygen isotope ratio	氧同位素比值	氧同位素比
oxygen isotope stage	氧同位素期	氧同位素階, 氧同位素期
oxygen isotope stratigraphy	氧同位素地层学	氧同位素地層學
oxygen maximum layer	氧最大层, 最大含氧层	最大含氧層, 氧最大層
oxygen minimum layer	氧最小层, 最小含氧层	最小含氧層, 氧最小層
oxygen-poor water	贫氧水	貧氧水
oxygen requirement	需氧量	需氧量
oxygen toxicity	氧中毒	氧中毒
oxyhydroxide	氢氧化合物	水合氧化物
Oyashio	亲潮	親潮
oyster reef	牡蛎礁	牡蠣礁

P

英 文 名	大 陆 名	台 湾 名
Pacific decadal oscillation(PDO)	太平洋十年际振荡	太平洋十年期振盪
Pacific Equatorial Undercurrent	太平洋赤道潜流	太平洋赤道潛流
Pacific high	太平洋高压	太平洋高壓
Pacific margin	太平洋边缘	太平洋邊緣
Pacific Ocean	太平洋	太平洋
Pacific Plate	太平洋板块	太平洋板塊
Pacific-type coast	太平洋型海岸	太平洋型海岸
Pacific-type continental margin	太平洋型大陆边缘	太平洋型大陸邊緣
pack ice zone	密集浮冰区	密集浮冰區
paedogenesis	幼体生殖	幼體生殖
paedomorphosis	幼体发育	幼形遺留

英　文　名	大　陆　名	台　湾　名
pahoehoe lava	绳状熔岩	繩狀熔岩
paired metamorphic belt	[成]双变质带	成雙變質帶
paleogeography	古地理学	古地理學
Palau Trench	帛琉海沟	帛琉海溝
paleoceanogrpahy	古海洋学	古海洋學
paleocirculation	古洋流,古海流	古洋流,古水流
paleoclimate	古气候	古氣候
paleoclimatology	古气候学	古氣候學
paleocurrent(=paleocirculation)	古洋流,古海流	古洋流,古水流
paleodepth	古深度	古深度
paleoecology	古生态学	古生態學
paleomagnetic pattern	古地磁模式	古地磁模式
paleomagnetic pole	古地磁极	古地磁極
paleomagnetic stratigraphy	古地磁地层学	古地磁地層學
paleomagnetism	古地磁学	古地磁學
paleontology	古生物学	古生物學
paleoproductivity	古生产力	古生產力
paleosalinity	古盐度	古鹽度
paleotemperature	古温度	古溫度
paleo-thermocline	古温跃层	古斜溫層,古溫躍層
palimpsest sediment	变余沉积,准残留沉积	變餘沉積物
palimpsest texture	变余组织	變餘組織
palsen	泥炭丘	泥炭丘
palytoxin	岩沙海葵毒素	沙海葵毒素
pancake ice	莲叶冰	荷葉冰
panchromatic film	全色片	全色軟片
panchromatic image	全色影像	全色影像
panchromatic photography	全色摄影	全色攝影
pandora larva	潘多拉幼体	潘朵拉幼蟲
pangaea	泛大陆	盤古大陸,聯合古陸, 泛大陸
panmixis	随机交配	逢機交配
panoramic photography	全景摄影	全景攝影
panthalassa	泛大洋	泛古洋
paolin	鲍灵	鮑靈
paper chromatography	纸色谱法	紙上色層分析法
PAR(=photosynthetic active radiation)	光合有效辐射	光合有效輻射
Parace Vela Basin	帕雷塞贝拉海盆	帕雷塞貝拉海盆

英　文　名	大　陆　名	台　湾　名
paracycle	准周期	海面相對上升變化週期
parallel dike(=longitudinal dike)	顺坝	順壩
parallel evolution	平行进化	平行演化
paralytic shellfish poison(PSP)	麻痹性贝毒	麻痺性貝毒
paramagnetism	顺磁性	順磁性
parameter	参数	参數
parapodium	疣足	疣足
parasite	寄生物	寄生者
parasitism	寄生	寄生
parasitoid	拟寄生物	類寄生生物
parental care	亲代抚育	親代撫育
parthenogenesis	孤雌生殖	孤雌生殖，單性生殖
partially mixed estuary	部分混合河口	部分混合河口
partial melting	部分熔融	部分熔融
partial molal heat content	偏摩尔热焓	偏克分子量熱函
partial molal volume	偏摩尔体积	偏克分子體積
partial pressure	分压[力]	分壓
partial saturation	部分饱和	部分飽和
particle size(=grain size)	粒度，粒径	粒徑
particle size analysis(=grain size analysis)	粒度分析，粒径分析	粒徑分析，粒度分析
particle size distribution	粒径分布	粒徑分布
particulate carbon	颗粒碳	顆粒性碳
particulate form in seawater	海水中颗粒态	海水顆粒態
particulate inorganic carbon(PIC)	颗粒性无机碳	顆粒性無機碳
particulate material	颗粒性物质	顆粒性物質
particulate nitrogen in seawater	海水中颗粒氮	海水顆粒氮
particulate organic carbon(POC)	颗粒性有机碳	顆粒性有機碳
particulate organic matter(POM)	颗粒性有机质	顆粒性有機質
particulate organic nitrogen(PON)	颗粒性有机氮	顆粒性有機氮
particulate organic phosphorus(POP)	颗粒性有机磷	顆粒性有機磷
particulate phase	颗粒相	顆粒相
particulate phosphorus	颗粒态磷	顆粒性磷
particulate sulfide	颗粒状硫化物	顆粒狀硫化物
partition	分配	分配
partition coefficient	分配系数	分配係數
passive continental margin	被动大陆边缘	被動大陸邊緣
passive margin	被动边缘	被動邊緣

英　文　名	大　陆　名	台　湾　名
passive remote sensor	被动式遥感器, 无源遥感器	被動式遙測器
passive sensor	被动[式]传感器	被動感測器
passive sonar	被动声呐	被動聲納
passive system	被动系统	被動系統
patch	斑块	斑塊
patchiness	斑块分布	區塊分布
patch reef	点礁	塊礁
path function	路径函数	路徑函數
payload	有效载荷	酬載
P-B curve	P-B 曲线	P-B 曲線
P/B ratio	生产量–现存量比	年產量與平均重量之比率
PCB(=polychlorinated biphenyl)	多氯联苯	多氯聯苯
P_1-component	P_1 分潮	P_1 分潮
P_1-constituent(=P_1-component)	P_1 分潮	P_1 分潮
PCS(=pressure core sampler)	保压取芯器	壓力岩芯採樣器
PDB standard(=Peedee belemnite standard)	芝加哥箭石标准	芝加哥箭石標準
PDO(=Pacific decadal oscillation)	太平洋十年际振荡	太平洋十年期振盪
peat hill(=palsen)	泥炭丘	泥炭丘
pebble	中砾	小礫
pedicellaria	叉棘	叉棘
pediveliger larva	具足面盘幼体	後期被面子幼體
Peedee belemnite standard(PDB standard)	芝加哥箭石标准	芝加哥箭石標準
pelagic deposit	远洋沉积[物]	遠洋沉積[物]
pelagic egg	浮性卵	浮性卵
pelagic environment	远洋环境	遠洋環境
pelagic fishes	大洋性鱼类	水層魚類
pelagic organism	大洋生物	水層生物
pelagic zone	远洋带	遠洋帶
penetrant technique(PT)	浸透检验	滲透[染色]探傷檢驗
penetrating radiation	贯穿辐射	貫穿輻射
penetration depth	穿透深度	穿透深度
penetration of light	透光	透光, 光的穿透
peninsula	半岛	半島
pE-pH figure of seawater	海水 pE-pH 图	海水 pE-pH 圖

英　文　名	大　陆　名	台　湾　名
peptization	胶溶[作用]	膠溶作用
percentage recovery	回收率	回收率
percolating filter	渗透滤器	滲透濾器
percolation	渗滤	滲濾
percolation factor	渗滤系数	滲濾係數
percolation theory	渗透理论	滲透理論
perfect absorber	完全吸收体	完全吸收體, 理想吸收體
perfect fluid	理想流体	理想流體
perfect gas	理想气体	理想氣體
peridinin	多甲藻素	甲藻黃素
peridotite	橄榄岩	橄欖岩
periferal water flooding(= contour flooding)	边缘注水	邊緣注水
perigee	近地点	近地點
periodic table	周期表	週期表
period spectrum	周期谱	週期譜
permafrost	永冻土	永凍土
permanent guideline tensioner	导向索恒张力器	導引索恆張力器
permanent thermocline	永久性温跃层	永久[恆定]溫躍層
permeability	渗透系数	滲透係數
permeation flux	透水[流]量	透水[流]量
permeation(= osmosis)	渗透	滲濾, 滲透
permeation velocity	透水速度	透水速度
permissible concentration limit	极限容许浓度	極限容許濃度
permissible error	容许误差	容許誤差
Persian Gulf	波斯湾	波斯灣
persistent organic pollutant(POP)	持久性有机污染物	持續性有機汙染物
Peru Basin	秘鲁海盆	秘魯海盆
Peru Curent	秘鲁海流	秘魯洋流
Peru Trench	秘鲁海沟	秘魯海溝
petarasite	氯硅锆钠石	氯矽鋯鈉石, 鋯鈉異性石
petroleum-derived hydrocarbon	石油衍生烃	石油衍生烴
petroleum pollution	石油污染	石油汙染
PGMS(= propylene glycol mannurate sulfate)	甘糖酯	甘糖酯
phaeophycean tannin	褐藻单宁, 褐藻鞣质	褐藻單寧

英　文　名	大　陆　名	台　湾　名
phaeophytin	脱镁叶绿素	脱鎂葉綠素
phaoplankton	透光层浮游生物	嗜光浮游生物
phase	相	相
phase change	相变	相變
phase diagram	相图	相[態]圖，全相圖
phase equilibrium	相平衡	相平衡
phase function	相函数	相位函數
phase rule	相律	相律
phase velocity	相速度	相速度
phenotype	表型	表[現]型
pheromone	信息素，外激素	費洛蒙
Philippine Island Arc	菲律宾岛弧	菲律賓島弧
Philippine Sea Plate	菲律宾海板块	菲律賓海板塊
Philippine Trench	菲律宾海沟	菲律賓海溝
pH meter	pH 计，酸度计	酸鹼計
Phoenix Plate	菲尼克斯板块	菲尼克斯板塊
phosphatase	磷酸酶	磷酸酶
phosphate	磷酸盐	磷酸鹽，磷酸酯
phosphate assimilation	磷酸盐同化[作用]	磷酸鹽同化[作用]
phosphate circulation	磷循环	磷循環
phosphate in seawater	海水中磷酸盐	海水磷酸鹽
phosphorescence	磷光	磷光
phosphorite	磷灰岩	磷灰岩
phosphorite of the sea floor	海底磷灰石矿	海底磷灰石礦
photoabsorption	光吸收	光吸收
photoautotroph	光[能]自养生物	光合自營生物，光能自養菌
photobacteria	发光细菌	發光細菌
photocell(=photoelectric cell)	光电池	光電池
photochemical oxidation	光氧化作用	光氧化作用
photochemical process	光化学过程	光化過程
photochemical reaction	光化学反应	光化學反應
photochemical smog	光化学烟雾	光化學煙霧
photochemical transformation	光化学转化	光化學轉化
photochemistry	光化学	光化學
photoeffect(=photoelectric effect)	光电效应	光電效應
photoelectric cell	光电池	光電池
photovoltaic cell(=photoelectric cell)	光电池	光電池

英 文 名	大 陆 名	台 湾 名
photoelectric colorimeter	光电比色计	光電比色計
photoelectric effect	光电效应	光電效應
photogrammetry	摄影测量学	攝影測量學
photolysis	光解作用	光解作用
photometer	光度计	光度計
photometry	光度学	光度測量學
photon	光子	光[量]子
photoperiod	光周期	光週期
photophore	发光器	發光器
photosynthesis	光合作用	光合作用
photosynthesis/respiration ratio	光合/呼吸比	光合/呼吸比
photosynthetic active radiation(PAR)	光合有效辐射	光合有效輻射
photosynthetic bacteria	光合细菌	光合[細]菌
photosynthetic pigment	光合色素	光合色素
photosynthetic radiant energy	光合辐射能	光合輻射能
photosynthetic rate	光合速率	光合作用率
phototaxis	趋光性	趨光性
phototaxy(=phototaxis)	趋光性	趨光性
pH recorder	氢离子浓度记录仪	氫離子濃度記錄儀
pH value	pH 值	pH 值
phycobilin	藻胆素	藻膽素
phycobiliprotein	藻胆蛋白	藻膽蛋白
phycobiliprotein gene	藻胆蛋白基因	藻膽蛋白基因
phycobilisome	藻胆[蛋白]体	藻膽體
phycochemistry(=algal chemistry)	藻类化学	藻類化學
phycocolloid	藻胶	藻膠
phycocyanin	藻蓝蛋白	藻藍素
phycocyanobilin	藻蓝素	藻藍素蛋白
phycoerythrin	藻红蛋白	藻紅素
phycoerythrobilin	藻红素	藻紅素蛋白
phycoerythrocyanin	藻红蓝蛋白	藻紅藍素
phycofluor probe	藻胆蛋白荧光探针	藻膽蛋白螢光探針
phycology	藻类学	藻類學
phyllosoma larva	叶状幼体	葉狀幼體,葉形幼生
phylogenetics	系统发育学	譜系學,親緣關係學
phylogenetic tree(=genealogical tree)	系统树	譜系樹,親緣樹
phylogeny	种系发生,系统发育	親緣關係,譜系
phylogeography	系统发生生物地理学	親緣地理學

英 文 名	大 陆 名	台 湾 名
phylum	门	門
physaliatoxin	水母毒素	水母毒素
physical adsorption	物理吸附	物理吸附
physical-chemical environment	理化环境	理化環境
physical fitness of seaman	船员体格条件	船員體格條件
physical oceanography	物理海洋学	物理海洋學
physical pollution	物理性污染	物理汙染
physical weathering	物理风化	物理風化
physiological saline	生理盐水	生理鹽水
physiological stress	生理应激	生理緊迫
physostome	喉鳔型	喉鰾型
phytobenthos(=benthophyte)	底栖植物，水底植物	底棲植物，水底植物
phytoplankton	浮游植物	植物性浮游生物，浮游植物
phytoplankton bloom	浮游植物水华	浮游植物藻華
PIC(=particulate inorganic carbon)	颗粒性无机碳	顆粒性無機碳
picophytoplankton	超微型浮游植物	超微浮游植物
picoplankton	超微型浮游生物	超微浮游生物
picozooplankton	超微型浮游动物	超微浮游動物
picritic basalt	苦橄玄武岩	苦橄玄武岩
picture encoding	图像编码	影像解碼
pier(=wharf)	码头	碼頭
pigment	色素	色素，色料
pigment analysis	色素分析	色素分析
pigment unit	色素单位	色素單位
pile foundation	桩基	樁基
pile group	群桩	群樁
pile group effect	群桩效应	群樁效應
pile penetration	桩贯入深度	樁貫入深度
pile sleeve	桩套筒	樁套
pilidium larva	帽状幼体	帽狀幼體，帽形幼生
piling barge(=floating pile driver)	打桩船	打樁船
pillow lava	枕状熔岩	枕狀熔岩
pillow structure	枕状构造	枕狀構造
pilot vessel	引航船	引水船
pinger(=acoustic transponder)	声应答器	發訊器，音響詢答機
pinger profiler	声呐剖面仪	聲納剖面儀
pinnacle	尖礁	尖礁

英　文　名	大　陆　名	台　湾　名
pioneer species	先锋种	先驅種
pipe-laying vessel	敷管船	布管船
pipeline laying barge	铺管船	布管駁船
pipet(=pipette)	移液管	移液管，吸量管
pipette	移液管	移液管，吸量管
piscivore	食鱼者	魚食者
piston corer	活塞取芯器	活塞式岩芯採樣器
pitch	纵摇	縱搖
pitting [corrosion]	点蚀	點蝕
pixel	像素，像元	像元
placer	砂矿	砂礫礦，砂積礦
plain coast	平原海岸	平原海岸
plain water(=fresh water)	淡水	淡水
planation	夷平作用	夷平作用
Planck's law	普朗克定律	普朗克定律
planetary vorticity	行星涡度	行星渦度
planetary wave	行星波	行星波
planktobacteria	浮游细菌	浮游細菌
planktobenthos	浮游性底栖生物	浮游性底棲生物
plankto-hyponeuston	浮游性表下漂浮生物	浮游性表下漂浮生物
planktology	浮游生物学	浮游生物學
plankton	浮游生物	浮游生物
plankton equivalent	浮游生物当量	浮游生物當量
planktonic foraminifera	浮游有孔虫	浮游性有孔蟲
plankton indicator	浮游生物指示器	浮游生物指示器
plankton net	浮游生物网	浮游生物網
planktonology(=planktology)	浮游生物学	浮游生物學
plankton pulse	浮游生物消长	浮游生物週期性波動
plankton pump	浮游生物泵	浮游生物幫浦
Plankton Reactivity in the Marine Environment(PRIME)	海洋环境中浮游生物的反应性研究计划	海洋環境中浮游生物的反應性研究計畫
plankton recorder	浮游生物记录器	浮游生物記錄器
plan of diving operation	潜水作业[计划]	潛水作業計畫
planophyte	漂浮植物	漂浮植物
plan position indicator(PPI)	平面位置指示器	平面化位置顯示器
plant effluent	工厂排放水	工廠排放廢水
plant hormone	植物激素	植物激素，生長素
plant nutrient	植物营养物	植物營養物

英　文　名	大　陆　名	台　湾　名
planula larva	浮浪幼体	實囊幼蟲，實囊幼生
plasmid	质粒	質體
plate	板块	板塊
plate boundary	板块边界	板塊邊界
plate collision	板块碰撞	板塊碰撞
plate tectonics	板块构造学	板塊構造[學]
plate tectonics theory	板块构造说	板塊構造學說
platform coast	台地海岸	臺地海岸
platform positioning on the site	导管架就位，平台就位	平臺現場定位
platinum-cobalt method	铂-钴[比色]法	鉑-鈷[比色]法
platinum resistance thermometer	铂电阻温度计	鉑電阻溫度計
pleuston	水漂生物	水漂生物
pleustophyte	大型漂浮植物	大型漂浮植物
plot of fish condition forecasting	海洋渔情预报图	漁況預報圖
plot of marine plankton biomass	海洋浮游生物量图	海洋浮游生物量圖
plot of marine zooplankton vertical distri- bution	海洋浮游动物垂直分布 图	海洋浮游動物垂直分布 圖
plume	羽状[体]	舌狀[體]，羽狀[體]
plume theory	热柱学说	熱柱學說
plunger	柱塞	柱塞，活塞
plunging breaker	卷碎波	捲入型碎波
plutonic rock	深成岩	深成岩
plutonogenic hydrothermal deposit	深成热液矿床	深成熱液礦床
pneumatic duct	气管	氣道
pneumatolyto-hydrothermal ore deposit	气成热液矿床	氣成熱液礦床
pneumatophore	呼吸根	呼吸根，浮囊體
POC(=particulate organic carbon)	颗粒性有机碳	顆粒性有機碳
pocket beach	袋状滩	袋狀灘，灣頭灘
pockmark	麻坑	麻坑
poikilotherm	变温动物，冷血动物	變溫動物，冷血動物
Poincare wave	庞加莱波	彭卡瑞波
point bar	点沙坝	河曲沙洲
point beach	湾头滩	灣頭灘
point source pollution	点源污染	點源汙染
poisonous gas	毒气	毒氣
poisonous substance	有毒物质	有毒物質
polar air mass	极地气团	極地氣團
polar cap	极盖[区]	極地冰帽

英 文 名	大 陆 名	台 湾 名
polar cap absorption	极盖吸收	極地冰帽吸收
polar daytime	极昼	極晝
polar front	极锋	極鋒
polar glacier	极地冰川	極區冰川
polar glaciology	极区冰川学	極區冰川學
polarimeter	偏振计	偏振計
polarity	极性	極性
polarity reversal	极性反转	極性反向
polarity subchron	地磁极性亚期	地磁極性亞期
polarity superchron	地磁极性超期	地磁極性超期
polarity transition	极性过渡	極性過渡帶
polarization	极化[作用]	極化[作用]
polar low	极[地]涡[旋],极地低压	極地低壓
polar night	极夜	極夜
polarogram	极谱图	極譜
polarograph	极谱仪	極譜儀
polarographic analysis	极谱分析	極譜分析[法]
polarography	极谱法	極譜法
polarometric titration	极谱滴定[法]	極譜滴定[法]
polar orbit satellite	极轨卫星	繞極衛星
polar region	极地	極區
polar science	极地科学	極地科學
polar wandering	极移	極移
pollutant concentration	污染物浓度	汙染物濃度
pollutant discharge	污染物排出	汙染物排出
pollutant discharge under certain standard	污染物达标排放	汙染物排放標準
pollutant dispersion	污染物扩散	汙染物擴散
pollutant disposal	污染物处置	汙染物棄置
polluted estuary	污染河口	汙染河口
polluted seawater corrosion	污染海水腐蚀	汙染海水腐蝕
polluted stream	污染河流	汙染河流
polluted water alga	污染水藻	汙染水藻
polluted waters	污染水域	汙染水域
polluted waterway	污染水道	汙染的水道
pollution nuisance	污染公害	汙染公害
pollution of estuary	河口污染	河口汙染
pollution of lake	湖泊污染	湖泊汙染

英 文 名	大 陆 名	台 湾 名
pollution of reservoir	水库污染	水庫汙染
pollution of river	河流污染	河流汙染
pollution organism indicator	污染生物指标	汙染生物指標
pollution prediction	污染预测	汙染預測
pollution reduction	减轻污染	減輕汙染
pollution source	污染源	汙染源
polochthium(=ochthium)	泥滩群落	泥灘生物群落
polyandry	一雌多雄制	一雌多雄制
polychlorinated biphenyl(PCB)	多氯联苯	多氯聯苯
polyclimax theory	多元顶极理论	多極相理論,多顛峰理論
polyculture	混养	混養
polygyny	一雄多雌制	一雄多雌制
polymer	聚合物	聚合體
polymerase chain reaction	聚合酶链反应	聚合酶鏈式反應
polymetal crust	多金属结壳	多金屬結殼
polymetallic nodule	多金属结核	多金屬結核
polymetallic sulfide	多金属硫化物	多金屬硫化物
polymorphism	多态现象	多型性
polynya	冰间湖	冰間水道
polyphagy	多食性	多食性
polyploid	多倍体	多倍體
polyploid breeding technique	多倍体育种技术	多倍體育種技術
polyp type	水螅型	水螅型
polysaccharide sulfate(PSS)	藻酸双酯钠	硫酸多醣
polystenohaline species	高狭盐种	高狹鹽種
POM(=particulate organic matter)	颗粒性有机质	顆粒性有機質
PON(=particulate organic nitrogen)	颗粒性有机氮	顆粒性有機氮
pond culture	池塘养殖	池塘養殖
pontoon	浮箱,浮筒,浮码头	浮筒,浮箱,躉船
pontoon wharf(=floating-type wharf)	浮式码头	浮式碼頭
POP(=①particulate organic phosphorus ②persistent organic pollutant)	①颗粒性有机磷 ②持久性有机污染物	①顆粒性有機磷 ②持續性有機汙染物
population	种群	族群
population dynamics	种群动态	族群動力學
population size	群体大小	族群大小
porcellana larva	磁蟹幼体	瓷蟹幼蟲
pore-fluid model	孔隙-流体模式	孔隙流體模式

英 文 名	大 陆 名	台 湾 名
pore water(=interstitial water)	孔隙水，间隙水	孔隙水，間隙水
porosity	孔隙度，孔隙率	孔隙率，孔隙度
porphyrin	卟啉	卟啉
port	港口	港口，港灣
port area	港区	港區
port back land(=harbor hinterland)	港口腹地	港口腹地，港灣腹地
port boundary	港界	港界
port engineering	港口工程	港口工程，港灣工程
port land area	港口陆域	港口陸域
port limit(=port boundary)	港界	港界
port resources	港口资源	港口資源
port terrain(=port land area)	港口陆域	港口陸域
positive adsorption	正吸附	正吸附
positive buoyancy	正浮力	正浮力
positive estuary	正向河口	正性河口
post-glacial age	冰后期	冰後期
post larva	后期幼体	後幼生
potable water	饮用水	飲用水
potassium-argon dating	钾–氩测年，钾–氩计时	鉀–氩定年
potential density	位密，位势密度	位[勢]密度，潛[勢]密度
potential energy	位能，势能	位能，勢能
potential enstrophy	位涡拟能	位渦擬能
potential pollutant	潜在污染物	潛在汙染物
potential pollution	潜在污染	潛在汙染
potential resources	潜在资源	潛在資源
potential source	潜在来源	潛在來源
potential temperature	位温	位溫，潛溫，勢溫
potential vorticity	位涡	位渦
potentiometer	电位表，电位差计	電位表，電勢表
potentiometric chart recorder	电位式海图记录仪	電位式海圖記錄儀
potentiometric titration	电位滴定[法]，电势滴定	電位滴定[法]，電勢滴定
potentiometry(=potentiometric titration)	电位滴定[法]，电势滴定	電位滴定[法]，電勢滴定
potentional depth	位势深度	位势深度，動力深度
potentional height	位势高度	位势高度，動力高度

英 文 名	大 陆 名	台 湾 名
PPI(=plan position indicator)	平面位置指示器	平面化位置顯示器
practical salinity	实用盐度	實用鹽度
practical salinity scale	实用盐标	實用鹽標
practical salinity unit(psu)	实用盐度单位	實用鹽度單位
Pratt isostasy	普拉特均衡	普拉特均衡假說
Precambrian	前寒武纪	前寒武紀
precipitation	沉淀作用	沉澱[作用]
predation	捕食	掠食,捕食
predator	捕食者	掠食者,捕食者
predictive model	预报模式	預測模式
pre-recruit phase	前补充期	前加入期
pressure	压力	壓力
pressure core sampler(PCS)	保压取芯器	壓力岩芯採樣器
pressure dialysis	压力渗析法	壓力滲析法
pressure-temperature core sampler (PTCS)	保温保压取芯器	壓-溫岩芯採樣器
pretreatment of the wastes	废弃物预处理	廢棄物預處理,廢棄物前處理
prevailing climax	优势顶极	優勢極相
prevailing westerlies	盛行西风带	盛行西風帶
preventive measure	预防措施	預防措施
preventive treatment	预防性处理	預防性處理
prey	捕获物,被食者	被掠者
primary coast	原生[海]岸	原生海岸
primary color	原色	原色
primary emission	主要排放	主要排放
primary film	初级膜	初級膜
primary fouling film	初级污着膜	初級汙著膜
primary member	主要构件	主要構件
primary pollutant	原生污染物	原生汙染物
primary pollution	原生污染	原生汙染
primary production	初级生产量	基礎生產量,初級生產量
primary productivity	初级生产力	基礎生產力,初級生產力
primary sexual characteristics	第一性征	第一性徵
primary standard sea water	原始标准海水	原始標準海水
primary succession	原生演替	原生演替

英　文　名	大　陆　名	台　湾　名
primary treatment of sewage	污水初步处理	汙水初步處理
PRIME（=Plankton Reactivity in the Ma- rine Environment）	海洋环境中浮游生物的 　反应性研究计划	海洋環境中浮游生物的 　反應性研究計畫
primitive equation model	原始方程模式	原始方程模式
primordial nuclide	原始核种	原始核種，原始核素
principal component analysis	主成分分析	主成分分析
principel of competitive exclusion	竞争互斥理论	競爭互斥原理
probiotics	益生菌	益生菌
proboscis worm	吻虫	吻蟲
processed effluent	处理后污水	處理後流出物
producer	生产者	生產者
production platform	生产平台	開採平臺
production rate	生产率	開採率
productivity	生产力	生產力
profile	剖面	剖面
profiling float	剖面探测浮标	剖面浮標
prognostic model	预测模式	預測模式
progradation	进积作用	前積作用
prograde orbit	顺行轨道	順行軌道
prograding delta	前积三角洲	前積三角洲
progressive wave	前进波	前進波
prohibited navigation zone	禁航区	禁航區
prokaryote	原核生物	原核生物
promontory front	岬角锋	岬角鋒
promoter of antifreeze protein gene	抗冻蛋白基因启动子	抗凍蛋白基因啓動子
propagation	传播	傳遞
prop root	支柱根	支持根
propulsive efficiency	推进效率	推進效率
propylene glycol alginate	［褐］藻酸丙二醇酯	海藻酸丙二醇酯
propylene glycol mannurate sulfate 　（PGMS）	甘糖酯	甘糖酯
prostomium	口前叶	口前葉
protamine	鱼精蛋白	魚精蛋白
protandry	雄性先熟	先雄後雌
protected area	保护区	保護區
protective coating	防护涂层，防护漆	防護漆，防護塗層
protochordate	原索动物	原索動物
protocooperation	初级合作，原始合作	原始合作

英　文　名	大　陆　名	台　湾　名
protogeny	雌性先熟	先雌後雄
proton gradiometer	质子重力梯度仪	質子梯度儀
proto-ocean	原始海洋	原始海洋
protostome	原口动物	原口動物
protozoea larva	原溞状幼体	前眼幼體，前溞狀幼蟲
protozooplankton	原生动物浮游生物	原生動物浮游生物
provinces	海区	海區
prymnesin	定鞭金藻毒素	溶血性毒素
pseudocolor	伪彩色	偽色
pseudohalophyte	假盐生植物	偽鹽生植物
pseudopodium	伪足	偽足
psilomelane(＝manganese hydrate)	硬锰矿	硬錳礦
PSP(＝paralytic shellfish poison)	麻痹性贝毒	麻痺性貝毒
PSS(＝polysaccharide sulfate)	藻酸双酯钠	硫酸多醣
psu(＝practical salinity unit)	实用盐度单位	實用鹽度單位
psychrophilic bacteria	嗜冷细菌	嗜冷細菌
psychrophilic organism	嗜冷生物	嗜冷生物
psychrosphere	海洋冷水圈	海洋冷水圈
PT(＝penetrant technique)	浸透检验	滲透[染色]探傷檢驗
PTCS(＝pressure-temperature core sampler)	保温保压取芯器	壓-溫岩芯採樣器
pteropod ooze	翼足类软泥	翼足蟲軟泥
Puerto Rico Trench	波多黎各海沟	波多黎各海溝
pull-apart basin	拉张盆地	拉張盆地
pulse	脉冲	脈波，脈衝
pulverite	细粒物	細粒沉積岩
purification	净化[作用]	淨化[作用]，提純[作用]
pycnocline	密[度]跃层	斜密層，密[度]躍層
pycnometer	比重计，比重瓶	比重計，比重瓶
P-Y curve	P-Y 曲线	P-Y 曲線
pyramid of biomass	生物量锥体，生物量金字塔	生物量金字塔
pyramid of energy	能量锥体，能量金字塔	能量金字塔
pyramid of production rate	生产率金字塔	生產率金字塔
pyrolusite	软锰矿	軟錳礦
pyrolysis	热解[作用]	熱解作用，高溫分解
pyrometasomatic deposit	热液交代矿床	熱液交代礦床

英　文　名	大　陆　名	台　湾　名
pyrometasomatism	热液交代变质	熱液交代變質

Q

英　文　名	大　陆　名	台　湾　名
Qiantang River tidal bore	钱塘江涌潮	錢塘潮段波
Qiongzhou Strait	琼州海峡	瓊州海峽
qualitative analysis	定性分析	定性分析
qualitative character	质量性状	定性性狀
qualitative data	定性资料	定性資料
qualitative elementary analysis	元素定性分析	元素定性分析
qualitative investigation	定性研究	定性研究
quality standard of domestic seawater	大生活用海水水质标准	生活用海水水質標準
quantitative analysis	定量分析	定量分析
quantitative assessment	定量评价	定量評價
quantitative character	数量性状	定量性狀
quantitative data	定量资料	定量資料
quantitative effect	定量效应	定量效應
quantitative forecast	定量预报	定量預報
quantitative testing	定量测定	定量測定
quantity of radiant energy	辐射能量	輻射能量
quasi-geostrophic current	准地转流	準地轉流
quasi-geostrophic flow(=quasi-geostrophic current)	准地转流	準地轉流
quasi-geostrophic model	准地转模式	準地衡模式
quay(=wharf)	码头	碼頭

R

英　文　名	大　陆　名	台　湾　名
radar altimeter	雷达高度计，雷达测高仪	雷達高度計
radar buoy	雷达浮标	雷達浮標
radar cross section	雷达横截面	雷達截面
radar navigation	雷达导航	雷達導航
radar positioning	雷达定位	雷達定位

英　文　名	大　陆　名	台　湾　名
radar range finder	雷达测距仪	雷達測距儀
radial symmetry	辐射对称	輻射對稱
radiance	辐亮度	輻射亮度
radiant element	辐射元件	輻射元件
radiant energy flux	辐射能通量	輻射能通量
radiant flux (=radiation flux)	辐射通量	輻射通量
radiating boundary condition	辐射边界条件	輻射邊界條件
radiation	辐射	輻射
radiation absorption	辐射吸收	輻射吸收
radiation background	辐射背景	輻射背景，輻射本底
radiation budget	辐射收支	輻射收支
radiation chemistry	放射化学	放射化學，輻射化學
radiation constant	辐射常数	輻射常數
radiation detector	辐射探测器	輻射探測器
radiation flux	辐射通量	輻射通量
radiation fog	辐射雾	輻射霧
radiation intensity	辐射强度	輻射強度
radiation monitoring system	辐射监测系统	輻射監測系統
radiation phylogenesis	辐射系统发育	輻射演化
radiation sensor	辐射遥感器	輻射感應器，輻射傳感器
radiative transfer	辐射传递	輻射轉移
radical	基	基
radical reaction	自由基反应	自由基間反應
radioactivation analysis	放射活化分析	放射活化分析
radioactive isotope	放射性同位素	放射性同位素
radioactive isotope chronology	放射性同位素年代学	放射性同位素年代學
radioactive isotope in ocean	海洋中放射性元素同位素	海洋放射性元素同位素
radioactive measurement	放射性测量	輻射測量術
radioactive tracer	放射性示踪物	放射性示蹤物
radioactive tracer method	放射性示踪法	放射性示蹤法
radioactive waste liquid	放射性废液	放射性廢液
radioactive wastes	放射性废物	放射性廢物
radioactive wastewater	放射性废水	放射性廢水
radioactivity	放射性活度	放射活度
radioative dating	放射性定年	放射性定年
radiocarbon stratigraphy	放射性碳地层学	放射性碳地層學

英　文　名	大　陆　名	台　湾　名
radiocarbon tracer	放射性碳示踪剂	放射性碳示蹤劑
radiochemical analysis	放射化学分析	放射化學分析
radiochemical contamination	放射化学污染	放射化學沾汙
radiograph	射线底片	放射線圖像
radioisotope tracer	放射性同位素示踪剂	放射性同位素示蹤劑
radiolaria	放射虫	放射蟲
radiolarian climatic index	放射虫气候指数	放射蟲氣候指數
radiolarian ooze	放射虫软泥	放射蟲软泥
radiometer	辐射计	輻射計
radiometric resolution	辐射分辨率	輻射解析度
radiometry(=radioactive measurement)	放射性测量	輻射測量術
radio navigation	无线电导航	無線電導航
radio positioning	无线电定位	無線電定位
radio positioning system	无线电定位系统	無線電定位系統
radula	齿舌	齒舌
raft culture	筏式养殖	筏式養殖
rafted ice	重叠冰	筏浮冰
rainbow trout gonad cell line(RTG)	虹鳟鱼生殖腺细胞系	虹鱒生殖腺細胞系
Ramsar Convention on Wetlands	拉姆萨尔湿地公约	拉姆薩爾濕地公約
rancieite	钙锰石	鈣錳石
random amplified polymorphic DNA (RAPD)	随机扩增多态脱氧核糖 核酸	隨機擴增多態性去氧核 醣核酸
random fatigue analysis	随机性疲劳分析	隨機性疲勞分析
range resolution	范围分辨率	距離解析度
RAPD(=random amplified polymorphic DNA)	随机扩增多态脱氧核糖 核酸	隨機擴增多態性去氧核 醣核酸
raphe	缝	縱溝
raptoriales	凶猛捕食者	有齒之掠食者
raptorial feeder	捕食摄食者	捕食攝食者
RAR(=real aperture radar)	实孔径雷达	真實孔徑雷達
rare species	稀有种	稀有種, 罕見種
raster data	光栅资料	光柵資料
ratio of nitrogen to phosphorus in seawa- ter	海水中氮磷比	海水氮磷比
raw water	原水	原水
Rayleigh scattering	瑞利散射	雷利散射
reactant	反应物	反應物
reacting force	反作用力	反應力, 反作用力

英　文　名	大　陆　名	台　湾　名
reaction rate	反应速率	反應速率
reactive phosphate	活性磷酸盐	活性磷酸鹽
reactive silicate	活性硅酸盐	活性矽酸鹽,活性硅酸鹽
reagent	试剂	試劑
reagent blank	试剂空白	試劑空白
real aperture radar(RAR)	实孔径雷达	真實孔徑雷達
realized niche	实际生态位	實際區位
recall buoy	应答浮标	應答浮標
recarburization	增碳[作用]	增碳作用,再滲碳
recirculating seawater cooling system	海水循环冷却系统	海水循環冷卻系統
recirculating water	再循环水	再循環水
recolonization	再拓殖,重定居	重新拓殖
recombination	重组	重組
recruitment	补充量	補充量,入添量
recruitment stock	补充群体	補充系群
recrystallization	再结晶[作用]	再結晶[作用]
rectification coast	夷平海岸	夷平海岸,平直海岸
rectilinear current(=alternating current)	往复流	往復流
recycle	再循环	再循環
red appendages disease of prawn	对虾红腿病	對蝦紅腿病
red clay	红黏土	紅黏土
redeposit(=resedimentation)	再沉积[作用]	再沉積[作用]
Redfield ratio	雷德菲尔德比率	瑞德菲爾比率
redistribution	再分布	再分布,再分配
red muscle	红肌	紅肌
redox potential discontinuity(RPD)	氧化还原电位不连续层	氧化還原電位不連續層
Red Sea	红海	紅海
red sea bream fin cell line(RSBF)	真鲷鳍细胞系	嘉鱲鰭細胞系
red tide	赤潮	赤潮,紅潮
red tide disaster	赤潮灾害	赤潮災害
red tide monitoring	赤潮监测	赤潮監測
red tide organism	赤潮生物	赤潮生物
red tide remote sensing	赤潮遥感	赤潮遙測
reduced gravity	约化重力,减重力	減重力
reduced gravity model	约化重力模式,减重力模式	減重力模式
reducing environment	还原环境	還原化環境

英 文 名	大 陆 名	台 湾 名
reduction of oceanographic element(=inversion of oceanographic element)	海洋要素反演	海洋要素反轉
reductive dehalogenation	还原性脱卤	還原性脱鹵
reductive desulfuration	还原性脱硫	還原性脱硫
reef	礁	礁
reef atoll(=atoll)	环礁	環礁
reef barrier	暗礁	堡礁, 礁堤
reef flat	礁滩	礁灘, 礁坪, 礁平臺
reef front	礁前	礁前
reef milk	礁乳	礁乳石
reef pinnacle	塔礁	塔礁, 尖礁
reference level	参考层	參考層
reflectance	反射率	反射率
reflected wave	反射波	反射波
reflection	反射	反射
reflection angle	反射角	反射角
reflective beach	反射式海滩	反射式沙灘
reflectivity(=reflectance)	反射率	反射率
reflectometer	反射计	反射計
reflector	反射层	反射層
refracted light	折射光	折射光
refracted wave	折射波	折射波
refraction	折射	折射[作用]
refraction coefficient	折射系数	折射係數
refraction index	折射率	折射率
refraction theory	折射理论	折射理論
refuge	庇护所	庇護所
regenerated nitrogen	再生性氮	再生性氮
regeneration	再生[作用]	再生[作用]
regeneration cycle	再生循环	再生循環
regeneration production	再生生产	再生生產
regional oceanography	区域海洋学	區域性海洋學
regional pollution	地区性污染	地區性汙染
regression	海退	海退
regression conglomerate	海退砾岩	海退礫岩
regular wave	规则波	規則波
regulator organism	恒定生物	恆定生物
rehydration	再水化[作用]	再水化[作用]

英 文 名	大 陆 名	台 湾 名
relative age	相对年龄	相對年齡
relative age dating	相对年龄测定	相對年齡測定
relative change of sea level	相对海平面变化	海平面相對變化
relative diffusion	相对扩散	相對擴散
relative vorticity	相对涡度	相對渦度
relict	残留	殘留
relict bedding	残留层理, 残余层理	殘留層理
relict sediment	残留沉积[物]	殘留沉積物
relict smoker	残留烟囱	殘留煙囱
relict species	残遗种	孑遺種
relief displacement	地形起伏位移	高差位移
remanent magnetism(=residual magnetism)	剩磁	殘磁性
remnant arc	残留弧	殘留島弧
remnant ocean basin	残留[大]洋盆	殘留洋盆
remote-operated vehicle(ROV)	遥控潜水器	遙控水下載具
remote sensing	遥感	遙測
remote sensing of ocean wave	海洋波浪遥感	遙測海洋波浪
remote sensing of sea surface roughness	海面粗糙度遥感	遙測海面粗糙度
remote sensing of sea surface wind	海面风遥感	遙測海面風
remote sensing of significant wave height	有效波高遥感	示性波高遙測
renewable marine resources	海洋可再生资源	海洋可再生資源
renewable resources	可再生资源	可再生資源
renierone	矶海绵酮	磯海綿酮
reoxygenation of stream	河流再充氧作用	河流的再充氧作用
repairing quay	修船码头	修船碼頭
repeated diving	反复潜水, 重复潜水	反覆潛水, 重複潛水
report on assessment for marine environmental impact	海洋环境影响评价报告书	海洋環境影響評估報告書
reproductive isolation	生殖隔离	生殖隔離
reproductive potential	生殖潜能	生殖潛能
reproductive strategy	生殖对策	生殖對策
reproductive value	生殖价	生殖價
research vessel	调查船	研究船
resedimentation	再沉积[作用]	再沉積[作用]
reseravation area(=nature reserve)	自然保护区	自然保護區
residence time	滞留时间	滯留時間, 存留時間
residence time of elements in seawater	海洋中元素滞留时间	海洋中元素滯留時間

英　文　名	大　陆　名	台　湾　名
resident	定栖者	定棲者
residual chlorine corrosion	残余氯腐蚀	殘留氯蝕, 殘餘氯腐蝕
residual current	余流	餘流, 殘餘流
residual level	残毒含量	殘留量
residual magnetism	剩磁	殘磁性
residual mineral	残余矿物	殘餘礦物
residual product	剩余产物	剩餘產物, 副產品
residual volume	残余量	殘餘量
residue	①残留 ②残余物	①殘留 ②殘餘物
residue accumulation	残毒积累	殘留蓄積
resilience	恢复力	回復力
resistance	抗性	抵抗力, 抗性
resistance to fouling	抗侵蚀性	防汙著性, 抗侵蝕性
resource allocation	资源分配	資源分配
resource development	资源开发	資源開發
resource exploration	资源勘探	資源勘探
resource management	资源管理	資源管理
resources	资源	資源
resources of seawater	海水资源	海水資源
respiration	呼吸	呼吸
respiratory pigment	呼吸色素	呼吸色素
respiratory quotient	呼吸商	呼吸商
respiratory rate	呼吸率	呼吸率
respiratory tree	呼吸树	呼吸樹
resting egg(= dormant egg)	休眠卵	休眠卵, 滯育卵
resting spore	休眠孢子	休眠孢子
resting stage	静止期	恢復期
restoration ecology	恢复生态学	復育生態學
restriction fragment length polymorphism （RFLP）	限制性片段长度多态性	限制性片段長度多態性
resultant	生成物	生成物
resuspension	再悬浮	再懸浮
retaining basin	集水盆地	集水盆地
retention period	保存周期	保存週期
retention time	延迟时间	延遲時間
retina	视网膜	視網膜
retreating coast	退积海岸	後退海岸
retrieval of oceanographic element(=in-	海洋要素反演	海洋要素反轉

英 文 名	大 陆 名	台 湾 名
version of oceanographic element)		
retrogradation	退积作用	後退作用
retrograde orbit	退行轨道	逆行軌道
retrograding shoreline	后退海岸线	後退海岸線
retrogressive succession	逆行演替，退行性演替	逆行演替
return period	重现期	迴歸期
Reunion hot spot	留尼汪热点	留尼汪熱點
reverberation	交混回响	迴響
reversed magnetization	反向磁化	反磁化
reversed polarity	反向极性	反向極性
reverse osmosis membrane	反渗透膜	逆渗透膜
reverse osmosis process	反渗透法，逆渗透法	逆渗透法，反渗透法
reverse osmotic method(=reverse osmosis process)	反渗透法，逆渗透法	逆渗透法，反渗透法
reverse polarization	反向极化	反向極化
reversible marine environmental impact	可恢复的海洋环境影响	可逆式海洋環境衝擊
reversing thermometer	颠倒温度表	顛倒式溫度計
reversing water sampler	颠倒采水器，南森瓶	顛倒式採水器，南森瓶
Reynolds equation	雷诺方程	雷諾方程
Reynolds flux	雷诺通量	雷諾通量
Reynolds number	雷诺数	雷諾數
Reynolds stress	雷诺应力	雷諾應力
RFLP(=restriction fragment length polymorphism)	限制性片段长度多态性	限制性片段長度多態性
rheotaxis	趋流性	趨流性
rhizoid	假根	假根
Ria Coast	里亚[型]海岸	里亞海岸
Richardson number	理查森数	理查森數
RIDGE(=Ridge Inter-Disciplinary Global Experiments)	洋中脊跨学科全球实验	中洋脊跨領域全球試驗
ridge-arc transform fault	洋脊-岛弧转换断层	洋脊 - 島弧轉型斷層
ridge axis	脊轴	脊軸
Ridge Inter-Disciplinary Global Experiments(RIDGE)	洋中脊跨学科全球实验	中洋脊跨領域全球試驗
ridge-push model	洋脊推动模型	洋脊推動模型，脊推模型
ridge-ridge transform fault	洋脊-洋脊转换断层	洋脊-洋脊轉型斷層
Riemann invariant	黎曼不变量	黎曼不變量

英　文　名	大　陆　名	台　湾　名
rift(= rift trough)	裂谷	裂谷，断陷谷
rift basin	裂谷盆地	裂谷盆地
rift bulge	裂谷隆起	裂谷隆起
rift fault	裂谷断层	裂谷斷層
rifting	断裂作用，裂谷作用	斷裂作用
rift structure	裂谷构造	裂谷構造，斷裂構造
rift system	裂谷系	裂谷系
rift trough	裂谷	裂谷，断陷谷
rift zone	裂谷带	裂谷帶
right ascension	赤经	赤經
right of sea area use	海域使用权	海域使用權
rigid boundary condition	刚性边界条件	剛性邊界條件
rigid lid approximation	刚盖近似	硬蓋近似
ring	流环	水環，流環
rip channel	裂流水道	離岸水道
rip current	裂流	離岸流
ripple	涟[漪]波	漣漪
ripple mark	波痕	波痕
river-borne material	河流[搬运]物质	河流[搬運]物質
river-born substance	河源物质	河源物質
river discharge	河流排放	河流流量
river-dominated delta	河控三角洲	河川主宰三角洲
river mouth(= estuary)	河口	河口灣，河口
river mouth bar	拦门沙	河口沙洲，河口淺灘
river outflow	[河流]径流量	[河流]徑流量
river runoff(= river outflow)	[河流]径流量	[河流]徑流量
river transport	河流搬运	河流搬運，河流運輸
river water	河水	河水
rock cay(= lithoherm)	岩礁	岩礁，岩丘
rock coast	基岩海岸	岩石海岸，基岩海岸
rocky beach(= bench)	岩滩	岩灘
rocky shore	岩岸	岩礁岸
rod cell	视杆细胞	桿狀細胞
roll	横摇	橫搖
roller	长涌	捲浪
rolling beach	侵蚀海滩	侵蝕海灘
Romanche fracture zone	罗曼什破裂带，罗曼什断裂带	羅曼什破裂帶，羅曼什斷裂帶

英　文　名	大　陆　名	台　湾　名
Romanche Trench	罗曼什海沟	羅曼什海溝
ro-on/ro-off ship	滚装船	滾裝船
ropy lava(=pahoehoe lava)	绳状熔岩	繩狀熔岩
rose diagram	玫瑰图	玫瑰圖
rosette water sampler	多瓶采水器	輪盤式採水器
Rossby number	罗斯贝数	羅士培數
Rossby radius	罗斯贝半径	羅士培半徑
Rossby wave	罗斯贝波	羅士培波
Ross Sea	罗斯海	羅斯海
rotary current	旋转流	旋轉流
rotational culture	轮养	輪養
rotifer	轮虫	輪蟲
roughness	粗糙度	粗糙度
roundness	圆度	圓度
round-off error	舍入误差	捨入誤差
route investigation	路由调查	路徑調查
route survey(=route investigation)	路由调查	路徑調查
ROV(=remote-operated vehicle)	遥控潜水器	遙控水下載具
RPD(=redox potential discontinuity)	氧化还原电位不连续层	氧化還原電位不連續層
RSBF(=red sea bream fin cell line)	真鲷鳍细胞系	嘉鱲鳍細胞系
r-selection	r 选择	r 型選汰
r-strategy	r 策略, r 对策	r 策略
RTG(=rainbow trout gonad cell line)	虹鳟鱼生殖腺细胞系	虹鱒生殖腺細胞系
rubble beach	角砾滩	角礫灘
rubidium-strontium dating	铷锶测年	銣-鍶定年
rubidium-strontium method	铷锶法	銣-鍶法
runoff	径流	徑流
runoff cycle	径流循环	徑流循環
run-up	波浪爬高	溯上, 沖刷高度
rust removal	除锈	除鏽
Ryukyu Island Arc	琉球岛弧	琉球島弧
Ryukyu Trench	琉球海沟	琉球海溝

S

英　文　名	大　陆　名	台　湾　名
safe concentration	安全浓度	安全濃度
salcalcitonin	鲑降钙素	鮭降鈣素
saline bog	咸水沼泽	鹹水沼澤，鹽沼澤
saline contraction	盐收缩	鹽收縮
saline environment	盐水环境	鹽水環境
saline influx	盐输入	鹽輸入
saline lake	盐湖	鹽湖
saline matter	盐分	鹽分
saline sediment	盐沉积物	鹽沉積物
saline water demineralization	盐水淡化	鹽水淡化
saline water intrusion	盐水入侵界	鹽水入侵
saline waters	海水域	海水域，鹹水域
salinity	盐度	鹽度，含鹽量
salinity determination	盐度测定	鹽度測定
salinity gradient	盐度梯度	鹽度梯度
salinity gradient energy	盐差能	鹽差能
salinity gradient energy conversion	盐差能转换	鹽差能轉換
salinity remote sensing	盐度遥感	鹽度遙測
salinity tongue	盐舌	鹽舌
salinization	盐化作用	鹽漬化
salinocline(=halocline)	盐跃层	斜鹽層
salinometer	盐度计	鹽度儀，鹽度計
salt balance	盐分平衡	鹽量平衡，鹽平衡
salt brine	盐水	鹽水
salt concentration	盐浓度	鹽濃度
salt content	盐含量	鹽含量
salt damage	盐害	鹽害
salt dome	盐丘	鹽丘
salt-dome coast	盐丘海岸	鹽丘海岸
saltern	盐场	鹽場
salt error	盐误，盐干扰误差	鹽干擾誤差
salt finger	盐指	鹽指
salt gland	盐腺	鹽腺

英　文　名	大　陆　名	台　湾　名
saltiness	含盐性	含鹽性
salting-out	盐析	鹽析
salting-out chromatography	盐析色谱法	鹽析色譜法
salting-out effect	盐析效应	鹽析效應
salting-out elution chromatography	盐析洗脱色谱法	鹽析洗脱色譜
salt invasion	盐[入]侵	鹽入侵
salt marsh	盐沼	鹽沼
salt marsh organism	盐沼生物	鹽沼生物
salt marsh plant	盐沼植物	鹽沼植物
salt nucleus	盐核	鹽核
salt pan(=saltern)	盐场	鹽場
salt passage	盐透过率	鹽透过率
salt plant	盐土植物	耐鹽植物
salt solution	盐溶液	鹽溶液
salt water battery	海水电池	海水電池
salt water conversion facility	盐水转化装置	鹽水轉化裝置
salt water cooling tower	海水冷却塔	海水冷卻塔
salt water wedge	盐[水]楔	鹽水楔
salt wedge effect	盐楔效应	鹽楔效應
salt wedge estuary	高度分层河口，盐水楔 河口	鹽楔河口
salvage	打捞	救難
Samoan Passage	沙孟海道	沙孟海道
sampling	采样	採樣
sampling frequency	采样频率	採樣頻率
sampling of suspended load	悬浮体采样	懸浮物採樣
sampling period	采样周期	採樣週期
San Cristobal Trench	圣克立托巴海沟	聖克立托巴海溝
sand	砂	砂
sand beach	沙滩	沙灘，沙質海灘
sand bypassing	旁通输沙	繞道輸沙
sand coral	沙礁	沙礁
sand dune	沙丘	沙丘
sand grain sphericity	砂颗粒磨圆度	砂粒球度
sand island	沙岛	砂島
sand levee	沙堤	沙堤，沙壠
sand ridge	沙脊，沙垅	砂脊
sand ripple	沙纹	砂波痕，砂波紋

英 文 名	大 陆 名	台 湾 名
sand spit(= spit)	沙嘴	沙嘴
sand wave	沙波，沙浪	砂浪
sandwitch structure	夹层构造	疊層構造，夾層構造
sandy coast	砂质海岸	砂質海岸
Santa Barbara Basin	圣巴巴拉海盆	聖巴巴拉海盆
saprobic bacteria	腐生菌	腐生菌
saprophage	食腐动物	食腐動物
saprophagous	食腐性	腐食性
SAR(= synthetic aperture radar)	合成孔径雷达	合成孔徑雷達
sarganin	马尾藻素	馬尾藻素
sargasso sea	藻海	藻海
SAS(= synthetic aperture sonar)	合成孔径声呐	合成孔徑聲納
satellite	卫星	[人造]衛星
satellite altimetry	卫星测高	衛星測高法
satellite coverage	卫星覆盖范围	衛星覆蓋範圍
satellite ground receive station	卫星地面[接收]站	衛星地面接收站
satellite measurement of mesoscale eddies	海洋中尺度涡遥感	衛星量測中尺度渦旋
satellite navigation system	卫星导航系统	衛星導航系統
satellite oceanic observation system	卫星海洋观测系统	衛星海洋觀測系統
satellite oceanography	卫星海洋学	衛星海洋學
satellite ocean remote sensing	卫星海洋遥感	衛星海洋遙測
satellite species	附属种，卫星种	追隨種，衛星種
saturated bittern	饱和卤	飽和鹵
saturated brine	饱和盐水	飽和鹽水
saturated vapor pressure	饱和水汽压	飽和蒸氣壓
saturation	饱和	飽和
saturation coefficient	饱和系数	飽和係數
saturation condition	饱和状态	飽和狀態
saturation curve	饱和曲线	飽和曲線
saturation dissolved oxygen	饱和溶氧量	飽和溶氧量
saturation diving	饱和潜水	飽和潛水
saturation of inert gas	惰性气体饱和	惰性氣體飽和度
saturation rate	饱和速率	飽和速率
saturation temperature	饱和温度	飽和溫度
saxitoxin	石房蛤毒素	蛤蚌毒素，渦鞭藻毒素
scalar irradiance	标量辐照度	標量輻照度
scale eater	鳞片食者	鱗片食者
scale factor	标度因子	標度因子

英　文　名	大　陆　名	台　湾　名
scale inhibitor	阻垢剂	阻垢劑
scaling	尺度分析	尺度分析
scanner	扫描器	掃描器
scanning	扫描	掃描
scanning multichannal microwave radio-meter(SMMR)	扫描多频道微波辐射计	掃描多頻道微波輻射儀
scanning tradiometer	扫描辐射计	掃描輻射儀
SCAR(=Scientific Committee on Antarctic Research)	南极考察科学委员会	南極考察科學委員會
scatterance	散射率，散射比	散射率
scattering	散射	散射
scattering coefficient	散射系数	散射係數
scattering phase function	散射相函数	散射相函數
scatterometer	散射计	散射計
scavenge	清除	清除
scavenger(=saprophage)	食腐动物	食腐動物
scavenging action of element in seawater	海水中元素清除作用	海水中元素清除作用
science of marine resources	海洋资源学	海洋資源學
Scientific Committee on Antarctic Research(SCAR)	南极考察科学委员会	南極考察科學委員會
Scientific Committee on Oceanic Research (SCOR)	海洋研究科学委员会	海洋研究科學委員會
Scientific Committee on Pollution of Environment(SCOPE)	环境污染问题科学委员会	環境汙染問題科學委員會
scintillation	闪烁	閃爍[現象]
scintillation counter	闪烁计数器	閃爍計數器
scintillation probe	闪烁探测器	閃爍探測器
scintillation spectrometer	闪烁谱仪	閃爍分光計
scintillator	闪烁器	閃爍器
scintillometer	闪烁计	閃爍計
scintilloscope	闪烁镜	閃爍鏡
scleractinian	石珊瑚	石珊瑚
SCOPE(=Scientific Committee on Pollution of Environment)	环境污染问题科学委员会	環境汙染問題科學委員會
SCOR(=Scientific Committee on Oceanic Research)	海洋研究科学委员会	海洋研究科學委員會
sea	海	海
sea area	海域	海域

英 文 名	大 陆 名	台 湾 名
sea area weather forecast	海区天气预报	海域天氣預報
sea bacteriology	海洋细菌学	海洋細菌學
sea basin	海盆	海盆
seabed	海床	海床
sea bed electric field survey	海底电场测量	海底電場測量
sea bed magnetic survey	海底磁法测量	海底磁測
sea bed sonar survey system	海底声呐探测系统	海底聲納探測系統
sea board	海岸地	海岸地
sea breeze	海风	海風
sea brine	盐海水	鹽海水
sea cave	海蚀穴, 海蚀洞	海蝕洞, 海蝕凹
sea chart	海图	海圖
sea cliff	海蚀崖	海崖
seacoast	海岸	濱海帶
sea color measurement	海洋水色测量	海洋水色測量
sea condition(= sea state)	海况	海況
sea corridor	海上走廊	海上走廊
sea dike(= sea wall)	海堤	海堤
seadrome	海上机场	海上機場
sea fan	海扇	海扇
seafaring disease	航海疾病	航海疾病
sea fire	海火	海火, 海水發光[現象]
sea flooding surface	海泛面	海泛面
seafloor	海底	海底
seafloor age	海床年龄	海床年齡
seafloor hot brine	海底热盐水	海底熱鹵水
seafloor spreading	海底扩张	海底擴張
seafloor topography	海底地貌	海底地形
sea fog	海雾	海霧
seafront	滨海区	臨海區
sea grass	海草	海草
sea grass bed	海草场	海草床
sea harbor(= sea port)	海港	海港
sea ice	海冰	海冰
sea ice condition	冰情	冰情
sea ice disaster	海冰灾害	海冰災害
sea ice forecast	海冰预报	海冰預報
sea ice remote sensing	海冰遥感	海冰遙測

英 文 名	大 陆 名	台 湾 名
seaknoll	海丘	海丘
sea-land breeze	海陆风	海陸風
sea level	海平面	海水面, 海平面
sea level change	海平面变化	海平面變化, 海水位變化
sea level rise disaster	海平面上升灾害	海平面上升災害, 海水位上升災害
sea magnetic field	海洋磁场	海洋磁場
seaman's adaptation	船员适应性	船員適應性
seamount	海[底]山	海底山
seamount chain	海山链	海山鏈
sea noise	海洋噪声	海洋噪音
Sea of Okhotsk	鄂霍茨克海	鄂霍次克海
sea perch heart cell line(SPH)	鲈鱼心脏细胞系	鱸魚心臟細胞系
sea plateau	海底高原	海底平臺, 海底高原
sea port	海港	海港
sea reclamation	填海	填海
sea reclamation works	围填海工程	填海工程
sea salt	海盐	海鹽
sea-salt nucleus	海盐核	海鹽核
sea-salt particle	海盐粒子	海鹽粒子
Seasat	海洋卫星	海洋號衛星
seashore	海滨	[海]濱, 岸
seashore mountain landscape	海滨山岳景观	海濱山地地景
seashore swimming ground	海滨浴场	海水浴場
seasickness	晕船	暈船
seasonal estuary	季节性河口	季節性河口
seasonal ice zone	季节性冰带	季節性冰帶
seasonal thermocline	季节性温跃层	季節性溫躍層
seasonal variation	季节变化	季節變化
sea spray	海洋飞沫	海洋飛沫
sea squirt	海鞘	海鞘
sea stack	海蚀柱	海蝕柱
sea state	海况	海況
sea surface albedo	海面反照率	海面反照率
sea surface height remote sensing	海平面高度遥感	海平面高度遙測
sea surface layer	近海面层	海表層
sea surface microlayer	海洋微表层	海洋表面微層

英　文　名	大　陆　名	台　湾　名
sea surface radiation	海面辐射	海面輻射
sea surface relief	海面起伏	海面起伏
sea surface roughness	海面粗糙度	海面粗糙度
sea surface temperature(SST)	海面水温	海表溫，海水表面溫度
sea surface temperature anomaly forecast	海水温度距平预报	海水溫度距平預報
sea surface temperature anomaly forecast pattern	海水温度距平预报图	海水溫度距平預報圖
sea surface temperature forecast pattern	海水温度预报图	海水溫度預報圖
sea terrace(=abrasion platform)	海蚀台[地]	海蝕平臺，海蝕臺地
sea urchin	海胆	海膽
sea wall	海堤	海堤
seawater	海水	海水
seawater alkalinity	海水碱度	海水鹼度
seawater analysis	海水分析	海水分析
seawater analytical chemistry(=analytical chemistry of seawater)	海水分析化学	海水分析化學
seawater-biology interface reaction	海水–生物界面作用	海水–生物界面作用
seawater chemical corrosion	海水化学腐蚀	海水化學腐蝕
seawater chemical resources	海水化学资源	海水化學資源
seawater chemistry	海水化学	海水化學
seawater chlorination	海水氯化	海水氯化
seawater composition	海水组分	海水組成
seawater comprehensive utilization	海水综合利用	海水綜合利用
seawater conductivity	海水电导率	海水電導率
seawater cooling system	海水冷却系统	海水冷卻系統
seawater corrosion(=marine corrosion)	海水腐蚀，海水侵蚀	海水腐蝕
seawater corrosion behavior	海水腐蚀习性	海水腐蝕習性
seawater demineralizer	海水淡化器	海水淡化器
seawater densitometer	海水密度计	海水密度計
seawater density	海水密度	海水密度
seawater desalination	海水淡化	海水淡化，海水脫鹽
seawater desalination industry	海水淡化业	海水淡化業
seawater desalting plant	海水淡化厂	海水淡化廠
seawater distillation	海水蒸馏	海水蒸餾
seawater electrolyte	海水电解质	海水電解質
seawater extract	海水提取物	海水提出物
seawater filtration	海水过滤	海水過濾
seawater fluorometer	海水荧光计	海水螢光計

英　文　名	大　陆　名	台　湾　名
seawater humus	海水腐殖质	海水腐殖質
seawater intake facility	海水取用设备	海水取用設備
seawater intrusion	海水入侵	海水入侵
seawater ion association model	海水离子缔合模型	海水離子締合模型
seawater ion mobility	海水离子迁移率	海水離子遷移率
seawater medium	海水介质	海水介質
seawater-particle interface	海水–颗粒物界面	海水–顆粒物界面
seawater permeability	海水磁导率	海水磁導率
seawater pH	海水 pH	海水 pH
seawater pollutant background	海水污染物背景	海水汙染物背景
seawater pollution	海水污染	海水汙染
seawater quality pollution	海水水质污染	海水水質汙染
seawater quality standard	海水水质标准	海水水質標準
seawater resistivity	海水电阻率	海水電阻率
seawater reverse osmosis system	海水反渗透系统	海水逆滲透系統
seawater salinity	海水盐度	海水鹽度
seawater salinity gradient energy generation	海水盐差发电	海水鹽差發電
seawater scatterance meter	海水光散射仪	海水散射儀
seawater-sediment interface	海水–沉积物界面	海水–沉積物界面
seawater-sediment interface reaction	海水–沉积物界面作用	海水–沉積物界面作用
seawater self-purification	海水自净[作用]	海水自淨[作用]
seawater state equation	海水状态方程	海水狀態方程式
seawater-suspended particle interface reaction	海水–悬浮粒子界面作用	海水–懸浮顆粒界面作用
seawater temperature forecasting	海水温度预报	海溫預報
seawater trace material extraction sample	海水痕量物质萃取样本	海水痕量物質萃取樣本
seawater transmittance	海水透过率	海水透視度
seawater transmittance meter	海水透射率仪	海水透視度儀
seawater transparency	海水透明度	海水透明度
seawater treatment system	海水处理系统	海水處理系統
seawater turbidity meter	海水浊度仪	海水濁度儀
seawater type	海水类型	海水類型
sea wave(=ocean wave)	海浪	海浪
seaweed bed(=kelp bed)	海藻床	巨藻床,海藻床
seaweed corrosion	海藻腐蚀	海藻腐蝕
Secchi disk	海水透明度盘	賽西氏透明度板
secondary arc	次生弧	次生弧

英　文　名	大　陆　名	台　湾　名
secondary coast	次生[海]岸	次生海岸
secondary extinction	次生灭绝	次生滅絕
secondary member	次要构件	次要構件
secondary metabolite	次生代谢物, 二次代谢物	二次代謝物
secondary pollutant	二次污染物	二級汙染物, 次級汙染物
secondary production	次级生产量	次級生產量
secondary productivity	次级生产力	次級生產力
secondary sexual characteristics	第二性征, 副性征	第二性徵
secondary succession	次生演替	次生演替, 次級消長
secretohalophyte	泌盐盐生植物	泌鹽鹽生植物
sectional observation	断面观测	斷面觀測
secular variation	长期变化	長期變化
sediment	沉积物	沉積物
sedimentary organism	沉积生物	沉積生物
sedimentary wedge	沉积楔	沉積楔
sedimentation	沉积作用	沉積作用
sedimentation rate	沉积速率	沉積速率
sediment barrier	防沙堤, 拦沙堤	攔砂壩, 攔砂堤
sediment dynamics	沉积动力学	沉積動力學
sediment flux	沉积物通量	沉積[物]通量
sediment gravity flow	沉积重力流	沉積物重力流
sedimentology	沉积学	沉積學
sediment trap	沉积物捕获器	沉積捕集器, 沉積物搜集器
seedling release	种苗放流	種苗放流
seepage	渗出	滲出
seiche	假潮, 静振	盪漾
seiche disaster	假潮灾害	盪漾災害
seismic acquisition	震波收录	震波收錄
seismic basement	震测基盘	震測基盤
seismic data	地震资料	震測資料
seismic data processing	地震资料处理	震測資料處理
seismic detector	地震检波器	受波器
seismic energy source	震源能量	震波能源
seismic event	震波迹象	震波跡象
seismic exploration	地震探查	震波探勘

英　文　名	大　陆　名	台　湾　名
seismic facies	地震相	震測相
seismic imaging	震波成像	震波成像
seismic interpretation	地震解释	震測解釋
seismicity	地震活动性	地震活動性
seismic modeling	地震模型	震測模擬
seismic profile	地震剖面	震測剖面
seismic prospecting	地震勘探	震波探勘
seismic receiver	受波器	受波器
seismic recording system	地震记录系统	震測記錄系統
seismic reflection	地震波反射	震波反射
seismic reflection method	地震[波]反射法	反射震測法
seismic refraction	地震波折射	震波折射
seismic risk	地震危险性	地震危害度
seismic section(=seismic profile)	地震剖面	震測剖面
seismic sequence	地震层序, 地震序列	震測層序
seismic ship	地震船	震測船
seismic source	震源	震波源, 波源
seismic station array	地震接收组合	震測受波點陣列
seismic stratigraphy	地震地层学	震測地層學
seismic system	地震系统	震測系統
seismic tomography	地震层析成像	震波層析成像術
seismic trace	地震道	震測描線
seismic vessel	地震勘探船	震測船
seismic wave	地震波	震波
seismogram	地震图	地震圖, 震波記錄
seismograph	地震仪	地震儀
seismometer	地震计	地震儀
seismotectonic line	地震构造线	地震構造線
selective absorption	选择吸收	選擇吸收
selective corrosion	选择性腐蚀	選擇腐蝕
selective extraction	选择萃取	選擇萃取
selective permeability	选择透性	選擇透性
self-fertilization	自体受精	自體受精
selfish gene	自私基因	自私基因
self-luminescence	自发光	自發光
self-purification	自净作用	自淨作用
semi-diurnal current	半日潮流	半日潮流
semi-diurnal tide	[正规]半日潮	半日潮

英　文　名	大　陆　名	台　湾　名
semi-implicit method	半隐式法	半隱式法
semimicro-analysis	半微量分析	半微[量]分析
semipermeability	半透性	半通透性
semipermeable membrane	半透膜	半透膜
semi-submersible barge	半潜式工作船	半潛式工作船
semi-submersible drilling rig	半潜式钻井平台	半潛式鑽井平臺
semi-submersible drilling unit	半潜式钻井装置	半潛式鑽井設備
semi-submersible rig	半潜式钻井船	半潛式平臺
sensible heat	感热	感熱, 可感熱
β-sepiolite	β 海泡石	β 海泡石
sequence	层序	序列
sequence stratigraphy	层序地层学	層序地層學
sequential hermaphrodite(＝successive hermaphrodite)	连续雌雄同体, 循序雌雄同体	循序作用的雌雄同體
sere	演替系列	演替系列
serpentine	蛇纹石	蛇紋石
serpentinite	蛇纹岩	蛇紋岩
serpentinization	蛇纹岩化[作用]	蛇紋岩化作用
sessile epifaunal community	底上固着生物群落	底上固著生物群落
sessile organism	固着生物	固著生物
seta	刚毛	剛毛
settling rate	沉降速率	沉降速率
settling velocity	沉降速度	沉降速度, 沉澱速度
severe ice period	盛冰期	盛冰期
sewage	污水	汙水
sewage aeration	污水曝气	汙水曝氣
sewage analysis	污水分析	汙水分析
sewage chlorination	污水氯化作用	汙水氯化作用
sewage digestion	污水消化	汙水消化
sewage discharge	污水排放	汙水排放
sewage disposal process(＝sewage treatment process)	污水处理过程	汙水處理過程
sewage disposal system(＝sewage treatment system)	污水处理系统	汙水處理系統
sewage disposal works(＝sewage treatment plant)	污水处理厂	汙水處理廠
sewage drainage standard	污水排放标准	汙水排放標準
sewage filter	污水过滤器	汙水過濾器

英 文 名	大 陆 名	台 湾 名
sewage final settling basin	污水终沉池	汙水最終沉降池
sewage final settling tank	污水终沉槽	汙水最終沉降槽
sewage flow (=sewage stream)	污水流	汙水流道
sewage loading	污水负荷量	汙水負荷量
sewage outfall (=sewage discharge)	污水排放	汙水排放
sewage oxidation	污水氧化	汙水氧化
sewage particulate	污水颗粒	汙水顆粒
sewage pollution	污水污染	汙水汙染
sewage purifier	污水净化设备	汙水淨化設備
sewage rate	污水流量	汙水流量
sewage sludge	污水污泥	汙水汙泥, 下水汙泥
sewage sludge disposal	污水污泥处理	汙水汙泥處置
sewage sludge gas	污水污泥气体	汙水汙泥氣體
sewage stream	污水流	汙水流道
sewage system	污水系统	汙水系統
sewage tank	污水池	汙水池
sewage treatment plant	污水处理厂	汙水處理廠
sewage treatment process	污水处理过程	汙水處理過程
sewage treatment structure	污水处理构筑物	汙水處理構築物
sewage treatment system	污水处理系统	廢水處理系統
sewage works	污水工程	汙水工程
sewerage	污水排水设备	汙水排水設備
sewerage system	污水排水系统	汙水排水系統
sewer line	污水管线	汙水管道
sewer ordinance	污水条例	汙水條例
sewer pipe	污水管	汙水管
sex control technique	性别控制技术	性別控制技術
sex pheromone	性信息素	性費洛蒙
sex ratio	性比	性比
sex reversal	性逆转	性別轉換
sex role reversal	性角色逆转	性角色逆轉
sexual dimorphism	两性异形	雌雄雙型, 性別雙型
sexual selection	性选择	性擇
shallow sea sound channel	浅海声道	淺海聲道
shallow vein zone deposit	浅层热液矿床	淺層熱液礦床
shallow water acoustic propagation	浅海声传播	淺海聲波傳播
shallow water component	浅海分潮	淺海分潮
shallow water fauna	浅海动物	淺海動物

英 文 名	大 陆 名	台 湾 名
shallow water species	浅水种	淺水[物]種
shallow water wave	浅水波	淺水波
Shannon-Wiener index	香农-维纳指数	夏儂-威納指數
Shatsky Rise	沙茨基隆起	沙茨基隆起
shear flow	剪切流, 切变流	剪流
sheet bar	席状沙洲	席狀沙洲
sheet pile	板桩	板樁
shelf break	陆架坡折	棚裂, 陸架坡折
shelf ecosystem	陆架生态系统	陸棚生態系統
shelf edge	陆架外缘	棚緣, 陸架外緣
shelf facies	陆架相	陸棚相, 陸架相
shelf fauna	陆架动物	陸棚動物相
shelf water	陆棚水	陸棚水
shelf wave	[大]陆架波	大陸棚波
shellfish contagious virus	贝类传染病毒	貝類傳染病毒
shellfish toxin	贝[类]毒[素]	貝毒
shelter cave	岩洞	岩洞
sheltered waters	掩护水域	遮蔽水域
Shikoku Basin	四国海盆	四國海盆
shingle beach	砾滩	礫灘, 礫石海灘
shingle rampart	礁缘扁石堆	礁緣扁石堆
shipboard spectrophotometer	船用分光光度计	船用分光光度計
shipborne gravimeter	船载重力仪	船載重力儀
shipborne magnetic survey	船载磁法测量	船載磁力測量
ship bottom fouling	船底[生物]污着	船底[生物]汙著
ship-building berth	船台	造船臺
ship fouling	船体[生物]污着	船體[生物]汙著
ship habitability	船舶居住性	船舶居住性
ship model towing tank	拖曳船模试验池	船模拖曳水槽
ship observation	船舶观测	船舶觀測
ship of opportunity program (SOOP)	顺路观测船计划	自願觀測船計畫
ship wave	船行波	船波
ship wave observation	船舶海浪观测	船舶波浪觀測
shipyard	船厂	造船廠
shoal	浅滩	淺灘
shock wave	冲击波	衝擊波
shore	滨	[海]濱, 岸
shore barrier	滨外沙埂, 障碍海滩	海濱障島, 障島海灘

英　文　名	大　陆　名	台　湾　名
shore lead	岸边水道	沿岸水路
shoreline	海滨线	濱線
shore mining technology	海滨采矿技术	海濱採礦技術
shore protection engineering	护岸工程	海岸防護工程
shore reef(=fringing reef)	岸礁，裙礁	岸礁，裙礁
shore terrace	海滨阶地	海濱階地
shoreward mass transport	向岸质量运输	向岸質量運輸
shore zone	海滨区	海濱區
short-lived radionuclide	短半衰期核种	短半衰期核種
short-wave radiation	短波辐射	短波輻射
shuga	海绵状冰	海綿狀冰
sibling species	同胞种	同胞種
side lobe	旁瓣	旁瓣
side-looking airborne radar(SLAR)	机载侧视雷达	側視空載雷達
side-looking sonar(SLS)	侧视声呐，旁视声呐	側視聲納
side-scan sonar(SSS)	侧扫声呐，旁扫声呐	側掃聲納
side-slope protection work	护坡	護坡
sieve	筛选	篩選
sieve analysis	筛分析	篩分析
sigmoid growth curve	S 型生长曲线	S 型成長曲線
signal-to-noise ratio(S/N)	信噪比	訊噪比
silicate in seawater	海水中硅酸盐	海水矽酸鹽
siliceous chimney	硅质烟囱	矽質煙囱，矽質煙囱状 礦體
siliceous ooze	硅质软泥	矽質軟泥
siliceous sponge	硅质海绵	矽質海綿
silicification	硅化[作用]	矽化[作用]
silicified wood	硅化木	矽化木
silicilith	硅质岩	矽質生物岩
silicinate	硅胶结	矽膠結
silicoflagellate	硅鞭藻	矽鞭藻
sill	海槛	海檻
silled basin	闭塞盆地，局限盆地	閉塞盆地，局限盆地
silt	粉砂	粉砂
siltstone	粉砂岩	粉砂岩
Silurian Period	志留纪	志留紀
simple joint	简单结点	簡單接合
Simpson's index	辛普森指数	辛普森指數

英　文　名	大　陆　名	台　湾　名
simulated diving	模拟潜水	模擬潛水
simultaneous hermaphrodite	同时雌雄同体	同時雌雄同體
singing	鸣震	鳴盪
single anchor leg	单锚腿	單錨腿
single beam	单波束	單波束
single-point mooring(SPM)	单点系泊	單點繫泊
sinking coast(=coast of submergence)	下沉海岸, 海侵海岸	下沉海岸, 侵蝕海岸
sinking well	沉井	沉井
sink population	汇种群	匯族群
sink-source relationship	汇源关系	匯源關係
sit-on-bottom stability	坐底稳定性	坐底穩定性
size range	粒级	粒級
skid	橇装块	滑架, 滑動墊木
skid way(=slipway)	滑道	滑道
skin depth	皮层厚度	皮層深度
skin temperature	皮温	皮層溫度
skirt pile(=pile group)	群桩	群樁
skirt plate	裙板	裙板
skoto-plankton	深水浮游生物	嫌光浮游生物
slabbed core	岩芯切片	岩芯切片
slack water	憩流	憩流
slant range	斜距	斜距
SLAR(=side-looking airborne radar)	机载侧视雷达	側視空載雷達
slide	崩移	崩移
sliding block	滑动断块	滑動斷塊, 滑塊
slip flow	滑[移]流	滑流
slipway	滑道	滑道
slope current	坡度流	坡度流
slope fan	坡扇	坡扇
slope water	陆坡水	陸坡水
slope waters	陆坡水域	陸坡水域
sloping breakwater	斜坡式防波堤	斜坡式防波堤
slow spreading	慢速扩张	慢速擴張
SLS(=side-looking sonar)	侧视声呐, 旁视声呐	側視聲納
sludge	污泥	汙泥, 泥漿
sludge handling(=sludge treatment)	污泥处理	汙泥處理
sludge handling process	污泥处理过程	汙泥處理過程
sludge humus	污泥腐殖质	汙泥腐殖質

英 文 名	大 陆 名	台 湾 名
sludge oxidation	污泥氧化	汙泥氧化
sludge treatment	污泥处理	汙泥處理
sludge utilization	污泥利用	汙泥利用
slump deposit	滑塌沉积	崩移堆積, 滑陷堆積
slurry adsorption	浆式吸附	漿式吸附
small amplitude wave	小振幅波, 微幅波	小振幅波
SMMR(=scanning multichannal micro-wave radiometer)	扫描多频道微波辐射计	掃描多頻道微波輻射儀
SMOW(=standard mean ocean water)	标准平均大洋水	標準平均大洋水, 標準平均海水
S/N(=signal-to-noise ratio)	信噪比	訊噪比
SO(=southern oscillation)	南方涛动	南方振盪
social hierarchy	社会阶层, 社会等级	社會階層
sodium alginate	褐藻酸钠	海藻酸鈉
sodium-potassium pump	钠–钾泵	鈉鉀幫浦, 鈉鉀泵
SOFAR channel(=deep-sea sound chan-nel)	深海声道	深海聲道
soft detergent	软洗涤剂	軟洗滌劑
soft ooze(=ooze)	软泥	軟泥
soft water	软水	軟水
solar desalination	太阳能淡化	太陽能淡化
solar distillation process	太阳能蒸馏[淡化]法	太陽能蒸餾[淡化]法
solar diurnal tide	太阳全日潮	太陽全日潮
solar heat	太阳热	太陽熱
solarization	日晒法	太陽能蒸發法
solar tide	太阳潮	太陽潮
solid boundary condition	固体边界条件	固體邊界條件
solidification of the radioactive wastes	放射性废弃物固化	放射性廢棄物固化
solid waste	固体废物	固體廢物
solid waste pollution	固体废物污染	固體廢物汙染
solitary wave	孤立波	孤立波
Solomon Trench	所罗门海沟	所羅門海溝
solubility	溶解度	溶解度
solubility product	溶度积	溶解度積
solubility pump	溶解度泵	溶解度泵
solvation	溶剂化[作用]	溶劑化[作用]
solvent extraction process	溶剂萃取法	溶劑萃取法
Somalia Plate	索马里板块	索馬里板塊

英　文　名	大　陆　名	台　湾　名
Somali Current	索马里海流	索馬里海流
somatotropin(= growth hormone)	生长激素	生長激素
sonar	声呐	聲納
sonar navigation	声呐导航	聲納導航
sonobuoy	声呐浮标	聲納浮標
sonogram	声波图	聲波圖，聲波記錄
sonograph	声波记录仪	聲波記錄儀
sonoprobe	声波测深仪	聲波測深器
SOOP(= ship of opportunity program)	顺路观测船计划	自願觀測船計畫
SOR method(= succesive over-relaxation method)	连续过度松弛法	連續過度鬆弛法
sorption	吸附作用	吸附作用
sorting	分选作用	淘選作用，分選作用
sound absorption	声吸收，吸声	聲吸收
sound absorption characteristic	吸声特性	吸聲特性
sound absorption coefficient	声吸收系数，吸声系数	聲吸收係數
sound channel	声道	低速槽，聲道
sounding(= bathymetry)	水深测量，测深	測深法
sounding datum	测深基准面，深度基准面	測深基準面
sound navigation and ranging(= sonar)	声呐	聲納
sound ranging	声波测距	聲波測距
sound speed	声速	聲速
sound wave	声波	聲波
source population	源种群	源族群
South American Plate	南美洲板块	南美板塊
South Atlantic	南大西洋	南大西洋
South Atlantic Current	南大西洋海流	南大西洋海流
South Australia Basin	南澳洲海盆	南澳洲海盆
South China Sea	南海	南海
South China Sea Basin	南中国海海盆	南中國海海盆
South China Sea Coastal Current(= Nanhai Coastal Current)	南海沿岸流	南海沿岸流
South China Sea depression	南海低压	南海低壓
South China Sea Warm Current(= Nanhai Warm Current)	南海暖流	南海暖流
southeaster	东南风	東南風
southeast trade winds	东南信风	東南信風

英　文　名	大　陆　名	台　湾　名
South Equatorial	南赤道流	南赤道海流
South Equatorial Counter	南赤道逆流	南赤道反流
South Equatorial Current	南赤道洋流	南赤道洋流
southern hemisphere	南半球	南半球
Southern Ocean	南大洋，南极洋，南冰洋	南冰洋，南極洋，南濱洋
southern oscillation(SO)	南方涛动	南方振盪
south magnetic pole	南磁极，磁南极	磁南極
South Pacific Basin	南太平洋海盆	南太平洋海盆
South Pacific Islands	南太平洋群岛	南太平洋群島
South Pole	南极	南極
South Sandwich Island Arc	南三维治岛弧	南桑威奇島弧
South Sandwich Plate	南三维治板块	南桑威奇板塊
South Sandwich Trench	南三维治海沟	南桑威奇海溝
sovereignty in the territorial sea	领海主权	領海主權
spar [platform]	立柱浮筒式平台	立柱浮筒式平臺
spatial arrangement of marine resource exploitation	海洋资源开发布局	海洋資源開發佈局
spatial autocorrelation	空间自相关	空間自相關
spatial distribution	空间分布	空間分布
spatial resolution	空间分辨率	空間解析度
spawning ground	产卵场	產卵場
spawning migration	产卵洄游，生殖洄游	產卵洄游，生殖洄游
special marine protected area	海洋特别保护区	海洋特別保護區
speciation	物种形成	物種形成，成種作用
species-abundance curve	物种多度曲线，种-丰度曲线	物種多度曲線，物種豐度曲線
species-area hypothesis	种-面积假说	種-面積假說
species composition	物种组成，种类组成	種類組成
species diversity	物种多样性	物種多樣性
species evenness	物种均匀度	物種[均]匀度
species invasion	物种入侵	物種入侵
species redundancy	物种冗余	物種冗餘
species richness	物种丰度	物種豐[富]度
specific absorption	比吸收系数	吸收比度
specific activity	比活度	比活度
specific alkalinity	比碱度	比鹼度
specific capacity	比容量	比容量，電容率

英　文　名	大　陆　名	台　湾　名
specific conductance（＝conductivity）	电导率	電導率, 電導係數
specific epithet	种名形容词	種小名
specific heat	比热	比熱
specific humidity	比湿[度]	比濕度
specific ionization	比电离	比電離
specificity	特异性	專一性
specific viscosity	比黏度	比黏度
specific volume	比容	比容
specific volume anomaly	比容偏差	比容偏差, 比容異常
specific volume in situ	现场比容	現場比容
specific weight	比重	比重
speckle	光斑	斑駁
spectral irradiance	光谱辐照度	光譜輻照度
spectral resolution	光谱分辨率	光譜解析度
spectrometer	分光计	分光計, 光譜儀
spectrometry	光谱测定法	光譜測定法
spectrophotometer	分光光度计	分光光度計
spectrophotometric titration	分光光度滴定	分光光度滴定
spectrophotometry	分光光度[测定]法	分光光度測定法
spectroradiometer	光谱辐射计	光譜輻射儀
spectroscopy	光谱学	光譜學, 波譜學
specular reflection	镜面反射	鏡面反射
sperm	精子	精子
spermaceti organ	鲸蜡器	鯨蠟器
spermaceti wax（＝cetin）	鲸蜡	鯨蠟
spermatid	精细胞	精細胞
spermatocyte	精母细胞	精母細胞
spermatogonium	精原细胞	精原細胞
sperm competition	精子竞争	精子競爭
spermidine	亚精胺	亞精胺
sperm whale	抹香鲸	抹香鯨
SPH（＝sea perch heart cell line）	鲈鱼心脏细胞系	鱸魚心臟細胞系
spherical irradiance	球照度	球照度
sphericity	球度	球度
spheroidal bomb	球状火山弹	球狀火山彈
spicule	骨针	骨針
spiking	峰值形成	峰值形成
spilling breaker	崩碎波	溢出型碎波

英　文　名	大　陆　名	台　湾　名
spilling effect	溢出效应	溢出效應
spinner magnetometer	旋转磁力仪	旋轉磁力儀
spiracle	喷水孔	噴水孔
spit	沙嘴	沙嘴
spit beach	沙嘴滩	沙嘴灘
split method	分割法	分割法
SPM(=single-point mooring)	单点系泊	單點繫泊
spongin	海绵丝	海綿絲
spongosine	海绵核苷	海綿核苷
spongothymidine	海绵胸腺嘧啶	海綿胸腺嘧啶
spongouridine	海绵尿核苷	海綿尿核苷
spontaneous magnetization	自发磁化	自發磁化
spoon worm	匙虫	匙蟲
spore reproduction	芽孢生殖	芽孢生殖
sporophyll	孢子叶	孢子葉
sporophyte	孢子体	孢子體
spouting hot spring	热喷泉	熱噴泉
spreading	扩张	擴張
spreading axis	扩张轴	擴張軸
spreading center	扩张中心	擴張中心
spreading rate	扩张速率	擴張速率
spreading ridge	扩张脊	擴張脊
spreading rift	扩张裂谷	擴張裂谷
spring range	大潮差	大潮差
spring rise	大潮升	大潮升
spring tidal current	大潮潮流	大潮潮流
spring tide	大潮	大潮
spud for anti-slip	抗滑桩	抗滑錨柱
spud leg	桩腿	錨柱腿
squalene	[角]鲨烯	[角]鯊烯
SSS(=side-scan sonar)	侧扫声呐, 旁扫声呐	側掃聲納
SST(=sea surface temperature)	海面水温	海表溫, 海水表面溫度
stability	稳定性	穩定性
stability against overturning	抗倾稳定性	抗傾覆穩定性
stability against sliding	抗滑稳定性	抗滑動穩定性
stability condition	稳定条件	穩定條件
stability of remanent magnetization	残磁稳定性	殘磁穩定性
stabilizing selection	稳定[性]选择	穩定[型]天擇

英　文　名	大　陆　名	台　湾　名
stable age distribution	稳定年龄分布	穩定年齡分布
stable cycle	稳定周期	穩定週期
stable element	稳定元素	穩定元素
stable isotope	稳定同位素	穩定同位素
stable isotope in ocean	海洋中稳定同位素	海洋穩定同位素
stable isotope stratigraphy	稳定同位素地层学	穩定同位素地層學
stack	海柱	海柱
staggered grid	交错网格	交錯網格
stagnant basin	滞流盆地，停滞盆地	停滯盆地
stagnant event	滞流事件	滯流事件
stagnant water	停滞水	停滯水
stagnation	停滞	停滯
standard cell	标准电池	標準電池
standard condition	标准状态	標準狀態
standard deviation	标准差	標準差
standard for marine spatial data exchange	海洋空间数据交换标准	海洋空間數據交換標準
standard mean ocean water(SMOW)	标准平均大洋水	標準平均大洋水，標準平均海水
standard processing of marine data	海洋资料标准化处理	海洋資料標準化處理
standard seawater	标准海水	標準海水
standing crop	现存量	靜態生產量，現存量
standing stock	蕴藏量	蘊藏量
standing wave	驻波	駐波
stand of tide	停潮	停潮，滯潮
stapes	镫骨	鐙骨
starved basin	未补偿盆地	淺積盆地，飢餓盆地
static instability	静力不稳定	靜態不穩定
static stability	静力稳定	靜力穩定度
stationary population	稳定种群	靜止的族群
stationary state(=homeostasis)	稳态，恒定状态	穩態，恆定狀態
statistical wave forecast	海浪统计预报	統計波浪預報
statocyst	平衡器	平衡石囊
steady state(=homeostasis)	稳态，恒定状态	穩態，恆定狀態
Stefan law	斯特藩定律	史蒂芬法則
stelletin	星芒海绵素	星芒海綿素
stenobathic organism	狭深生物	狹深生物
stenohaline	狭盐性	狹鹽性[的]
stenohaline species	狭盐种	狹鹽種

英　文　名	大　陆　名	台　湾　名
stenotherm	狭温生物	狹溫性生物
stenothermal species	狭温种	狹溫種
stenotopic species	狭分布种	狹適應種類
stepping-stone hypothesis	陆桥地假说	島嶼跳板假說
steradian	立体角	立體角，球面度
stereographic projection	赤平投影，球面投影	平射投影
stereonet	赤平网格图	赤平網格圖
stern sea	顺浪	順浪
stern wave	船尾波	艉波
steroid	类固醇	類固醇
stichloroside	绿刺参苷	綠刺參苷
stiffened shell(=framed shell)	有骨材壳体	有構架殼體結構
still tide	平潮	平潮
stillwater	静水	靜水
stinking water	臭水	臭水
stock	①原种 ②岩株	①系群 ②岩株
stock assessment	资源评估	資源評估
stock enhancement	资源增殖	資源增殖
stock work sulfide	网状脉硫化物	網狀脈硫化物
Stokes drift	斯托克斯漂流	史托克漂送
Stokes matrix	斯托克斯矩阵	史托克矩陣
Stokes wave	斯托克斯波	史托克波
stone guano	鸟粪石	鳥糞石
Stoneley wave	斯通莱波	史東里波
stony iron-meteorite	铁石陨石	鐵石隕石
stony meteorite	石[质]陨石	石質隕石
storage yard	港口堆场	儲存場
storm center	风暴中心	暴風中心
storm deposit	风暴沉积[物]	風暴堆積
storm of Bay of Bengal	孟加拉湾风暴	孟加拉灣風暴
storm surge	风暴潮	暴潮
storm surge disaster	风暴潮灾害	風暴潮災害，暴潮災害
storm surge forecasting	风暴潮预报	風暴潮預報，暴潮預報
storm surge warning	风暴潮警报	風暴潮警報，暴潮預警
storm terrace	风暴台地	風暴臺地
straight baseline	直线基线	直線基線
strain	菌株	品系，菌株
strait	海峡	海峽

英 文 名	大 陆 名	台 湾 名
Strait of Gibraltar	直布罗陀海峡	直布羅陀海峡
Strait of Malacca	马六甲海峡	馬六甲海峡
stratification	分层	分層現象
stratified ocean	层化海洋	層化海洋
stratiform	层状	層狀
stratiform sulfide	层状硫化物	層狀硫化物
stratigraphic column	地层柱状图	地層柱狀圖
stratigraphic gap	地层滑距	地層滑距
stratigraphic marker	地层标志	地層標誌
stratosphere	平流层	平流層
stratotype	标准地层,层型	標準地層
streamer	拖缆	拖纜,水中受波器
stream function	流函数	流[線]函數
streamline	流线	流線
strength level earthquake analysis	地震强度分析	地震強度分析
stress	应力	緊迫
strip	狭长地带	狹長地帶
stromatolite	叠层石	疊層石
stromatolith	叠层面	疊層面,疊層混合岩
structural style	构造型式	構造型式
structural type	构造类型	構造類型
stygobiotic organism	暗层生物,喜暗生物	暗層生物
stylet	小针刺	口針,小針
subadult	亚成体,次成体	亞成體,次成體
subaerial denudation	陆相剥蚀	陸相剝蝕
subaerial deposition	陆上沉积	陸上堆積作用
subaerial erosion	陆上侵蚀	陸上侵蝕
subantarctic zone	亚南极区	亞南極海區
subaqueous delta	水下三角洲	水下三角洲
subbottom profile	海底剖面	海底剖面
subbottom profiler	海底地层剖面仪	底層剖面儀
subbottom profiling system	海底剖面探测系统	海底剖面探測系統
subbottom tunnel	海底隧道	海底隧道
subclass	亚纲	亞綱
subcold zone species	亚寒带种	亞寒帶種
subcolloidal suspension	次胶体悬浮物	次膠體懸浮物
subduction	俯冲,潜沉	隱沒,俯衝[作用]
subduction belt(=subduction zone)	俯冲带,消减带,隐没	隱沒帶,俯衝帶

英　文　名	大　陆　名	台　湾　名
	带	
subduction complex	俯冲复合体	隱沒複合體
subduction erosion	俯冲侵蚀，隐没侵蚀	隱沒侵蝕
subduction plate	俯冲板块，隐没板块	隱沒板塊，俯衝板塊
subduction zone	俯冲带，消减带，隐没带	隱沒帶，俯衝帶
subergorgin	柳珊瑚酸	柳珊瑚酸
sub-grid scale	次网格尺度	次網格尺度
sublimation	升华	升華
submarine abrasion	海底磨蚀	海底磨蝕
submarine bar	水下坝	水下壩
submarine cable	海底电缆	海底電纜
submarine canyon	海底峡谷	海底峽谷
submarine cementation	海底胶结作用	海底膠結作用
submarine defense identification zone	反潜识别区	反潛識別區
submarine deposit conductivity	海底沉积物电导率	海底沉積物電導率
submarine deposit permeability	海底沉积物磁导率	海底沉積物滲透率
submarine deposit resistivity	海底沉积物电阻率	海底沉積物電阻率
submarine effusion	海底流出	海底流出
submarine electric field	海底电场	海底電場
submarine erosion	海底侵蚀	海底侵蝕
submarine eruption	海底喷发	海底噴發
submarine fan	海底扇	海底扇
submarine furmarole	海底喷气孔	海底噴氣孔
submarine geomorphology(=sea-floor topography)	海底地貌	海底地形
submarine ground water discharge	地下水入海	地下水入海
submarine hot spring	海底热泉	海底熱泉
submarine hot spring vent	海底热泉喷孔	海底熱泉噴孔
submarine hydrothermal solution	海底热液	海底熱液
submarine hydrothermal sulfide	海底热液硫化物	海底熱液硫化物
submarine magnetic field	海底磁场	海底磁場
submarine mineral resources	海底矿产资源	海底礦產資源
submarine mining	海底采矿	海底採礦
submarine plateau(=sea plateau)	海底高原	海底平臺，海底高原
submarine platform	海底台地	海底臺地
submarine rescue	潜艇艇员水下救生	潛水艇救援
submarine resources	海底资源	海底資源

英　文　名	大　陆　名	台　湾　名
submarine ridge	海底山脊	海脊
submarine sand wave	海底沙波	海底沙波
submarine seismograph	海底地震仪	海底地震儀
submarine self potential	海底自然电位	海底自然電位
submarine slump	海底滑塌	海底崩移
submarine sulfur deposit(=submarine sulfur mine)	海底硫矿	海底硫礦
submarine sulfur mine	海底硫矿	海底硫礦
submarine sulfur mining	海底采硫	海底採硫
submarine swell	海底隆起	海底隆起, 海底拱起
submarine tectonics	海底构造学	海底板塊構造學
submarine terrace	海底阶地	海底階地
submarine valley	海［底］谷	海底谷
submarine view	海底观光	海底觀光
submarine volcanic chain	海底火山链	海底火山鏈
submarine volcano	海底火山	海底火山
submerged beach	沉没海滩	下沉海灘
submerged buoy	潜标	潛標
submerged coast(=coast of submergence)	下沉海岸, 海侵海岸	下沉海岸, 侵蝕海岸
submerged dike	潜堤	潛堤
submerged hot spring	水下热泉	水下熱泉
submerged pipeline	海底管道	海底管線
submerged valley	溺谷	溺谷
submersible	潜水器	潛水器
submersible drilling platform	坐底式钻井平台	坐底式鑽井平臺
submersible marine nephelometer	海下浊度计	海下濁度計
subphylum	亚门	亞門
subplate	次板块	次板塊
subpolar climate	副极地气候	副極地氣候
subpolar gyre	副极地环流	副極區渦旋
subpopulation	亚种群	亞族群
sub-satellite point	星下点	星下點
subsea beacon	水下信标	海下信標
subsea bedrock ore mining	海底基岩矿开采	海底岩盤礦床開採
subsea equipment	水下设备	海下作業設備
subsea oil-gas pipeline	海底输油气管道	海下輸油氣管線
subsea positioning system	水下定位系统	海下定位系統
subsided coast	沉降海岸	沉降海岸

英　文　名	大　陆　名	台　湾　名
subsiding basin	沉降盆地	沉降盆地
subsoil	底土	底土
subsolifluction	海底地滑	水下泥流，海底滑動
subspecies	亚种	亞種
substance global biogeochemical circulation	物质全球生物地球化学循环	物質全球生地化循環
sub-standard seawater	次标准海水	次標準海水，副標準海水
substrate	基质	基質，底質
subsurface geology	地下地质学	地下地質學
subtidal zone	潮下带	潮下帶
subtropical anticyclone(=subtropical high)	副热带高压	副熱帶高壓
subtropical convergence	副热带辐合	副熱帶輻合
subtropical convergence zone	副热带辐合带	間熱帶輻合帶
subtropical gyre	副热带环流	亞熱帶渦旋
subtropical high	副热带高压	副熱帶高壓
subtropical mode water	副热带模态水	副熱帶模態水
subtropical species	亚热带种	亞熱帶種
succesive over-relaxation method(SOR method)	连续过度松弛法	連續過度鬆弛法
succession	演替	演替，消長
successive hermaphrodite	连续雌雄同体，循序雌雄同体	循序作用的雌雄同體
suction anchor	吸力锚	吸力式錨
suctioning	吸吮式	吸吮式
Suess effect	苏斯效应	休斯效應
Sulawesi Basin	苏拉威西海盆	蘇拉威西海盆
sulcus	沟	縱溝
sulfate reducing bacteria corrosion	硫酸盐还原菌腐蚀	硫酸鹽還原菌腐蝕
sulfide deposit	硫化物堆积体	硫化堆積物
sulfobacteria(=sulfur bacteria)	硫细菌	硫細菌
sulfur bacteria	硫细菌	硫細菌
sulfur circulation	硫循环	硫循環
sulfur cycle(=sulfur circulation)	硫循环	硫循環
sulphide community(=hydrothermal vent community)	海底热液生物群落	海底熱泉生物群落
Sulu Basin	苏禄海盆	蘇祿海盆

英 文 名	大 陆 名	台 湾 名
Sumatra-Java Island Arc	苏门答腊–爪哇岛弧	蘇門答臘–爪哇島弧
summer egg	夏卵，单性卵	夏卵
summer monsoon	夏季风	夏季風
Sunda Trench	巽他海沟	巽他海溝
sun glitter	太阳反辉	太陽反輝
sun-synchronous orbit	太阳同步轨道	太陽同步軌道
super-adiabatic lapse rate	超绝热直减率，超绝热递减率	超絕熱遞減率
superclass	总纲	超綱
super continent	超大陆	超大陸
supercooling	过冷，冷却过度	過冷，冷卻過度
super-male fish	超雄鱼	超雄魚
superplume	超级地幔柱	超級地函柱，超級地幔柱
superposition	叠加	疊置，重疊
superposition principle	叠加原理	疊置原理
super-saturated air	过饱和空气	過飽和空氣
supersaturation	过饱和	過飽和
supersaturation safety coefficient	过饱和安全系数	過飽和安全係數
superstratum	上覆层	上覆層，覆蓋層
supervised classification	监督分类	監督式分類
supporting structure	支承结构	支承架構
suprafan	上叠扇	上疊扇，疊覆扇
supralittoral fringe	上滨缘	上濱緣
supralittoral zone	潮上带	上潮帶，潮上帶
supratidal zone(=supralittoral zone)	潮上带	上潮帶，潮上帶
surface absorption	表面吸附	表面吸附
surface active agent(=surfactant)	表面活性剂	表面活性劑，表面活化劑
surface amphoteric ionization	表面双性解离	表面雙性解離
surface boundary condition	表面边界条件	表面邊界條件
surface circulation	海面环流	表面環流
surface complex	表面络合物	表面錯合物，表面絡合物
surface current	表层[洋]流	表層洋流
surface dipping	水面涉猎	水面獵食
surface film	表面膜	表面膜
surface free energy	表面自由能	表面自由能

英　文　名	大　陆　名	台　湾　名
surface ion exchange	表面离子交换	表面離子交換
surface layer	表层	表層
surface mixed layer	表面混合层	表面混合層
surface potential	表面电位	表面電位
surface roughness	表面粗糙度	表面粗糙度
surface scattering	海面声散射	海面散射
surface stress	表面应力	表面應力
surface tension	表面张力	表面張力
surface wave	表面波	表面波
surfactant	表面活性剂	表面活性劑, 表面活化劑
surfing	冲浪	衝浪
surf zone	碎波带	碎波帶
surge	纵荡	湧浪
surging breaker	激碎波	洶湧型碎波
surugatoxin	骏河毒素	駿河毒素
survival rate	存活率	活存率, 存活率
survivorship curve	存活曲线, 生存曲线	存活曲線
suspended iron mineral	悬浮铁矿物	懸浮鐵礦物
suspended load	悬移质	懸移質
suspended matter(=suspended solid)	悬浮体, 悬浮物	懸浮固體, 懸浮物質
suspended mud	悬浮细泥	懸浮細泥
suspended particle	悬浮颗粒	懸浮顆粒
suspended solid	悬浮体, 悬浮物	懸浮固體, 懸浮物質
suspension	悬浮	懸浮
suspension feeder	悬浮物摄食者	懸浮物攝食者
suspension transport	悬浮物搬运	懸浮物搬運
sustainable management	可持续管理	可持續管理
sustainable use	可持续利用	永續利用
sustainable utilization of marine resources	海洋资源持续利用	海洋資源永續使用
Sverdrup relation	斯韦德鲁普关系	史佛卓關係
swale	滩槽	灘槽, 潮溝
Swallow float	斯瓦罗浮子	史瓦羅浮子
swamp	沼泽	沼澤
swarm	群集	群集
swash(=uprush)	爬升波, 上冲波	上衝波
swash height(=run-up)	波浪爬高	溯上, 沖刷高度
swath	刈幅	刈幅

英　文　名	大　陆　名	台　湾　名
sway	横荡	横蕩
swell	涌浪	湧浪
swirl	漩涡	漩渦, 渦流
sycon	双沟型	雙溝
symbiont	共生生物	共生生物
symbiosis	共生	共生[現象]
sympatric speciation	同域物种形成, 同域成种	同域種化
sympatric species	同域[共存]种	同域[共存]種
sympatry	同域分布	同域分布
synchronous deposit	同期沉积	同期堆積
synecology	群落生态学	群體生態學
synonym	同物异名	同物異名
synrift	同生裂谷	同生裂谷
synthetic aperture radar(SAR)	合成孔径雷达	合成孔徑雷達
synthetic aperture sonar(SAS)	合成孔径声呐	合成孔徑聲納
synthetic fault	同向断层	順傾斷層
synthetic organics	合成有机物	合成有機物
synthetic rubber	合成橡胶	合成橡膠
synthetic seismogram	合成地震图, 合成地震记录	合成震波圖
systematical error	系统误差	系統誤差
systematics	系统分类学	系統分類學
system tract	体系域	體系域
syzygial tide	朔望潮	朔望潮
syzygy	朔望	朔望

T

英　文　名	大　陆　名	台　湾　名
table reef	平顶礁	臺礁, 桌狀礁, 平頂礁
table volcano	平顶火山	桌狀火山, 平頂火山
tadpole larva	蝌蚪幼体	蝌蚪幼體, 蝌蚪幼蟲
tagging recapture method	标记重捕法	標示再捕法
Taiwan Strait	台湾海峡	臺灣海峽
Taiwan Warm Current	台湾暖流	臺灣暖流
tangential stress	切应力	切線應力

英　文　名	大　陆　名	台　湾　名
tar ball	焦油球，沥青球	焦油球，瀝青球
Tasman Basin	塔斯曼海盆	塔斯曼海盆
Tasmanian Passage	塔斯马尼亚海道	塔斯馬尼亞海道
Tasmonion Seaway(=Tasmanian Passage)	塔斯马尼亚海道	塔斯馬尼亞海道
taurine	牛磺酸	牛磺酸
taxis	趋性	趨性
taxonomy	分类学	分類學
TCF(=temperature correction factor)	温度校正系数	溫度校正因子
TDS(=total dissolved solid)	溶解固体总量	溶解固體總量
technique of marine information service	海洋信息服务技术	海洋訊號服務技術
technology of marine mineral resources exploitation	海洋矿产资源开发技术	海洋礦產資源開發技術
technology of ocean energy exploitation	海洋能开发技术	海洋能源開發技術
technology of seawater resources exploitation	海水资源开发技术	海水資源開發技術
tectonic block	构造断块	構造斷塊
tectonic coast	构造海岸	構造海岸
tectonic cycle	构造旋回	大地構造循環
tectonic denudation	构造剥蚀[作用]	構造剝蝕作用
tectonic force	构造作用力	大地構造作用力
tectonics	构造学	大地構造運動學
tectonic subsidence	构造沉降	構造沉降
tectonic uplift	构造隆升	構造隆升
tectonic upwarping	区域构造向上挠曲	區域構造向上撓曲
tectonostratigraphic terrane	地体，构造地层地体	構造地層區
tectorium	疏松层	疏鬆層
teleconnection	遥相关	遙聯繫
telescopic joint	伸缩接头	伸縮接頭
telomerase	端粒酶	端粒酶
telomere	端粒	端粒
telophase	末期	末期
temperate species	温带种	溫帶種
temperate zooplankton	温带浮游动物	溫帶浮游動物
temperature	温度	溫度
temperature anomaly	温度异常，温度距平	溫度異常，溫度距平
temperature-chlorinity-depth recorder	温氯深记录仪	溫氯深記錄儀
temperature coefficient	温度系数	溫度係數

英　文　名	大　陆　名	台　湾　名
temperature correction factor（TCF）	温度校正系数	溫度校正因子
temperature gradient	温度梯度	溫度梯度
temperature *in situ*	现场温度	現場溫度
temperature-salinity diagram（T-S diagram）	温–盐图解，T-S 关系图	溫鹽圖，T-S 圖
tempestite	风暴岩	風暴堆積
template	模板	模版
template strand	模板链	模版股
temporal distribution of chemical elements in ocean	海洋中化学元素时间分布	海洋化學元素時間分布
temporal-spatial structure	时空结构	時空結構
tension leg platform（TLP）	张力腿平台	張力腳平臺
TEP（＝trace element pattern）	痕量元素类型	痕量元素類型
teredo	船蛆	蛀船蟲
termination codon	终止密码子	終止密碼子
terminator	终止子	終止子
terpene	萜烯	萜烯類
terpenoid	类萜	萜類
terrace	阶地	階地，臺地
terrigenous humus	陆源腐殖质	陸源腐殖質
terrigenous material	陆源物质	陸源物質
terrigenous organic matter	陆源有机物	陸源有機物
terrigenous organic substance（＝terrigenous organic matter）	陆源有机物	陸源有機物
terrigenous pollutant	陆源污染物	陸源汙染物
terrigenous sediment	陆源沉积［物］	陸源沉積物
territoriality	领域性	領域性
territorial sea	领海	領海
territory	领域	領域
tertiary consumer	三级消费者	三級消費者
Tertiary Period	第三纪	第三紀
tertiary structure	三级结构	三級結構
test of marine organism toxicity	海洋生物毒性试验	海洋生物毒性試驗
testosterone	睾酮	睪固酮，雄性荷爾蒙
tether cable	栓缆	栓纜
Tethys	特提斯海，古地中海	特提斯海，古地中海
Tethys Seaway	古地中海海道	古地中海海道，特提斯海道

英　文　名	大　陆　名	台　湾　名
tetracoral(=four-part coral)	四射珊瑚	四射珊瑚
tetrad	四分体	四分體
tetraploid	四倍体	四倍體
tetraploid breeding technique	四倍体育种技术	四倍體育種技術
tetrapod	四足动物	四足動物
thalamus	丘脑	視丘
thallophyte	原植体植物, 藻菌植物	菌藻植物
thallus	叶状体	葉狀體
thematic mapper(TM)	专题测图仪	主題繪圖儀
thermal anomaly	热异常	熱異常
thermal brine	热盐水	熱鹵水, 熱鹽水
thermal capacity	热容量	熱容量
thermal conductivity	导热系数, 热导率	導熱係數
thermal convection	热对流	熱對流
thermal couple	温差电偶	溫差電偶
thermal decomposition	热分解	熱分解
thermal diffusion	热扩散	熱擴散
thermal expansion	热膨胀	熱膨脹
thermal inertia	热惯性	熱慣性
thermal infrared(TIR)	热红外	熱紅外
thermal inversion	逆温现象	逆溫現象
thermal origin methane	热解成因甲烷	熱成因甲烷
thermal plume	热羽[状]体	熱羽[狀]體
thermal pollution	热污染	熱汙染
thermal radiation	热辐射	熱輻射
thermal unit	热量单位	熱量單位
thermal water pollution	热排水污染	熱排水汙染
thermal wind	热成风	熱力風
thermal wind equation	热成风方程	熱力風方程
thermisopleth(=isallotherm)	等变温线	等變溫線
thermistor chain	温度链	溫度串
thermocatalysis	热催化作用	熱催化作用
thermocline	温跃层	斜溫層, 溫躍層, 溫度躍層
thermocline thickness chart	温跃层厚度图	斜溫層厚度圖, 溫躍層厚度圖
thermodynamics	热力学	熱力學
thermogalvanic corrosion	热电偶腐蚀	熱電偶腐蝕

英　文　名	大　陆　名	台　湾　名
thermogenesis	热成[作用]	熱成[作用]
thermogenic gas	热成因气	熱成因氣
thermogenic methane(=thermal origin methane）	热解成因甲烷	熱成因甲烷
thermohaline circulation	热盐环流	溫鹽環流
thermohaline convection	热盐对流	溫鹽對流
thermohaline current	热盐流	溫鹽流
thermohaline curve	温盐曲线	溫鹽曲線
thermomagnetism	热磁性	熱磁性
thermometric titration	热滴定法	溫度滴定法
thermonuclear fusion	热核聚变	熱核聚變
thermonuclear reaction	热核反应	熱核反應
thermophilic bacteria	嗜热细菌	嗜熱細菌
thermophilic digestion	高温消化	高溫消化
thermophilic fermentation	高温发酵	高溫發酵
thermophilic organism	适温生物	嗜溫生物
thermoregulation	体温调节	體溫調節
thermosalinograph	温度盐度计	溫度鹽度計
thermosteric anomaly	热比容偏差	熱比容偏差
thermotaxis	趋温性	趨溫性
thigmotaxis	趋触性	趨觸性
thin-film composite(=composite mem- brane）	复合膜	複合膜
tholeiite	拉斑玄武岩	矽質玄武岩
threatened species	受胁物种	受脅[物]種
threshold	阈值	閾值, 低限
thylakoid	类囊体	類囊體
thymidine	胸苷	胸腺嘧啶核苷
tidal age	潮龄	潮齡
tidal analysis(=harmonic analysis of tide)	潮汐调和分析	潮汐調和分析
tidal bore	涌潮	湧潮
tidal channel	潮汐通道	潮汐航道
tidal component	分潮	分潮
tidal constituent(=tidal component)	分潮	分潮
tidal correction	潮汐改正	潮汐修正
tidal creek	潮沟	潮溝
tidal current	潮流	潮流
tidal current energy	潮流能	潮流能量

英　文　名	大　陆　名	台　湾　名
tidal current generation	潮流发电	潮差發電
tidal current rose	潮流玫瑰图	潮流玫瑰圖
tidal cycle	潮汐周期	潮汐週期
tidal datum	潮汐基准面	潮汐基準面
tidal delta	潮汐三角洲	潮汐三角洲
tidal effect	潮汐效应	潮汐效應
tidal ellipse	潮流椭圆	潮流橢圓
tidal energy	潮汐能	潮汐能
tidal flat	潮滩，潮坪	潮灘
tidal flat culture	滩涂养殖	潮間帶養殖，灘地養殖
tidal flat sediment	潮坪沉积［物］，潮滩沉积	潮坪沉積
tidal harmonic constant（＝harmonic constant of tide）	潮汐调和常数	潮汐調和常數
tidal inlet	潮汐汊道	入潮口
tidalite	潮积物	潮積物，潮積岩
tidal land	潮间地	潮間地，沿岸帶
tidal limit	潮区界	汐止
tidal marsh	潮沼	潮沼
tidal mixing	潮混合	潮混合
tidal nonharmonic constant（＝nonharmonic constant of tide）	潮汐非调和常数	潮汐非調和常數
tidal outlet	出潮口	出潮口
tidal pool	潮池	潮池
tidal power station	潮汐电站	潮汐發電站
tidal prism	潮棱体	潮稜
tidal range	潮差	潮差
tidal resonance	潮共振	潮共振
tidal sand ridge	潮汐沙脊	潮汐沙脊
tidal sand wave	潮汐沙波	潮汐沙波
tidal scour	潮流挖蚀	潮流挖蝕
tidal wave	潮波	潮波
tidal zone	潮汐带	潮汐帶
tide	潮汐	潮汐
tide-dominated delta	潮控三角洲	潮汐主宰的三角洲
tide gauge	验潮仪	驗潮儀
tide gauge well	验潮井	驗潮井
tide-generating force	引潮力	引潮力，起潮力

英　文　名	大　陆　名	台　湾　名
tide-induced residual current	潮[致]余流	潮汐餘流
tide level	潮位	潮位
tide potential	引潮[力]势	引潮勢, 起潮勢
tide-producing force(=tide-generating force)	引潮力	引潮力, 起潮力
tide rise	潮升	潮升
tide sluice	挡潮闸	擋潮閘
tide staff	水尺	水尺
tide table	潮汐表	潮汐表
tidology	潮汐学	潮汐學
time constant	时间常数	時間常數
time lag	时滞	時間延遲
time series	时间序列	時間序列
TIR(=thermal infrared)	热红外	熱紅外
tissue culture	组织培养	組織培養
titrant	滴定剂	滴定劑
titratable base	可滴定碱	可滴定鹼
titration alkalinity	滴定碱度	滴定鹼度
titration(=titrimetry)	滴定[分析]法	滴定[分析]法
titrimetry	滴定[分析]法	滴定[分析]法
T joint	T型结点	T型接合
TLP(=tension leg platform)	张力腿平台	張力腳平臺
TM(=thematic mapper)	专题测图仪	主題繪圖儀
TOC(=total organic carbon)	总有机碳量	總有機碳量, 總有機碳
tombolo	连岛坝	陸連島, 連島壩
tomography	层析成像	斷層掃描
Tonga-Kermadec Island Arc	汤加–克马德克岛弧	東加－克馬得島弧
Tonga Trench	汤加海沟	東加海溝
tonguelike distribution	舌状分布	舌狀分布
tool mark	压刻痕, 刻蚀痕	刻蝕痕
top-down control	下行控制	下行控制
top-down effect	下行效应	下行效應
TOPEX(=topography experiment)	地形观测实验	地形觀測實驗
toplap	顶超	頂超
topographic Rossby wave	地形罗斯贝波	地形羅士培波
topography	地形	地形
topography experiment(TOPEX)	地形观测实验	地形觀測實驗
topset	顶积层	頂層

英　文　名	大　陆　名	台　湾　名
total absorptance	总吸收率	總吸收率
total absorption	总吸收	總吸收
total alkalinity	总碱度	總鹼度
total amount control of pollutant	污染物总量控制	汙染物總量管制
total dissolved solid(TDS)	溶解固体总量	溶解固體總量
total hardness	总硬度	總硬度
total iron	总铁量	總鐵量,全鐵
total light flux	总光通量	總光通量
total nitrogen	总氮	總氮量
total nitrogen in seawater	海水中总氮	海水總氮
total organic carbon(TOC)	总有机碳量	總有機碳量,總有機碳
total organic matter	总有机物	總有機物量
total organic nitrogen	总有机氮	總有機氮量
total phosphorus	总磷	總磷量,總有機磷量
total phosphorus in seawater	海水中总磷	海水總磷
total radiation	总辐射	總輻射
total rediation power	总辐射功率	總輻射功率
total scattering coefficient	总散射系数	總散射係數
tow	拖航	拖航
towed array sonar	拖曳阵列声呐	拖曳陣列聲納
towed CTD	拖曳式温盐深测量仪	拖曳式鹽溫深儀
towing	拖曳	拖曳
towing analysis	拖航分析	拖航分析
towing state	拖航状态	拖航狀態
toxicology	毒理学	毒物學
toxic red tide	有毒赤潮	有毒赤潮
toxin	毒素	毒素
T-phase	T震相	T震相
trace analysis	痕量分析	痕量分析
trace component	痕量成分	痕量成分
trace constituent(=trace component)	痕量成分	痕量成分
trace contaminant	痕量污染物	痕量汙染物
trace contamination	痕量污染	痕量汙染
trace element	痕量元素,微量元素	痕量元素,微量元素
trace element in seawater	海水中痕量元素	海水微量元素
trace element pattern(TEP)	痕量元素类型	痕量元素類型
trace fossil	遗迹化石	生痕化石,痕跡化石
trace metal enrichment	痕量金属富集	痕量金屬富集

英 文 名	大 陆 名	台 湾 名
trace metal in seawater	海水中痕量金属	海水中的痕量金屬
trace metal pollution	痕量金属污染	痕量金屬汙染
tracer	示踪物	示蹤物, 示蹤劑
tracer isotope	示踪同位素	示蹤同位素
tracer study	示踪研究	示蹤研究
trachyte	粗面岩	粗面岩
trade-wind belt	信风带	信風帶
trade wind current	信风海流	信風流
trade winds	信风	信風
trade-wind zone(=trade-wind belt)	信风带	信風帶
traditional marine industry	传统海洋产业	傳統海洋產業
traffic separation scheme(TSS)	分道通航制	分道航行設計
training mole(=jetty)	导[流]堤	突堤, 導流堤
trajectory	轨迹	軌跡
Trans-Antarctic Mountains	横贯南极山脉, 南极横断山脉	橫貫南極山脉, 南極橫斷山脉
transducer	换能器	轉換器
transect	横截, 截点	穿越線
transfer constant	转移常数	轉移常數
transfer function	转换函数	轉移函數
transformation of pollutant	污染物转化	汙染物轉換
transform boundary	转换边界	轉換邊界
transform fault	转换断层	轉形斷層
transform plate boundary	转换板块边缘	轉形板塊邊界
transgenic crop with salt-resistance	抗盐转基因作物	抗鹽基改作物
transgenic fish	转基因鱼	基因轉殖魚
transgenic organism	转基因生物	基因轉殖生物
transgression	海侵, 海进	海侵, 海進
transient tracer	过渡性示踪剂	過渡性示蹤劑
transitional crust	过渡型地壳	過渡型地殼
transition condition	过渡状态	過渡狀態, 瞬態
transition temperature	转变温度	轉變溫度
translational energy	平动能	平動能, 平移位能
translucence	半透明[性]	半透明[性], 半透明度
transmissibility	可传性	可傳性
transmission	穿透	穿透
transmittance	透光度	透光度
transparency	透明度	透明度

英　文　名	大　陆　名	台　湾　名
transpiration	蒸腾	蒸騰
transport and fate of marine pollutant	海洋污染物的迁移转化	海洋汙染物的遷移轉化
transportation analysis	运输分析	運輸分析
transpression	压扭作用，转换挤压作用	轉換擠壓作用
transverse coast(=latitudinal coast)	横向海岸	橫向海岸
trapped wave	俘能波，陷波	俘能波
treated water	净化水	淨化水，已處理的水
tremor	微震	微震
trench	海沟	海溝
trench-arc-basin system	沟弧盆系	溝弧盆系
trenching	槽探	槽探，開溝，挖溝
trestle	栈桥	棧橋
triacetonamine	三丙酮胺	三丙酮胺
triacylglycerol	三酰甘油	三酸甘油酯，三醯甘油
trilobite	三叶虫	三葉蟲
trilobite larva	三叶幼体	三葉蟲幼體
triple junction	三联点	三聯接合點
triploid	三倍体	三倍體
triploid breeding technique	三倍体育种技术	三倍體育種技術
tripolite	板状硅藻土	板狀矽藻土
trochoidal wave	余摆线波	餘擺線波
trochophore	担轮幼虫	擔輪幼蟲
trochophore larva	担轮幼体	擔輪幼體，擔輪子幼蟲
trophic level	营养级	營養階層，食性階層
trophic structure	营养结构	營養結構
tropical air mass	热带气团	熱帶氣團
tropical cyclone	热带气旋	熱帶氣旋
tropical cyclone warning	热带气旋警报	熱帶氣旋警報
tropical depression	热带低压	熱帶低壓
tropical disturbance	热带扰动	熱帶擾動
tropical marine air mass	热带海洋气团	熱帶海洋氣團
tropical species	热带种	熱帶種
tropical storm	热带风暴	熱帶風暴
tropical storm warning	热带风暴警报	熱帶風暴警報
tropical submergence	热带沉降	熱帶沉降
tropical waters	热带水域	熱帶水域
tropical zooplankton	热带浮游动物	熱帶浮游動物

英　文　名	大　陆　名	台　湾　名
trough	海槽	海槽
trough of low pressure	低压槽	低壓槽
true color	真彩色	真彩色
true parasite	真正寄生物	真正寄生生物
truncation	削截	截切, 削截
truncation error	截断误差	截尾誤差
T-S correlation curve	温盐相关曲线	溫鹽相關曲線
T-S diagram(=temperature-salinity diagram)	温–盐图解, T-S 关系图	溫鹽圖, T-S 圖
T-S relation	温盐关系	溫鹽關係
TSS(=traffic separation scheme)	分道通航制	分道航行設計
tsunami	海啸	海嘯
tsunami disaster	海啸灾害	海嘯災害
Tsushima Channel	对马海峡	對馬海峽
tubicolous animal	管栖动物	管棲動物
tubular joint	管结点	管接合
tug	拖船	拖船
tundra anticyclone	冰原反气旋	冰原反氣旋
tundra soil	冰沼土	凍原土
tunicate	被囊动物	被囊動物
turbidimeter	浊度计	濁度計
turbidite fan	浊积扇	濁流扇
turbidite sequence	浊积岩层序	濁流岩層序, 濁積岩層序
turbidity	浊度	濁度, 混濁度
turbidity current	浊流	濁流
turbidity maximum [zone]	河口最大浑浊带, 河口最大浊度带	河口最大渾濁帶, 河口最大濁度帶
turbidity meter	浊度表	濁度表
turbid water	浑水	渾水, 濁水
turbulence	湍流	擾動, 紊流
turbulence diffusion	涡流扩散	渦流擴散
turbulent flow(=turbulence)	湍流	擾動, 紊流
turbulent flux	湍流通量, 涡动通量	紊流通量, 亂流通量
turgor pressure	膨压	膨壓
turn of tidal current	转流	潮流顛轉
turnover	周转	周轉, 替代
turnover rate	周转率	周轉速度, 周轉率

英　文　名	大　陆　名	台　湾　名
turnover time	周转时间	周轉時間
two-flow equation	二流方程	二相流方程式
tychoplankton	偶然浮游生物	暫時性浮游生物
tympanic canal	鼓室道	鼓室道
tympanic membrane	鼓膜	鼓膜
typhoon	台风	颱風
typhoon disaster	台风灾害	颱風災害
typhoon eye	台风眼	颱風眼
typhoon surge emergency warning	台风风暴潮紧急警报	颱風暴潮緊急警報
typhoon surge forecasting	台风风暴潮预报	颱風暴潮預報
typhoon surge warning	台风风暴潮警报	颱風暴潮警報
typhoon warning	台风警报	颱風警報
T-Z curve	T-Z 曲线	T-Z 曲線

U

英　文　名	大　陆　名	台　湾　名
ubiquitin	泛素，泛蛋白	泛蛋白
ultimate productivity	终级生产力	終級生產力
ultra-abyssal fauna(= hadal fauna)	超深渊动物	超深淵動物區系，超深淵動物相
ultra-abyssal zone(= hadal zone)	超深渊带	超深淵帶
ultrafiltration membrane culture method	超滤膜萌发法	超薄膜培養法
ultrahaline water	超盐水，高盐水	超鹽水，高鹽水
ultramicro-analysis	超微量分析	超微[量]分析
ultraplankton(= picoplankton)	超微型浮游生物	超微浮游生物
ultrapure water	超纯水	超純水
ultrasonic technique(UT)	超声波探伤	超音波探傷檢測
ultraviolet radiation	紫外线辐射	紫外線輻射
ultraviolet ray	紫外线	紫外線
ultraviolet spectroscopy	紫外线光谱法	紫外線光譜法
unconformity	不整合	不整合
uncontaminated stream	未污染河流	未沾汙的河流
uncontaminated water	未污染水	未沾汙水
undefined coefficient method(= method of undetermined coefficient)	待定系数法	未定係數法
undercurrent	潜流	潛流

英　文　名	大　陆　名	台　湾　名
undercutting	崖底侵蚀	崖底侵蝕
underflow conduit	潜流水道	潛流水道
underplating	板垫作用	板底作用
undersea barite mine	海底重晶石矿	海底重晶石礦
undersea cataract	海底急流	海底急流
undersea coal field	海底煤田	海底煤田
undersea coal mine	海底煤矿	海底煤礦
undersea electric cable(=submarine cable)	海底电缆	海底電纜
undersea iron deposit(=undersea iron mine)	海底铁矿	海底鐵礦
undersea iron mine	海底铁矿	海底鐵礦
undersea leveling	海底平整	海底調平, 海底整平
undersea light cable	海底光缆	海底光纜
undersea manganese nodule belt	海底锰结核带	海底錳核帶
undersea military base	海底军事基地	海底軍事基地
undersea pipeline(=submerged pipeline)	海底管道	海底管線
undersea potassium salt deposit(=undersea potassium salt mine)	海底钾盐矿	海底鉀鹽礦
undersea potassium salt mine	海底钾盐矿	海底鉀鹽礦
undersea rock salt and potassium salt mining	海底岩盐和钾盐矿开采	海底岩鹽和鉀鹽礦開採
undersea rock salt deposit(=undersea rock salt mine)	海底岩盐矿	海底岩鹽礦
undersea rock salt mine	海底岩盐矿	海底岩鹽礦
undersea technology	海洋水下技术	水下技術
undersea tin mine	海底锡矿	海底錫礦
underthrust	俯冲断层	俯衝斷層
underthrusting(=subduction)	俯冲, 潜沉	隱沒, 俯衝[作用]
undertow	回流	回流, 底流
underwater acoustic communication	水下声学通信	水下聲學通訊
underwater acoustic positioning	水下声学定位	水下聲學定位
underwater audition	水下听觉	水下聽覺
underwater blasting	水下爆破	水下爆破
underwater camera	水下照相机	水下照相機
underwater communication	水下通信	水下通訊
underwater current(=undercurrent)	潜流	潛流
underwater dune	水下沙丘	水下沙丘

英　文　名	大　陆　名	台　湾　名
underwater exploration	水下勘探	水下探勘
underwater medicine	水下医学	水下医学
underwater robot	水下机器人	水下機器人
underwater sound projector	水声发射器	水下發音器
underwater sound transducer	水声换能器	水下聲波轉能器
underwater sound velocimeter	水下声速仪	水下聲速儀
underwater spring	海底泉	海底泉
underwater TV	水下电视机	水下電視機
underwater welding	水下焊接	水下焊接
unframed shell	无骨材壳体	無構架殼體結構
uniform distribution	均匀分布	均匀分布
uniformitarianism	均变论	均變論, 天律不變說
unimolecular film	单分子膜	單分子膜
United Nations Convention on the Law of the Sea	联合国海洋法公约	聯合國海洋法公約
Universal Transverse Mercator(UTM)	通用横轴墨卡托投影	國際橫麥卡脫
unmanned submersible	无人潜水器	無人潛水器
unstable exploding	不稳定爆发	不穩定爆發
unsteady state	不稳态	不穩熊
unstiffened shell(=unframed shell)	无骨材壳体	無構架殼體結構
unsupervised classification	非监督式分类	非監督式分類
updip	逆倾	逆傾
upland coast	高地海岸	高地海岸
upland plain	高平原	高平原
upland swamp	高地沼泽	高地沼澤
uplift	隆起	上升, 隆起
upper fan	上部扇	上部扇
upper flow regime	上部水流动态	上部水流動態
upper layer	上层	上層
upper structure	上部结构	上部結構
upright breakwater(=vertical-wall break-water)	直立式防波堤	直立式防波堤
uprighting analysis	扶正分析	扶正分析
uprush	爬升波, 上冲波	上衝波
upward flow(=upwelling)	上升流	上升流, 湧升流
upward irradiance(=upwelling irradi-ance)	上行辐照度	上行輻照度
upwelling	上升流	上升流, 湧升流

英　文　名	大　陆　名	台　湾　名
upwelling area	上升流区	上升流區
upwelling ecosystem	上升流生态系统	湧升流生態系統
upwelling irradiance	上行辐照度	上行輻照度
upwind scheme	迎风法，迎风格式	上風法
uracil	尿嘧啶	尿嘧啶
urea	尿素	尿素
UT（=ultrasonic technique）	超声波探伤	超音波探傷檢測
UTM（=Universal Transverse Mercator）	通用横轴墨卡托投影	國際橫麥卡脫

V

英　文　名	大　陆　名	台　湾　名
vacuole	液泡	液泡
vacuum filtration	真空过滤[作用]	真空過濾[作用]
vagile benthos	漫游底栖生物	漫遊底棲生物
valley	谷	谷，波谷
vapor compression distillation	压汽蒸馏	壓汽蒸餾
vaporization	汽化[作用]	汽化[作用]
varved clay	季候泥，纹泥	季候泥，紋泥
vegetative propagation（=vegetative reproduction）	营养繁殖	營養繁殖
vegetative reproduction	营养繁殖	營養繁殖
veliger larva	面盘幼体	面盤幼體，被面子幼蟲
velu	礁潟湖	礁潟湖
Vema fracture zone	维玛破裂带，维玛断裂带	維瑪斷裂帶，維瑪破裂帶
Vema Trench	维玛海沟	維瑪海溝
Vening Meinesz isostasy	韦宁迈内兹均衡	維寧邁內茲均衡說
ventilated thermocline	通风温跃层	透氣溫躍層
ventilation	通风	通風
venting（=elimination of air）	排气	排氣
vertebra	椎骨	脊椎骨
vertebrate	脊椎动物	脊椎動物
vertical coefficient of eddy diffusion	垂直涡动扩散系数	垂直渦動擴散係數
vertical diffusion	垂直扩散	垂直擴散
vertical distribution	垂直分布	垂直分布
vertical distribution of chemical elements	海洋中化学元素垂直分	海洋化學元素垂直分布

英 文 名	大 陆 名	台 湾 名
in ocean	布	
vertical extinction coefficient	垂直消光系数	垂直消光係數
vertical fish finder	垂直探鱼仪	垂直魚探儀
vertical haul	垂直拖	垂直拖曳
vertical migration	垂直移动	垂直遷移
vertical mixing	垂直混合	垂直混合
vertical polarization	垂直极化	垂直極化
vertical section of salinity	盐度垂直断面[图]	鹽度垂直斷面[圖]
vertical section of temperature	温度垂直断面[图]	溫度垂直斷面[圖]
vertical seismic profile(VSP)	垂直地震剖面	垂直震測剖面
vertical stability	垂直稳定度	垂直穩定度
vertical temperature gradient	垂直温度梯度	垂直溫度梯度
vertical temperature section(= vertical section of temperature)	温度垂直断面[图]	溫度垂直斷面[圖]
vertical-wall breakwater	直立式防波堤	直立式防波堤
very shallow water wave	极浅水波	極淺水波
vesicular basalt	多孔玄武岩	多孔玄武岩
vestigial organ	退化器官	痕跡器官
vestimentiferan worm	深海热泉蠕虫	深海熱泉管蟲
viability	生存力	生存力,生活力
vibratory corer	振动取芯器	振動取岩芯器
vibrio	弧菌	弧菌
Vienna Standard Mean Ocean Water	维也纳标准平均海水	維也納標準平均海水
viewing angle	视角	視角
Vine-Matthews hypothesis	瓦因-马修斯假说	瓦因-馬修斯假說
viral epidermal hyperplasia	病毒性上皮增生症	病毒性上皮增生症
viral erythrocytic necrosis	病毒性红细胞坏死症	病毒性紅血球壞死症
viral hemorrhagic septicemia	病毒性出血败血症	病毒性出血敗血症
viral nervous necrosis	病毒性神经坏死病	病毒性神經壞死病
viroid	类病毒	類病毒
viroplankton	浮游类病毒	浮游病毒,病毒浮游生物
virulence	毒力,致病力	致病力,毒力
virus	病毒	病毒
viscid egg	黏性卵	黏性卵,黏著卵
viscosity	黏度	黏[滯]性,黏度
viscosity coefficient	黏性系数,黏滞系数	黏滯係數,黏度
viscous fluid	黏性流体	黏性流體

英　文　名	大　陆　名	台　湾　名
visibility	能见度	能見度
visible light	可见光	可見光
vitrobasalt	玻基玄武岩	玻基玄武岩
viviparity	胎生	胎生
VOC(=volatile organic carbon)	挥发性有机碳	揮發性有機碳
vocal cord	声带	聲帶
volatile component	挥发性成分	揮發性成分
volatile organic carbon(VOC)	挥发性有机碳	揮發性有機碳
volcanic arc	火山弧	火山弧
volcanic ash	火山灰	火山灰
volcanic chain	火山链	火山鏈
volcanic cluster	火山群	火山群
volcanic exhalation	火山喷气	火山噴氣
volcanic gas	火山气[体]	火山氣[體]
volcanic geothermal region	火山地热区	火山地熱區
volcanic geothermal system	火山地热系统	火山地熱系統
volcanic hot spring	火山热泉	火山熱泉
volcanic hydrothermal solution	火山热溶液	火山熱液
volcanic island	火山岛	火山島
volcanic orifice	火山喷口	火山噴口
volcanic sediment	火山沉积[物]	火山沉積物
volcanic spring	火山泉	火山泉
volume absorption coefficient	体积吸收系数	體[積]吸收係數
volume expansion coefficient	体[积膨]胀系数	體[積膨]脹係數
volume scattering	体散射	體散射
volume scattering function	体散射函数	體散射函數
volumetric analysis	容量分析[法]	容量分析[法]
volumetric flask	[容]量瓶	[容]量瓶
volumetric gas measuring apparatus	气体容量测定仪	氣體容量測定儀
voluntary observation ship(VOS)	志愿观测船	自願觀測船
vorticity equation	涡度方程	渦度方程
VOS(=voluntary observation ship)	志愿观测船	自願觀測船
voyage(=cruise)	航次	航次
VSP(=vertical seismic profile)	垂直地震剖面	垂直震測剖面

W

英　文　名	大　陆　名	台　湾　名
Wallace line	华莱士线	華萊士線
Walvis Bay	瓦维斯湾	瓦維斯灣
Walvis Ridge	瓦维斯海脊	瓦維斯海脊
warehouse	港区仓库	倉庫
warm current	暖流	暖流
warm eddy	暖涡	暖渦
warm pool	暖池	暖池
warm temperate species	暖温带种	暖溫帶種
warm water species	暖水种	暖水種
warm water sphere	暖水圈	暖水圈
warm water tongue	暖水舌	暖水舌
warp	挠曲，翘曲	翹曲
washover	冲溢	溢流
washover fan	风暴冲积扇	風暴沖積扇
wash zone	冲刷带	掃浪帶，沖刷帶
wastewater	废水	廢水，汙水
wastewater characterization	废水特性	汙水特徵
wastewater disposal(=wastewater treatment)	废水处理	汙水處理
wastewater treatment	废水处理	汙水處理
water age	水龄	水齡
water balance	水量平衡	水分平衡，水量平衡
water body(=water mass)	水团	水團，水體
water-borne material	水承载物质	水成物質
water budget	水量收支	水量收支
water circulation	水循环	水循環
water color(=ocean color)	水色	海洋水色
water contaminant	水污染物	水質汙染物
water contamination(=water pollution)	水[质]污染	水[質]汙染
watercraft oil-contaminated water treatment	船舶油污水处理方法	船舶油汙水處理
water-depth profile	水深剖面	水深剖面
water examination	水质检查	水質檢查

英 文 名	大 陆 名	台 湾 名
water exchange	水量交换	水交换
water gun	水枪	水槍
water hardness	水硬度	水[的]硬度
water hygiene control	水卫生控制	水質衛生控制
water level	水位	水位
water mass	水团	水團,水體
water mold	水霉	水黴菌
water permeability	透水性	透水性,水滲透率
water pollution	水[质]污染	水[質]汙染
water pollution control	水污染控制	水質汙染控制
water pollution control law	水污染控制法	水質汙染管制法規
water pollution control legislation	水污染控制法规	水質汙染管制立法
water pollution index	水质污染指数	水質汙染指數
water pollution monitor	水质污染监测仪	水質汙染監測儀
water pollution research laboratory	水质污染研究实验室	水質汙染研究實驗室
water pollution source	水污染源	水質汙染源
water pretreatment	水预处理	水預處理
water processing(=water treatment）	水处理	水處理
water purification	水[体]净化	水的淨化
water purification plant	净化水厂	淨水廠
water purification station	净水站	淨水站
water purification structure	净水结构	淨水結構
water purification works	水净化工程	淨水廠
water quality	水质	水質
water quality act	水质条例	水質條例
water quality analysis	水质分析	水質分析
water quality analyzer	水质分析仪	水質測量儀
water quality assessment(=water quality evaluation）	水质评价	水質評價
water quality conservation	水质保持	水質保持
water quality control	水质控制	水質控制
water quality control system	水质控制系统	水質控制系統
water quality criterion(=water quality standard）	水质标准	水質標準
water quality evaluation	水质评价	水質評價
water quality forecast	水质预测	水質預測
water quality goal	水质目标	水質目標
water quality improvement act	水质改善条例	水質改善條例

英　文　名	大　陆　名	台　湾　名
water quality index	水质指数	水質指數
water quality indicator	水质指示剂	水質指示劑
water quality management	水质管理	水質管理
water quality model	水质[数学]模型	水質模式
water quality monitoring	水质监测	水質監測
water quality monitoring ship	水质监测船	水質監測船
water quality monitoring system	水质监测系统	水質監測系統
water quality of sewage	污水水质	汙水水質
water quality parameter	水质参数	水質參數
water quality pollutant(=water contami-nant)	水污染物	水質汙染物
water quality programme	水质规划	水質規劃
water quality protection	水质保护	水質保護
water quality requirement	水质要求	水質要求
water quality simulation study	水质模拟研究	水質模擬研究
water quality standard	水质标准	水質標準
water quality standard for drinking water	饮用水水质标准	飲用水水質標準
water recovery	水回收	水回收
water recovery apparatus	水回收设备	水回收設備
water recycle	水再循环	水再循環
water renovation	水再生	水再生
water renovation process	污水再生法	汙水再生法
water resource protection	水源保护	水源保護
water resources planning	水资源规划	水資源規劃
water resources protection	水资源保护	水資源保護
water-rock interaction zone	水–岩反应带	岩水反應帶
water salination	水盐碱化	水鹽鹼化
water sample	水样	水樣
water sampler	采水器	採水器
water sample stabilization	水样稳定	水樣穩定
water sample storage	水样储存	水樣儲存
water sampling	采水样	採水樣，水樣採集
water sampling device	采水装置	採水裝置
water sampling point	采水点	採水點
watershed	分水岭	分水界
watershed protection	水域保护	水域保護
waters of port	港口水域	港區水域
water softening	水软化	水軟化

英　文　名	大　陆　名	台　湾　名
water softening agent	水软化剂	水軟化劑
water softening apparatus	水软化装置	水軟化裝置
water softening plant	水软化工厂	水軟化工廠
water-soluble catalyst	水溶性催化剂	水溶性催化劑
water-soluble molecule	水溶性分子	水溶性分子
water-soluble salt	水溶性盐	水溶性鹽
water sphere	水圈	水圈
waterspout	海龙卷	水龍捲
water stand(=stand of tide)	停潮	停潮
water structure	水质结构	水結構
water supply	供水	供水
water surveillance network	水监测网	水監測網
water system	水系	水系
water test	水质试验	水質試驗, 水質檢驗
water-tight	水密	水密
water treatment	水处理	水處理
water treatment chemical	水处理剂	水處理劑
water treatment facility	水处理设施	水處理設施
water treatment system	水处理系统	水處理系統
water vapor content	水蒸气含量	水汽含量
water vapor density	水蒸气密度	水汽密度
water vapor pressure	水蒸气压强	水汽壓
water vascular system	水管系	水管系統
wave	波浪	波浪
wave absorption	波吸收	波吸收
wave action	波浪作用	波浪作用
wave age	波龄	波齡
wave amplitude	波幅	波幅
wave attenuation	波衰减	波衰減
wave base	[波]浪基面	波浪基面
wave basin	波浪水池	平面水槽, 平面水池
wave-built structure	波成构造	波成構造
wave-built terrace	波成阶地	波成階地, 波成臺地
wave buoy	测波浮标	測波浮標
wave celerity(=wave speed)	波速	波速, 波相速度
wave chart	海浪实况图	波浪分析圖
wave climate	波候	波候
wave crest	波峰	波峰

英　文　名	大　陆　名	台　湾　名
wave crest velocity	峰速	波峰速度
wave cut	波蚀	波蚀
wave-cut bench	浪蚀台	浪蚀臺
wave-cut cliff	浪蚀崖	浪蚀崖
wave-cut delta	浪蚀三角洲	浪蚀三角洲
wave-cut notch	海蚀龛	浪蚀凹壁
wave-cut terrace	波蚀阶地	波蚀階地，波蚀臺地
wave decay（=wave attenuation）	波衰减	波衰減
wave delta	波浪三角洲	波浪三角洲
wave diffraction	波［浪］衍射	波繞射
wave direction	波向	波向
wave disaster	海浪灾害	波浪災害
wave dispersion	波频散	波頻散
wave disturbance	波扰动	波擾動
wave-dominated delta	波控三角洲	浪控三角洲
wave element	海浪要素	波浪元素
wave elevation	波高，浪高	波高，浪高
wave energy	波浪能	波［浪］能
wave energy conversion	波浪能转换	波能轉換
wave equation	波动方程	波動方程式
wave erosion	浪蚀，波浪侵蚀	浪蚀
wave erosion coast	浪蚀海岸	浪蚀海岸
wave-etched shoreline	波蚀海滨线	波蚀海濱線
wave flume	波浪水槽	波浪水槽，斷面水槽
wave focusing	聚波	波浪聚焦
wave forecast	海浪预报，波浪预报	波浪預報
wave frequency	波频	波頻
wave front	波前	波前
wave gauge	测波仪	測波儀
wave generation	造波	造波，起浪
wave generator	造波机	造波機
wave group	波群	波群
wave guide	波导	波導
wave height（=wave elevation）	波高，浪高	波高，浪高
wave hindcasting	波浪后报	波浪後報
wave-induced current	波致流	波浪衍生流，波引致流
wave interference	波干涉	波干擾
wavelength	波长	波長

英 文 名	大 陆 名	台 湾 名
wavelength spectrometer	波长分光仪	波長分光儀
wavelet analysis	小波分析	小波分析
wave maker(=wave generator)	造波机	造波機
wave mode	波模，波样式	波樣式
wave motion	波动	波動
wave of translation	移动波	移動波
wave path	波径	波徑
wave pattern	波模式	波模式
wave period	波周期	波浪週期
wave phase	波位相	波相
wave planation	波浪均夷作用	波浪均夷作用
wave platform	浪蚀台地	浪蝕臺地
wave predictor	海浪预报因子	波浪預報因子
wave pressure	波压	波壓
wave profile	波剖面	波剖面
wave propagation	波传播	波傳播
wave reflection	波[浪]反射	波反射
wave refraction	波[浪]折射	波折射
wave rose diagram	波浪玫瑰图	波浪玫瑰圖
wave scatter	波[浪]散射	波散射
wave speed	波速	波速，波相速度
wave steepness	波陡	波尖度
wave tank(=wave flume)	波浪水槽	波浪水槽，斷面水槽
wave train	波列	波列
wave trough	波谷	波谷
wave velocity(=wave speed)	波速	波速，波相速度
wave warning	海浪警报	波浪警報
wave wash	波浪冲刷	波浪沖刷
wavy bedding	波状层理	波狀層理
weather chart	天气图	天氣圖
weather forecast for shipping route	海洋航线天气预报	外海航線天氣預報
weathering	风化作用	風化[作用]
Weddell Sea	韦德尔海	威德爾海
Weddell Sea bottom water	韦德尔海底层水	威德爾海底層水
Weddell seal	韦德尔海豹	威德爾海豹
wedge system	楔块系统	楔入系統
Wegener hypothesis(=continental drift hypothesis)	大陆漂移说，魏格纳假说	大陸漂移假說，魏格納假說

英　文　名	大　陆　名	台　湾　名
weighing bottle	称量瓶	稱量瓶
weight coefficient	权[重]系数	加權係數
weight factor	权[重]因子	權重因數,計權因子
well-defined water mass	有明显边界水团	有明顯邊界水團
wellhead platform(WHP)	井口平台	井口平臺
well logging	测井	測井
west burst	西风爆发	西風爆發
West Caroline Basin	西卡罗林海盆	西卡羅林海盆
westerlies	西风带	西風帶
western boundary current	西边界流	西邊界流
West European Basin	西欧海盆	西歐海盆
West Greenland Current	西格陵兰海流	西格陵蘭海流
West Philippine Basin	西菲律宾海盆	西菲律賓海盆
westward intensification [ocean circulation]	[大洋环流]西岸强化	西方強化,西向強化
west wind drifting current	西风漂流	西風漂流
wet adiabatic	湿绝热	濕絕熱
wet adiabatic change	湿绝热变化	濕絕熱變化
wet air	湿空气	濕空氣
wet analysis	湿法分析	濕法分析
wetland	湿地	濕地
wetland ecology	湿地生态学	濕地生態學
wharf	码头	碼頭
Wharton Basin	沃顿海盆	沃頓海盆
wheel animal	轮虫动物	輪蟲動物
whitecap	白浪	白頭浪
white musle	白肌	白肌
white smoker	白烟囱	海底白色煙囱
white spot syndrome of prawn	对虾白斑症	對蝦白斑病,對蝦白斑[綜合]症
whole core analysis	全岩芯分析	全岩芯分析
WHP(=wellhead platform)	井口平台	井口平臺
Wien displacement law	维恩位移律	韋恩位移定律
Wien law	维恩定律	韋恩法則
wild type	野生型	野生型
Wilson cycle	威尔逊旋回	威爾遜循環,威爾遜旋迴
wind-borne material	风承载物质	風成物質

英 文 名	大 陆 名	台 湾 名
wind drift	风漂流	風吹流
wind-driven circulation	风生环流	風生環流,風吹環流
wind-driven current	风海流	風驅流
wind duration	风时	延時,吹風延時,吹風時間
wind fench	风吹程	風吹程,風區
wind field	风场	風場
wind-generated noise	风生海洋噪声	風生海洋噪音
wind rose diagram	风玫瑰图	風花圖,風玫瑰圖
wind set-up	风增水	風抬升,風湧升
wind stress	风应力	風應力
wind stress curl	风应力旋度	風應力旋度
wind wave	风浪	風浪
wind-wave spectrum	风浪[能]谱	風浪能譜
Winkler method	温克勒[溶解氧]测定法	溫克勒[溶解氧]測定法
winter egg	冬卵	冬卵
winter monsoon	冬季风	冬季風
withdrawal reflex	退避反射	縮回反射
within-community diversity	群落内多样性	群落內多樣性
within-habitat diversity	栖息地内多样性	棲所內多樣性
WOA(=world ocean atlas)	世界海洋图集	世界海洋圖集
WOCE(= World Ocean Circulation Experiment)	世界海洋环流实验	世界海洋環流實驗
WOD(= world ocean database)	世界海洋数据库	世界海洋資料庫
working craft	工程船	工作船
World Heritage	世界自然遗产	世界自然遺產
world ocean atlas(WOA)	世界海洋图集	世界海洋圖集
World Ocean Circulation Experiment (WOCE)	世界海洋环流实验	世界海洋環流實驗
world ocean database(WOD)	世界海洋数据库	世界海洋資料庫
world-wide fallout	全球性放射性[物质]沉降	全球性放射性[物質]沉降
wreck raising	沉船打捞	沉船打撈
wreck surveying	沉船勘测	沉船勘測

X

英　文　名	大　陆　名	台　湾　名
xanthophyll	叶黄素	葉黄素
XBT(=expendable bathythermograph)	投弃式温深仪	可棄式溫深儀
xenobiotics	异生物质	異生物質，外來化合物
X joint	X 型结点	X 型接合
X-ray fluorescence	X 射线荧光	X 射線螢光

Y

英　文　名	大　陆　名	台　湾　名
Yap Trench	雅浦海沟	雅浦海溝
yaw	艏摇	平擺
YD event(=Younger Dryas event)	新仙女木事件，YD 事件	新仙女木事件，YD 事件
yellow pigment	黄色素	黄色素
Yellow Sea	黄海	黄海
Yellow Sea Coastal Current(=Huanghai Coastal Current)	黄海沿岸流	黄海沿岸流
Yellow Sea Cold Water Mass(=Huanghai Cold Water Mass)	黄海冷水团	黄海冷水團
yellow substance	黄[色物]质	黄質，黄色物質
Y joint	Y 型结点	Y 型接合
yolk sac	卵黄囊	卵黄囊
Younger Dryas	新仙女木期	新仙女木期
Younger Dryas event(YD event)	新仙女木事件，YD 事件	新仙女木事件，YD 事件
young ice	初期冰	初期冰
young stage	幼期，未成熟期	幼期，未成熟期
Y-tombolo	Y 型连岛坝，Y 型连岛沙洲	Y 型連島沙洲

Z

英　文　名	大　陆　名	台　湾　名
zenith angle	天顶角	天頂角
Zheng He's Expedition	郑和下西洋	鄭和下西洋
Zhongshan Station	中山站	中山站
zoea larva	潘状幼体	潘狀幼體，眼幼蟲
zonal distribution	带状分布	帶狀分布
zonation(=zonal distribution)	带状分布	帶狀分布
zone of mild pollution	轻度污染带	輕汙染區
zone of pollution	污染带	汙染帶
zoobenthos	底栖动物	底棲動物
zooplanktivore	浮游动物食者	浮游動物食者
zooplankton	浮游动物	浮游動物，動物性浮游生物
zooxanthella	虫黄藻	共生藻，蟲黃藻
zygote	合子	［接］合子